U0170825

“让更多的父母了解科学养育知识，
让更多的孩子健康成长。”

扫码看崔医生给
新手爸妈的暖心寄语

崔玉涛育儿百科

崔玉涛 著

中信出版集团 | 北京

图书在版编目（CIP）数据

崔玉涛育儿百科 / 崔玉涛著 . -- 北京 : 中信出版社 , 2019.1（2024.7重印）
ISBN 978-7-5086-9836-6

Ⅰ. ①崔… Ⅱ. ①崔… Ⅲ. ①婴幼儿－哺育－基本知识 Ⅳ. ①TS976.31

中国版本图书馆CIP数据核字(2018)第264775号

崔玉涛育儿百科

著　　者：崔玉涛
出版发行：中信出版集团股份有限公司
（北京市朝阳区东三环北路27号嘉铭中心　邮编 100020）
承 印 者：北京盛通印刷股份有限公司

开　　本：720mm × 970mm　1/16
印　　张：38
字　　数：600千字
版　　次：2019年1月第1版
印　　次：2024年7月第39次印刷
书　　号：ISBN 978-7-5086-9836-6
定　　价：178.00元

崔玉涛养育中心策划团队
内容编辑：刘子君　李淑红　蔡金华　苏妮
插图摄影：程妍
插图绘制：魏薇　宋佳欣　董悦

出　　品：中信儿童书店
总 策 划：赵媛媛
图书策划：小飞马童书
策划编辑：白雪
责任编辑：尔冬
营销编辑：张远
装帧设计：韩莹莹
内文设计：姜婷
内文排版：北京沐雨轩文化传媒

推荐序

他愿所有的孩子健康成长

——仁术匠心的儿科医生崔玉涛

初听崔玉涛先生的名字，是从一位年轻的母亲那里。她问我："韩老师，你认识崔玉涛主任吗？我孩子病了，我满世界找崔主任呢，只有他可以让我信赖……" 真是惭愧，我一个没有孩子的人，哪儿认识儿科专家呢？我那位朋友告诉我，崔主任不会给孩子乱用药，也不会随便打针，而是根据孩子的情况，合理地调动其自身机能和免疫力来对抗疾病。他还对刚刚升级为父母的家长科普育儿知识，并对孩子遇到的问题给予详细的讲解和具体的指导。

崔医生是微博热门人物，是"大V"。他开通微博就是为了专门指导年轻的父母如何面对孩子突如其来的身体不适，帮助他们了解、学习科学的育儿知识和系统先进的养儿之道。崔医生深知自己没有三头六臂，无法关心和照顾到全国所有的小朋友，为了便于与大家直接交流，他开通了微博，用这样方便、开放的网络沟通方式使全国各地的父母不再受时间、地域的限制，可以直接与他对话，接受育儿方面的帮助和指导。在微博上，崔医生总是有求必应。几年来，他每天早上不间断地发布微博，即使再忙再累，也从未停止这一个在他看来最能直接帮助孩子及其父母的便捷途径。很多的父母通过微博得到了崔医生的帮助和远程指导，孩子们的身体好起来了，孩子们变得更加健康了，父母也不再因为孩子的身体状况慌张得不知所措，他们对孩子的生长发育和健康安全方面有了更多的了解。

第一次见到崔玉涛医生，是在2013年四川雅安地震时。那时，我们的慈善基金会召集医疗专家参与雅安救援，崔玉涛医生作为和睦家医疗的儿科主任也参与了我们的活动。从那以后，不管是在和睦家工作时，还是在自己创立了诊所之后，崔医生都从未缺席过我们的公益义诊活动。每次义诊，看到他为乡村、边疆、少数民族的小朋友们看病，看到他和蔼可亲、笑容可掬的样子，看到他平等对待每一位母亲和孩子的医者仁心，看到他专注认真的敬业精神，我都忍不住坐下来，陪在他身边……无形中，我也偷看、偷听、偷学了不少儿科知识，甚至连我自己都没意识到，从那时起，我已经默默地爱上了“儿科医生”这个光荣而伟大的职业。这辈子我都不敢相信，自幼学习音乐专业、在部队文工团大院里疯跑长大的我，竟然会在40多岁的年纪爱上儿科学。儿科学是全面研究孩子婴幼儿时期身心发育、保健及疾病防治的综合医学科学。我不是学这个专业的，但在崔玉涛医生的影响下，我愿意认真学习育儿知识，学习儿科疾病的治疗和预防，以便日后可以帮助更多的孩子。因为在做公益的这8年时间里，我和崔医生一起见到了很多特殊的病例，这些孩子的病如果在早期就能得到医生的积极干预和治疗，或者更早，在母亲怀孕初期就做好筛查工作，就不会让孩子出现这样的健康问题，也不会有后来的绝望。

8年来，在义诊现场，我们看见过老人、中年人、青年人步履沉重的身影，也看见过一个个父母带着孩子满怀期望而来，却绝望离去的背影，不禁为他们的遭遇叹息落泪。可是我们能给予的也仅仅是泪水、同情和惋惜，对于病情已经无能为力。每当这种时候，我都忍不住怀疑自己做公益的意义何在！我动摇过，也想过放弃，面对残酷的现实低头，因为那些病我们真的治不了……我该不该停下来？我一直思考着这个沉重的问题，直到有一天，崔医生告诉我，从宝宝生下来的那天起，儿科医生就应该对他们的健康负责，就应该不断指导、帮助他们的父母，让孩子们健康快乐地成长，这就是儿科医生的天职。

对啊，难道这些病患不是从孩提时代一天天长大的吗？如果在他们还幼小的时候，甚至是生命的最初，他们的父母就能够懂得如何养育孩子，掌握必要的医学常识，都能对自己孩子的健康情况有足够的了解和掌握，那么还会发生这么多的悲剧吗？从源头入手，不正是最及时、最有效的保护和帮助吗？

曾经，我只是把崔玉涛医生当作一位内心尊重的儿科专家，而如今，我已在不知不觉中成了这位教授的学生。我愿意跟着我敬爱的导师一起，为中国的儿科事业贡献我们全部的力量。

此刻，我在心里再一次呼唤：如果有来生，我愿意成为一名真正的儿科医生！我要到农村去，我要到边疆去，我要到需要我的孩子们身边去。谢谢我的恩师崔玉涛医生，谢谢您让我有幸跟随您学习儿科知识。如今，我的恩师为了履行他作为儿科医生的职责，特意编写了这部专为中国宝宝创作的科学养育指南——《崔玉涛育儿百科》，希望能为更多的父母提供专业、实用的日常喂养、护理知识和孩子常见疾病、意外伤害的处理方法，并手把手地指导父母们如何解决0～6岁宝宝的成长发育和身心健康问题。听到这个消息我非常欣喜，真希望更多的父母通过这样一本科学系统的育儿指南，带给孩子更好的抚育、照料和爱。

闭上眼，深呼吸，我有一个愿望：希望所有的孩子都能够健康、快乐、平安、无忧。

韩红

2018年12月

序言

有人说我是个“幸运”的人。

从医学院儿科系毕业后进入国内儿科排名第一的首都医科大学附属北京儿童医院，正好赶上中国儿科急救发展的初期，师从中国儿科急救先驱樊寻梅教授，业务水平和医学见识得到了迅速提高。

1989 年和 1994 年先后被选送到浙江医科大学儿科医院和香港大学玛丽医院新生儿重症监护病房（NICU）培训与学习，回来后成为北京儿童医院 NICU 的骨干。

在私立医疗机构刚刚于国内兴起的阶段，我离开工作了 15 年的北京儿童医院，加入北京和睦家医院，从一名儿科医生成长为儿科主任，而且在 NICU 的基础上，发展出了儿童纵向医学管理模式。

有人说我是个“离经叛道”的人。

除了在早年就敢离开公立医疗体系，我几乎还是“触网”的第一批医生。在新浪博客、微博刚刚推出时，我的好朋友、时任新浪总裁的汪延先生就找到我，让我来尝试这个新产品。没想到，这一尝试就是近 10 年。到现在，我的微博已经积累了 730 多万粉丝，而且还在不停增长中。2016 年，我担纲主角制作了系列育儿网络综艺节目《崔神驾到》，作为网络综艺主角中的第一位医生，这档节目累计播放量已超过 4 亿，2018 年又推出了育儿综艺姊妹篇《谢谢啦！崔大夫》，累计播放量达到 6.85 亿。

而在我心里，我一直认为自己就是一名普普通通的儿科医生。

生于医学背景的家庭，使得从医似乎从一开始就是我毋庸置疑的人生选择。起初，我只是把医生当作自己一生必选的职业。严格的家教使我一直努力以钻研的学习精神和敬业的工作激情把工作做到最好。那时，我以为高超的医术就是我理解的医生本分。

当我在北京儿童医院 NICU 病房，面对那么多在自己人生最初阶段就坚强地同命运抗争的小生命时；当我在香港学习期间，体会到香港先进的医疗给患者带来的帮助时；当我在援助西藏的一年中，看到偏远地区的人们缺医少药的生活状态时，我渐渐意识到自己的肩上原来有如此沉重的责任和寄托。

人生就是场与死亡的搏斗，虽然这场搏斗最终注定会是失败的结局。而医生，在这一次次搏斗中，是多么无奈却又伟大的斗士。我们希望能以自己的力量，力争取得一次次小小的胜利，使人们的生命能因此延续且更加健康美好。我们就应像是逆命运而行的勇士，必须勇往直前。

那时的我，就与同在医学界的妻子说，希望能够在退休后，和她一起到一个非常偏远、医疗资源匮乏的地方，一起开个小诊所，帮助那里的邻里乡亲。我想，那一定是我们生命最终的平静而美丽的归宿。

儿科医生的日子，平凡得每天看似没有变化。一天天地面对每个可爱的宝宝，每位焦急的家长，渐渐地，我对儿科医生的使命有了新的认识。我意识到了儿科医生的与众不同。随着人们生活日渐富裕，来我这里看“病”的孩子，越来越多的其实都不算是有疾病的孩子。有的宝宝体重增长缓慢，有的宝宝夜里睡觉不好，有的宝宝特别容易哭闹，有的宝宝近来吃饭不积极……这些其实并不是“病”的问题，却始终困扰着家长，让他们束手无策，最终只好选择抱着孩子来医院向医生求助。另外，也有很多宝宝因为家庭生活方式的变化、国内外食物的不同、东西方喂养方式的差异和生病时家庭的不当处理等，出现了一些慢性非感染问题，比如慢性腹泻、食物过敏、消瘦或肥胖；也有与家庭养育方式相关的厌食、厌学、社交障碍等偏重心理发育层面的问题。

这些问题更多的是关于科学养育方面的知识，并不全是传统临床儿科医生擅长解决的，也不都是医学专业书籍能教给我们的。作为医生，也就不可能仅仅通过传统医学渠道为家长们恰当地解决全部问题。

因此，一个理念在我的脑子中变得越来越清晰。我越来越意识到，一名成功的儿科医生，不仅应治愈一些孩子的疾病，还应该让更多的父母了解科学养育的知识，让更多的孩子健康成长。

这也是我开始不遗余力地做儿童健康科普工作的原因。除了日常接诊，我把能利用的休息时间几乎全用于科普工作：每天早晨6~7点在微博上回答家长提出的典型问题，几乎每个周末都要飞往全国各地做育儿讲座，每月为《父母必读》杂志健康科普专栏撰写文章，写了17本育儿书，翻译和主审了一些国外的经典育儿著作，录制普及育儿知识的网络综艺节目，等等。

我不是“离经叛道”，我是在不断尝试，想用更好的方式向越来越多的家长普及科学育儿理念，想探索出更清晰的儿科医生工作范畴，这也是我写作这部《崔玉涛育儿百科》的初衷。

许多国家都有非常经典的育儿百科书，有些甚至已经流传了几十年仍然畅销不衰。做儿科医生30余年，做儿童健康科普近20年，我一直希望能够给中国的家长写一本养育中国宝宝的育儿百科，它应该更符合我们的国情，更适合中国家庭的育儿习惯，更能解决中国父母的育儿痛点。

有人在微博上叫我“崔神”，我哪里是神，我只是一名普通的儿科医生。医生就是普通人，医学也不是绝对科学，而是科学与艺术的复合体。医学在不断地发展，育儿的理念也在不断地变化。我想，唯一能给大家传授的，是一种我认为的科学的养育思维。希望大家不要死记硬背书中的观点，而是理解这些观点背后的关于尊重孩子天性、尊重客观条件、尊重科学发展的“自然养育”的理念。观点可能会发展，知识必然会更新，但科学的原则是不变的。我真诚地希望，每个父母都能够成为养育自己宝宝的专家，每个家庭都能够在科学的理念下享受育儿的快乐。

愿每个宝宝都能够健康快乐地长大!

儿科医生　崔玉涛

2018年12月 于北京

崔玉涛，知名儿科专家，北京崔玉涛诊所院长。从事儿科临床和健康科普工作30余年，曾任北京儿童医院NICU副主任医师、北京和睦家医院儿科主任。已出版和翻译育儿科普书籍20多本，累计数百万字，常年列入各大图书销售榜。

使用指南

面对这样一本厚厚的育儿大百科，新手爸妈们要怎样开始阅读呢？

是像查阅工具书一样，按图索骥地寻找问题的答案，还是像浏览课本一样，从头到尾学习系统的知识？在这里，我们特别为您准备了一份专属于《崔玉涛育儿百科》的阅读指南，希望这篇小文章能够让您更加高效、便捷地利用这本书开启科学的宝宝养育计划。

主题化知识归纳

在本书的第一部分和第三部分，我们把知识按照主题进行了详细分类，系统地介绍了孕晚期到宝宝出生后需要了解的知识，宝宝的保健、疫苗常识，常见疾病和症状的判断、护理方法，儿童意外伤害及处理等知识，同时以丰富的图表和附录辅助说明其中的关键知识点。我们还在每一章节设置了知识专题、崔医生特别提醒和注意事项，以主题的形式对0~6岁的育儿知识进行系统讲解和提炼归纳，将日常易被大家忽略的常识，或养育过程中常会陷入的误区，做了特别的提示，以帮助新手爸妈更好地掌握知识点、学习育儿技能并更新科学育儿理念。

以月龄（或年龄）为线索

在第二部分的编排上，我们采取了将月龄与主题知识相结合的新方式：首先，《崔玉涛育儿百科》的知识主线是以宝宝的月龄（或年龄）为线索的，从宝宝出生起，一直延伸到宝宝6岁，其中各个时间段的跨度是随着月龄增加而递增的。从宝宝刚出生到满月，是以2周为一个时间段来介绍的；从宝宝满月后到满周岁，是以4周为一个时间段来介绍的；而到了宝宝满周岁到2岁前，介绍的时间跨度延长到12周；2岁以后的宝宝，则按照6个月到1年的时间跨度来讲解。其次，每一阶段的内容基本都覆盖了解宝宝、喂养常识、日常护理和早教建议四个方面，便于新手父母在日常养育过程中随时进行学习，了解当前月龄段照顾宝宝时迫切需要掌握的知识。此外，为了照顾不同情况的宝宝，在这部分的最后一章，我们系统讲解了早产宝宝的养育注意事项，帮助父母为早产宝宝提供特别的呵护和帮助。

聚焦“生命早期 1000 天”

细心的读者可能会发现，这本书三个部分内容的比例并不是均等的。全书的重心在第二部分，特别是 0~2 岁婴幼儿养育的相关知识。这样的比例安排是希望能够引起大家对于“生命早期 1000 天”的重视：从精卵结合起直到宝宝出生后 2 岁大约 1000 天的时间里，母亲孕期的营养、分娩方式，孩子出生后的哺乳、喂养、养育方式等各方面的细节，都会对孩子日后的健康产生非常深远和具有决定意义的影响。因此，我们也希望尽可能地针对这重要的 1000 天，为广大父母提供足够翔实的喂养和养育指导。

在互联网新媒体飞速发展的今天，人们获取信息的渠道越来越多元化，也越来越提倡直观和高效。我们希望能通过书籍这种经典的形式，将严谨科学的育儿知识沉淀下来，同时期待这部《崔玉涛育儿百科》不仅能给家长朋友带来更舒适、更贴心、更丰富的阅读体验，也能帮大家更便捷、更全面地学习育儿知识。

接下来，请开始您的阅读之旅吧。

目录

第1部分

迎接宝宝的到来

孕期即将结束，迎接新生命的幸福与忐忑，对未来的期待与兴奋，面对未知的紧张与不安，都将涌入你的生活。想要顺利完成角色转变，不仅需要物质准备，还需要了解相关知识，以备不时之需。这一部分的内容包括临产的征兆、两种分娩方式、助产的方法、待产包的准备、产后护理，以及与新生宝宝相关的知识，以期帮助家长化解焦虑，从容应对变化，迎接宝宝到来。

第 1 章　准备好做妈妈

即将分娩的准妈妈，唯有充分做好细致全面的准备，才能更加从容地迎接新生命。这一章主要介绍了与临产和分娩有关的内容，以及待产包准备、婴儿房布置，重点在于临产的征兆、自然分娩需经历的产程、剖宫产分娩需注意的事项等。另外，如果准妈妈计划以母乳喂养，也应提前做好相应准备，以便产后顺利实现母乳喂养。

了解分娩

临产的征兆

许多临产的准妈妈担心在家出现问题，或来不及到医院就开始分娩，因此刚刚开始阵痛就会匆匆赶往医院要求住院待产。如果医生检查发现准妈妈尚未破水，且没有出现规律阵痛，就会请准妈妈回家继续等待。通常，当有以下征兆时才意味着应去医院待产，而且征兆不同，去医院的紧急程度也不同。

见红：准妈妈的宫颈开始变软、变短，子宫口逐渐扩大，原本封闭宫颈口的宫颈黏液栓慢慢脱落，有少量鲜红色或棕色的黏液流出，这种征象就是见红。不过，由于准妈妈体质不同，见红并不一定意味着会马上开始分娩。为稳妥起见，准妈妈应在见红时密切注意宫缩频率，一旦感觉异常，或自己很难把握，要及时去医院，由医生进行评估。

规律宫缩：宫缩每5分钟左右发作一次，每次持续约1分钟，且这种情况已持续1小时，即为剧烈且有规律的宫缩。5分钟、1分钟、1小时，就是判断是否应入院待产的标准，称为“511法则”。宫缩时，下腹部会阵阵发硬，且感觉疼痛或腰酸。一旦出现规律宫缩，说明准妈妈即将进入第一产程，应立即前往医院待产。

破水：阴道突然流出尿液一样的水，无色无味，且流出时不受控制，这就是破水。此时无论是否有宫缩都需立即去医院。需要注意的是，破水后，准妈妈要立即平躺，将枕头或垫子垫在屁股下，减少羊水流出，并迅速拨打急救电话。在到达医院前，均应保持平躺的姿势，避免羊水过多流出引发脐带脱垂、胎儿宫内缺氧等危险。有时羊水流出较少，会令人误以为是白带增多所致，因此孕晚期的准妈妈应提高警惕。

此外，准妈妈有妊娠并发症或属于高危妊娠，如先兆子痫、妊娠期糖尿病、胎位不正、前置胎盘、有急产史等，孕37周后应每周按时产检，并根据医嘱按时入院待产；在家监测时胎心下降、胎动异常减少或增多，需立即入院检查；超过预产期却迟迟没有出现临产征兆，也应在检查后根据医嘱确定入院时间。

助产的方法

自然分娩的产程过长会严重消耗准妈妈的体力，最终可能导致胎儿缺氧。因此在分娩过程中，准妈妈可以尝试用一些方法调整身体状态和心情，以加快产程。

保持直立：当宫缩发作时，尽量保持直立的姿势，以加速宫颈口扩张。

坐健身球：如果家中或待产室有健身球，准妈妈可以在保证安全的前提下坐在上面，并上下颠动，以促进产程。

下蹲：借助家人的力量缓慢下蹲，双腿要稍微分开，比肩膀略宽。也可以扶着墙壁、床栏等向下蹲。

听音乐、聊天：尝试听听舒缓的音乐，或与身边的家人朋友聊聊天。在宫缩间隙要多多休息，即使宫缩来临，也要避免大声喊叫，以节省体力。

使用拉玛泽呼吸法：进入第一产程前，准妈妈可以使用第一阶段的拉玛泽呼吸法缓解宫缩带来的疼痛，舒缓紧张焦虑的心情。

使用催产素：如果产程进展不顺利，医生会根据准妈妈的情况决定是否用催产素。催产素可以促进宫缩，缩短产程，但使用剂量应严格遵医嘱，以免使用过量对准妈妈和胎儿造成不良影响。

拉玛泽呼吸法

拉玛泽呼吸法是一种缓解孕妇分娩疼痛的呼吸方法，以创始人法国产科医生拉玛泽的名字命名。如果准妈妈能够熟练运用这种方法，可以有效减轻分娩疼痛。通常，准妈妈可在怀孕 7 个月时开始练习。如果准爸爸能够加入，可以获得更好的效果。

练习时，准妈妈在床上或瑜伽垫上盘腿坐下来，可以同时播放舒缓的胎教音乐。准妈妈要完全放松，集中注意力，双眼直视固定的一点，想象整个分娩的过程。

拉玛泽呼吸法一共有五个阶段。第三到第五阶段，准妈妈只需熟知要领，不要深入练习，以免引起早产。

第一阶段为胸部呼吸法。分娩过程开始后，在宫颈从闭合到开口约 3 厘米期间，每隔 4 ~ 5 分钟宫缩一次，每次时长 30 ~ 45 秒。宫缩开始前，先用鼻子深吸一口气，当宫缩来临时，以呼气—吸气—呼气的节奏慢慢呼吸，直到宫缩停止再恢复正常的呼吸频率。

第二阶段为嘻嘻轻浅呼吸法，主要在宫颈开至 3 ~ 7 厘米期间使用。这期间宫缩更加频繁，两次宫缩间隔 2 ~ 3 分钟，每次时长 45 ~ 60 秒。与第一阶段不同，宫缩开始前，要用嘴呼吸，先吸入少量空气，再慢慢呼出，保持轻浅呼吸。感受到宫缩后，要适当加快呼吸频率。在这一阶段，因为完全用嘴呼吸，会发出类似于“嘻嘻”的声音。练习时，准妈妈可以先坚持一次呼吸时长 20 秒，直到能够持续 1 分钟。

第三阶段为喘息呼吸法。当宫颈从 7 厘米开至 10 厘米期间，两次宫缩间隔缩短至 60 ~ 90 秒，每次时长 30 ~ 60 秒，这个阶段最痛苦、最难熬。在这期间，要先大呼一口气，将肺部的空气彻底排出，然后深深吸一口气，紧接着短促地呼吸 4 ~ 6 次，像是在吹气球。练习时，准妈妈要先坚持一次呼吸时长 45 秒，逐渐拉长至 90 秒。当然，生产时要根据具体情况灵活调整呼吸频率。

宫颈口开全后，就要用到最后两个阶段的呼吸法，即哈气呼吸法和用力推呼吸法。在这个阶段，这两个方法要交替使用。为了避免产程过快造成产道撕裂，医生会根据准妈妈的生产情况，尤其是第一产程的最后阶段以及宝宝胎头娩出后，适时要求准妈妈不要用力，这时就要用到哈气呼吸法。宫缩开始后，先深吸一口气，然后短浅而有力地连续哈气 4 次，最后深呼气一次将肺部的空气排出，呼气时要放松腹部。练习哈气呼吸法时，准妈妈要坚持一次哈气呼吸持续 90 秒。

当医生要求用力时，比如看到宝宝的头部后，准妈妈要使用用力推呼吸法，娩出胎儿。要先长吸气，短暂憋气后立即用力。可以略微收下巴、低头，用尽全力将肺部的空气向下腹部推送，同时保持骨盆肌肉放松。换气时，要保持同样的姿势，将肺部气体呼出，并快速再深吸一口气，重复上面的步骤，直到宝宝的头顺利娩出。这时，可以使用哈气呼吸法缓解宫缩疼痛，当医生再次要求用力时，再使用用力推呼吸法，直到分娩结束。

自然分娩

自然分娩会伴随剧烈的疼痛，这是很多准妈妈临产前出现紧张焦虑情绪的主要原因，有的准妈妈甚至因此抵触这种分娩方式。了解自然分娩的过程及其优点，可以在一定程度上减少恐惧。总的来讲，自然分娩的整个产程，要经历规律性宫缩、娩出胎儿、娩出胎盘三个阶段。每个阶段持续的时间、准妈妈的感受以及需要注意的事项等各不相同。

第一产程：从开始规律宫缩到十指开全

通常第一产程耗时最长，占整个生产过程的绝大部分时间。如果是初产妇，可能需要 11 ～ 12 个小时，甚至更长。第一产程开始时，子宫会有规律地收缩，最初每 5 ～ 6 分钟一次，每次持续 30 秒左右。随着产程的推进，每次收缩间隔越来越短，持续时间越来越长，痛感越来越强烈，宫口随着疼痛增强逐渐扩大。当宫口接近开全时，宫缩持续时间大约会达到 1 分钟或更长，而间歇时间只有 1 ～ 2 分钟。

如果第一产程进展不理想，医生会根据准妈妈的身体情况采取催产措施，如多走动、使用瑜伽球、点滴催产素、人工破膜（使羊水流出来）等，以加强宫缩力度，推进第一产程。但是必须严格监测胎心、胎动和准妈妈的情况。

注意事项：

- 在第一产程中，准妈妈容易焦虑、紧张、急躁，要注意控制情绪，积极配合助产士，避免因阵痛大喊大叫而消耗体力。
- 阵痛间隙，准妈妈要尽可能地补充能量和充分休息，切勿因疼痛或焦虑而不吃不喝不睡，要为关键的第二产程储存充足的体力。
- 要经常排尿，否则充盈的膀胱很可能会影响胎头下降和子宫收缩。若排尿困难，必要时医生会给准妈妈导尿。
- 主动告诉医生自己的情况，如是否见红、破水。如果有排便的感觉，要及时通知医生，这可能是宫口开全的信号。
- 不要盲目用力，要在医生允许和指导下用力，否则很容易因为产程过快而造成私处撕裂伤。
- 准爸爸或其他家人可以帮助按摩准妈妈的后背，或帮助准妈妈采用拉玛泽呼吸法，以缓解疼痛（关于拉玛泽呼吸法，详见第 5 页）。

第二产程：娩出胎儿

宫口开全后，就进入第二产程，准妈妈要配合医生调整呼吸节奏，以利于胎儿娩出。如果是初产妇，第二产程通常持续 1 ～ 2 个小时，如果进展顺利，时间会更短。有的准妈妈生产时用力不当、产程进展过快或胎头过大，医生可能会采用会阴侧切术，避免出现严重的撕裂伤。

指导准妈妈科学有效地用力是顺利娩出胎儿的关键。如果出现宫缩乏力、胎心异常，为了尽快娩出胎儿，医生可能会做胎头吸引或用产钳助产；如果出现胎位不正或胎心急剧下降等紧急情况，自然分娩可能会转为剖宫产。

注意事项：

- 准妈妈要控制呼吸节奏，听从医生或助产士指导，不要盲目用力。
- 如果准妈妈想喝水或果汁，可以用吸管少量饮用润喉。
- 外阴消毒后，准妈妈要保持仰卧的姿势，双腿张开，膝盖弯曲，以便医生或助产士帮助分娩。

第三产程：娩出胎盘

这个产程相对比较轻松，一般用时 10 ~ 15 分钟。医生会帮助产妇娩出胎盘，并检查胎盘是否完整，阴道和宫颈是否有撕裂伤。如果有会阴侧切或会阴撕裂，医生会进行缝合，之后整个自然分娩就结束了。

尽管准妈妈要承受常人难以想象的疼痛，对准妈妈和宝宝来说，自然分娩却能带来非常多的好处。自然分娩不会给准妈妈和宝宝造成太大损伤，有助于准妈妈产后快速恢复，减少并发症；另外，

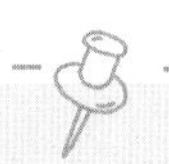

注意事项：

- 胎盘娩出前，新妈妈不要用手触摸下腹，以免刺激子宫，引起反射性子宫收缩，阻碍胎盘顺利娩出。
- 胎盘娩出后，医生彻底消毒、清洁外阴前，新妈妈仍要张开双腿，方便医生或助产士清理。
- 在生产过程中如果会阴、外阴出现伤口，新妈妈要配合医生调整体位，以方便医生缝合伤口。

自然分娩能够锻炼宝宝的肺功能，并且通过刺激按摩皮肤神经末梢促进宝宝神经、感觉系统的发育。更重要的是，在生产过程中，宝宝经过妈妈的产道，会接触其中的细菌。这些细菌进入宝宝的肠道，成为第一批肠道菌群并定植下来，为宝宝建立起特有的健康屏障，提高免疫力。因此，自然分娩是最理想的分娩方式。如果经过医生检查和评估，准妈妈的身体条件允许，建议尽量选择自然分娩。

专题：无痛分娩

无痛分娩在医学上称为分娩镇痛，是通过特殊的方式减轻分娩疼痛的一种医疗手段。分娩镇痛能够在一定程度上缓解第一产程的疼痛，使准妈妈得到休息，保证她在宫口开全时有充足的体力配合医生娩出宝宝。

目前，医院使用的分娩镇痛方法主要有两种：非药物性镇痛和药物性镇痛。非药物性镇痛一般包括精神安慰法、呼吸法等。此外，广为人知的水中分娩也是非药物性镇痛的一种，这种镇痛方法对准妈妈和胎儿几乎不会造成任何伤害，但是使用时限制条件较多，且缓解阵痛的效果因人而异。药物性镇痛，顾名思义，需要借助镇痛药物达到缓解疼痛的效果，经常使用的有笑气吸入、肌注镇痛、椎管内分娩镇痛等。

具体选择哪种方式，医生会根据准妈妈自身情况制定适宜的无痛分娩方案。需要提醒的是，无痛分娩虽然能够在很大程度上缓解疼痛，但并非完全无痛。

剖宫产

剖宫产是一种腹部手术，医生剖开准妈妈的腹壁和子宫，将胎儿取出。通常，如果准妈妈有骨盆狭小、胎盘或产道异常、羊水早破、妊娠并发症，或者胎儿出现异常状况，医生会建议实施剖宫产手术。

术前准备

禁食：如果是计划中的剖宫产，需要在手术前 8 小时禁食禁水，以免手术中出现呕吐，引发吸入性肺炎甚至窒息；如果是临时进行剖宫产，则需要遵从医生的指导和建议。

换衣服：换上手术服。同时，护士会提醒准妈妈摘掉隐形眼镜和饰品。另外，建议准妈妈不要涂指甲油，否则医生很可能会对手术过程中准妈妈出现的缺氧、出血等状况做出错误判断。

备皮：医生会刮去会阴及刀口部位的体毛，避免手术过程中毛发上的细菌进入伤口引发感染；另外，刮去体毛也便于术后处理伤口和恶露。

插尿管：这个过程可能会有些疼，准妈妈要尽量放松，以免影响尿管的顺利进入。插尿管是为了帮助排空膀胱，同时监测术后的排尿量。

建立静脉通道：医生会在静脉处埋入套管针，以便在手术中为准妈妈及时补液和注射药物。

麻醉：麻醉时要采取侧卧姿势，双手紧紧抱住膝关节，下巴与前胸贴合，全身呈蜷缩状（类似煮熟的大虾），然后在腰椎间隙进行局部麻醉。麻醉后，准妈妈会感到下肢发沉，而且因较大面积的皮肤暴露在空气中，若手术室温度不够高，有的准妈妈会感觉非常冷，甚至打寒战，这是正常现象，不用担心。麻醉师为了确认麻醉效果，会用麻醉针刺激准妈妈的腹部或大腿，询问是否有痛感。准妈妈要如实相告，以保证手术顺利进行。

手术环节

麻醉成功后，就进入了剖宫产的手术环节。在手术过程中，因为只是腰椎麻醉，准妈妈通常意识清醒，但不会对切割、牵拉等产生的疼痛有非常敏感的反应。剖宫产切口有横切口和竖切口两种，到底采用哪种，医生会根据准妈妈的情况做出决定。一般来说，从麻醉到伤口缝合，大概需要 1 个小时的时间。具体时间因人而异，如果没有妊娠并发症，时间可能会更短；如果有盆腔粘连或妊娠并发症，时间就会更长。

准妈妈要正确地看待剖宫产手术，一方面，不要因为担心疼痛、希望选择宝宝出生日期等，主动放弃自然分娩而选择剖宫产；另一方面，如果身体条件不允许，医生为确保母子安全而建议采取剖宫产，准妈妈也不要一意孤行，毕竟保证妈妈和宝宝的安全与健康才是最重要的。

了解母乳喂养

母乳喂养的好处

《中国居民膳食指南（2016）》中明确指出：母乳是宝宝最理想的食物，能够为 6 个月以内的宝宝提供所需的全部液体、能量和营养素。因此妈妈在产后应尽早开奶，努力实现母乳喂养。

母乳中富含优质蛋白质，且有 70% 为乳清蛋白，可溶性高，容易被宝宝消化吸收。而且，乳清蛋白主要是 α－乳清蛋白、乳铁蛋白、溶菌酶和分泌型免疫球蛋白 A（SIgA），这些是人乳中特有的免疫因子，可以提高宝宝的免疫力。母乳中含有丰富的脂肪，不仅可为宝宝提供至少50%的能量，还能促进大脑和视力发育，增强免疫力。母乳中富含人乳独有的低聚糖。低聚糖会促进肠道内正常菌群的生长，增强肠道消化功能，促使免疫系统的成熟，还有助于软化大便，缓解便秘。此外，在哺乳过程中，妈妈皮肤上的需氧菌和乳腺管中的厌氧菌，会随着乳汁一起进入宝宝的肠道，继而形成能够保护宝宝健康的肠道菌群。

因此，准妈妈生产后，应尽可能保证宝宝第一口食物是母乳，并尽可能在6个月内坚持母乳喂养。这不仅能够给宝宝提供充足的营养，而且有利于宝宝的心理健康发育，增进亲子关系。不要轻易给宝宝添加配方粉，配方粉只是不能进行母乳喂养时的无奈选择。不能母乳喂养的情况包括：宝宝患有某些代谢性疾病，妈妈患有某些传染性或精神性疾病，妈妈乳汁分泌不足或无乳汁分泌。需要提醒的是，足月出生的健康宝宝，自身储备了一定的能量，可以满足宝宝出生后3天所需。因此，健康宝宝只要体重在合理范围内，体重下降不超过出生体重的7%，家长便不必担心宝宝饿坏，可以在医生指导下坚持母乳喂养。

专题：母乳中的营养素

总体上来讲，母乳中的营养成分主要有蛋白质、脂肪、碳水化合物、维生素、矿物质和微量元素等。

– 蛋白质

母乳中的蛋白质主要有两种，即乳清蛋白和酪蛋白。乳清蛋白包括乳铁蛋白、分泌型免疫球蛋白A（SIgA）、白蛋白、α－乳清蛋白等，酪蛋白包括k－酪蛋白、β－酪蛋白等。

这些蛋白质中的活性蛋白质，比如乳铁蛋白、分泌型免疫球蛋白A、k－酪蛋白等，对于帮助宝宝建立和维持正常的肠道菌群、促进肠道成熟和消化吸收，以及增强宝宝的免疫力，有非常重要的作用。

－脂肪

母乳中的脂肪可为宝宝生长提供充足的能量，其所占比例高达母乳总热量的50%。除此之外，母乳中含有相当比例的必需脂肪酸，比如DHA（二十二碳六烯酸）和ARA（二十碳四烯酸）。必需脂肪酸是人体不可或缺的脂肪酸，但是人体无法合成，或者合成速度比较慢，不能满足人体所需，必须通过食物获得。必需脂肪酸是神经细胞膜的重要组成部分，对于促进神经细胞，包括视网膜细胞的生长和维持，有着重要意义。

－碳水化合物

母乳中的碳水化合物包括乳糖和低聚糖，以及少量的葡萄糖。

母乳中的乳糖进入宝宝肠道后，在乳糖酶的作用下被分解，才能被宝宝吸收利用。乳糖的分解是一个渐进的过程，保证宝宝在两次吃奶之间能够均匀地获取能量。

低聚糖是一种溶解性的食物纤维，是母乳所特有的。低聚糖为肠道中的双歧杆菌、乳酸杆菌等益生菌提供食物，可以促进益生菌生长，维持肠道环境平衡，提高宝宝的免疫力。另外，低聚糖对缓

解宝宝便秘也有一定的作用。

-维生素

母乳中的维生素有两种，一是水溶性维生素，二是脂溶性维生素。

水溶性维生素主要有维生素C、维生素B_1、B_2、B_6、B_{12}、烟酸、叶酸、泛酸、生物素等。母乳中水溶性维生素的含量与妈妈日常饮食有很大关系，如果妈妈平时挑食偏食，就会影响乳汁中水溶性维生素的含量。所以，母乳喂养的妈妈一定要均衡饮食，以给宝宝提供丰富的水溶性维生素。

脂溶性维生素包括维生素A、类胡萝卜素、维生素K、维生素D和维生素E。母乳中维生素D含量很少，家长需根据喂养情况适当补充，以满足宝宝生长所需。

-矿物质

矿物质主要包括钙、镁、磷、钾、钠、氯等。以现在的喂养条件来看，不管是母乳喂养，还是配方粉喂养，都不需要额外补钙，否则很可能会因为补钙过度导致脏器钙化，影响脏器的功能。

崔医生特别提醒：

虽然母乳中有如此多的营养素，但也存在一定的不足。比如，母乳中维生素D含量较少，因此母乳喂养的宝宝，出生后就需要额外补充维生素D（每天400IU）。

- 微量元素

母乳中含有足够满足宝宝生长发育所需的铁、硒、锌等微量元素，一般情况下无须额外补充。但宝宝6个月后，体内储备的铁元素消耗殆尽，而母乳中铁元素含量较少，则需要适当补铁，补充方式以食补为主，也就是给宝宝添加含铁的辅食，包括高铁营养米粉、绿叶菜、红肉等。

母乳喂养的产前准备

母乳喂养好处多，宝宝和妈妈皆可受益。要坚持母乳喂养，准妈妈产前要做好以下准备。

第一，做好必备的知识储备。若准妈妈早已下定母乳喂养的决心，在孕期就要提前学习母乳喂养的相关知识。可以通过网络、书籍等自学，也可以向身边有母乳喂养经验的亲友咨询，更好地积累相关知识。关于母乳分泌的规律、产后如何科学开奶、母乳喂养的方法等知识，可以参看本书相关内容。

第二，保证孕期营养。孕期营养不良会影响产后乳汁分泌，所以孕期要保证营养，多吃富含蛋白质、维生素等的食物，为产后泌乳做准备。

第三，做好乳房护理。乳房的皮下脂肪很薄，外源压迫容易导致乳腺管堵塞，增加患乳汁淤积、乳腺炎的风险。因此孕期应选择具有软性钢圈且承托力良好的哺乳文胸，并经常清洁乳房，使用乳房护理产品按摩乳房，疏通乳腺管，关注乳房健康。哺乳期也要选择纯棉质地、支撑性好的文胸，防止乳房下垂或变形。

第四，重视乳头护理。即便乳头扁平或内陷，也可能实现母乳喂养。如果扁平或内陷不是很严重，从孕晚期（孕37周）开始，可每天用手轻轻向外牵拉乳头若干次（如果牵拉时会引起宫缩，就要立即停止）；如果内陷比较严重，可以佩戴乳头矫正器帮助牵引乳头（同样注意不要引起宫缩）。开始哺乳后，很可能会出现乳头皲裂，如果仍想坚持母乳喂养，可以选择亲密接触型乳头护罩。

第五，要定期产检。准妈妈应定期做产前检查，发现问题及时处理，保证孕期身体健康及顺利分娩。避免出现早产或其他问题，是产后能够分泌充足乳汁的重要保障。

生产前的物品准备

准妈妈的待产包

待产包不仅包括生产时要带去医院的物品，还包括月子里用到的东西。准妈妈要用到的物品，大多要带入医院，应提前购买、打包，以免临时慌乱。

卫生清洁用品

生产之后，新妈妈要面临恶露排出、阴道撕裂或侧切刀口等问题。除了必要的医疗护理，还需要恰当的卫生护理。因此无论是自然分娩还是剖宫产，都应提前准备好卫生用品，以保证私处卫生，避免感染。

用品清单：产妇内裤、一次性马桶垫、卫生巾、产后护理垫、纸巾、小塑料盆等。

洗护用品

传统观念认为，新妈妈在月子里不能洗澡、洗头、刷牙等，这与以前取暖设备未普及、卫生条件较差有关，而现在则完全没问题。从另一个角度讲，有效保证个人卫生，可以使身体恢复得更快，间接保障宝宝的健康。因此，在待产包中，还应准备沐浴、洁面、洁牙等洗护用品。

用品清单：牙刷、牙膏、牙杯、漱口水、洗发水、护发素、沐浴液、香皂、洗手液、浴巾、毛巾、洁面护肤用品等。

衣物

月子期间的衣物，材质以纯棉为宜，吸汗且透气，不要过于花哨，避免穿着化学加工程序过多的衣物（纯色、浅色的衣物对宝宝更安全），款式要保证方便哺乳。产后初期的衣物不要过多考虑美观时尚，建议选择宽松舒适的款式，衣物过紧不利于血液循环，尤其是乳房胀奶前后大小变化明显，若衣物挤压乳房，会增加患乳腺炎的可能性。

用品清单：哺乳文胸、居家哺乳服、袜子、包脚拖鞋、出院时穿的衣服、外出哺乳服、哺乳巾等。

母乳喂养用品

怀孕时，人体本能地促使乳房发生各种变化；宝宝降生后，乳房为分泌乳汁做好了准备。为了更好地坚持母乳喂养，一些用具是必备的，比如，在母婴分离时、妈妈暂时不能哺乳时、妈妈乳汁分泌过多时，吸奶器可将母乳吸出备用。与吸奶、储存及加热母乳有关的知识，详见第 81、82 页。

用品清单：吸奶器、储奶袋、杯、碗、勺、奶瓶、奶嘴、奶瓶刷、温奶器、哺乳枕、防溢乳垫、乳头保护霜等。

宝宝需要的物品

大部分医院会提供宝宝的基本用品，以满足其在医院期间的基本需求。不过，这不意味着不需要提前为宝宝准备什么。相反，宝宝在月子里对各种物品需求较大，有必要提早着手准备。

日常衣物

纸尿裤是宝宝的别致小内裤，因此这里所说的日常衣物包括纸尿裤。纸尿裤是宝宝一出生就会用到的必需品，可提前准备一包新生儿码（NB）备用，不宜过多。至于衣物，因为生产前很难准确预测宝宝的身长和体重，而且月子里的宝宝长得非常快，所以如果医院提供宝宝的衣物，不妨先穿着，或适当准备一两套（不要过多囤积），然后再根据宝宝的实际情况购买。

用品清单：纸尿裤、衣服（可选）、包被、袜子、帽子等。

崔医生特别提醒：

为避免宝宝抓伤自己而给他戴手套，虽然在一定程度上能够减轻家长的困扰，却会影响宝宝触觉发育，限制其探索世界，因此不建议给宝宝戴手套。

居家用品

为了使宝宝保持个人卫生，促进新陈代谢，有必要提前准备宝宝的清洁用品；另外，宝宝大部分时间都在睡觉，婴儿床、被褥等寝具的使用率仅次于贴身衣物。

用品清单：洗澡盆、洗发水、沐浴露、护肤品、护臀霜、指甲刀、耳温枪、浴巾、毛巾、小盆、婴儿床、床垫、床围、被褥、床上玩具等。

崔医生特别提醒：

若频繁使用消毒湿巾给宝宝清洁皮肤，其中的消毒剂会刺激宝宝的皮肤，而消毒剂的残留物一旦被宝宝吃进肚子，会破坏肠道菌群，影响免疫力，增加过敏（如湿疹）的风险。因此给宝宝清洁时，最好直接用清水清洗，然后用柔软的纱布巾擦干。

出行用品

儿童专用的出行用品可有效减少儿童伤亡。为了确保出行安全，应购买合适的安全座椅。如果宝宝从医院回家需要坐汽车，应在孕期准备好安全座椅（或适用于小月龄宝宝的安全提篮）。因在月子里使用婴儿车的机会不多，可以根据实际情况考虑是否需要提前准备。

专题：需要带去医院的物品

物品准备齐全后，要将其中一部分打包，以便需要时提包就走。那么，哪些物品需要带去医院呢？

准备一个随身小包，放入证件和现金等贵重物品，具体包括：

- 证明身份的：身份证、户口本、结婚证。
- 与生产有关的：准生证、产检单、生育保险本、医保卡、就诊卡等。
- 贵重物品：现金、银行卡、手机、摄像机、充电器等。

需要提醒的是，不同地区、不同医院的政策和要求不同，应提前咨询，以留出足够的时间准备；丢失的证件要及时补办，或咨询医院是否可以用复印件或其他同类证件代替。证件类物品要统一放置，避免入院时找不到。

在一个大包中放入准妈妈要用到的物品，包括：

- 卫生清洁用品：产妇内裤、一次性马桶垫、卫生巾、产后护理垫、纸巾、塑料小盆等。
- 清洁与洗护用品：牙刷、牙膏、牙杯、漱口水、常用洁面与护肤用品、毛巾、梳子等。
- 衣物：居家哺乳服、哺乳文胸、袜子、包脚拖鞋、出院时穿的衣物等。

· 哺乳类用品：吸奶器、杯、碗、勺、奶瓶、奶嘴、奶瓶刷、哺乳枕、防溢乳垫、乳头保护霜等。

· 餐饮用具：保温水杯（建议选择带吸管的）、饭盒、筷子、勺子、杯子、吸管等。

准备宝宝的物品，包括：

· 纸尿裤、一条包被、一两套小衣服（可选，应事先咨询医院是否提供）。

· 部分医院会要求自带宝宝浴盆、浴巾、沐浴用品，应提前咨询。

· 宝宝出院时如需用安全提篮或安全座椅，可由家人带去医院。

准妈妈可以根据专题中的建议，自制一份“待产包清单”。首先，在清单中列出需要带去医院的物品，并且根据“重要性”和“紧迫性”对物品分等级进行标注。之后，按照清单上的项目进行采买，重要且急需的物品优先购买，而对于非急需的物品，如果时间不够可暂缓采购。将重要物品采购齐后，再将物品分类打包，并在清单上画钩标记已经准备完成。

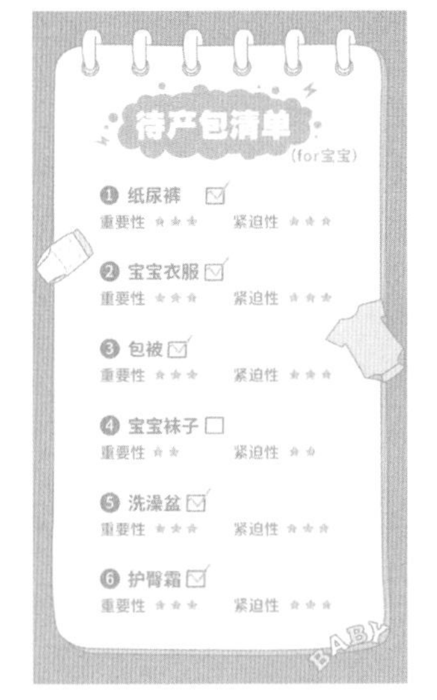

▲ 图 1-1-1 自制待产包清单

婴儿房

布置婴儿房，绝不是简单地把所有用品有序地摆放在房间内，而是要保证宝宝住得舒服和健康。家长应从温度、通风和装修布置三方面着手。

第一，温度要适宜。新生宝宝的体温调节中枢还没有发育完全，体温很容易受到环境影响，所以，宝宝房间的温度以维持在 24 ~ 26℃为佳。

第二，良好的通风。宝宝居住的房间具备良好的通风条件十分重要，因为宝宝还小，抵抗力差，如果室内通风不好，易于滋生病菌，当其达到一定密度时可能会致病，所以应选择通风良好的房间作为婴儿房。

第三，装修布置简洁环保。装修婴儿房应使用安全环保的材料，家具、软装要从正规厂家购买，并预留出污染物挥发、消散的时间。房间装修风格要简洁、明快，可以在房间里挂上颜色鲜艳的大彩球或大挂图，这有助于宝宝视觉发育。但不要装饰得过于杂乱，以免使宝宝产生视觉疲劳。

不过，刚出生的宝宝时刻需要照料，最佳的居住方式是与父母分床不分房。家长可以将自己的卧室稍作调整，在大床旁边布置一张婴儿床，暂时不要让宝宝睡在单独的房间。

适合宝宝的居家环境

对宝宝来说，健康的居家环境非常重要。家长应提高警惕，及时发现并消除威胁宝宝健康的居家隐患。

第一，警惕室内空气污染。可吸入颗粒物、烹饪油烟、二手烟、甲醛、二氧化硫、灰尘、皮屑、尘螨等，都是污染室内空气的元凶，危害宝宝的健康。最简便的改善办法是定时开窗通风。如果室外空气质量欠佳，可以借助空气净化器，但也应保证每天至少开窗通风 1 ~ 2 次，每次 15 ~ 20 分钟，让室内空气流动起来。如果室外空气质量非常差，可将空气净化器放在窗户或门边等通风位置，然后开窗让室外空气经过净化再进入室内。空气净化器的滤芯和过滤材料要定期更换，如果更换不及时，不仅影响净化器的净化功能，甚至会给室内造成二次污染。如果条件允许，可以安装新风系统，保证室内空气清新。

第二，替宝宝对“三手烟”说不。大部分家长都会注意不让宝宝被动吸入“二手烟”，却常常忽略“三手烟”的影响。躲到卫生间或阳台吸烟，或趁宝宝外出时吸烟，都会让宝宝遭受“三手烟”的侵害。烟草中的有毒物质会随着烟雾落在人的头发、皮肤和衣服上，或附着在室内的墙壁、地板、家具及其他物品表面，仅依靠通风不能彻底清除这些有毒物质。若家长吸烟后立即接触宝宝，或宝宝在地面、沙发上爬行后将手放进嘴里，或直接啃咬这些物品，无形中就会吸入“三手烟”。

第三，小心家中摆放的植物。在室内摆放植物，既可以观赏，也可以改善室内空气质量。但要注意室内植物可能存在的隐患。植物夜间无法进行光合作用，是要吸入氧气、排出二氧化碳的。如果在卧室里过多摆放植物，会影响正常的呼吸环境，可能造成宝宝夜间睡眠缺氧。一些比较危险的植物，一旦家长看护不当，宝宝误食后可能会有危险；一些尖锐的植物，如仙人掌、玫瑰花等，可能会刺伤或划伤宝宝。另外，如果宝宝对植物、花粉等过敏，则应回避过敏原，将室内的植物清理出去。

第四，防治家庭虫害。家中常见的虫害多是蟑螂、蚂蚁、蚊子、苍蝇，如果室内养着花草，还可能会有小飞虫。一旦家中发现虫害，应及时灭杀。防治虫害最好使用物理方式，可以使用粘虫板、蟑螂盒、蚊帐、电蝇拍等。尽量避免使用杀虫剂，特殊情况下必须使用时，不要把杀虫剂放在宝宝可能会拿到的地方。使用杀虫剂后要彻底清洁双手，再去抱宝宝或接触宝宝用品；使用喷雾式杀虫剂时，要提前将宝宝抱离房间，灭虫后开窗通风一段时间，再将宝宝带进室内。

第五，清理易引起过敏的地毯。有宝宝的家庭最好不要使用地毯；地毯中容易隐藏尘螨、霉菌等过敏原，如果沾到宝宝皮肤上，或者被宝宝吃进嘴里，会引起皮肤、肠胃、呼吸道等一系列过敏反应。如果确实需要，要定期清洗并彻底晒干，避免尘螨、细菌等微生物沉积。此外，家中的挂毯、遮盖家用电器的针织布或棉布罩也要经常清洗和更换，以免威胁宝宝健康。

第六，定时清洁床上用品。床上用品清洁不到位，同样可能引起宝宝过敏，因此家中的床单、被罩等应定期清洗，并在阳光下晒干。清洗时，不要使用含有消毒剂成分的洗衣液。另外，宝宝使用枕头后，不论枕芯是什么填充物，都要定期更换。因为宝宝睡觉时容易出汗、流口水、漾奶等，汗液、口水或奶渍浸湿枕芯，会使枕芯填充物发霉，如果清洁不及时，宝宝长时间受到霉菌刺激，可能会出现呼吸道不适，甚至过敏。

第2章　宝宝出生之后

分娩后，妈妈不仅要了解怎样护理自己，给自己更好的呵护，以帮助产后恢复，也要了解与宝宝相关的问题。这一章介绍了产后护理相关内容，针对不同的生产方式讲解护理要点与注意事项。对于产后极易遭遇的便秘、尿失禁、会阴疼痛等困扰，本章对其成因做了分析，并给出相应的解决办法以供参考。关于新生宝宝，则重点关注阿普加评分、需接种的疫苗和采集足跟血等与健康相关的知识。

成为新妈妈

分娩后在产房会做什么

分娩后，新妈妈要在产房停留2小时，观察是否有出血或其他异常情况，以便早发现、早治疗。宝宝出生之后的2个小时，医学上称为第四产程，这2个小时对妈妈来说非常关键。

自然分娩的新妈妈

对自然分娩的新妈妈，医生会做这些事：第一，监测健康状况。分娩后，医生会监测新妈妈的脉搏、血压、阴道出血量，观察是否出现口渴、呼吸困难、神志不清等异常情况，警惕产后出血、羊水栓塞等任何危及生命的情况，一旦发现异常，第一时间做出反应。第二，监测子宫收缩情况。绝大多数产后出血是由宫缩乏力引起的，胎儿过大、双胞胎、准妈妈有糖尿病史或生产时太疲惫等，都会引发产后出血。为了预防产后出血发生，医生通常会给新妈妈点滴缩宫素，促进子宫收缩。第三，检查胎盘是否完整。一般来说，宝宝出生后 30 分钟内，胎盘就会娩出，医生会仔细检查胎盘和胎膜是否完整。如果胎膜残留得少，且出血少，则无须特别处理，可以等待其自行排出体外；如果残留得多或出血多，则要及时清宫。如果胎盘不完整，也要做清宫手术。第四，检查会阴伤口。如果自然分娩时有会阴撕裂或侧切伤口，医生会在胎盘娩出后清洁伤口，并予以缝合。第五，按压子宫，观察恶露排出情况。分娩后每隔 15 分钟，护士会按摩和按压新妈妈下腹子宫位置，预防宫缩乏力引发的产后出血，帮助子宫恢复，并随时观察恶露排出情况。

另外，医生或护士简单擦洗和整体评估宝宝后，会将宝宝放到妈妈身上，与妈妈亲密接触，这既能促进亲子关系，也能给宝宝带来安全感。产后半小时内，医生还会让宝宝吮吸妈妈的乳头，这既能够刺激新妈妈尽早泌乳，也能帮助宝宝建立肠道菌群，提高免疫力。关于益生菌的相关内容，详见第 492 页。

剖宫产的新妈妈

一般来说，剖宫产产后 2 小时与自然分娩一样，都要监测健康情况、子宫收缩情况，检查胎盘是否完整及恶露排出情况等。

不同的是，剖宫产需要较长时间进行伤口缝合，而且因为切口的关系，妈妈与宝宝的亲密接触也会以简单的“蹭脸”代替。不要因此而心情低落或心存遗憾，等新妈妈身体好转再亲密接触也来得及。

分娩后 2 小时内最容易发生产后出血，一旦身体有任何异常情况，要及时向医生说明，以免延误治疗。产后 2 ～ 24 小时也会有产后出血的可能，家人要密切观察。

产后 24 小时的护理

和产后 2 小时观察一样，因为分娩方式不同，新妈妈产后 24 小时的护理也要区别对待。

自然分娩的新妈妈

对自然分娩的新妈妈，产后需要做好如下护理。

按摩子宫，观察出血量：住院期间，护士每天会定时为新妈妈按摩子宫，以促进恶露排出。一般产后前 3 天，恶露排出量较多，颜色呈鲜红色；之后恶露会逐渐减少，颜色也慢慢变淡，4 ～ 6 周会完全干净。上厕所更换卫生巾时，要留意出血量，如果出血量过大或有血块等，要及时告诉医生，以免发生严重的产后出血，危及健康甚至生命。

定时量体温：产后应定时测量体温，随时关注体温变化。产后发烧很可能是产道感染、泌尿系感染、乳房感染等所致，如果产后发烧，要及时通知医生以及查明病因、对症治疗，以免引发产后并发症。

伤口护理：住院期间，护士会定时为新妈妈冲洗和护理伤口。若伤口特别疼、有血液渗出或其他任何不适症状，都应及时告诉医生。撕裂伤或侧切伤口通常 7 ～ 10 天愈合。需要注意，大小便时切勿太用力，以免撑破伤口。擦拭时要从前向后擦，避免感染。

排尿排便：一般产后 2 ～ 4 小时就要排尿。如果排尿不畅，医生会检查是否有尿潴留，可能需要插导尿管予以辅助。新妈妈可以少量多次喝水，以促进排尿。第一次排便会相对较晚，通常在产后 2 ～ 3 天。为了保证排便顺利，新妈妈可以适当活动，吃一些有助于通便的食物。护士查房时，会询问新妈妈排尿排便的情况。建议用纸笔记下来，以免因产后事情太多而忘记。

饮食：产后第一餐以小米粥、蛋花汤等易消化的食物为主，然后逐渐增加蒸蛋羹、青菜、面条等清淡的饮食；开奶之后，可以适当喝鱼汤鸡汤。需要注意的是，产后切勿立即大补，否则很容易阻塞乳腺，影响泌乳。

下床活动：自然分娩的新妈妈，产后 24 小时内就可以下床活动。产后身体通常比较虚弱，突然站起可能会感到眩晕，因此起身时要动作缓慢，最好由家人搀扶。需要注意的是，产后千万不要长时间卧床，这既不利于产后恢复，还会影响排尿，严重的甚至引发双下肢血栓，若血栓脱落可能会造成肺栓塞危及生命。

哺乳：及早让宝宝吮吸乳头，可以促进泌乳。通常产后第一天，乳房会分泌少量初乳，即黏稠、略带黄色的乳汁。初乳中含有低聚糖、大量的抗体，以及丰富的营养素，既能提高宝宝免疫力，也能保证营养需求。因此，产后应及早让宝宝吮吸乳头。大多数自然分娩的新妈妈会在产后 3 天内泌乳，不过宝宝前 3 天很可能吃不饱。只要宝宝体重下降不超过出生体重的7%，就无须急着添加配方粉，而应坚持让宝宝吮吸乳头，刺激泌乳。

剖宫产的新妈妈

对剖宫产的新妈妈，产后需要做好如下护理。

观察出血量：家人要帮忙观察出血量，一旦发现异常，要及时告诉医生。和自然分娩相比，剖宫产没有经历开宫口的过程，所以需要注射缩宫素和按压子宫促使恶露排出。因为腹部有伤口，身体恢复较慢，新妈妈产后第一天通常需要卧床休息。

定时量体温：同自然分娩一样，剖宫产后，新妈妈也要时刻关注体温，一旦出现发烧症状，应立即通知医生。

多翻身：剖宫产的新妈妈，通常产后 24 小时后才可以下床活动，但是为了促进恶露排出，除了按压子宫外，产后 6 小时后需采取侧卧位，并经常左右翻身，避免恶露淤积在子宫内引发感染。多翻身还可以促进肠道蠕动，有助于肠道内的气体尽快排出。

排气：因为剖宫产是一种腹部手术，最重要的是产后排气。能够排气，也就意味着肠道功能基本恢复。一般来说，剖宫产手术后 24 ~ 48 小时，新妈妈会完成排气。理论上来说，剖宫产产后 24 小时后才可以下床活动。如果未到 24 小时，新妈妈意识清醒，四肢肌张力恢复正常，伤口和身体都没有问题，可以尽早下床走动，以更好地促进子宫收缩，促进排气，预防手术后的各种并发症。千万不要因为伤口疼痛而拒绝活动，否则很容易造成肠粘连等产后问题。

排尿：拔尿管后 2 ~ 4 小时应排尿，如果排尿困难，要及时告知医生。进行剖宫产手术，要在术前插导尿管，术后一般会在 24 ~ 48 小时内拔掉。拔掉导尿管后，为避免发生尿路感染，新妈妈要适量喝水，及时排尿。注意，术后第一次上厕所，新妈妈会因伤口疼痛难以下蹲，最好有家人在旁协助，以免牵拉伤口。

饮食：剖宫产术后 6 小时内禁水禁食。如果新妈妈口渴，可以用棉签蘸水润唇。6 小时后，可以喝点萝卜汤、米汤，帮助尽快排气。排气前不要吃奶制品和高蛋白、高油、高糖的食物，以免加重肠道负担，不利于排气。

哺乳：和自然分娩相比，剖宫产后泌乳较慢。同样，只要宝宝健康，且体重下降不超过出生体重的 7%，就不需要额外添加配方粉。一般来说，剖宫产手术常用的抗生素等药物，不会影响母乳喂养。剖宫产后哺乳时，可以尝试侧躺或半躺姿势，如果还是不舒服，可以请家人帮忙抱着宝宝。注意，一定要避免宝宝碰到腹部伤口，以免造成二次伤害。

专题：剖宫产产后注意事项

通常，剖宫产后 5 ~ 7 天，医生会根据伤口愈合情况判断是否可以拆线（如果手术时使用的是可吸收的缝合线，则无须此步骤）。拆线一般需要几分钟，会有轻微疼痛感，但在可承受的范围内。相较于自然分娩，剖宫产产后免去了私处护理的烦琐，不过由于接受了手术，新妈妈在月子期间可能会经历一些自然分娩不会碰到的问题。当遇到下列情况时，应及时向医生求助。

手术伤口疼痛：术后麻醉药效逐渐消失，伤口会有明显的疼痛。如果疼痛难忍，可在咨询医生后，使用镇痛泵缓解。镇痛药物使用剂量一般不会太大，不用担心会对母乳喂养产生影响。

恶心、呕吐：剖宫产后可能会出现恶心、呕吐，可在咨询医生后，遵医嘱服用相关药物。

腹部疼痛：手术后，消化道功能逐渐恢复，大量气体积聚在体内，对伤口造成压迫，使新妈妈感到剧烈的疼痛。因为排气前不能下床，为了缓解疼痛，可以保持双腿弯曲的姿势，或经常改变姿势，平躺、左侧躺、右侧躺交替更换。

肩部疼痛：剖宫产时会裸露肩膀，有可能在手术中或手术后因着凉而出现肩部疼痛。不过这和分娩本身关系不大，术后注意保暖，这种不适反应很快就会消失。

便秘：麻醉和手术会减缓肠道蠕动，因此出现便秘问题。可在咨询医生后，使用通便的栓剂或其他药物缓解症状。

产后一周，以上不适大多会明显缓解，疼痛感逐渐减轻，如果恢复较快，甚至已完全感觉不到任何疼痛。不过，在恢复过程中，手术伤口可能会裂开，这是很常见的情况。为了保证伤口顺利愈合，一旦发现伤口有开裂、出血、红肿或其他异常情况，一定要及时就医，请医生帮忙处理。

产后可能出现的问题

不管是自然分娩还是剖宫产，新妈妈产后都会遇到一些异常的身体反应，比如便秘、恶露不尽、尿失禁等。面对这些问题，新妈妈可参考以下给出的方法应对。

产后便秘

便秘在孕期就会出现，产后仍会持续一段时间。通常，新妈妈产后 2 ~ 3 天内会排便，如果超过 3 天，则可以判断为产后便秘。产后之所以出现便秘，是因为在生产过程中，子宫严重压迫胃肠道，导致胃肠蠕动变得缓慢，代谢物长时间停留在肠道内，随着水分流失变得越发干硬，想要顺利排出也就更加困难；生产后，子宫对胃肠道的压迫明显缓解，释放了更大的肠道空间，可以留存更多的代谢物，延长了代谢物留存体内的时间，于是就出现了便秘。除此之外，新妈妈因为阴部和骨盆受到一定的损伤，不敢用力，也增加了排便困难。

解决办法：从产后第二天开始，就要养成定时排便的习惯，即使没有便意，也要定时去厕所，逐渐形成排便反射；如果身体条件允许，可以多走动，促进肠道蠕动；如果还不能下床，可以多翻身，变换睡姿；经常做收缩盆底肌肉的运动，恢复肌肉力量；多吃含有大量水分和纤维素的食物，比如蔬菜、水果、粗粮等。

恶露不尽

通常情况下，恶露在产后 4 ~ 6 周排净均属正常。如果超过 6 周仍然不止，特别是红色的恶露排出时间超过 20 天，就可以称为恶露不尽。引起产后恶露不尽的原因主要有四个：第一，子宫恢复不良。生产过程中剥离胎盘时，可能会留下比较大的创面。如果子宫收缩不良，这个创面就难以愈合，使得恶露不尽。第二，子宫内膜发炎。子宫内膜发炎，蜕膜组织会陆续排出，造成恶露不尽。第三，宫腔感染。产后如果不注意外阴清洁，或者过早开始房事等，都可能会使细菌或病毒进入子宫，造成宫腔感染，引发子宫内膜炎或宫颈炎，使得恶露不尽。第四，剖宫产切口感染，愈合不良。可以导致晚期产后出血，表现为恶露迟迟不干净，多数伴有下腹部不适或发热，需及时就医。

解决办法：当恶露不尽时，新妈妈要及时去医院检查，明确病因，积极配合治疗。日常要注意清洁私处。在问题解决前，应禁止盆浴，禁止性生活，以免细菌进入子宫，造成宫腔感染。

恶露不下

如果产后恶露不能及时排出，瘀血、黏液、坏死的蜕膜组织等就会残留在子宫内，影响子宫收缩，进而使得胎盘剥落后的创面难以愈合。另外，它还会影响新妈妈血液循环、新陈代谢、营养吸收等，降低抵抗力，减缓恢复速度，甚至可能引起腹痛等不适。一般来说，恶露不下是以下几个原因所致：第一，宫缩乏力。子宫内的瘀血、子宫内膜蜕膜、创面出血等主要靠子宫收缩排出，如果宫缩乏力，就无法及时排出，表现为恶露不下。第二，休息不足、营养不良。生产后，新妈妈身体非常虚弱，如果没有休息好，没有及时补充营养，也会影响恶露排出。第三，心情抑郁。如果新妈妈产后情绪波动大，甚至出现产后抑郁的迹象，同样会阻碍身体快速恢复，造成恶露不下。

解决办法：如果新妈妈产后恶露不下，不要一直卧床，应适当活动，加速血液循环，促进恶露排出；要注意保暖，加强营养，保证良好的休息和心情愉悦。如果自行调整后，恶露排出仍不理想，则应及时咨询医生。

产后尿失禁

部分新妈妈会遭遇令人尴尬的产后尿失禁，表现为：大笑、咳嗽、打喷嚏、弯腰时会有少量尿液溢出来；或者憋不住尿，膀胱稍有满胀感，就有尿液溢出。这属于一种张力性失禁。分娩时，准妈妈的骨盆底肌肉扩张过度，产后肌肉收缩力量变小，在做一些较大动作时，尿液会不受控制地溢出来。此外，如果生产时会阴撕裂，会影响尿道外括约肌的功能，不能及时收缩，就会导致尿失禁。

解决办法：应对尿失禁，最重要的是恢复骨盆底肌肉的力量。如果感觉有尿意，先别着急排出，可等上 10 分钟，在此期间不断收缩和放松盆底肌肉，以有效增加骨盆底肌肉的力量。一般情况下，随着盆底肌肉力量的恢复，产后尿失禁的现象会逐渐消失，如果 3 个月后仍然存在这个困扰，就要及时到医院就医。

会阴疼痛

由于分娩时太用力，新妈妈产后会感觉会阴疼痛、肿胀，并有明显的紧绷感。如果经历了较长时间的生产过程或做了侧切，阴部不适会更加严重。在分娩过程中，随着胎儿娩出，阴道口会过度拉伸，尿道附近如果有擦伤，排尿时尿道口会有刺痛感，但很快就会愈合，一般不需缝合。如果会阴切开或撕裂，通常需要缝合，一般缝线为可吸收线，不必拆线，可在几周内溶解并被吸收。不过排尿时，缝合的部位也会有刺痛感。

解决办法：新妈妈要及早开始锻炼盆底肌肉，以尽快恢复会阴部位肌肉的弹性。加速此部位的血液循环，对伤口愈合也有一定的帮助，且能够在一定程度上缓解会阴疼痛。

月子期间的护理

月子期间的护理一般指的是产褥期（产后 6 周）的相关护理。在这一期间，新妈妈尚处于身体恢复期，抵抗力较差，非常容易受到病菌的侵袭，所以必须做好护理，以预防产褥期感染等疾病。

会阴护理

产后恶露会增加会阴感染的风险。如果恶露清理不及时，很可能会滋生细菌，造成阴道感染。因此，产后要重视会阴的清洁护理，以免患上阴道炎、宫颈炎或盆腔炎等妇科疾病。会阴的护理最重要的是保持会阴清洁和干燥，每天应冲洗 1 ~ 2 次。

会阴护理需要注意以下几点：第一，要使用由开水晾凉的温开水，而不是在开水中掺入冷水，这是因为未经高温消毒的冷水中可能有细菌，进入阴道会造成感染。第二，准备专门清洗会阴的毛巾和水盆，且每次清洗完毕要对这些物品进行消毒，并在阳光下晒干。第三，尽量用流动的水冲洗（可用小水杯舀温开水），如果条件不允许，可用温湿毛巾轻轻擦洗，要从前向后擦，避免肛门附近的细菌进入阴道引发感染。第四，清洗完毕，要用干毛巾或干净的纸巾将会阴擦干，并保持干燥。每次如厕后，也要用清水从前向后冲洗，避免细菌感染。

洗头、洗澡

定期洗头洗澡，不仅能够保持个人卫生，且有利于产后恢复。但在洗澡时应注意以下几点：第一，注意开始洗澡的时间。如果是自然分娩且体质较好，产后 2 ~ 5 天可视身体情况来定；如果是剖宫产，要根据伤口愈合情况以及医生建议确定。第二，注意每次洗澡时间。总的来讲，每次以 5 ~ 10 分钟为宜，时间太长会因浴室空气不流通、温度高，引起头晕、胸闷等。第三，注意洗澡的方式。严禁盆浴，避免引起阴道感染。若因会阴有伤口不能淋浴，可以选择擦浴。第四，注意保暖。洗澡时应控制室温和水温，洗完后要尽快擦干头发和身体，避免着凉。

刷牙

老一辈认为月子期间刷牙会导致牙齿松动，这种说法并没有科学依据。如果长时间不刷牙，牙齿很容易滋生细菌，引发牙周炎等口腔疾病。因此月子期间要重视口腔卫生，除了早晚刷牙，每次进食后也要漱口。但新妈妈刷牙应与平时有所不同，以免损伤牙齿。要选择刷毛柔软的牙刷，每次刷牙最好用温水，动作要轻柔，避免刺激或损伤牙龈。

保暖

产后身体虚弱、抵抗力下降，身体调节能力较差，因此保暖很重要。但是切勿过度，尤其是夏季，否则很容易中暑，不利于身体恢复。如果天气炎热，可以开空调，使室温保持在 26℃左右。注意，空调风不要直吹妈妈和宝宝，以免着凉。月子期间要注意通风换气，保持空气流通。开窗时，母子可以先转移到其他房间，待通风结束关好窗户后再返回。

需要提醒的是，坐月子千万不要长期卧床，这样既不利于恶露排出，还会导致产后便秘。

产后情绪及心理调节

许多新妈妈产后会出现不同程度的抑郁，这种情况与很多因素有关，比如产后体内激素水平急剧变化，睡眠严重不足，生活压力大，对未来不确定，存在育儿困惑等，都可导致情绪波动较大。

为了缓解不良情绪，新妈妈可以尝试以下方法，以尽快摆脱抑郁的心情：第一，适当降低对自己、对家人的要求。首先，不要要求自己在短时间内就成为一个完美的妈妈，尤其是产后最初几天，首要任务是休息。可以尝试做一些力所能及的事，比如母乳喂养；暂时做不到的事情不必强求，可以请家人帮忙。其次，不要要求家人，尤其是爸爸，一夜之间完全进入角色，同是初为父母，都需要时间慢慢积累经验，变得成熟。第二，请信任的人帮忙。产后初期，为了尽快适应新生活，以及保持心情愉悦，可以请自己信赖的人帮忙照顾，以免因育儿观念、生活习惯不同而产生分歧。第三，及时发泄情绪。不管是伤心还是气愤，都应大胆地用合理的方式把情绪发泄出来，可以和朋友聊聊天，也可以和丈夫说说自己的想法。切勿强行压制，以免使心情更加抑郁，或引发更大的家庭矛盾。

大多数情况下，只要及时调整，产后 1 ~ 2 周，情绪抑郁就会有所缓解。如果抑郁已持续 2 周以上，或有加重的迹象，且已影响正常生活，比如出现失眠、厌食等，很可能会发展为产后抑郁症。新妈妈应正视自己的心理状态，并立即咨询心理医生，请医生介入调整。

需要说明的是，产后抑郁不等于产后抑郁症。产后抑郁是很多新妈妈都会遇到的问题，通过积极调整，短期内就会消失；产后抑郁症则是一种需要进行专业治疗的心理疾病，需要引起重视。如果产后抑郁没有得到有效的缓解，任其发展，很可能会发展成产后抑郁症。所以新妈妈要及时调整自己的心理状态，家人也应给予其更多的关心和照顾，助其度过这个艰难的时期。

产后运动建议

月子里新妈妈要注意休息，但休息并不等于躺在床上一动不动，合理的休息配合适量的运动才能加速身体恢复。而且，月子期间是塑身的好时机，因为生产使得骨盆周围的韧带变得松弛，容易塑形。当然，运动要逐步展开、量力而行。

产后 3 天，可以每天定时在房间中慢走，以舒活筋骨为目的。活动时间不宜过长，如果感觉累了就要躺床上休息，卧床时可以做些抬腿、抬胳膊等动作较简单的产褥操。

产后 2 周，可以开始有计划地做产褥操，如果天气晴好，可以到户外呼吸一下新鲜空气，时间不宜过长。不过，如果是剖宫产，或者身体还没有很好地恢复，可以过段时间再开始。在此期间，可以做一些简单的家务，或者在房间内散步。需要注意的是，做家务时应量力而行，不要劳累，双手应避免接触凉水或者冰凉的东西。

产后 3 周，可以开始做一些较和缓的健身运动，强度不宜过大，避免拉伤。要记住，产后塑身并非一日之功，运动的重点在于不断坚持。

产后 4 ~ 5 周，大部分新妈妈身体都已基本恢复，如果天气和暖，可以适当增加户外活动的时间，呼吸一下新鲜空气，享受温暖的阳光；也可以带宝宝一起接触大自然，推着婴儿车步行也是不错的运动方式。

新妈妈根据自己的运动习惯、身体承受能力，开始有计划地规律健身时，应遵循以下几个原则：第一，以适度、切实际为前提。制订计划时，要考虑身体承受能力，不要急于求成或不切实际，否则很容易半途放弃。运动时间最好控制在每天 1 ~ 2 次，每次 30 ~ 40 分钟。另外，不易坚持的计划不要列出，比如“每周去一次健身房”，虽然愿望很美好，但极易形同虚设。第二，计划能长期坚持。瘦身并非朝夕之功，制订的计划应循序渐进，逐渐加量。要有打持久战的心理准备，不要因一时间收效甚微而降低运动热情甚至放弃。第三，瘦身与塑形相结合。产后瘦身的目的是追求健康的体态，而非单纯的体重下降，因此要将瘦身与塑形相结合，这就要求在运动项目上，要将有氧运动（如健美操、慢跑、瑜伽等）和无氧运动（如哑铃操、肌力训练等）相结合。第四，不要开始过早或过晚。产后瘦身是一个系统工程，讲求循序渐进，不可操之过急。过早节食会影响营养的摄入，导致营养不良、贫血，影响乳汁分泌。太早开始运动会影响子宫恢复，引起内脏下垂，还可能撕裂生产时的伤口，造成出血或感染。太晚开始会错过最佳瘦身时机，让瘦身变得困难。通常，真正意义上的运动可从产后 6 周开始，此时新妈妈的身体已基本恢复，生活节奏也回归正常。需要注意的是，如果是剖宫产，为确保安全，运动开始的时间建议咨询医生后再决定。

关于新生宝宝

宝宝出生后要接受测试，也就是利用阿普加评分（Apgar）评估宝宝的健康状况，包括呼吸、心率、肌张力和皮肤颜色等，要尽快接种乙肝疫苗和卡介苗，并在规定时间内采集足跟血进行疾病筛查。

阿普加评分

阿普加评分是宝宝出生后面临的人生第一场考试，主要评估其基本的健康状况，以便医生根据评分对宝宝采取相应的护理措施。

阿普加评分标准由美国麻醉师弗吉尼亚·阿普加（Virginia Apgar）首次用于新生儿评估，并以她的名字命名。医生或护士会在宝宝出生后 1 分钟内对其进行评估，若缺氧较严重，会在出生后 5 分钟、10 分钟时再次评分。需要说明的是，阿普加评分只能反映宝宝大致的健康状况，进而初步判断是否需要医生或护士帮助宝宝适应子宫外的生活。它不能预测宝宝的生长发育情况，也无法看出宝宝是否聪明或性格如何。

阿普加评分项目包括心率、呼吸、肌张力、对刺激的反应以及皮肤颜色五项，每项为 0 ~ 2 分，总分 10 分，评分越高，表明宝宝当前越健康。大多数宝宝 1 分钟评分都在 7 分以上。如果 1 分钟评分在 6 分以下，医生会结合宝宝的情况，有针对性地进行干预，争取在 5 分钟时将评分提高到 8 ~ 10 分。需要说明的是，以目前的医疗手段，即使 5 分钟评分依然很低，通过积极的治疗，宝宝一般都可以恢复健康。

表 1-2-1 阿普加评分标准

检测项目	分数		
	0 分	1 分	2 分
心率	无	小于 100 次 / 分	大于 100 次 / 分
呼吸	无	缓慢、不规则，哭泣无力	正常，哭声响亮
肌张力	松弛	四肢略有屈伸	活动有力
对刺激的反应*	无反应	皱眉	皱眉并打喷嚏或咳嗽
皮肤颜色	青紫或苍白	身体红润、手脚青紫	全身肤色红润

注：* 对刺激反应的判断方式，通常是用一根导管刺激新生儿的鼻子，观察新生儿的反应。

资料来源：《美国儿科学会育儿百科》（第 6 版），北京科学技术出版社，2018 年 3 月。

乙肝疫苗和卡介苗

疫苗是帮助宝宝获得免疫力的重要方式之一，应按时接种。其中，一出生就需接种的疫苗包括乙肝疫苗和卡介苗。

乙肝疫苗

乙型肝炎简称乙肝，是一种严重的传染病，会影响肝脏功能，感染严重时可导致肝损伤、肝硬化、肝癌甚至死亡。乙肝病毒通过血液、密切生活接触、性交、母婴、医源性等途径传播。准妈妈在接受第一次常规产前检查时，应检查乙肝五项，以判断是否感染乙肝病毒。

乙肝疫苗作为乙肝表面抗原注射到人体内，可以刺激人体产生表面抗体，从而预防感染乙肝，降低患肝硬化和肝癌的概率。接种后，在产生足够抗体应答的情况下，可以避免感染乙肝病毒，但抗体水平会随着时间的推移而逐渐下降。目前认为，乙肝表面抗体滴度小于 10mIU/ml，就不能有效保护人体，需要重新接种。

所有符合接种条件的宝宝，都要按时接种 3 剂乙肝疫苗，第 1 剂在出生后 12 小时内接种，第 2 剂在出生后 1 ~ 2 个月内接种，出生至少 24 周（6 个月）~ 1 年内接种第 3 剂。除了乙肝疫苗，如果妈妈自身乙肝表面抗原呈阳性，宝宝需遵医嘱在规定时间内注射乙肝病毒免疫球蛋白。一般情况下，如果妈妈是“小三阳”，宝宝需注射一次；如果妈妈是“大三阳”，可能会注射两次。接种过乙肝疫苗后，极个别宝宝会出现局部疼痛、红肿、硬块、皮疹或发热等情况，这些属于正常的疫苗反应，一般不需特殊处理。

如果妈妈或其他家人是乙肝病毒携带者或感染了乙肝病毒，则应对接种了乙肝疫苗的宝宝进行抗体检测，通常建议在第二针后间隔一个月以上抽血检测抗体水平。

卡介苗

在我国，绝大多数宝宝出生后就要接种卡介苗。卡介苗用于预防结核杆菌感染，避免宝宝患结核病。新生儿抵抗力差，一旦感染结核杆菌，很容易引发急性结核病，比如结核性脑膜炎等，对生命构成威胁。因此，只要新生宝宝体重达到 2500 克，且没有严重疾病，就应在出生后 24 小时内接种卡介苗。

接种卡介苗后2周左右，针眼部位可能会出现红色小疙瘩，之后小疙瘩逐渐变大，有轻微的痛感和痒感。大多数情况下，6～8周后，小疙瘩会长成脓疱，然后发生破溃。10～12周时，破溃的脓疱开始结痂，痂脱落后会留下一个红色的疤痕，这就是卡疤。

在疫苗接种部位出现脓疱或发生破溃时，无须进行处理，不要涂抹药物或包扎破溃处，以免影响疫苗接种效果。家长只需正常清洁，不要给宝宝穿肩部太紧的衣服。如果发现接种部位有脓液流出，千万不要用手指挤压，而应用干净的纱布及时擦净。另外，不要刻意抠掉结痂后的痂皮，应等待其自然脱落。

如果出生时没有接种卡介苗，则需在出生后 3 个月内进行补种。如果超过 3 个月还没有接种，接种时则需先做结核菌素皮试（PPD 试验），等待皮试后 48 ~ 72 小时的结果。如果结果是阴性，就可以接种卡介苗；如果是阳性，意味着体内感染过结核杆菌且已产生抗体，或处于结核杆菌潜伏期，就不能接种。

采集足跟血

足跟血采集对宝宝的健康有着十分重要的意义，通过足跟血，可以检测出多种疾病风险。目前，国家针对苯丙酮尿症和先天性甲状腺功能减退症提供免费检测。这两种疾病在孕期产检中很难查出，患病早期的临床表现也不明显，很难通过宝宝的表现来诊断。如果诊断、治疗不及时，会导致宝宝发育迟缓、呆傻、终身残疾，严重的甚至会导致宝宝在新生儿期死亡。而且，这两种疾病一旦延误，就具有不可逆性。如果经足跟血检测确诊宝宝患有其中一种疾病，国家会提供免费治疗，一般经过治疗，宝宝的智力发育基本不会受到影响，不会影响日后的生活。

采集足跟血要在宝宝出生后 3 天进行，这是因为宝宝在这期间通常已得到充分哺乳（至少 6 ~ 8 次），体内新陈代谢开始正常运转，检测结果更加准确。采集时间最迟不宜超过出生后 20 天，因为倘若宝宝真的存在健康问题，越早筛查、早诊断、早治疗，预后就越好。

第2部分 和宝宝一起长大

面对角色的转变，家长不仅要了解婴幼儿的生长发育规律，也要了解喂养常识和日常护理技巧。而且，从宝宝出生之日起，亲子互动与早期教育也应给予重视。这一部分共分二十三章，前二十二章内容按照宝宝的月龄或年龄划分，每一章都包括了解宝宝、喂养常识、日常护理和早教建议四个方面，系统地介绍了宝宝各月龄段或年龄段的生长发育情况、喂养、日常护理重点和早教知识。在本部分最后一章，则专门讲述了早产宝宝的特征、护理要点和易于出现的问题等。

第 1 章　1 ~ 2 周的宝宝

面对眼前这个小生命，家长应尽快进入角色，给宝宝以妥善的照顾。这一章系统介绍了新生宝宝的外观特点、发育规律和一些常见的异常情况，以帮助家长消除疑惑。此外，母乳喂养知识和日常基础护理相关内容也是本章介绍的重点。

了解宝宝

● 宝宝 1 ~ 2 周会做什么

1 ~ 2 周时，宝宝应该会：

· 做出对称的动作（实际上宝宝出生后就掌握了这项技能）。

1 ~ 2 周时，宝宝很可能会：

· 对声音（比如铃声）有反应。

· 视线跟随人或物追到正前方的中线位置。

· 注意到人脸。

1 ~ 2 周时，宝宝也许会：

· 俯卧时抬头。

· 发出哭声之外的声音，比如咿咿呀呀、哼哼唧唧。

1 ~ 2 周时，宝宝甚至会：

· 视线跟随人或物追过正前方的中线位置。

· 自发微笑。

· 反应性微笑。

崔医生特别提醒：

以上能力的描述是针对足月健康宝宝而言的，仅代表一般情况，供家长参考。早产宝宝学会相应技能通常比同龄足月宝宝要晚，因此需以矫正月龄的表现进行评估。

此外，在宝宝满 1 岁前各月龄段中，“应该会”指 90% 的宝宝能够做到，“很可能会”指 75% ~ 90% 的宝宝能够做到，“也许会”指 50% ~ 75% 的宝宝能够做到，“甚至会”指 25% ~ 50% 的宝宝能够做到。如果发现宝宝发育迟缓，远远落后于同龄宝宝，应及时跟医生沟通，以便医生进行评估或有针对性地干预。

新生宝宝的外观

宝宝的长相完全出乎家长的意料：尖头、脸和眼皮浮肿、皱巴巴的皮肤，有的还有满身胎脂。这些都是新生儿特有的外貌特征，很快就会消失。

头部

新生宝宝的头骨通常比较软，出生时经过产道挤压，头部可能会变成圆锥形，从侧面看起来长长的。即便是剖宫产，宝宝头部也会出现不同程度的变形。不过，这种情况是暂时的，几天后宝宝的头就会开始逐渐变圆。另外，新生宝宝头部会由于某些软组织肿胀而变得比较大，或出现青紫，这通常是由于胎儿的头受到扩张的子宫颈压迫或是产钳吸引所致，一般 3 ～ 8 周便会自行吸收。如果局部血肿较大或 8 周后血肿仍不消退，可由外科医生决定是否给予干预治疗。

脸部

新生宝宝的脸和眼皮普遍会有些浮肿，鼻梁较扁，眼睛可能会有充血，这些情况大多与胎儿在子宫内的位置和出生时在产道内受压有关，一般 1~2 天浮肿和充血就会消退。

有些宝宝出生后只能睁开一只眼睛，或两只眼睛睁开都有困难，这是因为新生宝宝眼部发育尚不成熟，眼睛运动不协调，一般 2 ～ 4 周后可以正常开合双眼。

皮肤

大部分宝宝出生时皮肤较凉，全身包裹着灰白色的胎脂。胎脂可以避免胎儿因为长时间浸泡在羊水里而皮肤溃烂，不过即便有胎脂保护，宝宝的皮肤仍会被羊水泡得红红的、皱皱的。宝宝出生后数天内，皮肤会恢复正常，大部分胎脂也会自行脱落。

崔医生特别提醒：

部分新生宝宝头皮上有残存的胎脂，无法用洗发露等清除。如果胎脂过厚，很可能会引起宝宝头部不适，甚至出现皮炎，可用橄榄油或婴儿润肤油敷在胎脂处，停留片刻将其软化后轻轻擦掉。胎脂不易一次去除干净，家长要耐心多试几次，切勿强行去除，以免伤害宝宝的头皮。

头发

新生儿的头发可能很浓密，也可能一根都没有，这些情况都是正常的。胎发会在几个月内被新长出的头发代替，并且头发的颜色和质地也会发生变化。

常见的新生儿反射

宝宝出生后会做出一些比较特殊的动作，而引发这些动作的就是新生儿反射，常见的有惊跳反射、吮吸反射、觅食反射、行走反射、强握反射、防御反射等。这些反射在新生儿期都是正常的，大部分会在宝宝出生后 4 ~ 6 个月内消失。新生儿反射在一定程度上代表着宝宝的神经系统发育水平，一旦家长发现任何异常，应带宝宝去医院检查。

惊跳反射

惊跳反射又名莫罗反射。当宝宝突然听到较大的声音时，会猛地伸展四肢和手指，背部伸展或弯曲，头向后仰，之后再紧握着拳头把双臂环抱在胸前。这个动作看上去好像是宝宝感到特别紧张，其实这是与生俱来的反射所致，对宝宝没有任何不良影响。

持续时间：出生至 2 个月左右。

吮吸反射

用手指或乳头轻轻触碰宝宝的嘴唇时，宝宝会马上进行自主吮吸。

持续时间：出生至 2 ~ 4 个月。

觅食反射

用手指轻触宝宝面颊，他会将脸转向被触摸的一侧，张开嘴巴准备吮吸。这个反射能帮助宝宝准确找到乳头或奶嘴，让他吃到奶。如果不了解觅食反射，家长看到宝宝在外界刺激下有寻找乳头或奶嘴的动作，就会认为他饿了，造成过度喂养。

持续时间：出生至 4 个月。

行走反射

行走反射又名踏步反射，用双手扶着宝宝“站立”在平面上时，他会抬起一条腿，然后放下，再换另一条腿抬起，就像在做踏步运动。这种反射在宝宝出生后几天就表现得非常明显。千万不要看到宝宝迈步的动作，就认为他是想要行走，并让他练习走路，以免对身体造成损伤。

持续时间：出生至 2 个月左右。

强握反射

如果用一根手指轻轻触摸宝宝的小手，他就会牢牢握住伸来的手指。这就是强握反射，是宝宝的无意识行为。

持续时间：出生至 5 ~ 6 个月。

防御反射

防御反射又名强直性颈部反射，当宝宝平躺时，他会把头转向一侧，并伸展同侧的手脚，弯曲另一侧的手脚，像是在做自我保护，所以被命名为“防御反射”。

持续时间：出生至 5 ~ 7 个月。

● 使用生长曲线监测生长情况

体重、身长（身高）和头围，是衡量宝宝生长情况的重要参考指标，但仅依据某次测量结果加以判断则过于武断。世界卫生组织（WHO）推荐的方式是：监测宝宝的生长曲线。

蓝色的曲线图（图 2-1-1）适用于男宝宝，粉色的曲线图（图 2-1-2）适用于女宝宝，横坐标代表月龄（年龄），纵坐标代表身长（身高）、体重或头围。曲线图中有 5 条参考曲线，是监测了众多正常宝宝的生长过程描绘的。以体重曲线图为例，最上方的 97th 这条线称为第

崔医生特别提醒：

生长发育是“生长”和“发育”两个词的结合。生长指各器官、系统、身体的变化，属于量变，可以用测量工具测定，相应的测量值也有正常范围；发育是指细胞、组织、器官功能上的分化与成熟，是机体质的变化，包括情感—心理的发育成熟过程，不能用数量指标衡量。

97 百分位，表示 97% 的宝宝体重低于这个水平，仅有 3% 超过，如果体重曲线高于这条线，说明宝宝可能过胖（要结合身长增长情况综合判断才能得出最终结论）。最下方的 3rd 说明 3% 的宝宝低于这一水平，可能存在发育迟缓的问题。数值在第 3 百分位和第 97 百分位之间属于正常范围，其中第 50 百分位代表平均值。

从出生起，每月定期测量宝宝的身长、体重和头围，并在生长曲线图上按月龄找到相应的数值描点，随后将点连成曲线。在这样的连续监测下，观察曲线的趋势，才能知道宝宝的生长发育是否正常。

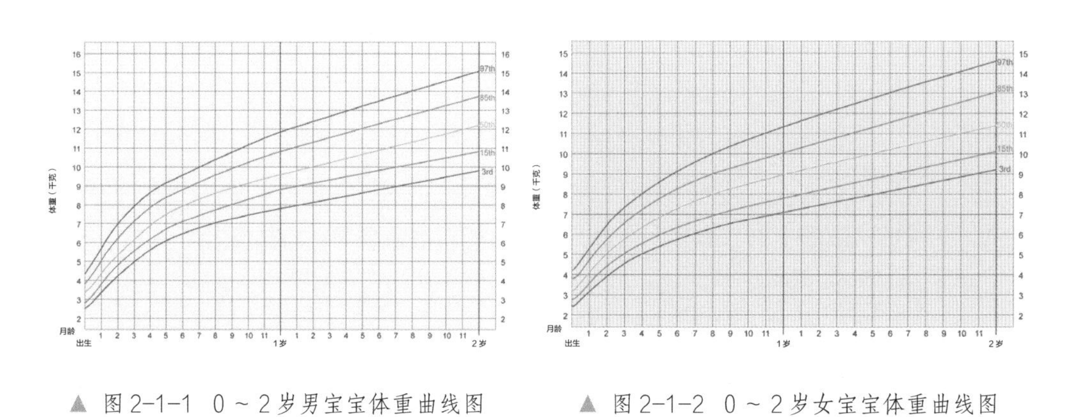

▲ 图 2-1-1　0 ~ 2 岁男宝宝体重曲线图　　▲ 图 2-1-2　0 ~ 2 岁女宝宝体重曲线图

身长（身高）

身长是判断宝宝生长状况的参考指标。身长和身高有什么区别呢？这与测量方式有关：宝宝平躺测得的数值叫作身长，而站立测得的数值称为身高。通常情况下，宝宝在 2 岁前躺着测量身长，2 岁后站着测量身高。因为测量方式不同，在身长生长曲线上，2 岁时会出现错位的情况。

身长的变化相对稳定，急性疾病等通常不会影响身长增长。如果身长增长特别缓慢，就要警惕是否存在那些周期较长的隐性问题，比如喂养不当、慢性疾病等。需要提醒的是，身长受遗传因素影响，喂养和运动也是保障与促进身长增长的手段，但千万不要为了让宝宝长高而过度喂养。

为宝宝测量身长，要在他安静、放松的状态下进行。测量时，让宝宝躺在床上，伸展身体，用两本较厚的书，分别抵在头顶和脚底，然后用尺子测量两本书之间的距离，就可以得到身长。

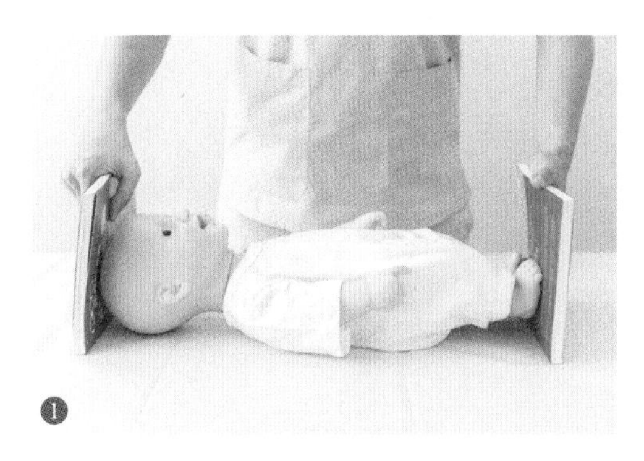

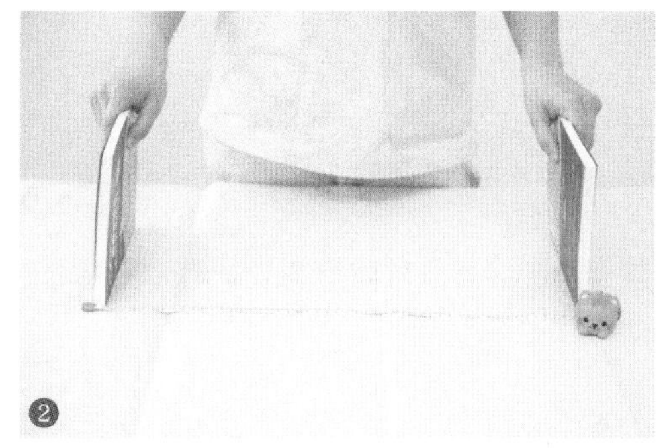

▲ 图 2-1-3 测量宝宝身长的方法

宝宝身长的增长遵循一定的规律。一般情况下，宝宝出生时平均身长约为 50 厘米。出生后第一年身长增速最快，大约会增长 25 厘米。在这一年中，身长增长速度先快后慢，前 3 个月共增长 11 ~ 13 厘米，约等于后 9 个月增长的总和。

体重

体重是能够比较灵敏地反映宝宝生长情况的指标，受喂养、身体健康状况等因素的影响比较大。比如，宝宝患病时体重通常会迅速下降，好转后又会较快回升。正常足月儿的平均出生体重是 3.3 千克，出生后第一个月，体重会增长 1 ~ 1.7 千克，出生后 3 ~ 4 个月，体重会达到出生体重的 2 倍左右。通常来说，宝宝出生后前 3 个月，体重增长总和与后 9 个月增长总和基本相当。1 岁之后，体重增长速度会逐渐放缓。宝宝体重增长存在显著的个体差异，而且增长速度不能以绝对增长克数来衡量，而要借助生长曲线判断，体重增长过快或过慢都要引起重视。

测量体重时，每次都要选在基本相同的时间进行，并要保证宝宝的状态基本一致，因为宝宝在吃奶前后、排便前后，体重都会有差异。另外，宝宝在体重秤上哭闹挣扎也会影响读数的准确，因此应在宝宝情绪好时测量。开始称重前，先将室温调至24～26℃，然后给宝宝换上干爽的纸尿裤，只留贴身内衣，再将他放在体重秤上躺好，读取上面显示的数字并记录。如果担心宝宝乱动测量不准，家长可以先抱着宝宝一起测量，然后家长再单独测量一次，两次测量值之差就是宝宝的体重。

崔医生特别提醒：

每次测量体重时要使用同一个体重秤，以尽量减少误差。体重秤的精度以每格10～20克为宜，不要高于每格50克，否则不能准确反映体重变化。

专题：新生宝宝的体重为何不升反降

宝宝出生体重为3.3千克，经过精心照顾，4天后称体重却变成了3.1千克。这究竟是怎么回事？

宝宝出生后前5天出现体重减轻是很正常的，只要体重下降在合理范围内，就不用担心。宝宝出生后体重下降，原因主要有以下三个：第一，宝宝出生前，体内储备了一定量的水分，出生后，部分水分会以尿液的形式排出，或在宝宝吮吸母乳时慢慢消耗掉，使得体重减轻。第二，宝宝出生时体内有较多胎便，出生后3～4天内，胎便基本上会排干净，体重自然会下降。第三，宝宝出生后前几天所需奶量很少，体重也会出现暂时性下降。另外，有些宝宝出生时因体内存有过多水分，或生产时被产道挤压，面部或身体有些浮肿，2～3天后浮肿消退，就会使其看起来比刚出生时瘦小。

需要说明的是，相对母乳喂养，配方粉喂养的宝宝能够在出生后及时补充一定的水分，所以体重减轻的幅度相对较小。

由此可见，宝宝出生后体重减轻只是正常的生理现象。大多数情况下，从第5天开始，宝宝体重就不会再下降，而且2周后基本上就会等于甚至超出出生时的体重。

崔医生特别提醒：

只要新生儿体重下降没有超过出生体重的7%，就不要着急添加配方粉。过早添加配方粉会增加宝宝过敏的风险，或成为日后进行母乳喂养的障碍。但如果宝宝体重持续增长缓慢，或体重下降已超过出生体重的7%，就要考虑是营养不足的原因，应及时采取措施，以免影响生长发育。

体块指数（BMI）

这个数值不能直接测量出来，而是根据身长和体重的数值计算出来的。计算体块指数的公式是体重（kg）/身长或身高（m）的平方，用来评估宝宝体形的匀称度，是对体重和身长两个发育指标关系的评价。脱离了身长去评估体重，并不能准确地对宝宝的体形做出判断，因此体块指数能够帮助家长很好地了解身长与体重之间的关系。与身长、体重曲线不同的是，体块指数曲线并不是匀速上升的，而是呈倒钩状，在宝宝6～7个月时达到峰值。

头围

头围的大小和增长速度，都是间接反映宝宝大脑发育是否正常的参考指标。头围过大或突然增长过快，有可能是脑积水或脑肿瘤所致；而头围过小或增长过于缓慢，则可能存在脑发育不良或囟门闭合过早等问题，需及时带宝宝到医院检查。

测量宝宝头围时，可以采用四点定位法，四点分别是：两条眉毛各自的中间点，两耳尖对应在头上的点。确定之后，用一根软线经过这四点，绕头部一周，然后测量软线的长度，得到的就是宝宝头围的数值。如果家里有软尺，也可以直接使用软尺。

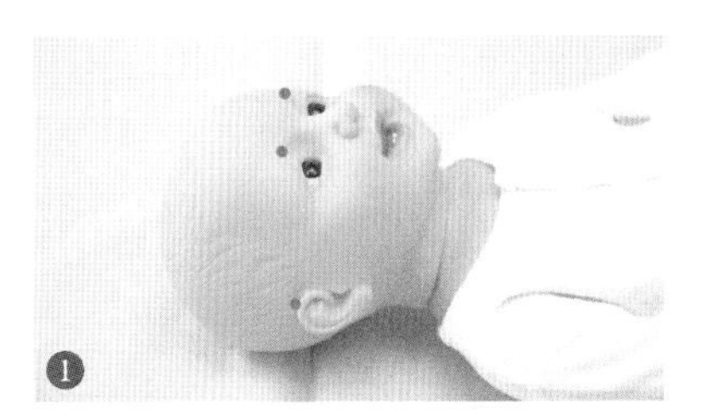

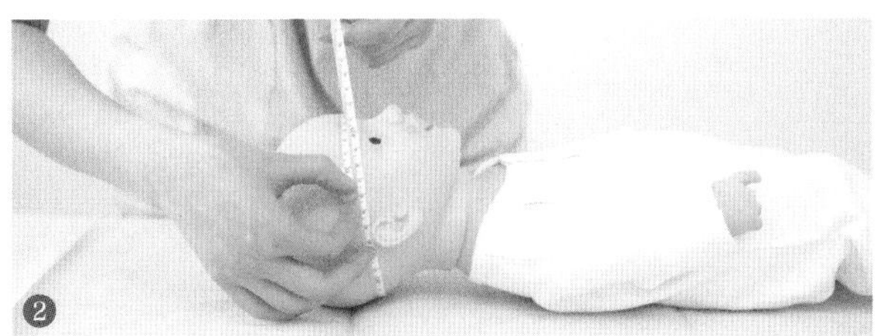

▲ 图 2-1-4 测量宝宝头围的方法

家长可在世界卫生组织（WHO）官方网站免费下载生长曲线图并打印，然后定期测量宝宝的身长、体重、头围等数值，在图上描若干点后连成生长曲线，来监测宝宝的生长发育情况。

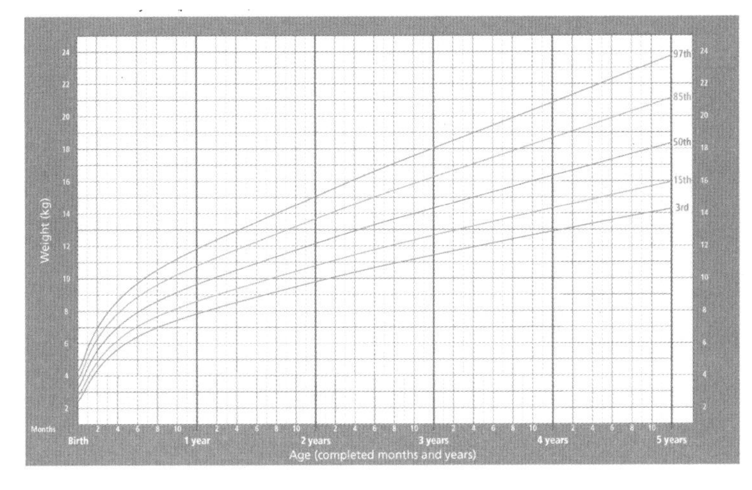

▲ 图 2-1-5 世界卫生组织生长曲线图

崔医生特别提醒：

每个宝宝出生时，身长、体重、头围等数值都是不同的，家长不要将数值作为判断宝宝健康与否的唯一标准。每个宝宝都有各自的起点，评估生长情况时，应以其生长曲线作为依据，不要和其他宝宝做比较，也不要过分纠结参考平均值。任何时候都有约一半宝宝的发育指标高于第 50 百分位，另一半宝宝则低于这条线，因此不要把生长曲线图上的第 50 百分位参考线当作可以接受的最低限度。

有关宝宝身长（身高）、体重、头围生长曲线图和体块指数曲线图，详见本书附录 2。

宝宝的视感知力发育规律

和宝宝互动时，宝宝却目空一切。刚出生的宝宝 出现这种情况，是视力不佳所致，但这并不代表他的视力一定有问题，而是视力还未发育成熟。刚出生的宝宝安静时可以短暂注视物体，但只能看清 20 厘米内的物体。也就是说，当宝宝躺在妈妈怀里吮吸乳汁时，基本只能看清妈妈的乳房，至于妈妈的样貌，由于距离“太远”，对他来说看上去是模糊的。并且，由于宝宝的眼轴长度相对于成人要短，所以宝宝出生时一般都有生理远视，是“远视眼”。

除了视觉能力较弱外，宝宝能辨识的色彩也很少，除了黑与白，唯一能看到的是红色。不过，由于妈妈的乳房是粉红色的，这对以吃和睡为主要任务的新生宝宝来说，现有的色彩辨识能力已经足够了。

在接下来的一年里，宝宝的视觉会逐渐发育：满月时，能够头眼协调地注视物体，并且可以追视感兴趣的物体。3 ~ 4 个月时，能够看到远处颜色比较鲜艳的或者移动的物体，并且

崔医生特别提醒：

在宝宝的小床上方挂床铃或小玩具，应注意悬挂位置。如果玩具悬挂得过近，宝宝就要使劲调节眼肌才能看见，较长时间注视某个方向，会影响双眼协调功能，造成斜视。因此，可以将玩具挂得稍远，最好距离宝宝面部 40 厘米以上，且要在多个方向悬挂，并定期移动位置，以免宝宝长时间注视一个点，影响眼部肌肉及神经的协调功能。

拥有能够辨别不同颜色的能力。在这个阶段，家长可以用一些颜色鲜艳的玩具跟宝宝玩耍，这对促进宝宝的视力发育有很大帮助。6 ~ 7 个月时，宝宝视线的方向和身体的动作更为协调，目光能够追随上下移动的物体，开始能辨别场景的深度。8 ~ 9 个月时，宝宝开始发展视觉深度，当趴在床边向下看时，能够“看”出床与地面之间的落差，也能够看到小物体。18 个月时，能区分各种形状。到了 2 岁，能区分竖线和横线。5 ~ 6 岁时，其视力水平接近成人。

宝宝的听感知力发育规律

新生儿对声音并不陌生。还在妈妈肚子里时，他就已经具有了听力。但这并不代表宝宝一出生就拥有和成人一样的听力，刚刚出生的宝宝，外耳与内耳之间的鼓室里没有空气，因此听力很差。

到 3 ~ 4 个月时，宝宝能够转动头部寻找声源，听到悦耳的声音还会露出微笑。宝宝吃奶时，如果听到熟悉的声音，就会突然停下来，“竖起耳朵”仔细去辨识。到 7 ~ 9 个月时，宝宝不仅能听到并辨识出自然界中的大部分声音，而且能够确定声音的来源。13 ~ 16 个月时，他能够寻找不同响度的声源。4 岁左右，宝宝的听觉发育就十分完善了。

崔医生特别提醒：

听力发育和语言发育有着非常直接的关系，如果听力障碍不能及早干预，很可能会导致语言发展出现问题，因聋致哑。宝宝出生后 3 ~ 5 天会接受初次听力筛查，如果初筛结果可疑，医生会要求复筛。不过，被要求复筛的宝宝，并不是全部有听力问题。

因此，家长要以正确的心态对待筛查结果，不必过于紧张，更不能产生逃避心理。如果宝宝的听力确实有问题，要积极配合治疗，可使用助听器或进行人工耳蜗植入手术，帮助宝宝克服将来的发音障碍。

新生儿常见的特殊情况

宝宝刚刚出生几天，就出现了各种状况。其实，大部分看似异常的状况对新生儿来说都是正常的。

红色尿

虽然名为红色尿，其实尿液呈粉红色。如果宝宝出现这种情况，家长不必担忧，这很可能是由于宝宝体内水分少，尿液中的尿盐酸含量比较高。

偶尔出现红色尿不需要治疗，却能说明宝宝液体摄入过少。家长发现宝宝尿液呈粉红色时，应及时增加其液体摄入，并注意观察宝宝尿液的颜色。

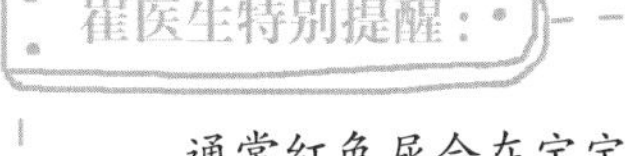

通常红色尿会在宝宝出生后72小时消失。如果情况没有好转，就要及时带宝宝就医，以查明是否患病。

马牙

有些宝宝的牙龈上会有一些黄白色的小颗粒，这就是马牙。马牙并非真的牙，而是由上皮细胞堆积或黏液腺分泌物积留形成的，一般不会让宝宝感觉不舒服，也不会影响牙齿生长，所以不需要治疗，通常几个月内便会自行脱落。不要人为去除马牙，比如用针挑破或用纱布擦，以免发生感染。

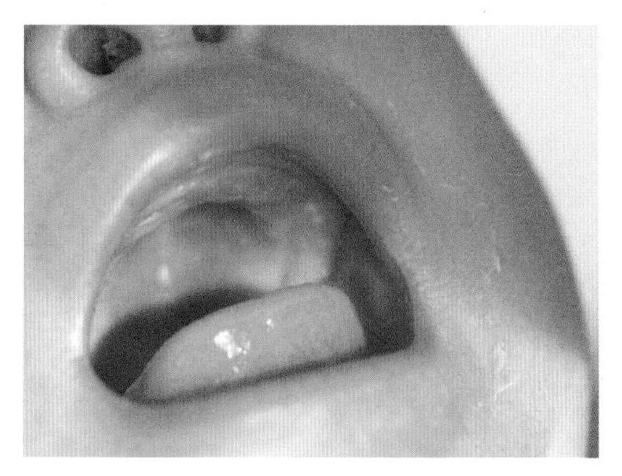

▲ 图2-1-6 马牙

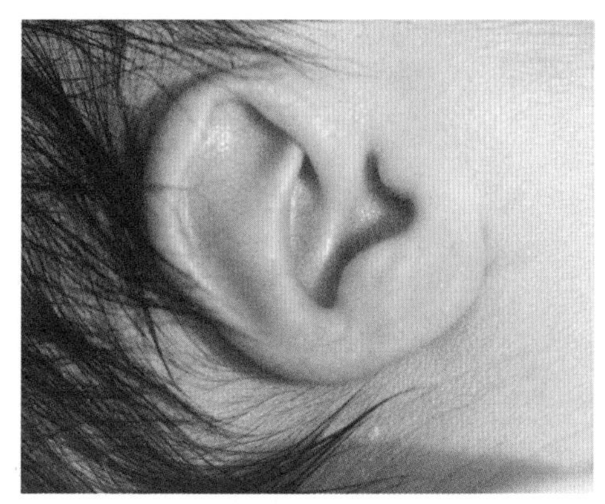

▲ 图2-1-7 外耳形状异常

外耳形状异常

有些宝宝的耳朵看起来像被压到了，紧紧地贴着头部，不像成年人的耳朵那样舒展。这是由于胎儿在子宫里时空间有限，外耳的软骨很可能会被迫受压，因此出生后耳朵的形状看起来有些奇怪，这种情况通常可在出生后几周自行恢复，不用特别治疗。

乳房肿胀

无论是男宝宝还是女宝宝，乳房下都可能会出现坚硬的小肿块，大小如一角钱硬币，甚至更大。这是由于在宝宝的胎儿期，妈妈会经过胎盘传给胎儿雌激素，这些激素刺激了宝宝的乳房组织所致，但不会对宝宝的健康造成影响。几周后，当宝宝体内的雌激素代谢干净，乳房就会恢复正常。

眼睛分泌物多

眼泪由泪腺分泌，会通过鼻泪管流到鼻腔被鼻子吸收。但新生儿的鼻泪管相对比较狭窄，眼泪产生后无法顺畅地流到鼻腔，只能积在眼睛里，因此许多新生儿看起来总是眼泪汪汪的。当眼泪中的水分蒸发后，便会形成或白或黄的分泌物，也就是眼屎。

鼻泪管会随着宝宝的生长发育逐渐成熟，功能也会随之完善。如果宝宝的眼泪或分泌物不是很多，就无须治疗，家长可以用干净的纱布或纸巾将其擦掉。如果眼睛分泌物比较干，可以用温热的毛巾热敷，软化后再将其轻轻擦掉。另外，也可以用手指按摩宝宝的鼻泪管帮助疏通。

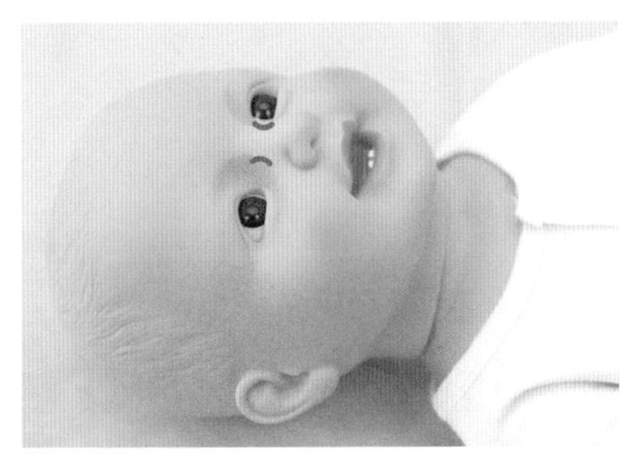

▲ 图 2-1-8 鼻泪管按摩位置示意图

需要提醒的是，如果宝宝的鼻泪管堵塞比较严重，眼睛泪多、分泌物多等现象持续存在，甚至出现黏稠的深黄色分泌物，或者白眼球泛红，则说明眼睛受到了细菌感染，家长需要带宝宝去医院就诊，排除先天性泪囊炎或者泪道其他疾病。

倒睫

宝宝的下眼睑睫毛向内生长称为倒睫。倒睫会使睫毛贴在眼球表面，摩擦眼球形成刺激，导致宝宝分泌较多眼泪。这种情况家长可以通过观察自行排查。

倒睫和宝宝的鼻梁发育不成熟有关。宝宝鼻梁上端与额部相连处的鼻根偏平，使得下眼睑易向内卷，长在下眼睑上的眼睫毛也会向眼球的方向生长，便形成了倒睫。这种现象会随着宝宝鼻梁的发育而自行改善，所以家长不必过于担忧，也不要自行拔除睫毛，以免操作不当对宝宝造成伤害。如果倒睫情况比较严重，可以带宝宝到医院就诊，请医生处理。

总打喷嚏

宝宝之所以会较为频繁地打喷嚏，通常是由于呼吸系统中还留有积存的羊水和较多的黏液，需要通过打喷嚏的方式将其排出。另外，新生儿刚刚离开子宫，对新环境的温度、气味等不适应，也会使他不断打喷嚏。再者，新生儿的鼻黏膜非常敏感，一旦受到灰尘、烟雾、冷空气等刺激，便会通过打喷嚏的方式缓解不适。可以说，打喷嚏是宝宝天生具有的一种机体保护性反射机制，既能帮助清除鼻腔内的异物，还能防止灰尘等微小异物进入呼吸道。

总打嗝

没有任何刺激，宝宝却总是不停打嗝。事实上，打嗝是膈肌痉挛的表现，膈肌是分隔人体胸、腹的肌肉。成年人的膈肌呈双驼峰状，胃部膨胀时不易对膈肌产生刺激，因此较少打嗝。而婴儿的膈肌是平的，一旦宝宝吃饱，膨胀的胃部就会刺激膈肌，造成膈肌痉挛，便会开始打嗝。因此，打嗝属于宝宝生长发育过程中一种正常的生理现象。另外，新生儿胃肠功能较弱，且易胀气，如果喂养姿势不当或宝宝哭闹等，吸入大量空气，使得胃部顶到膈肌的机会增多，造成膈肌频繁痉挛。所以，新生儿打嗝的情况更为常见。

与成年人不同的是，打嗝不会给宝宝带来不适，而且它通常是自限性的，无须干预就能自行平复。如果想帮宝宝停止打嗝，可以尝试让宝宝做吮吸动作；另外，啼哭也能起到一定的缓解作用。

男女宝宝私处的常见问题

在为宝宝护理私处时，可能会遇到一些令人意外的问题，比如男宝宝阴囊肿胀、睾丸移动、隐睾，女宝宝阴唇粘连，甚至竟然来“月经”了，等等。面对这些问题，家长应保持冷静，细心观察。一般情况下，这些问题不会对宝宝造成严重伤害，但必要时应请医生诊治。

男宝宝私处常见问题

– 睾丸移动

有些男宝宝的睾丸会在阴囊中来回移动，特别是在遇到比较凉的刺激后，有时移动到阴茎的根部，有时移动到大腿根部。睾丸本身具有游走性，这种情况是发育过程中的正常现象，随着宝宝长大会逐渐消失。因此，只要宝宝的睾丸大部分时间都在阴囊中，家长就不必担心。

– 阴囊肿胀

男宝宝如果出现阴囊肿胀，常有两种可能：疝气或鞘膜积液。如果是疝气引起的，通常在宝宝哭闹或剧烈运动时，在腹股沟处会有一突起的块状肿物，位置如果比较靠下则会延伸至阴囊，在宝宝平躺或用手按压时，肿物会消失，家长可以据此初步判断。

很多男宝宝会有一侧阴囊积水，个别宝宝甚至两侧都有积水。如果用手电筒照在肿胀的阴囊上，会发现阴囊的透亮度很强，阴囊内有均匀的液体。这就是鞘膜积液，通常分为两种情况：非交通性鞘膜积液和交通性鞘膜积液。

男宝宝的睾丸由纤维袋包裹，这个纤维袋就是鞘膜。随着胎儿的发育，睾丸从腹腔降入阴囊内，纤维袋封闭，将睾丸“锁”在阴囊里。在这个过程中，有些男宝宝的纤维袋会在封闭时将一些液体锁在其中，这种情况称为非交通性鞘膜积液；如果纤维袋封闭不严，腹腔内的液体就可能继续进入纤维袋，或从纤维袋返流回腹腔，这种情况称为交通性鞘膜积液。

观察宝宝哭闹时阴囊肿胀是否有增大的趋势，如果增大，应是腹压使腹腔内的液体流进了阴囊，可以确定为交通性鞘膜积液；如果没有明显的增大，可判断为非交通性鞘膜积液。这种方法只能供家长在家做初步的筛查，最终应请医生做出诊断。非交通性鞘膜积液会随着宝宝长大逐渐被吸收，在 1 岁左右全部消失，在这个过程中无须特别护理和治疗。如果是交通性鞘膜积液，则意味着纤维袋没有起到隔离作用，需请医生治疗。

- 隐睾

如果在男宝宝的阴囊内没有触到球状的睾丸体，很有可能是宝宝的睾丸在发育过程中没有正常沉降到阴囊内，这种情况叫隐睾。此时睾丸也许在腹腔内，也许在腹股沟处，具体需请医生确诊，医生会根据睾丸的位置，给出不同的治疗建议。

女宝宝私处常见问题

- 阴唇粘连

女宝宝的阴唇包括大阴唇和小阴唇，外层为大阴唇，内层为小阴唇。阴唇粘连，多指小阴唇粘连在了一起，25% ~ 33% 的新生女宝宝存在这个问题，但可能因为粘连的范围比较小，只有 1 ~ 2 毫米，常被家长忽视。

女宝宝之所以容易出现阴唇粘连，主要是由于体内雌激素分泌较少。此外，护理不当也会造成这种情况。如果总是过度清洁宝宝的阴部，使其受到严重的刺激，造成黏膜损伤，进而引发炎症，也会导致阴唇粘连。

崔医生特别提醒：

宝宝阴唇粘连，不能用手帮她分开。强行分开可能会形成新的伤口，很容易再次粘连。随着宝宝年龄的增长，小范围的粘连会自行消除。如果是大范围的粘连，则要及时就医。

大多数情况下，小范围的阴唇粘连会随着宝宝年龄增长自行恢复正常。但是，如果宝宝因为粘连问题已经出现了排尿困难、泌尿道感染，或者粘连范围超过了阴唇的一半，家长就要及时带宝宝就医，由医生做出诊断并给予治疗。

– 阴道皮赘

宝宝的阴道处突出一小块皮样组织，好像新长出来一块皮肤，有时看起来很正常，有时又会出现红肿，这块皮样的组织就是阴道皮赘。阴道皮赘属于正常的生理现象。当胎儿在妈妈子宫里时，皮肤对来自母体的雌激素较为敏感，就可能会出现快速增长的皮赘。宝宝出生后，随着体内激素水平的变化，皮赘就会逐渐萎缩，最后完全消失，因此不需要特别护理。

阴道皮赘消失的时间与宝宝出生后的喂养方式有很大关系。通常来讲，母乳喂养的宝宝，由于持续受到妈妈激素的影响，皮赘消失得较晚；而配方粉喂养的宝宝，皮赘消失得较早。

– 分泌物

在女宝宝刚出生的几周里，阴道内可能会有白色或黄色的透明物质，这就是阴道里的分泌物。事实上，阴道分泌物是阴道黏液，其成因与阴唇粘连及阴道皮赘相同。宝宝在胎儿期吸收了妈妈体内的雌激素，出生后便会在激素的刺激下出现阴道分泌物。当宝宝体内的激素水平恢复正常，分泌物就会消失。

女宝宝阴道内的黏性分泌物大多属于正常现象，不需特别清洁护理，只需在换纸尿裤时，用清水从上至下冲洗。切勿过度清洁，否则很容易造成阴部损伤，增加局部感染的风险。但是，如果宝宝阴道的分泌物呈现绿色或者散发异味，而且持续 6 周以上未消退，这可能是阴道发生感染，需及时带宝宝就医。

– 假月经

有些女宝宝的纸尿裤上会出现血迹，如果宝宝没有不适且出血量很少，那么很有可能是新生儿假月经，属于正常现象。不过，如果宝宝出血量大且持续时间较长，就需要带宝宝就医，请医生诊断、治疗。

假月经通常出现在宝宝出生后 3 ~ 7 天，可能会持续 1 周左右，不需要特别治疗。之所以会出现这种情况，是因为宝宝在胎儿期，从母体中获得的雌激素使子宫内膜增厚。宝宝出生后，雌激素供给中断，增厚的子宫内膜就会脱落，并通过阴道排出体外，这就是家长看到的假月经。

新生儿黄疸

几乎一半以上的新生儿都会出现黄疸。那么，新生宝宝为什么会出现黄疸，黄疸是否对宝宝健康有害，该如何给宝宝退黄疸等，这些问题是家长最为关心的。

引起黄疸的主要原因

黄疸出现的关键原因，是宝宝体内胆红素增高。虽然名称里有个“红”字，胆红素其实是人体自然产生的黄色色素样物质，是正常的代谢废物。宝宝出生前，胎盘负责排出这种废物；出生后，肝脏负责将它们通过大便排出体外。但宝宝刚出生时，肝脏功能还不是很健全，不能完全排出胆红素，就会使胆红素的产生量大于排出量，造成新生宝宝出现黄疸。

黄疸的主要症状

黄疸的主要症状是新生儿面部及全身皮肤颜色变黄。黄疸通常起自面部，然后是胸部和腹部，最后表现在四肢，消退时顺序则相反，身上的黄色会先退去，然后才是面部。因此，黄疸初期，家长会发现孩子白眼球变黄，这个部位的黄色要等黄疸几乎完全消退后才会消失。

黄疸是否对宝宝健康有害

按照出现的时间和深浅程度不同，黄疸可以分为生理性黄疸和病理性黄疸。通常，宝宝出生后的 24 小时至 9 ~ 10 天内出现的黄疸是生理性黄疸（个体情况有差异），属于正常现象，主要表现为白眼球和面部发黄；如果宝宝在出生后 24 小时内或出生 1 个月后出现黄疸，或者几小时、几天内皮肤明显变黄，就要怀疑是由溶血、感染等引起的病理性黄疸，需要请医生检查。

如何应对生理性黄疸

退黄疸最有效的办法，就是尽可能地多给宝宝哺喂乳汁。新生儿的胆红素通过大便排出，因此宝宝排便的次数越多，排出的胆红素也就越多，相应地，黄疸消退得就越快。而要想增加排便，最好的办法就是多喂乳汁。因此，对于已经出现黄疸的宝宝，要注意保证喂养量，如果黄疸情况比较严重，可以适当增加喂养量。

此外，适当晒太阳对黄疸消退也有一定的帮助。为了避免直射光损伤视力，晒太阳时要用衣物或帽子遮挡住宝宝的眼睛，并充分暴露身体皮肤，但注意不要着凉。照射时间以上午、下午各半小时为宜，应经常变换体位，避免晒伤。

不建议给黄疸宝宝喂糖水。这是因为糖水易使宝宝产生饱腹感，减少母乳喂养次数和喂养量，影响大便排出的次数，进而影响胆红素排出，不仅对退黄疸无益，甚至会加重黄疸症状。

崔医生特别提醒：

如果家长不能准确把握黄疸的程度，可以带宝宝就医检查，万一是由溶血、感染等引起的病理性黄疸，也能及时查出。

出现黄疸是否需要照蓝光

一般来说，医生会根据宝宝黄疸的程度，给出合理的治疗和护理建议。如果症状较轻，无须用药，随着宝宝代谢功能的完善，黄疸会逐渐消退；如果黄疸比较严重，医生可能会采取照蓝光的方式帮助退黄疸，避免高胆红素对宝宝大脑造成伤害。总之，医生会根据宝宝出生时的体重、已出生多少小时和黄疸程度，综合考虑是否需要照蓝光。

专题：母乳性黄疸

母乳性黄疸是生理性黄疸的一种，往往在母乳喂养一段时间后出现，且消退较慢，持续时间较长。这种情况会不会对宝宝的健康产生不良影响呢？事实上，对足月出生的健康宝宝来说，出生后第5天开始，如果胆红素水平始终不高于17mg/dl，就没有超出正常范围，不必过于担心。当然，若黄疸持续时间超过3～4个月，建议咨询医生。

– 母乳性黄疸真的是母乳引起的吗

毫无疑问，母乳性黄疸与母乳脱不了关系。很多新生宝宝出现母乳性黄疸，是因为母乳中有一种特殊的酶，这种酶在一定程度上会影响宝宝体内胆红素代谢，再加上新生宝宝的肝脏代谢功能还没有发育成熟，所以胆红素水平会比较高。不过，胆红素水平基本上在正常范围内，不会对健康造成太大的影响。随着肝脏逐渐发育完善，代谢加速，母乳性黄疸会慢慢消退。

需要注意的是，在面对新生儿母乳性黄疸时，不要因为紧张焦虑而选择停掉母乳，以免宝宝进食母乳不足，排便减少，排出的胆红素减少，积聚在血液中的胆红素水平升高，延长黄疸持续的时间。

– 如何应对母乳性黄疸

要解决母乳性黄疸，家长可尝试以下三个方法：第一，坚持正常喂养。母乳性黄疸虽然持续时间比较长，但对宝宝的健康影响不大，而且母乳有利于退黄疸，因此应坚持正常喂养。第二，评估黄疸程度。如果家长认为宝宝的皮肤太黄，或者对黄疸情况很担忧，不妨带宝宝去医院测一下黄疸值，并咨询医生是否需要治疗。第三，等待。不过，等待的前提是宝宝的黄疸值一直处于安全值范围内。（不同胎龄出生、不同高危因素的宝宝，在出生后的不同天数里，胆红素的安全值范围也是不一样的，具体请遵医嘱。）待宝宝的肝脏发育成熟，母乳性黄疸就会自然消退。

崔医生特别提醒：

母乳性黄疸只是新生宝宝出现的一种正常的生理现象，并不是疾病，通常不影响接种疫苗，但医生会根据黄疸值给出具体的接种建议（包括是否可以立即接种）。

新生宝宝大便的颜色

新生宝宝在出生后的一周里，会排出不同颜色的大便。实际上，无论是最初的黑绿色胎便，还是过渡期深黄绿色的大便，一般情况下都是正常的，家长无须过于担心。

黑绿色大便

这是胎便的颜色。胎便，顾名思义是胎儿期逐渐累积下来的，可以说是新生宝宝最早的肠道分泌产物。胎便之所以呈黑绿色，是因为其中含有胆红素。胎便是宝宝为家长传递的良好信号，它的顺利排出，说明宝宝的直肠是通畅的。如果宝宝出生后 24 小时仍然没有排便，就要及时告知医生，尽快通过检查排除是否存在消化道畸形。

深黄绿色大便

这种颜色的大便，是宝宝胎便排出后的过渡期大便，会持续三四天的时间。过渡期的大便比较松软，如果宝宝已经开始接受母乳喂养，有时会呈颗粒状。

新生宝宝的大便中有黏液，大部分情况下，这是宝宝肠道内细菌分解代谢的结果，属于正常的生理代谢现象，家长无须担心。

金黄色大便

如果吃母乳，宝宝的大便就会是很漂亮的金黄色，有一定的黏性且偏稀，看上去很松散，可能呈水状、颗粒状、糊状、凝乳状等。当看到这些性状的大便时，不用担心宝宝肠胃不好，因为母乳易于消化吸收，所以吃母乳的宝宝通常会排出较稀的大便。

浅黄、黄棕、浅棕色大便

如果是配方粉喂养，宝宝的大便颜色就会多种多样，呈现各种深浅不一的黄，甚至掺杂着棕色。虽然看上去也比较松软，不过相比吃母乳的宝宝，这类大便较成形。

黑色大便

若宝宝饮食中含有铁，不管是配方粉还是维生素滴剂，大便都可能呈黑色或深绿色。但如果宝宝是母乳喂养，且补充的维生素中也不含铁，却排出了黑色的大便，则建议带宝宝就医检查。

崔医生特别提醒：

大便虽然在一定程度上能够反映宝宝的健康状况，但家长千万不要做“大便的奴隶”，过分纠结大便的颜色，尤其是在宝宝开始吃辅食后，由于吃的食物不同，排出的大便颜色会有更多变化。

专题 1：灰白色大便与先天性胆道闭锁

如果新生宝宝排出灰白色大便，则应警惕是否患上了先天性胆道闭锁，需立即请医生检查，做到早发现、早治疗。

先天性胆道闭锁是胎儿期无法诊断的一种先天发育畸形，患病宝宝出生时通常无明显异常，但会在随后 2 ~ 3 周内出现黄疸，且大便颜色变浅呈陶土样灰白色。胆道闭锁如能早发现、早诊断，经过相对简单的治疗就有可能康复，否则只能通过肝脏移植手术挽救生命。宝宝出生后，家长应关注其排便情况，一旦发现灰白色大便，应及时就医。

专题 2：宝宝的绿色大便

宝宝排出绿色大便，主要与吃进去的营养物质没有被完全消化吸收有关。原因主要有两个，一是宝宝一哭家长就喂，供给的营养物质超过需求量，多出来的难以被消化吸收，造成大便发绿。家长必须学会排查宝宝哭闹的原因，一般宝宝因为饥饿而哭闹，不会突然爆发，会先表现出活动增多，如果吃不到奶才会哭。这时才需要喂奶。第二个原因是宝宝腹泻。腹泻时，肠道蠕动过快，会使营养物质还没来得及完全消化吸收就被代谢掉了，造成大便发绿。适当调整肠道菌群，对改善这种情况有一定的帮助。

此外，宝宝因牛奶蛋白过敏而吃部分水解配方粉，也会拉绿便。因为部分水解配方粉提前分解了其中的营养物质，尤其是蛋白质，提前分解相当于预消化，能够帮助宝宝更好地消化和吸收，但是如果宝宝未能将这些营养物质完全吸收，过剩的营养就会在肠道堆积，造成大便发绿。同理，如果宝宝吃的是加工更为深入和彻底的深度水解或氨基酸配方粉，大便颜色很可能会更深，甚至发黑。这都是正常现象。

总体上来说，绝大多数的绿色大便并不意味着宝宝健康出现了问题，只要宝宝平时饮食正常、睡眠质量好，精神状态也不错，家长就不用太在意大便的颜色。

喂养常识

初乳

初乳，是指妈妈生产后5天内分泌的乳汁。分娩10天后，妈妈的乳汁会逐渐转化为成熟乳，初乳与成熟乳之间的乳汁称为过渡乳。初乳的颜色偏黄，有些甚至呈橘黄色，并且比较浓稠。初乳中蛋白质浓度很高，并且含有丰富的抗体，能够预防宝宝患传染病和过敏。

妈妈分娩后，越早泌出的乳汁，其中的抗体含量越多，尤其以生产后 5 小时内泌出的乳汁抗体最为丰富。因此在条件允许的情况下，应鼓励妈妈在产房中就让新生宝宝开始吮吸，在产后 30 分钟内开始母乳喂养。母乳，应作为宝宝出生后的第一口奶。

初乳的珍贵之处，不仅在于其中所含的营养成分，还在于母乳喂养的过程。新生宝宝的肠道菌群还未建立，肠道黏膜发育还不完善，肠壁细胞之间存在一定的缝隙，导致进入肠道内的食物大分子，会通过缝隙进入血液引起过敏。而母乳喂养正好可以弥补新生儿肠道菌群未建立的不足。

母乳喂养是有菌喂养，宝宝在吮吸时先含乳头再吸到乳汁，在这个过程中，乳头上的细菌会随着哺乳被宝宝吃下去。这些细菌属于需氧菌，进入肠道后，会帮助消耗宝宝吮吸过程中咽下去的空气，给宝宝体内从乳汁中获得的厌氧的乳酸杆菌提供良好的生存条件，保证第一时间帮助宝宝建立肠道菌群环境，刺激免疫系统发育。

另外，初乳中丰富的低聚糖是肠道中益生菌的食物，能够帮助它们在宝宝肠道内很好地生长，形成保护肠道黏膜的分泌液，降低过敏的风险。而宝宝良好的肠道菌群环境，更利于母乳的消化吸收，如此便形成了一个良性循环。

剖宫产妈妈可能担心手术过程中用药，不能喂母乳。正常情况下，剖宫产常用的抗生素等药物不影响母乳喂养。当然，具体情况应遵医嘱。如果医生许可，虽然伤口的疼痛会给剖宫产妈妈产后开奶带来困难，但也应尽量在家人的帮助下找到舒适的姿势，尽早为宝宝哺乳。

崔医生特别提醒：

有些家长十分推崇牛初乳，认为其所含营养丰富。事实上，牛初乳所含的免疫球蛋白不可能达到与人初乳相同的提高宝宝免疫功能的效果。并且，这类蛋白质若不能被宝宝接受，还可能引发过敏等问题。

专题：何时需要添加配方粉

《中国居民膳食指南（2016）》明确提出：婴儿配方粉只能作为母乳喂养失败后的无奈选择，或母乳不足时对母乳的补充。也就是说，只有在母乳确实无法满足宝宝的生长需求，比如宝宝患有某些代谢性疾病，无法消化和代谢母乳中的营养成分，或宝宝因为妈妈母乳不足，导致体重下降已经超过出生体重的7%，或者从出生后体重增长始终不理想，为了保证宝宝的生长发育，应考虑添加配方粉。

另外，如果妈妈患有某种母乳喂养禁忌，如结核病、水痘－带状疱疹病毒、巨细胞病毒等，则需要视情况遵医嘱放弃母乳喂养，给宝宝添加配方粉。

至于患有乙肝是否能够哺乳，要结合实际情况综合判断。首先可以肯定的是，乙肝病毒虽然存在于血液里，可一旦妈妈的乳头破损，哺乳时宝宝便会接触携带乙肝病毒的血液，增加感染乙肝病毒的风险。但需要提醒的是，乙肝表面抗原阳性，不等于体内的乙肝病毒有传染性，判断其是否具有传染性的唯一指标是乙肝病毒 DNA 载量。病毒载量越高，表明病毒的复制性越强，或正在复制，传染的可能性就会越高。一般来说，如果载量指数小于 10^2，可以母乳喂养；如果载量指数处于 10^2 ~ 10^6 之间，则需结合肝功情况判断，如果肝功正常，一般可遵医嘱母乳喂养；如果载量指数大于10^6，一般建议不要母乳喂养。

如果因母乳不足而添加配方粉，添加前最好每次都先让宝宝吮吸乳房，每侧各10～15分钟，待吃过母乳之后，再用配方粉补足。这样既可以有效刺激乳房，增加泌乳量，还能保持宝宝对母乳的兴趣，避免因接触奶瓶而抵触吃母乳。

为了降低过敏的风险，应选择添加部分水解配方粉。需要补充的配方奶量要根据宝宝的需求而定，在第一次哺喂时可以多冲一些，看宝宝吃饱后还剩余多少，然后用总量减掉剩余量，作为第二次冲调时的参考。

关于配方粉的选购注意事项及基本喂养常识，详见第127页。

常见的哺乳姿势

面对柔嫩娇弱的新生宝宝，许多妈妈不知道该如何进行哺乳。若想顺利哺乳，找到适合自己和宝宝的姿势非常重要。常见的哺乳姿势有摇篮式、交叉摇篮式、橄榄球式和侧卧式等。

摇篮式

这种姿势又称搂抱式，是最简单易学、最常用的一种哺乳姿势。妈妈单手将宝宝抱在胸前，让宝宝的头枕在自己的臂弯处，并用臂弯支撑住宝宝的颈部，前臂支撑宝宝的脊柱，同时张开手掌，托稳宝宝的屁股。宝宝要面向妈妈，以几乎与地面水平的姿势侧卧，高度与妈妈的乳房平齐，并尽量贴近妈妈的身体。

用摇篮式哺乳时，为了更舒服，妈妈可以坐在有靠背的椅子上或倚着床头坐在床上，将脚垫高，并将哺乳枕或靠垫放在大腿靠近腰的位置。

交叉摇篮式

与摇篮式类似，但宝宝的头不是靠在妈妈的臂弯里，而是枕在妈妈的手掌上。如果宝宝面向右侧躺在妈妈怀中，那么妈妈需要用左手托住宝宝，以前臂支撑宝宝的背部，并用手掌托住宝宝的头，帮助他寻找乳头。使用这个姿势时，妈妈可以采取坐或半躺的姿势，注意不要过于后倾。这种哺乳姿势可以让妈妈比较清楚地观察宝宝吃奶的情况，适合早产儿或新生儿。

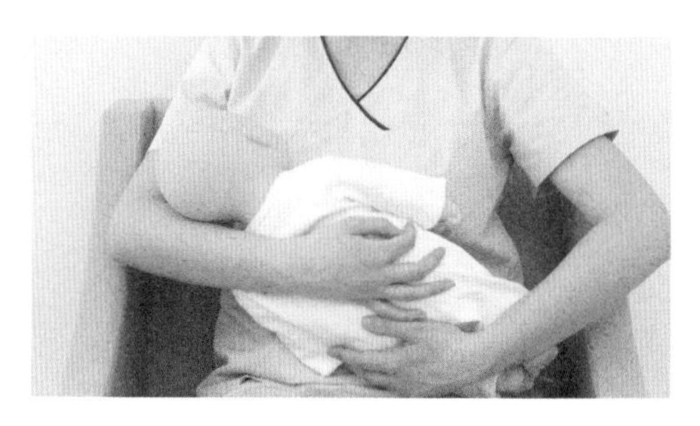

▲ 图 2-1-9　摇篮式

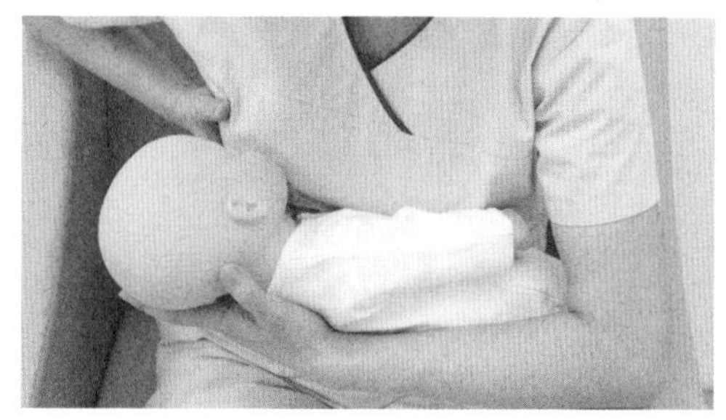

▲ 图 2-1-10　交叉摇篮式

橄榄球式

如果妈妈是剖宫产，这种哺乳姿势能避免宝宝压迫刀口，也适合乳房较大、乳头内陷、乳头扁平、宝宝太小或给双胞胎哺乳等情况。使用橄榄球式哺乳时，将宝宝放在妈妈身体的一侧，然后像腋下夹橄榄球一样，用臂弯夹住他的双腿，并用前臂支撑背部，手掌托住头颈部。同时，另外一只手的拇指张开呈 C 字形，托住乳房。

侧卧式

这种哺乳姿势相对比较轻松，适合剖宫产、有侧切或撕裂伤口的妈妈。哺乳时，妈妈与宝宝面对面侧卧，使宝宝的嘴与妈妈的乳头保持齐平。妈妈可以在头下垫枕头，或枕在自己的臂弯上，用另一只胳膊的前臂支撑宝宝的后背，并用手扶住宝宝的头部。

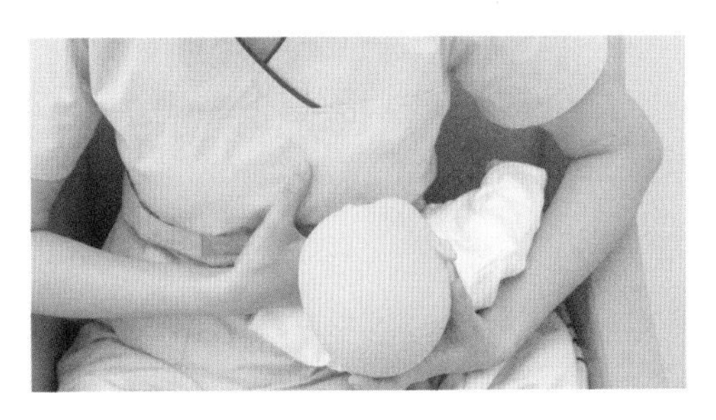

▲ 图 2-1-11 橄榄球式

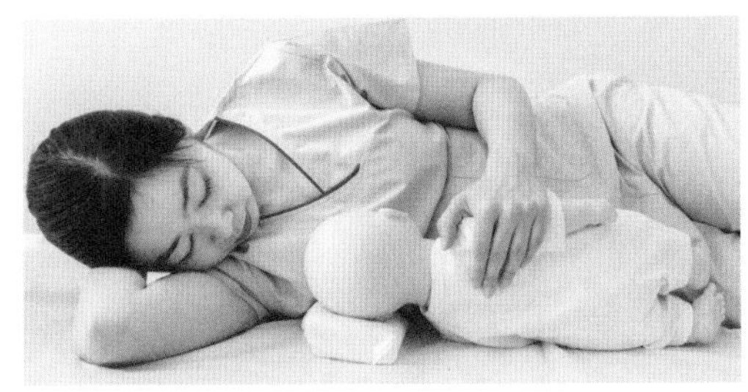

▲ 图 2-1-12 侧卧式

崔医生特别提醒：

若非特殊情况，建议不要采用侧卧式哺乳，一旦妈妈在哺乳过程中睡着，乳房堵住宝宝口鼻，或翻身压住宝宝，很可能引发窒息等意外。

帮助宝宝正确含乳

宝宝只有正确含住乳头，才能实现有效吮吸，吃到足够的乳汁。在哺乳时，妈妈应帮助宝宝正确含乳，并在宝宝出现错误的含乳情况时及时予以纠正。

正确含乳的要点

妈妈手呈 C 字形，托住乳房，先用乳头轻触宝宝小嘴四周，刺激宝宝产生觅食反射，张开小嘴。当宝宝的嘴张得足够大时，妈妈顺势将乳头和大部分乳晕送到宝宝嘴中。

正确含乳的要点包括：

- 宝宝的上下唇向外翻，并且嘴张得足够大。
- 舌头呈勺子状，能够环绕住乳晕。
- 两侧面颊鼓起，呈圆形。

▶ 宝宝上嘴唇含住的乳晕要比下嘴唇多一些。

▶ 吮吸速度较慢且用力，有时可能稍作停顿。

▶ 能看见吞咽的动作或听到吞咽声。

错误的含乳情况

如果宝宝吮吸时有下列情况，说明含乳方式是错误的：

▶ 宝宝的上下唇向内抿，嘴张得不够大。

▶ 宝宝只含住了乳头，没有含住大部分乳晕，这种情况特别容易造成妈妈乳头疼痛或皲裂。

▶ 宝宝的鼻子被乳房堵住，无法顺畅呼吸。

▶ 宝宝吮吸时，两侧面颊内陷，没有鼓起。

▶ 宝宝吮吸的速度较快，且不用力，偶尔能听到咂咂声。

宝宝含乳方式错误时，妈妈需要让宝宝重新含住乳头。注意不要强行将乳头从宝宝口中扯出，可以将手指放入宝宝口中，替换出乳头。

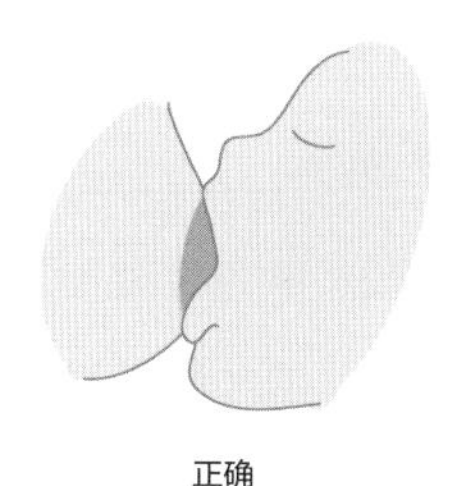

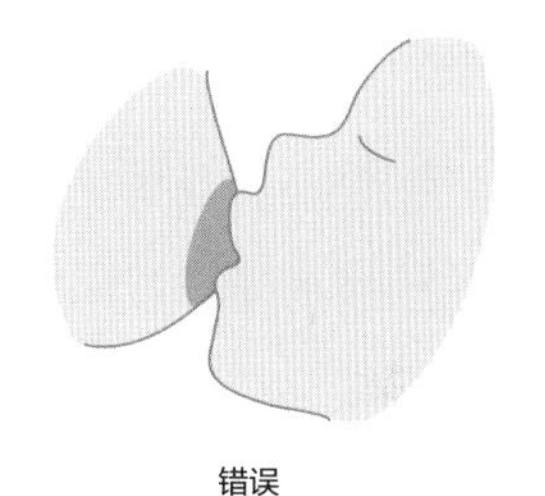

▲ 图 2-1-13　正确与错误的含乳方式

● 母乳喂养的常见问题

坚持母乳喂养，除了需要恒心与毅力，也需要充足的知识储备。解决那些令人困惑的问题，才能顺利进行母乳喂养。

宝宝哭闹是否就说明饿了

事实上，新生宝宝哭闹不一定是由于饿，可能是由很多原因造成的，比如突然离开妈妈的子宫，缺乏安全感；室温过冷或者过热，宝宝的衣着不合适，纸尿裤需要更换，或者因肺里还有没完全排空的羊水感到不适等。在排除所有引发哭闹的可能后，结合上次哺乳的时间，再考虑宝宝是不是由于饥饿而哭闹。

哺乳前是否要给乳房消毒

很多妈妈担心乳房不够洁净对宝宝健康不利，喂奶前习惯用消毒湿巾擦拭乳房、乳头。实际上，妈妈乳头上需要氧气才能存活的需氧菌和乳腺管内不需要氧气的厌氧菌，对宝宝来说都是有益处的，把它们吃进宝宝肚子里不仅能促进建立肠道正常菌群，还有利于母乳的消化和吸收，促进免疫系统成熟，降低过敏出现的概率。用消毒湿巾擦拭，不仅擦掉了乳头周围的需氧菌，其中的消毒成分还可能会被宝宝吃下去，破坏肠道菌群。因此妈妈哺乳前，只需用温水浸湿毛巾擦拭乳房即可。

如何判断宝宝是否吃饱了

哺乳不足和过度喂养都对宝宝成长不利，妈妈可以根据下列衡量标准进行判断，真正做到按需喂养：

- 每天母乳喂养 8 ~ 12 次。
- 每次哺乳，宝宝都能吮吸单侧乳房 15 ~ 20 分钟。
- 哺乳结束后，妈妈至少一侧乳房已排空。
- 哺乳时，宝宝有节律地吮吸，并能听到吞咽声。
- 宝宝在哺乳结束后，表情满足。
- 妈妈开始常规哺乳后，宝宝每日排尿次数在 6 次以上。
- 宝宝的尿清，不发黄。
- 宝宝出生 3 ~ 4 天后，大便颜色能从胎便和过渡期大便的黑绿、黄绿色，逐渐变为棕色或黄色。

宝宝吃奶时睡着了，要不要叫醒

宝宝在吃奶睡着了，究竟该叫醒还是让他继续睡？这个问题的答案并不绝对，主要依赖于妈妈的判断。如果认为宝宝已经吃饱了，就不必叫醒；如果宝宝刚刚开始吃就睡着了，那么最好叫醒让他吃饱。这是因为宝宝在饥饿状态下无法安稳地睡觉，不久还会醒来要吃奶，如此循环往复，不利于养成良好的喂养习惯，也妨碍睡眠。叫醒宝宝时，妈妈可以轻拉宝宝耳垂，或摸摸他的脸蛋，也可以动动乳房，宝宝通常会醒来继续吃奶。

崔医生特别提醒：

母乳喂养的妈妈应注意：宝宝要按需而非按时哺乳，通常每天需哺乳 8 次以上，但每天哺乳次数只是建议，不能机械执行。每个宝宝的吮吸能力不同，每侧乳房的哺乳时间保持在20分钟左右即为正常。

钙、维生素 D、DHA，母乳宝宝补什么

如果妈妈营养均衡，宝宝能够吃到足够的母乳，通常无须额外补钙，从出生后第 15 天开始，可以每天额外补充 400 国际单位的维生素 D。

维生素 D 在母乳中含量极少，但它在促进骨骼对钙质的吸收方面却发挥着非常重要的作用。佝偻病全称维生素 D 缺乏性佝偻病，就是由维生素 D 摄入不足引起的钙吸收不良导致的。

DHA 是长链不饱和脂肪酸，属于脂肪，并非“特殊”营养素。人体对 DHA 的需求有限，且母乳中含有的 DHA 完全可以满足宝宝的发育需求，无须额外补充。

家长可以为宝宝建立喂养档案，记录他吃奶的情况。一方面，方便自己了解宝宝的饮食规律，实现科学养育。另一方面，在体检或就医时，也能够提供准确的信息，便于医生全面准确地了解宝宝的喂养情况。

记录时，根据宝宝的吃奶方式（亲喂母乳、瓶喂母乳、瓶喂配方粉）不同，记录项目也可能有差异。如果是亲喂母乳，可记录哺乳时间及每侧哺乳时长；如果瓶喂母乳或配方粉喂养，可记录每次吃奶时间及每次奶量。

▲ 图 2-1-14 用喂养档案记录宝宝吃奶情况

● 夜间哺乳注意事项

宝宝吃奶通常不分昼夜，尤其是还没有建立昼夜规律的新生宝宝，夜奶的频率会更高。为了保证哺喂夜奶时更加顺利和安全，妈妈需了解夜间哺乳的有关注意事项。

第一，如非特别必要，不要侧身哺乳。很多妈妈会因为便利而采取侧卧的姿势哺喂宝宝。如非特殊情况，建议妈妈尽可能不要侧卧哺乳，特别是在夜间或者其他睡眠时间。这是因为，妈妈侧卧时，很难保证长时间保持清醒，一旦在哺乳过程中睡着，很可能会压住宝宝，或用乳房堵住宝宝的口鼻，有造成窒息的隐患。

第二，不要让宝宝含着乳头睡觉。宝宝含着乳头可能更容易入睡，睡得也更踏实，但是这种习惯同样有导致宝宝窒息的风险，并且增加妈妈乳头皲裂的概率。

第三，不要主动叫醒宝宝喂夜奶。宝宝有自己的成长规律和需求，如果夜间没有想要吃奶的迹象，就无须叫醒喂奶，以免打扰宝宝的睡眠。不必担心健康足月的宝宝夜间长时间不吃奶会出现低血糖等问题。

第四，喂奶后不要马上让宝宝平躺。新生宝宝由于消化系统发育不成熟容易吐奶，如果哺乳后立即让宝宝平躺，会增加吐奶风险，加上夜间家长容易疏忽，无法及时发现宝宝吐奶并进行清理，可能会增加窒息的风险。因此，夜间哺乳后，妈妈要保持45°角靠在床头，让宝宝趴在胸前，呈心贴心的姿势，待宝宝打出嗝后，再让他平躺。

母乳喂养的障碍

妈妈在哺喂母乳时并非总是顺利的，会遇到各种各样的问题，比如，妈妈有乳头扁平或凹陷等乳头异常问题，使得宝宝较难正确含乳；妈妈得了乳腺炎，或者生病用药，或者宝宝不肯吃乳头。只有解决了这些困难，妈妈才能继续坚持母乳喂养。

乳头扁平

宝宝能够吃到乳汁，并不是单纯地靠吮吸乳头，还要含住大部分乳晕，让乳晕和乳头共同形成一个“长奶嘴”。因此，妈妈可以通过牵拉乳房组织，确认乳房是否具有足够的延展性，如果容易牵拉，说明乳房延展性好。即便妈妈的乳头扁平，仍可以通过调整让宝宝顺利吃到母乳。

乳头凹陷

妈妈用手牵拉乳头，如果能够牵拉出来，说明是假性凹陷。每次哺乳前，用手牵出乳头，并且帮助宝宝正确含乳。如果乳头凹陷比较严重，可以使用乳头吸引器将乳头吸出。使用乳头吸引器时，每次吸引的时间应保持在3秒左右，持续若干次，直到乳头和部分乳晕被吸出。

妈妈得了乳腺炎

产后1个月内通常是乳腺炎的高发期。妈妈需要根据情况进行判断，将乳腺炎对宝宝的影响降到最低。

- 未形成脓肿时

乳腺炎初发阶段主要以乳房表面红、肿、热、痛为主要症状，并伴有发热。这个阶段要多让宝宝吮吸乳房，刺激乳房排空，减少乳房处于饱胀状态的时间。这不仅有助于康复，也可以减轻疼痛。如果宝宝的吮吸不足以排空乳房内的乳汁，可以使用吸奶器加以辅助。

如果发热超过 38.5℃，需要去医院就诊，医生可能会安排妈妈服药或输液治疗。如果妈妈只服用了退热药，不影响正常哺乳；如果需要服用抗生素，是否能够在用药期间继续哺乳则需要向医生咨询。

- 已形成脓肿时

如果在乳腺炎早期没有及时采取有效措施，而是任其发展，原本患有炎症的部位就会积脓，并伴有高热，此时必须去医院就诊。根据实际情况，医生可能会建议采取手术的方式切开引流。

要注意，妈妈要积极配合医生治疗，在手术后恢复期内，部分妈妈可以在医生的指导下继续让宝宝吮吸无症状一侧的乳房，接受手术的乳房中的乳汁要及时用吸奶器排空，不要积存在乳房内，否则不利于术后恢复。

妈妈生病用药

妈妈在哺乳期生病应积极治疗，如果需要用药，也要以保证治疗为主，因为只有妈妈尽快痊愈，才能保证后续继续坚持母乳喂养。

哺乳期用药无法简单地归为“能吃”还是“不能吃”，既要看疾病情况，也要看药物本身的成分和使用方式等。

关于哺乳期用药安全等级，目前接受度比较高的是美国儿科教授托马斯 · W. 黑尔（Thomas W. Hale）提出的，他认为妈妈分泌的乳汁中，L1、L2 级的药物的量很少，通常不影响继续哺乳。家长如果想要知道药物的具体分级，可以咨询医生。

一般情况下，哺乳期用药应考虑以下几个方面：

- 对于进入乳汁中剂量很小的，甚至远低于宝宝生病时遵医嘱服用这种药物的起效剂量的药物，在哺乳期间服用通常是安全的。
- 分子量大的药物，比如胰岛素、肝素等，妈妈使用后，宝宝通常不受影响。
- 但是使用了放射类的药物，就不能母乳喂养了。
- 不使用疗效不确切的，或者缺乏安全性评估的中成药。
- 在推荐使用药物范围内，也要尽量选择成分单一的药物，因为单一成分更容易评估安全性；避免使用复合制剂，因为复合制剂成分多，相互作用多，对哺乳安全的评估更为复杂。
- 在不影响疗效的情况下，尽量选择对哺乳影响最小的给药途径，一般外用优于口服，口服优于静脉给药。
- 尽管有些药物安全性很高，但如果妈妈特别担忧，为更安全起见，在遵医嘱服药期间，可以将服药时间尽量安排在哺乳后，并尽量远离下一次哺乳时间，以使进入乳汁的药物浓度降到最低。

有些妈妈受传统观念影响，认为西药副作用大，哺乳期不能吃，中药副作用小，比较安全，甚至不咨询医生，便自行选择中药服用。无论是中药还是西药，哺乳期妈妈用药前务必咨询医生。

崔医生特别提醒：

妈妈哺乳期间如生病需用药，不要为坚持哺乳而一味硬撑，应积极配合医生治疗。需要注意的是，即便了解基本用药原则，也不代表可以擅自用药，使用任何药物前，都应咨询医生，遵医嘱合理用药。

宝宝不吃乳头

对宝宝来说，吮吸奶嘴和吮吸乳头不同。吮吸奶嘴时，只需轻轻吸就可以吃到乳汁；而吮吸乳头时，不但要消耗更多的力气，还要更多的技巧，只有用舌头和腭配合挤压乳晕才能吸到乳汁。因此，在哺乳初期频繁接触橡胶奶嘴，再尝试吸乳头时便会出现不愿意吸、不会吸的现象，这就是乳头混淆。乳头混淆不利于坚持母乳喂养，要及时纠正，最主要的方法是引导宝宝吮吸乳头。

在纠正宝宝乳头混淆时，妈妈可以先刺激奶阵，待乳汁从乳腺管中喷射出来，宝宝吮吸起来会比较容易。刺激奶阵时，妈妈要保持心情平静。尝试闭上眼睛，想象宝宝可爱的模样，用手指揉捻、按压、轻拉乳头，通常就可以成功刺激出奶阵。如果最初不那么顺利，妈妈也不要轻易放弃，要多尝试几次。刺激出奶阵后，要及时将乳头塞入宝宝口中。如果宝宝不肯张口，可先用橡胶奶嘴诱导，待宝宝张嘴后，再将乳头送入。

此外，妈妈也可以用乳盾引导法。乳盾要适合，与乳头及乳晕紧密贴合。宝宝习惯橡胶奶嘴，一般不会排斥乳盾。妈妈可把乳盾佩戴在乳头上，引导宝宝吮吸乳盾，促使乳头泌出乳汁。在宝宝习惯通过乳盾吮吸乳头后，再逐步撤掉乳盾，实现亲自喂养。

要特别注意的是，乳头混淆的宝宝大多无法正确含乳，妈妈应将乳头和乳晕一起尽量深地塞入宝宝口中，这不但可以避免妈妈的乳头受伤，也使宝宝吃起来更省力气。不过这需要妈妈跟宝宝多磨合。

如果宝宝出生后由于健康原因被迫和妈妈分离，妈妈也不要着急，可以将母乳吸出来送去给宝宝吃，不过要注意母乳的保鲜。待宝宝回到妈妈身边后，如果存在乳头混淆的问题，再用以上方法纠正。

● 暂时无法实现哺乳

在宝宝出生后的最初几日，如果妈妈不能哺乳，或宝宝还无法做到有效吮吸，要想让宝宝喝到珍贵的初乳，并为日后实现母乳喂养做准备，妈妈应吸出乳汁，用奶瓶喂给宝宝。及时排空乳房有助于刺激泌乳，吸奶的同时也按摩了乳房，能在一定程度上保持乳房柔软，日后宝宝吮吸时能更容易含住乳晕。或者将少量乳汁直接挤到宝宝口中，让宝宝熟悉妈妈乳汁的味道，激发吮吸的欲望。妈妈应多给宝宝机会接触乳房，让宝宝愿意尝试含乳。

早产宝宝通常无法及时接受哺乳，关于早产宝宝的喂养方式，详见第 469 页。

如何顺利吸出母乳

当妈妈暂时不能哺乳时，应及时将乳汁吸出。吸母乳时，妈妈应选用便捷、高效的吸奶用具，并掌握正确的吸奶步骤，才能顺利吸出母乳。

准备工具

虽然徒手也可以挤出母乳，但吸奶器特别是电动吸奶器，会让吸奶更便捷。挑选吸奶器要注意甄别，劣质吸奶器不但无法有效吸出乳汁，还会过度刺激乳房，造成乳房充血、乳头疼痛，长期使用不仅不利于坚持母乳喂养，而且影响泌乳量。以电动吸奶器为例，挑选时应注意以下几个方面。

第一，能模拟宝宝吮吸过程。宝宝吸奶可分为两个阶段：未吸到乳汁时，是短促而快速的刺激，以此来引发喷乳反射，也就是奶阵；当吸到乳汁后，就会变成缓慢而深长的吮吸，以保证能够吃到母乳。喷乳反射是吸奶的必要前提，因此选择一款能模拟宝宝吮吸，且有刺激喷乳反射功能的吸奶器会更省力。

第二，吸力柔和且强弱可调。吸力大并不等于可以吸出更多乳汁，反而会导致乳房疼痛，因此应该选择吸力柔和的吸奶器，并保证吸力可调。使用时，如果逐渐增加吸力感觉不适，可以调弱一档，直至找到适合自己的最大舒适负压，此时最易刺激出奶阵，吸奶也更多更快。

第三，零部件易清洗。吸奶器会与皮肤和乳汁直接接触，为了卫生安全，要确保所有的零部件都能够拆卸下来清洗，不要带有死角区域，否则可能会滋生霉菌。

第四，吸乳护罩应尺寸合适。确保使用尺寸适合的吸乳护罩，这是进行有效吸奶的基本条件，有助于促进乳汁流出。

吸奶步骤

不管是手动吸奶器，还是电动吸奶器，使用步骤基本一致。

1. 不管使用哪种吸奶器，妈妈都要先洗净双手。

2. 将洗净并晾干的吸奶器各个部件连接好，取少量水或乳汁涂抹在吸乳护罩内侧，使其很好地吸附到乳房上，防止抽吸时漏气。

3. 如果使用手动吸奶器，要先模仿宝宝的吮吸动作，短促快速地抽吸，刺激乳汁分泌。当泌乳增多时，减慢抽吸节奏，转换为频率稍低、相对稳定的速度，并持续一段时间。如果使用电动吸奶器，要先使用较小的吸力，再逐渐加大吸力，降低损伤乳头的风险。为了更高效舒适地吸奶，建议使用双侧双韵律电动吸奶器。它既可以减少吸奶时间，避免一侧吸另一侧漏的尴尬，对部分妈妈来说，双侧同时吸还有提高泌乳量的作用。

4. 吸奶结束后，先在储奶袋上写好吸奶日期，然后将乳汁从储奶瓶导入储奶袋，注意储奶袋不要装得太满，以留出 1/4 的空间为宜，最后排出空气封口。当然，也可以使用能直连吸奶器的储奶袋，避免乳汁浪费和二次污染。

手动挤出乳汁时，可以参考如下步骤：

1. 挤压时，在乳头下方放置一个容器，接住乳汁。

2. 将一只手的拇指和食指分别放到乳晕的上下侧，一边轻压，一边向乳头方向移动，重复多次后，就会有乳汁流出。注意两指下滑到乳晕与乳颈相交处即可，不要触碰到乳头。

3. 有乳汁流出后需要变换挤压方式。将一只手覆在乳晕上，另一只手托在乳晕下，两手同时用力，向乳头移动。重复这个动作，注意双手要以乳头为圆心不停移动位置，以便挤出所有乳腺管中的乳汁。

需要提醒的是，交换挤压乳房的时候，可以用乳头保护罩收集另一侧溢出的乳汁，以免乳汁浸湿衣服或浪费。

崔医生特别提醒：

母乳中含有的蛋白质容易被细菌败解，因此必须注意储奶瓶日常的清洁，以防残留的母乳变质，影响下次使用。清洁时不要使用消毒锅、有除菌作用的奶瓶清洁剂等，可以用热水烫过后倒扣晾干，“干燥是最好的消毒剂”。

如何储存和加热吸出的母乳

要正确储存、加热吸出的母乳，才能保证宝宝吃到优质的“口粮”。

储存乳汁时，应注意以下几点：

- 如果宝宝在 4 小时内饮用，可以常温避光保存，要确保室温维持在 20 ~ 30℃。
- 如果宝宝在 24 小时之内饮用，要放在冰箱冷藏室。虽然研究表明，4℃左右的环境下，母乳可以保存 48 小时，但家用冰箱冷藏室很难保证温度达标且恒定，因此建议冷藏保存最好不要超过 24 小时。而且，不要放在冰箱门上或冰箱门附近，因为频繁开关冰箱门会使这个区域的温度不稳定。另外要注意，母乳应尽量与其他食物分开存放，避免受到污染。
- 如果短期内宝宝不饮用，应在 -15 ~ -5℃的冷冻条件下储存，可以储存 3 ~ 6 个月。由于母乳只能解冻一次，因此每个储奶袋最好保存宝宝一次的饮用量，避免浪费。存放时，应将挤出时间较早的母乳放在冷冻室靠近冰箱门的位置，而新挤出的母乳顺次往后排，以方便先取用封存日期较早的母乳。

加热储存的母乳时，应注意：

- 如果乳汁常温保存或放在冷藏室中，取用时只需把储奶袋或奶瓶放在 40℃的温水中加热。建议使用恒温温奶器，不要使用微波炉或在炉火上加热。
- 如果乳汁储存在冷冻室，取用时需先放到冷藏室解冻，再按照上述方法加热。
- 乳汁温热后，再把储奶袋上的封口打开，倒进奶瓶，以防止乳汁出现分层。分层的乳汁虽然对营养价值影响不大，摇匀后也可以正常饮用，但味道比较腥，个别宝宝可能会不接受。

崔医生特别提醒：

关于储奶容器，推荐选择储奶袋，避免使用金属制品，因为这类容器会吸附母乳中的活性因子，影响母乳的营养价值。要注意储奶袋的密封性，防止母乳变质。

如果储存的母乳加热后没有吃完，剩下的就要扔掉，不能反复冷藏、加热，否则会对宝宝健康不利。

储存的母乳可能会分成乳水和乳脂两层，这种情况是正常的，哺喂前可轻轻摇匀。用储奶袋直接加热再倒进奶瓶，能缓解这种分层析出的现象。

冷冻的环境会使母乳中的蛋白质发生变性，对消化系统不是很完善的宝宝来说，饮用后可能会出现腹泻。

专题：宝宝不吃奶瓶怎么办

当妈妈母乳不足、生病吃药暂停母乳或暂时和宝宝分开时，需要用奶瓶给宝宝喂之前吸出的乳汁。不过，很多习惯吸乳头的宝宝会对奶瓶表现得比较抗拒，毕竟奶嘴与妈妈的乳头触感是不同的。

在这种情况下，在宝宝饥饿时，可以尝试让家人抱着宝宝用奶瓶喂奶，帮宝宝养成“妈妈在的时候吸乳头，妈妈不在的时候吃奶瓶”的习惯。

如果宝宝始终执拗地不肯接受奶瓶喂养，妈妈可以尝试短时间内不再亲自哺乳，而只将母乳吸出来，放在奶瓶里喂，以帮助宝宝接受奶瓶。但需要注意的是，这种方法是在万不得已时的无奈选择，不宜轻易尝试。

妈妈母乳不足

当宝宝含着乳头，用尽力气吮吸也无法饱腹时，很可能是妈妈母乳不足的问题。希望下面几点建议能够帮助母乳不足的妈妈。

第一，坚持母乳喂养的信心。母乳喂养是有菌喂养的过程，有利于宝宝肠道菌群的建立和增强免疫力。而且，母乳中含有配方粉难以媲美的丰富营养素，能够为宝宝提供更全面均衡的营养，满足成长所需。因此，妈妈要坚信，母乳是宝宝最好的食物，不到万不得已，不要轻易动摇母乳喂养的决心，要相信通过科学的追奶方式，可以成功恢复母乳喂养。

第二，保持心情愉快。心情愉快是保证妈妈泌乳量的关键因素之一，然而面对宝宝出生后的各种问题，妈妈往往由于不知所措而陷入焦虑，进而影响泌乳量。因此，妈妈在遇到问题时，可以多和身边有育儿经验的朋友沟通、交流，以缓解焦虑情绪，保证心情轻松愉快。

第三，争取家人的支持。许多时候，家人听到宝宝哭，便认为是饥饿所致，而要求妈妈哺乳，而宝宝在吮吸后也确实停止了哭闹。这就会让妈妈和家人陷入一种误区：宝宝哭便是要吃奶，经常哭是由于妈妈乳汁不足。渐渐地，妈妈就会因自责而心情抑郁，进而影响泌乳量。

事实上，宝宝哭闹可能是由于不舒服、困倦等造成的，而对新生宝宝来说，无论哭闹的原因是什么，吮吸都会让他变得安静。因此，妈妈要学会识别宝宝饥饿的信号（起初表现为身体活动增多，然后开始哭闹），并争取得到家人的理解与支持，避免给自己增加不必要的心理压力。

第四，保证休息，均衡饮食。刚刚完成角色转换的妈妈，通常还未适应新的生活节奏，加上宝宝并未很好地建立昼夜规律，更会使得妈妈的休息时间无法保证。但妈妈应明白，充足的睡眠对于刺激泌乳十分重要，因此要尽可能将自己的作息调整得与宝宝同步，以保证睡眠时间。

在饮食上，建议母乳喂养的妈妈每周摄入 50 种食物，以保证获得全面的营养。在选择食材时，要注意避免陷入“贵即是好，大量进食补品”的误区。很多时候，过度进补可能造成营养过剩、乳腺管堵塞，不仅不利于泌乳，还会导致乳汁里脂肪含量高，引发宝宝消化不良等问题。

第五，让宝宝多吮吸。宝宝的吮吸是促进妈妈泌乳最有效的方法，因此妈妈追奶时应保证每日哺乳 10 ~ 12 次，每次至少 15 分钟。如果已经因为母乳不足开始混合喂养，那么最好让宝宝先吃母乳再吃配方粉，以免宝宝吃饱后，不肯再吮吸乳头。

当然，混合喂养的最终方案要根据宝宝的实际情况而定。如果因为母乳不足确实影响了宝宝的生长发育，必须补充配方粉以保证营养供给，就应在宝宝饥饿时先让他吃下部分配方粉，然后吃母乳。要注意，无论是先吃母乳还是先吃配方粉，都不要用“一次母乳、一次配方粉”的方式交叉喂养，以免助长宝宝的不良偏好，影响营养的摄入。总之，追奶要尽可能提供机会让宝宝多吮吸。

崔医生特别提醒：

虽然不断强调母乳的重要性，鼓励妈妈不要轻易放弃母乳喂养，但也要注意把握坚持的尺度。如果母乳量确实已经不能满足宝宝生长发育的需要，就不要一味追求母乳而拒绝配方粉。无论选择何种喂养方式，都要把宝宝的健康放在第一位。

妈妈母乳过多

对有些妈妈来说，面临的烦恼反而是母乳过多，导致自己遇到各种尴尬，比如胀奶时的疼痛和控制不住的溢奶。

胀奶

在怀孕期间，妈妈的乳房就已在慢慢胀大。生产后，乳房变得更加丰满，并且随着乳汁的分泌和充盈而变硬，产生明显的疼痛感，非常不舒服。下面几个方法可以帮助缓解胀奶带来的不适。

- 哺乳前用毛巾热敷乳房，既可以使乳晕变得柔软，又能够促进乳汁泌出；哺乳时，按摩乳房有助于乳汁流出；哺乳后，则可以冷敷乳房，以减轻胀奶带来的肿胀感。
- 选择合适尺寸的哺乳内衣，内衣太紧，会让乳房更加疼痛；另外，平时应尽量穿较为宽松的衣服，避免摩擦乳房。
- 如果宝宝的吮吸无法减轻胀痛感，妈妈可以借助吸奶器吸出适量乳汁，注意不要吸太多，以免刺激泌乳，加剧乳房肿胀。
- 如果乳房胀痛特别强烈，妈妈可向医生咨询，在医生指导下服用不影响母乳喂养的止痛药。

溢奶

很多母乳过多的妈妈都经历过溢奶，溢奶可发生在任何时间、任何地点，而且大多没有任何先兆。导致这种情况的原因很多，比如听到宝宝的哭声、想起或谈起宝宝、洗热水澡等。当给宝宝哺乳或吸出一侧乳汁时，另一侧乳房有时也会有乳汁流出。虽然溢奶不受控制，但尝试下面的方法，可以减少溢奶带来的困扰。

- 使用防溢乳垫，并及时更换。防溢乳垫应选择透气且吸水性较好的材质，不要选择塑料或防水材质的，以免因透气性较差而带来不适。
- 外出时选择带有图案，特别是深色图案的衣服。衣服上的花纹能够在一定程度上暂时掩盖溢出的奶渍，减少尴尬。
- 睡觉时，在身下垫一块毛巾或防水垫，避免溢出的母乳弄湿床单。
- 宝宝吃饱后，即便感觉乳房没有被吸空，也不要将乳房排空，更不要频繁吸出乳汁，这样非但不会缓解溢奶，反而会因刺激乳房而分泌更多的奶。
- 当感觉奶阵来临时，用双手按压乳头，能在一定程度上阻止溢奶。需要注意的是，在产后的最初几周不要使用这种方法，以免出现堵奶。

宝宝溢奶

刚出生的宝宝时常会溢奶（俗称吐奶），有些宝宝甚至每次吃完奶都会吐。新生宝宝吐奶大多属于正常的生理性溢奶，家长不必慌张。

宝宝出现这种情况，与其胃部的解剖特点和发育程度有很大关系。正常情况下，成人的胃是斜立的，好似一个立起的口袋；而宝宝的胃却呈水平位，胃容量也较小。另外，宝宝的消化道肌肉发育也不成熟。正常来讲，不吃东西的时候，人体内食管与胃部连接处的贲门括约肌是紧张收缩的状态，能够将食物“锁”在胃里，避免反流回食管；而胃部与肠道连接处的幽门括约肌相对松弛舒张，使经过胃部消化的食物顺利进入肠道。由于宝宝发育还不成熟，贲门括约肌较薄弱，而幽门括约肌相对发育较好，使得宝宝吃完奶一旦立即平躺，或者腹部稍用力，奶液就很容易反流回食管，出现溢奶现象。除此之外，宝宝吃奶时很容易将空气一起吸入胃中，尤其是如果哺乳方法不当，咽下的气体就会更多，使宝宝更容易打嗝，随之将奶液带出，出现溢奶现象。

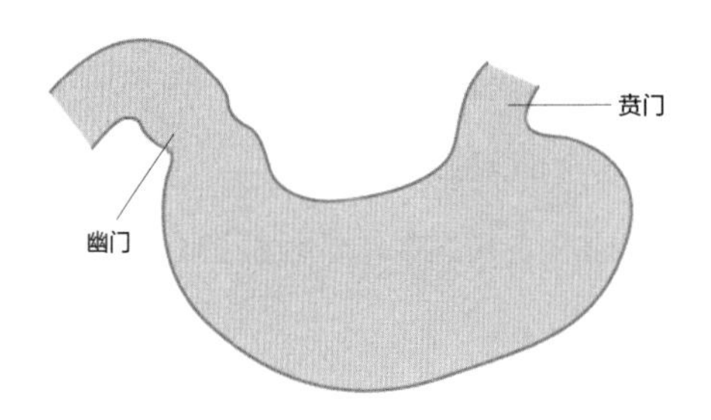

▲ 图 2-1-15 宝宝胃部结构及形态示意图

随着宝宝的消化道肌肉发育逐渐成熟，加上注意喂奶姿势，溢奶的问题会逐渐得到缓解，直至自然消失。这种生理性溢奶不会影响宝宝吸收营养，家长不必担心。要想缓解这种情况，妈妈可以在每次哺乳后，以 45° 角坐在椅子上，让宝宝趴在胸前，呈“心贴心”的姿势，头部高过妈妈的肩膀，保持此姿势静坐 15 分钟左右，帮助宝宝自行打嗝，将吃下去的空气排出。

▲ 图 2-1-16 帮宝宝自行打嗝的正确姿势

但是，当宝宝频繁且大量地吐奶，且常为 2 ~ 3 米远的喷射状喷吐，喷吐物呈棕色或绿色，体重明显下降或长期不增长，吐奶后看起来很难受，则可能提示患有某种疾病，应及时带宝宝就医。

崔医生特别提醒：

如果在宝宝的呕吐物中发现红色血丝，应先检查妈妈的乳头是否有破口，即使是非常小的伤口也可能出血，宝宝会在吮吸时将血和乳汁一同吸入。若是这种情况，家长无须担心。如果确认妈妈的乳头没有伤口，或宝宝是以配方粉喂养，发现呕吐物中带血，则需立即带宝宝就医，由医生做出诊断。

专题：胃食管反流病

胃食管反流分为生理性和病理性两种，宝宝易出现的溢奶就是一种生理性的胃食管反流。病理性的胃食管反流是指胃、十二指肠里的内容物反流进食管甚至口咽部，损伤食管黏膜甚至口咽及气道黏膜的一种疾病，引起这种病的原因，可能与食管下端括约肌功能障碍，或者与其功能有关的组织结构异常有关系。

与生理性反流不同，患有胃食管反流病的宝宝反流会出现得极为频繁，并且持续较长的时间，伴有食管炎等并发症，严重影响正常生活。因此，如果宝宝经常呕吐，且在呕吐前后有哭闹反应，呕吐后有拒食表现，长时间体重没有增长或增长缓慢，家长就要提高警惕，这可能就是胃食管反流病的征兆。

如果宝宝出现下列情况之一，家长必须带宝宝就医：进食后出现溢奶并有弓背现象，或吃奶后平躺会出现痛苦的表情；几乎每次喂奶后都会呕吐，而且呕吐得越来越多，越来越用力；呕吐物呈胆汁样的绿色、血性的红色或咖啡色。

母乳宝宝出现过敏症状

母乳喂养的个别宝宝，吃母乳后会出现腹泻、呕吐、湿疹等过敏症状，要警惕宝宝是否对妈妈吃的食物过敏。如果医生已排除是其他原因引起的，妈妈可以采取“食物回避＋激发”试验查找过敏原。具体方法是：妈妈停止食用所有含牛奶、鸡蛋、海鲜、花生等易导致过敏的可疑食物，观察宝宝的过敏症状是否有所减轻。禁食期间，如果宝宝的症状消失，可以初步确认过敏与妈妈的饮食有关。禁食 2 ~ 4 周后，妈妈再次分别食用可疑食物，并观察宝宝吃母乳后是否再次出现过敏症状，以锁定致敏食物。

妈妈重新食用可疑食物时一定要足量，比如在对牛奶进行排查时，应至少喝 1 杯牛奶，以保证有足够的牛奶蛋白进入宝宝体内激发过敏反应。如果宝宝在妈妈饮用牛奶后出现明显的过敏症状，就可以确定宝宝对牛奶过敏。

妈妈禁食锁定的致敏食物 3 个月后，可以再次尝试该种食物，并观察宝宝是否有过敏反应。若宝宝没有出现异常，妈妈就可以在日常饮食中逐渐食用致敏食物；如果宝宝再次出现过敏症状，妈妈则需要继续禁食。

日常护理

如何抱起和放下宝宝

抱起、放下宝宝需要一定的技巧，才不至于弄伤宝宝。对新生宝宝来说，在抱起和放下的过程中，最需要注意的是护住宝宝的头颈。

抱起仰卧的宝宝

以站在仰卧的宝宝右侧为例。

1. 用右手从同侧托住宝宝的头颈部，左手从另一侧托住宝宝的屁股。

2. 左手缓缓向上移动，直到接替右手托起宝宝的头颈，右手顺势从宝宝头颈处慢慢向下移动，直到托住宝宝的屁股。

3. 轻轻抽出左手，让宝宝的头颈枕在右手臂弯处。为了稳妥起见，左手也要扶住宝宝的身体。

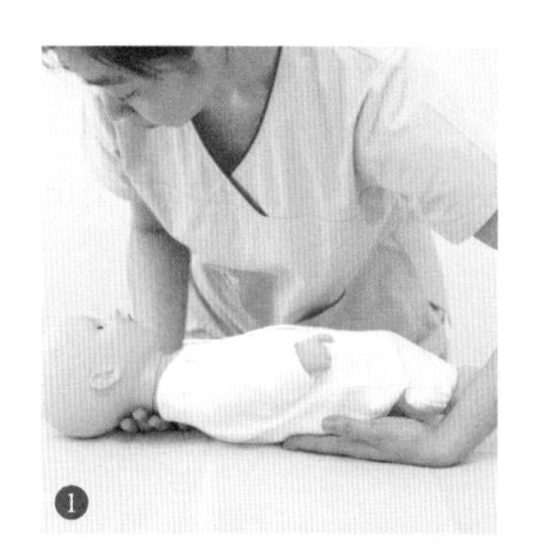
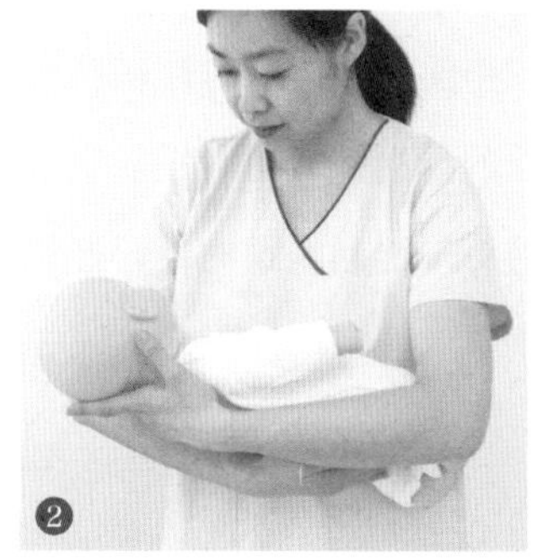

▲ 图 2-1-17 抱起仰卧宝宝的方法

抱起俯卧的宝宝

以位于俯卧的宝宝右侧为例。

1. 先将宝宝的右手手臂沿着身体顺直、捋平，然后再用右前臂固定住宝宝的这条手臂，同时将左手放到宝宝左肩。

2. 左手托扶住宝宝左肩，以身体右侧为支点，将其翻到仰卧姿势，再按照抱起仰卧宝宝的动作，抱起宝宝。

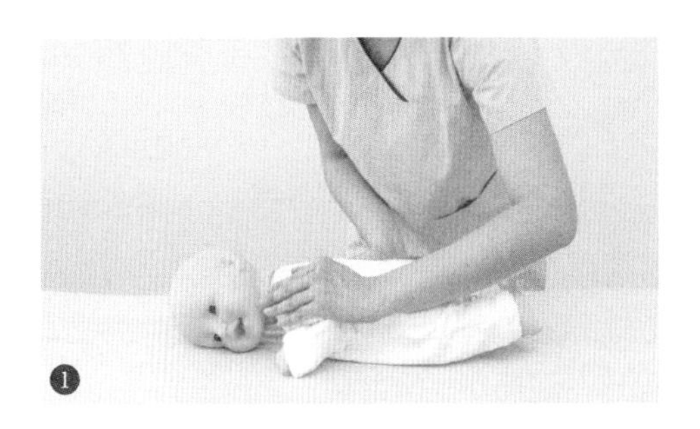

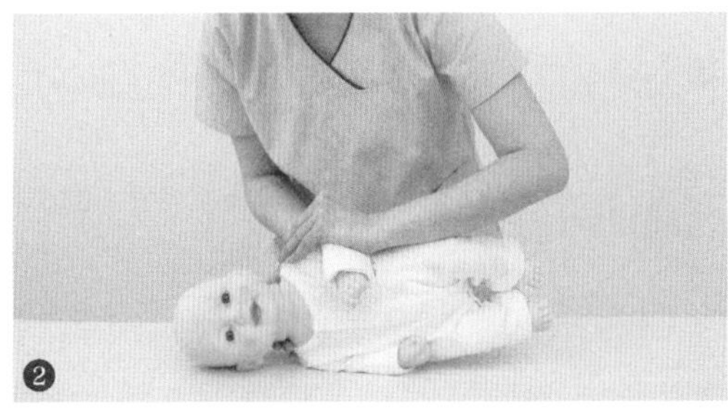

▲ 图 2-1-18 抱起俯卧宝宝的方法

在两臂之间交换抱宝宝

以将抱在左臂的宝宝交换到右臂为例。

1. 先用右手托住宝宝的头颈部，左手托住屁股，左臂撑住上身。

2. 以宝宝的屁股为圆心点，将他的身体顺时针轻轻水平转动。

3. 将宝宝的身体倚靠在家长的身上，同时右手从宝宝的头颈部，经后背轻轻向下滑动，托住他的屁股，并让宝宝的头颈枕到右臂的臂弯处。

稳妥起见，仍需用左手护住宝宝的身体。

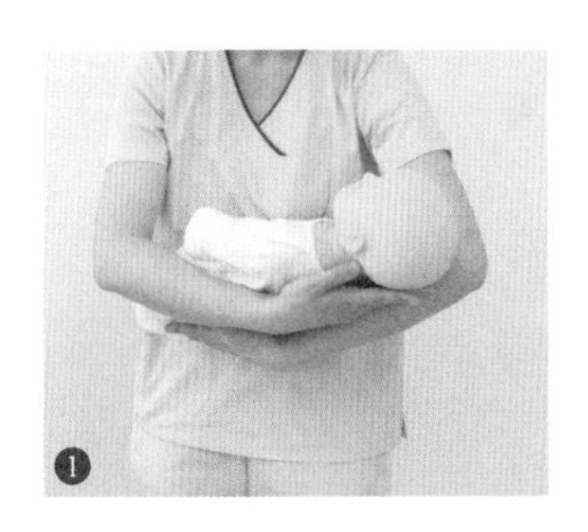

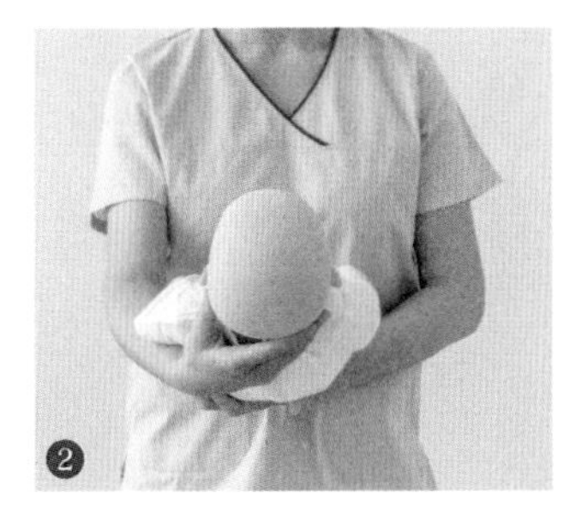

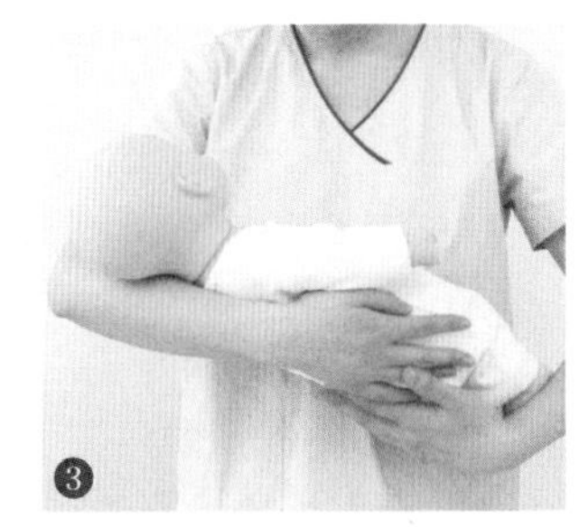

▲ 图 2-1-19 在两臂之间交换抱宝宝的方法

将仰卧的宝宝抱起，斜靠在家长肩膀上

方法如下：

1. 用一只手托扶住宝宝的头颈，另一只手托住他的屁股。

2. 身体前倾，让宝宝的头颈与自己的身体贴合，双手轻轻抬起，慢慢恢复直立状态，这样宝宝就顺利地趴在家长的肩膀上了。

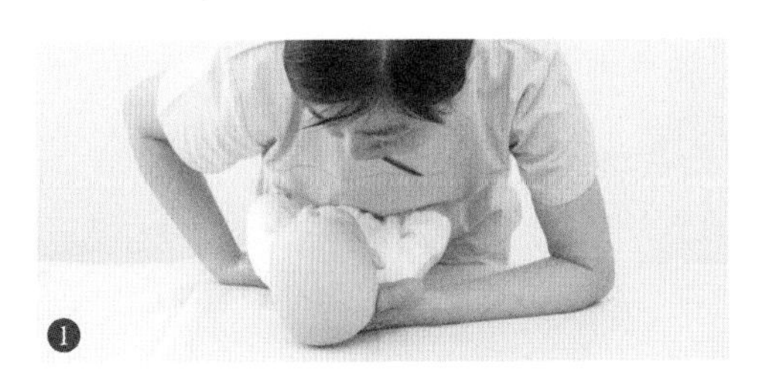

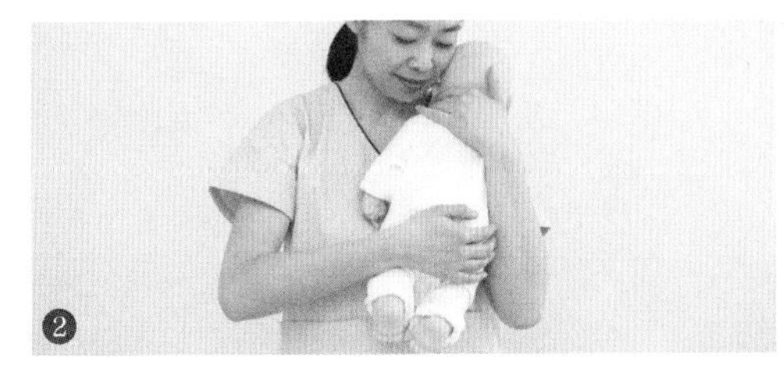

▲ 图 2-1-20　将仰卧的宝宝抱起，斜靠在家长肩膀上的方法

把宝宝交给别人抱

方法如下：

1. 交接宝宝的两人相对站立，准备接宝宝的人双手掌心向上，前臂和上臂呈 90° 角。递送者平托宝宝，将宝宝的屁股先交到对方的一只手上，再将他的整个身体递送到对方的另一条手臂上，使头部枕在接受者的臂弯里。

2. 递送者轻轻抽出托着宝宝头颈部的手臂，接受者调整托住宝宝屁股的手臂位置，从一侧护住他的身体，完成交接。

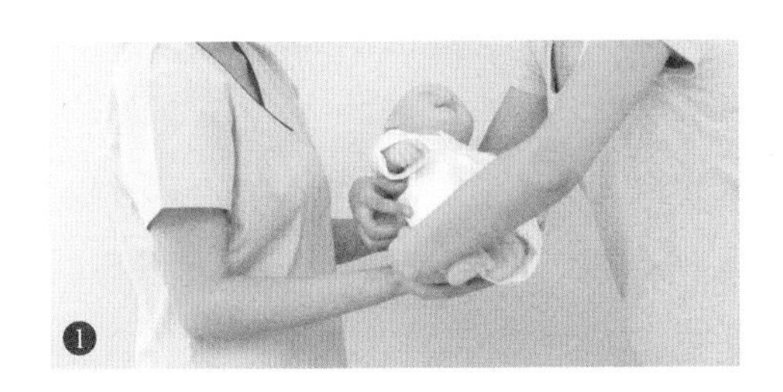

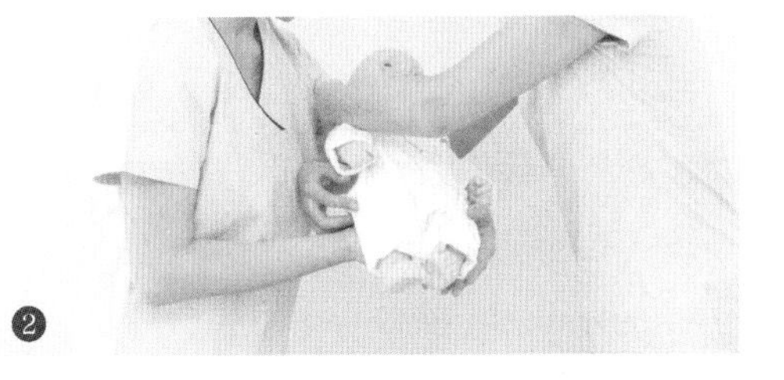

▲ 图 2-1-21　把宝宝交给别人抱的方法

放下宝宝

方法如下：

1. 抱着宝宝，俯下身体，慢慢靠近床面，首先将屁股轻轻放下。

2. 将宝宝的身体，轻轻放在床上。

3. 抽出托在宝宝屁股下面的手，再用这只手稍稍抬高他的头颈，以便抽出原本托在头颈下的另一只手。

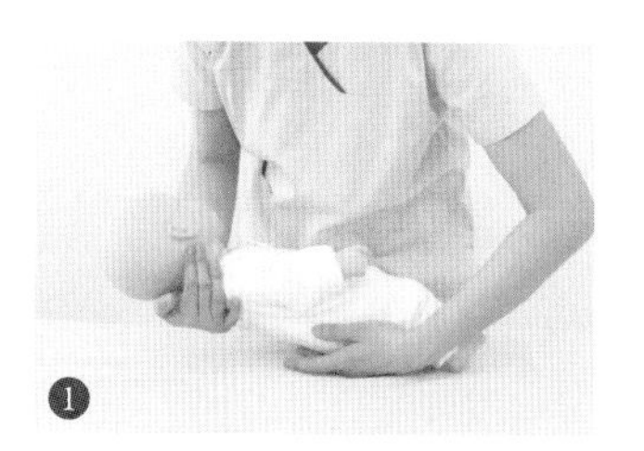

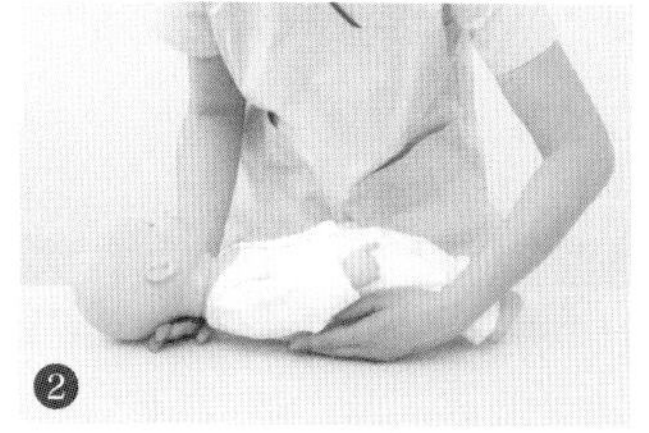

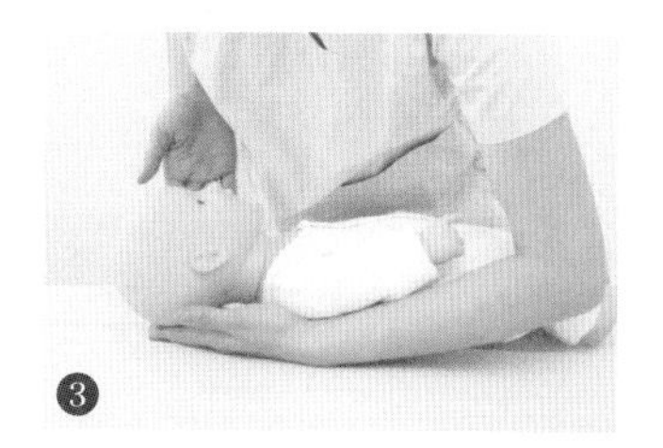

▲ 图 2-1-22 放下宝宝的方法

○ **注意事项：**

在抱起宝宝时，一定要先支撑好宝宝的头颈部；将宝宝放下或交给别人抱时，一定要最后再放宝宝的头颈部。总之，不管是抱起、放下宝宝，还是交给别人抱，都一定要护住宝宝的头颈。

如何给宝宝换纸尿裤

在月子里，每隔 2 个小时甚至更短的时间，就要给宝宝换一次纸尿裤，这是避免宝宝出现尿布疹最有效的方法。给宝宝更换纸尿裤，首先要学会判断宝宝是否需要更换。目前大部分品牌的纸尿裤上都有尿显线，纸尿裤被尿湿后，尿显线就会变色，家长可以据此来判断。在宝宝熟睡期间，不必刻意唤醒宝宝更换纸尿裤，除非纸尿裤已经饱和或宝宝排大便了。

更换纸尿裤前，需提前准备干净的纸尿裤、干纸巾，如果宝宝排大便了，还需要温水和纱布巾。在更换纸尿裤之前，记得查看纸尿裤上是否有大便。如果只是小便，可以按照下面的步骤更换。

1. 撤掉脏纸尿裤后，将干净纸尿裤打开，微微提起宝宝的双腿，将有腰贴的一头垫在宝宝的屁股下。为了防止尿液从背部渗漏，纸尿裤的边缘要保证能盖住宝宝的腰部。

2. 适当分开宝宝的双腿，把没有腰贴的一头拉到宝宝腹部，调整纸尿裤的位置。

3. 打开纸尿裤两侧的腰贴，一只手轻轻按住纸尿裤，另一只手拉起一侧腰贴，贴合宝宝腰身，粘贴在纸尿裤前面。再以同样的方式粘好另一侧腰贴，使纸尿裤完全包裹住宝宝的屁股。

4. 注意保证松紧适度，以能将两根手指自如插入纸尿裤为宜。

5. 调整宝宝大腿根部的防侧漏边，可以用手指顺着大腿根部从前向后捋一圈，让纸尿裤和宝宝的屁股贴合。

6. 如果宝宝的脐带还没有脱落，要将纸尿裤上边缘向内折或向外折，使其距离脐部 1 厘米左右，避免纸尿裤摩擦脐部引起肚脐发炎。

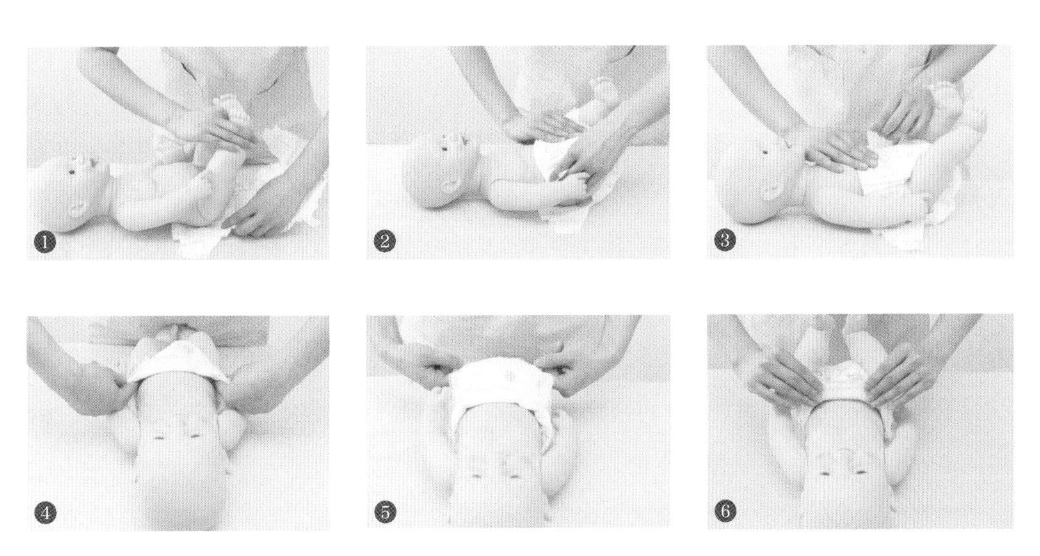

▲ 图 2-1-23 给宝宝换纸尿裤的方法

抬高宝宝屁股时，一定要注意控制动作幅度，切勿将背部一并抬起，避免宝宝脊椎受损。还可以用一手托起宝宝屁股、一手将纸尿裤塞到屁股下面；或者让宝宝侧身，家长铺上纸尿裤，再让宝宝转过身平躺等方式，帮宝宝更换纸尿裤。家长根据孩子的接受度以及自己的操作习惯，选择适合的方式即可。另外，换纸尿裤的方式与“罗圈腿”没有必然关系，家长不用特别担心。“罗圈腿”也叫O形腿，相关内容可以参见p145、p162。

如果纸尿裤里有大便，不要急着取走脏纸尿裤，而是要将腰贴打开后向内折叠，避免粘住宝宝的皮肤；然后微提起宝宝的双腿，抬起屁股，将脏纸尿裤对折；之后用纱布巾将大便清理干净，再用清水清洗宝宝的屁股，并用干纸巾拍干，等屁股干爽后撤出脏纸尿裤，再按照上面的步骤更换干净的纸尿裤。

如何给宝宝穿脱衣服

新生宝宝身体柔软，而且不会主动配合伸胳膊、弯腿，所以给宝宝穿脱衣服需掌握一些技巧。如果宝宝非常抗拒，家长千万不要硬来，以免增加宝宝的抵触情绪。不妨和宝宝说说话，分散他的注意力。

如何给宝宝选衣服

为了方便快速地给宝宝穿脱衣服，可以考虑选择开身的连体衣款式，以宽松、舒适为原则。不要给宝宝穿过于短小的或带袜子的连体衣。如果穿带袜子的连体衣，抱起宝宝时，裤腿被推上去，宝宝的腿会因为袜子的限制而被迫弯曲，长时间保持这种姿势可能会对宝宝的腿部发育不利。如果选择分体衣，上衣最好也选开身的，裤子可以选裆部为按扣的款式，这种设计方便更换纸尿裤；如果上衣选择套头的款式，最好选领口较大或者领口处有按扣的。材质上，可以选择纯棉针织面料，它不仅不易造成宝宝皮肤敏感，弹性也较好，袖子和裤腿相对宽松，方便穿脱。

需要提醒的是，要注意宝宝衣服内侧是否有标签，如果有，为了避免磨破宝宝娇嫩的皮肤，要提前将标签拆除。另外，建议不给宝宝选购有拉链的衣服，小心夹伤宝宝。

如何穿开身连体衣 / 开身上衣

方法如下：

1. 将衣服平铺在宝宝身边，把宝宝抱到干净的衣服上。

2. 把袖口堆叠成圆环状，将自己的手指从袖口伸到衣服的腋窝处，用另一只手握住宝宝的手腕，稍微弯曲他的肘关节，帮他把胳膊放入袖筒。

3. 用同样的方式穿好另一只胳膊。

4. 系上衣服的绑带或扣好按扣。扣按扣时，要用手指夹住扣子扣好，不要为了方便直接按下去，以免压迫宝宝的腹部。

5. 用一只手托起宝宝的头颈，轻轻抬起他的上半身，将宝宝身下的衣服整理平整。

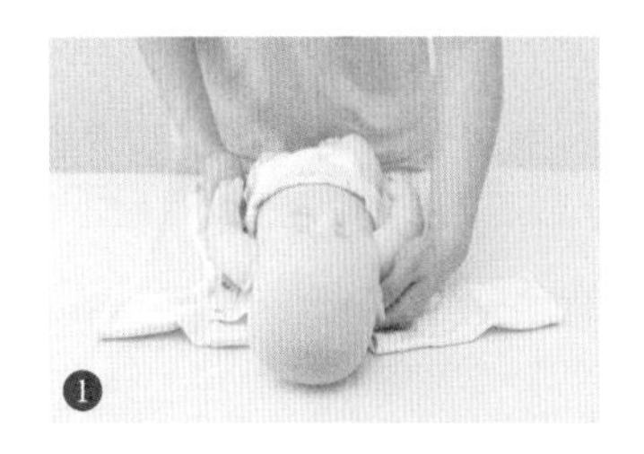

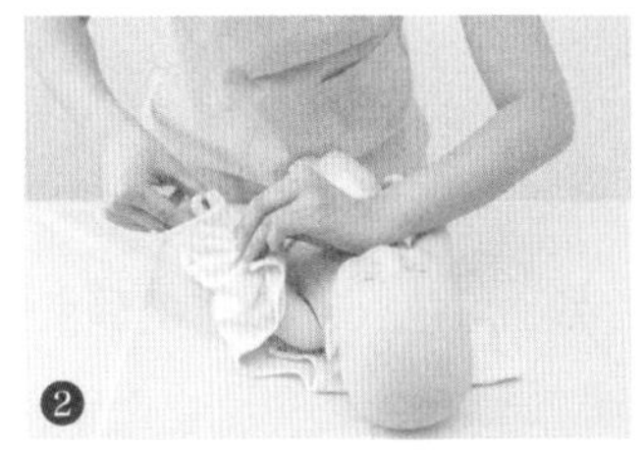

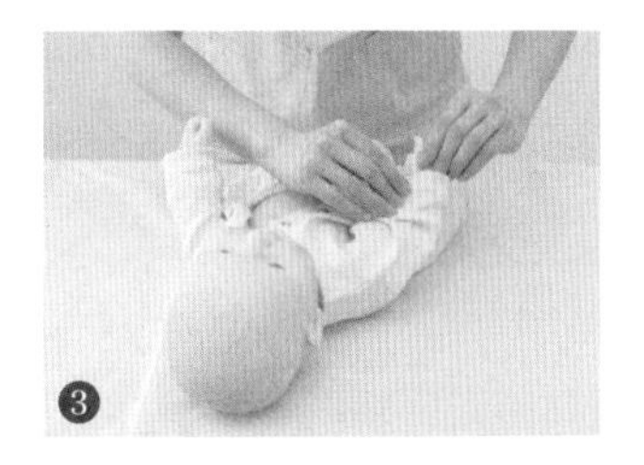

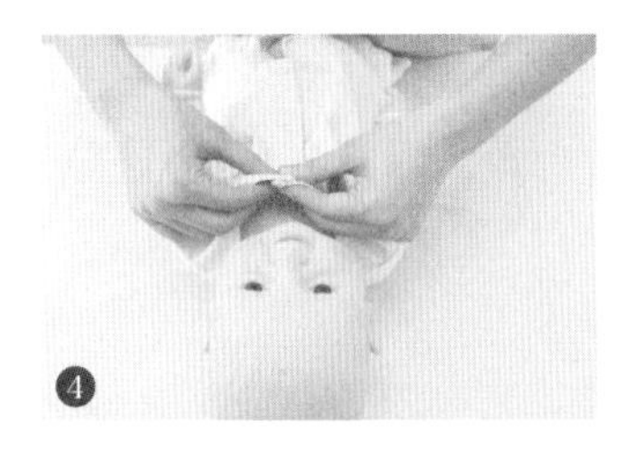

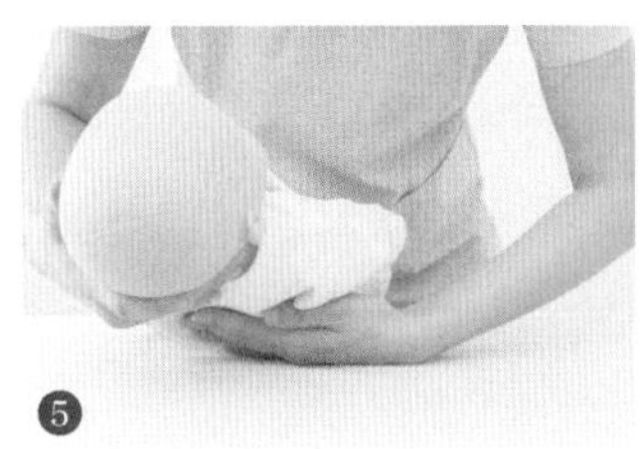

◀ 图 2-1-24
给宝宝穿开身连体衣 / 开身上衣的方法

如何穿裤子

方法如下：

1. 把一只裤腿堆起，形成圆环状，备用。

2. 一只手握着宝宝的脚腕，另一只手将宝宝的腿拉过圆环；用同样的方法穿好另一条腿。

3. 轻轻抬起宝宝的屁股，提起裤子，并调整好裤腰。注意不要把屁股抬起得太高，以免损伤宝宝的腰椎。

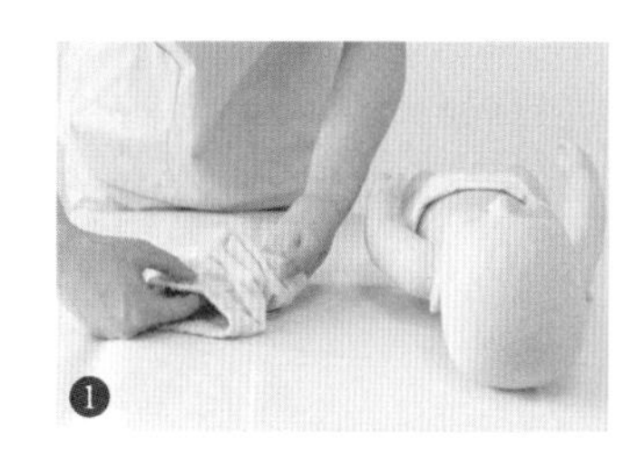
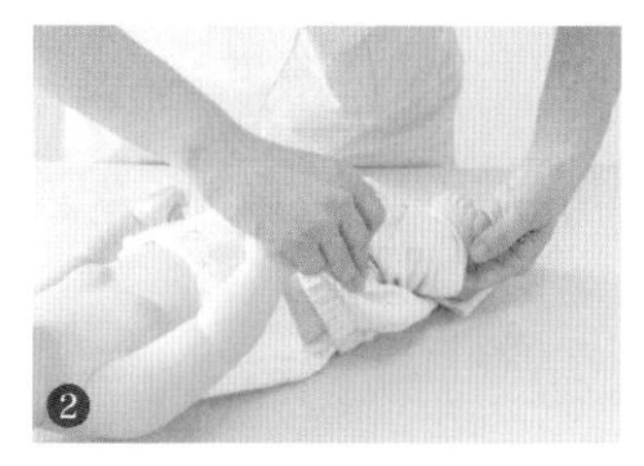
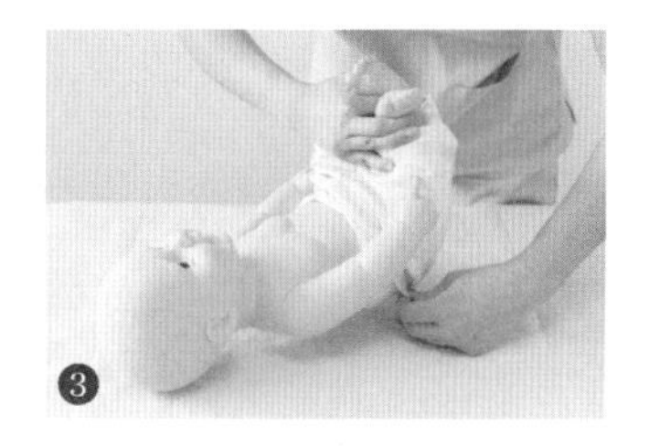

▲ 图 2-1-25 给宝宝穿裤子的方法

如何穿套头式上衣

方法如下：

1. 将衣服的下摆卷到领口，形成圆环状，尽量大地撑开领口。

2. 一只手托着宝宝的头颈，另一只手托住宝宝的屁股，将他抱到衣服上，头部放在圆环中间，随后一手护住宝宝的脸，一手将衣领套过宝宝的头。

3. 用一只手轻轻托住宝宝的肘部，把他的手和胳膊送入衣袖，另一只手从袖口处伸进衣袖，轻轻拉出宝宝的小手；用同样的方法把另外一只袖子穿好。

4. 轻抬起宝宝的上身，把衣服拉至宝宝腰部整理好。

5. 系好领口上的带子或扣好按扣。

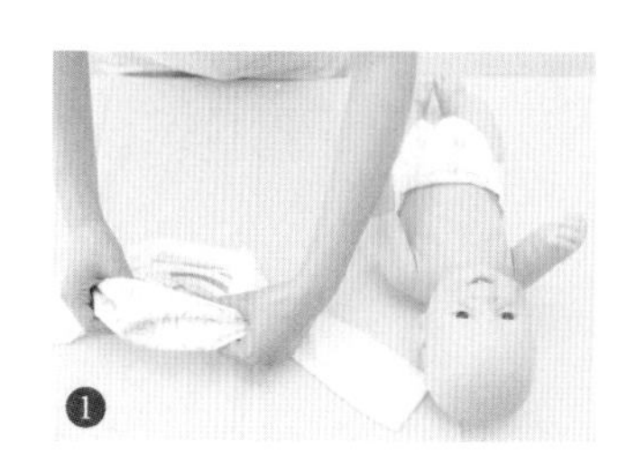
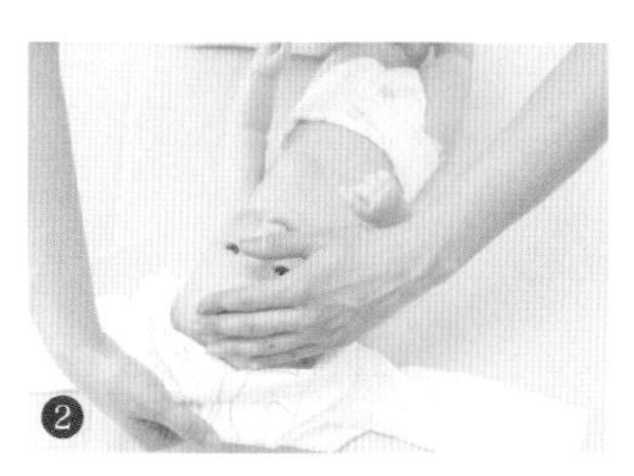
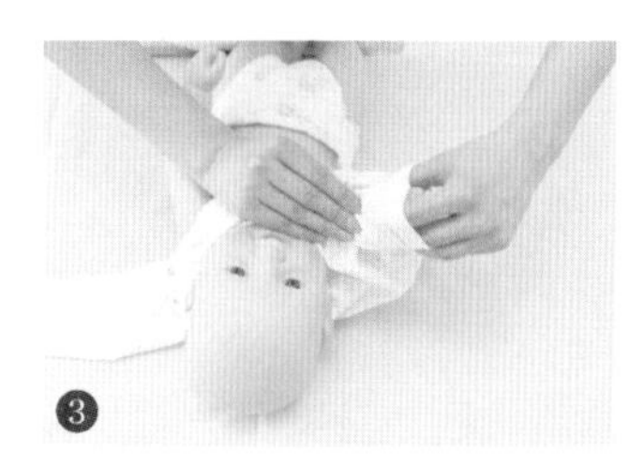

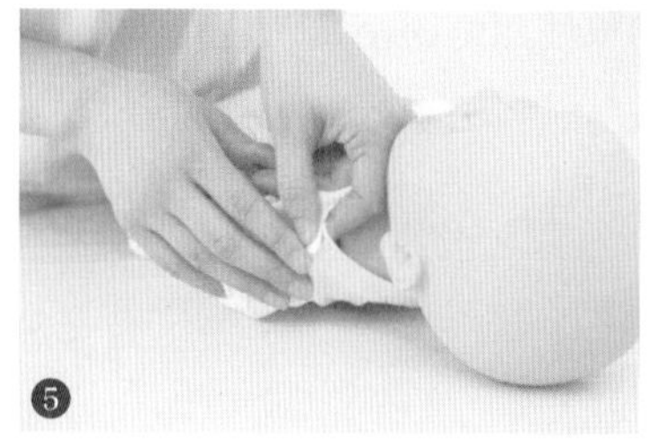

◀ 图 2-1-26 给宝宝穿套头式上衣的方法

如何脱套头式上衣 / 裤子

相对于穿衣服，宝宝更不喜欢脱衣服，尤其是套头衫这种款式的衣服。给宝宝脱套头式上衣，步骤与穿衣是相反的。先解开领口上的带子或按扣，把衣服从宝宝的腰部上卷到胸前，然后握着他的肘部或小手，从卷成圆环状的袖口处，轻轻地把胳膊拉出来。最后，再把领口撑大，小心地将衣服从头上脱下来。

脱裤子的步骤与穿裤子正好相反。

家长要记得，不管是穿衣服还是脱衣服，都要用手护住宝宝的头颈，尽量不要用衣服遮挡住他的脸，以免他因突然被挡住视线而感到紧张，产生抵触心理。

● 如何给宝宝洗澡

给宝宝洗澡时，家长应提前做好准备，掌握洗澡的步骤和一些技巧，并做好浴后的护理。这件事并没有想象的那么困难。

洗澡前的准备

准备好洗澡要用的物品，通常包括浴盆、纱布巾、沐浴露、洗发露、浴巾等。另外，洗澡结束后会用到的婴儿润肤乳、抚触油、纸尿裤、衣服和给脐带消毒用的碘伏、棉签，也应提前准备好。

宝宝洗澡的时候，室温以控制在 26℃左右为宜，并关好门窗。如果是夏天，记得不要让宝宝对着空调口，以免着凉；如果是冬天，可以先打开电暖气或者浴霸，确保室内温度达标。注意，如果使用灯暖浴霸，记得洗澡时关掉，以免伤到宝宝的眼睛。

水温应控制在37～40℃，如果掌握不好，可以用水温计测量，水深以5～8厘米为宜。积累一定的经验后，可以用肘部试水温。

洗澡的步骤

给宝宝洗澡时，步骤如下：

1. 用一只手托住宝宝的头颈，并用前臂支撑好宝宝。洗澡时，可以先浸湿纱布巾为宝宝擦脸，注意不要让纱布巾含太多水，以免宝宝将水吸入鼻腔。

2. 用纱布巾浸水淋湿宝宝的头发，同时用手指将宝宝耳郭向前折，轻轻压住耳朵，以免耳道进水；可以取用适量洗发露，揉搓起泡，再冲洗干净并擦干。

3. 为宝宝脱掉衣服和纸尿裤。如果有大便，要先用温度适宜的流水将宝宝的屁股清洗干净。

4. 用一只手抱住宝宝，另一只手托住宝宝的屁股，将他放入水中，并用一只手托住他的背部和头颈，让他保持半躺的姿势。注意，托住宝宝背部和头颈的这只手始终不要松懈，确保胸部以上不会浸入水中，以免溺水。

5. 用手淋水，或者用纱布巾，按照从上到下、从前到后的顺序，为宝宝清洗全身，褶皱部位更要认真清洗。

6. 洗干净后，一手托住屁股、一手托住头颈将宝宝抱起，放在准备好的浴巾上包裹严实。

崔医生特别提醒：

新生宝宝每周洗澡1～2次即可，每次以5～10分钟为宜，且不必每次都使用洗浴用品。

洗澡的时间应选在两次喂奶之间，宝宝清醒且比较安静的时候。

宝宝的脐带脱落前，注意不要让脐带沾水。

为宝宝洗澡前，家长应剪短指甲、摘掉饰物，以免划伤宝宝。

洗澡后的护理

给宝宝洗完澡后，可以这样做护理：

1. 回到卧室，将宝宝放在床上或尿布台上，轻轻蘸干身上的水，不要用力擦拭，以免损伤宝宝的皮肤。待宝宝身体全干后再将浴巾打开，以免因皮肤上的水迅速蒸发、带走身体的热量而让宝宝着凉。

2. 对于脐带尚未脱落的宝宝，需用棉签蘸取碘伏擦拭脐带根部进行消毒。关于脐带消毒，详见第 104 页。

3. 根据宝宝的接受度，将婴儿润肤乳或抚触油涂抹在宝宝身上，并进行抚触。关于抚触的方法，详见第 106 页。

4. 抚触完成后，为宝宝穿上干净的纸尿裤及衣物。关于更换纸尿裤和衣物的方法，详见第 94、96 页。

● 宝宝私处的护理

宝宝的私处护理非常重要。护理不当，可能会引起泌尿系统感染，不仅给宝宝带来痛苦，还会影响其生长发育。因此，在给宝宝清洁私处时，一定要认真细致、方法得当。

男宝宝私处的护理

日常护理男宝宝私处时，只需用清水冲洗。不要上翻宝宝的阴茎包皮、清洁包皮褶皱处的皮肤，以免造成宝宝私处局部损伤，引起局部肿胀，造成感染。

此外，男宝宝的包皮和龟头之间会有乳白色的物质，这种物质叫作包皮垢，是阴茎皮下的皮脂腺分泌的油性物质与尿液混合后的一种正常的代谢物。包皮垢如果不清洁干净，很容易滋生细菌，导致包皮和龟头发炎。但是，只用清水冲洗包皮垢，往往清洁不干净。针对这种情况，可以在宝宝的包皮和龟头处涂上适量橄榄油，等待 1 ~ 2 分钟后，再用浸满油的棉签轻轻擦拭，包皮垢就很容易清洁干净。

女宝宝私处的护理

为女宝宝清洁私处时，应遵守一个基本原则：从前向后擦拭或冲洗。

在清洁外阴时，可用温水从上向下适当冲洗，把表面的附着物冲掉即可。如果宝宝排便了，可以先用纱布巾将大便清理干净，再用清水冲洗。

需要提醒的是，在给女宝宝清洁私处时，应避免以下两种错误做法：一是发现宝宝出现小范围的阴唇粘连，就刻意分开。关于阴唇粘连，详见第59页。二是竭力将宝宝的阴道分泌物清洗干净。有些阴道分泌物具有抑菌、杀菌的作用，能够保护局部黏膜免受来自大便中的细菌的侵扰。过度清洁不仅会增加局部感染的风险，还可能在清洁过程中造成局部黏膜损伤，进而引起阴唇粘连。

宝宝的鼻腔护理

宝宝鼻腔里的分泌物若常用小镊子、吸鼻器等去清理，反而会越清理越多，这很可能是清理不当导致的。鼻腔表层是鼻黏膜，由具有分泌功能的细胞组成。日常适度地清洁鼻腔确实有助于清除其中的污物，而频繁过度地清理，会刺激鼻黏膜分泌出更多的分泌物。因此，不要过度清理宝宝的鼻腔。

如果鼻分泌物导致宝宝呼吸不畅，家长可以根据分泌物的不同性状，选择不同的方式进行护理：如果鼻分泌物比较黏稠，可以使用浸满油脂的细小棉签，轻轻涂抹在鼻黏膜上。宝宝鼻腔受到刺激就会打喷嚏，排出分泌物。如果鼻分泌物非常干，可以先滴入少许海盐水，待分泌物软化后，再用浸满油脂的棉签进行清理。

除鼻分泌物外，鼻黏膜肿胀也可能导致宝宝呼吸不畅。只需用手电筒照宝宝的鼻腔，便能容易地分辨出来。鼻黏膜肿胀导致的呼吸不畅在感冒期间比较常见，并常伴有打喷嚏、流鼻涕等感冒症状。

缓解因鼻黏膜肿胀引起的呼吸不畅不应使用棉签，以免加重鼻黏膜水肿。根据宝宝鼻黏膜肿胀的程度，可以有针对性地使用下面两种办法：如果鼻黏膜肿胀不严重，可以用温湿毛巾敷鼻，也可以让宝宝在充满水蒸气的浴室中待15分钟，

崔医生特别提醒：

适量的鼻分泌物可以黏附灰尘、细菌等，有效过滤空气中的颗粒物，因此切勿过度清理宝宝的鼻腔。日常护理时，可用细小的棉签浸满橄榄油，轻轻涂抹到鼻腔黏膜上，保护鼻黏膜，减少分泌物。

或通过雾化器滋润宝宝的鼻腔，缓解鼻塞。如果鼻黏膜肿胀较严重，则需带宝宝就医，医生会使用局部喷剂帮助宝宝缓解鼻塞。

宝宝的耳朵护理

人耳有自我清理的功能，少量的耳垢会自动掉出，如果用棉签等探入耳道给宝宝掏耳朵，反而可能会把耳垢推向耳道更深处，适得其反。

日常进行耳朵护理时，只需用温热的毛巾清洁耳郭。如果宝宝耳垢较多，可以先用滴耳液将其软化，再用镊子轻轻夹出，但这应由医生操作，家长切不可轻易尝试，以免弄伤宝宝。

需要提醒的是，中耳炎也会引起耳垢增多。宝宝患中耳炎时，会伴有哭闹、发热等情况，家长要注意排查，必要时带宝宝就医。

崔医生特别提醒：

很多小月龄的宝宝有揪耳朵、抠耳朵、拍头等动作，这很可能不是因为耳道进水、中耳炎或耳垢过多等，而是与宝宝两侧内耳发育不均衡有关。

内耳主要负责人的平衡，如果两侧内耳发育不一致，宝宝就会感到不舒服，出现揪耳朵等动作。这种情况通常不需要治疗，会随着宝宝的生长发育在 6 ~ 12 个月自然消失。家长可以帮助宝宝轻揉耳朵，缓解不适。

专题：宝宝耳朵进水怎么办

宝宝的耳道是耳朵远端密闭的管道，洗澡、游泳时水很难进入深处。如果怀疑宝宝耳道进水，可以在耳道内放上松软的棉球，5 分钟后取出，棉球可将耳道内的水吸出。

不要试图用棉签为宝宝蘸耳道中的水，这有可能会将部分水推入耳道深处，引起继发感染，如中耳炎等。如果宝宝在耳朵进水后有哭闹、发热等情况，并且有带有异味的液体从耳道里流出，则应怀疑患了中耳炎，家长应尽快带宝宝就诊。

脐带根部的护理

被剪断的脐带会留下一小段脐带残端，在宝宝出生后 2 周左右脱落。脱落前，脐带残端的颜色会从最初的黄色变成棕色，最后变为黑色。

肚脐残端脱落前，应每天消毒两次，早晚各一次。消毒时，家长应洗净双手，用棉签蘸取适量碘伏，提起结扎脐带的细绳，擦拭脐带根部。擦拭时，尽量将棉签探入，擦到肚脐内部。擦拭后，再用干净的棉签将脐窝里残留的液体蘸干，保证脐窝干燥。如果脐窝内残留有水分，可能会引起感染。

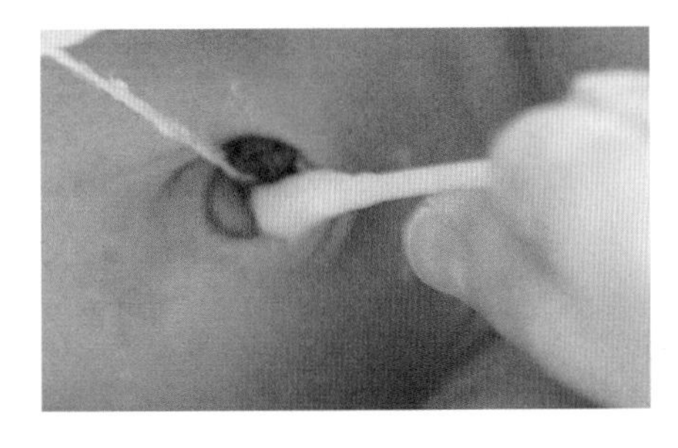

▲ 图 2-1-27 新生儿脐带根部消毒护理

建议不要使用紫药水或红药水进行消毒，这些颜色较深的药水会遮盖肚脐分泌物的颜色，影响医生诊断。而且紫药水的干燥作用仅限于表面，很可能表面看起来已经干燥结痂，脐窝里却仍然有脓肿。

当脐带残端脱落后，肚脐会经历一个湿润—干燥—结痂的过程。当肚脐上的痂最终脱落，表面的皮肤恢复正常时，宝宝的肚脐也就愈合了。

在愈合过程中，脐窝里经常会渗出清亮的液体或者淡黄色黏稠的液体。如果没有其他感染症状，比如红肿或化脓等，也没有大量的液体从脐窝中渗出，只需坚持每天 2 次消毒，通常不需就医检查。

日常护理脐带时，需要注意以下事项：

- 每天需要 2 次护理脐带，早晚各 1 次；不要刻意把脐带残端扯掉，要让它自然脱落。
- 脐带残端脱落后，仍然需要每天 1 ～ 2 次消毒脐窝，持续 1 周左右。
- 给宝宝穿纸尿裤时，要将纸尿裤前面向下折到肚脐以下，避免摩擦肚脐，或让肚脐沾到尿液引发感染。
- 在肚脐愈合之前，每次给宝宝洗完澡后，要及时用干净的棉球或棉签蘸干脐窝，以免发生感染。如果担心脐窝进水，也可以用擦澡的方式清洁宝宝的身体，保持肚脐干燥。
- 如果宝宝肚脐周围发红，且有大量的液体渗出来，或者散发出异味，要及时带宝宝就医。

专题：脐带脱落后的脐色素沉着

当新生宝宝的脐带残端脱落、肚脐愈合后，肚脐里面可能看起来脏脏的，这些“脏东西”其实是沉积于肚脐皮肤内的色素。随着这些色素层脱落，肚脐的颜色会越来越深，与身体其他部位的皮肤颜色有明显的区别。肚脐色素沉着有的会伴随宝宝一生，有的会随着时间的推移而逐渐消退。

肚脐色素沉着不会引发任何并发症或后遗症，没有必要治疗。在日常护理时，注意不要试图清洗、去除肚脐上的色素，避免对局部皮肤产生刺激。

怎样为宝宝做抚触

研究发现，当家长抚摸宝宝的身体时，能够有效刺激宝宝的大脑中枢神经系统，促进智力发展和生长发育；抚摸也能够给宝宝带来足够的安全感，密切亲子关系，或者在一定程度上减少宝宝哭闹，改善睡眠质量。

准备工作

为宝宝做抚触前，需要做好准备工作：

- 室内温度最好保持在 26℃左右，环境要尽量安静。如果宝宝喜欢音乐，可以播放轻柔的音乐，帮助宝宝放松。
- 准备好温和无刺激的抚触油（不必每次都使用）、替换衣服、纸尿裤，放在容易拿取的地方。
- 给宝宝做抚触前，要将指甲修剪整齐，手上的饰品如戒指、手镯等全部摘下。
- 用温水清洁双手，如果准备使用抚触油，可提前将适量抚触油涂抹在手心，并揉搓至发热。

抚触步骤

为宝宝做抚触时，步骤如下：

面部：把双手四指分别放在宝宝前额上，用指腹从前额中间轻轻向外推；双手大拇指放在宝宝眉心处，用指腹轻轻向外推；双手大拇指放在宝宝上嘴唇上，沿着宝宝上嘴唇唇线，用指腹从中间轻轻向外推，再沿着下嘴唇唇线，从中间轻轻向外推；双手指腹自耳轮起，顺着耳朵根部，自上而下，慢慢推至耳垂处。

胸部和躯干：双手掌心朝下放在宝宝胸部两肋的上方，轻轻抚过胸部，分别滑向两肩，然后再慢慢推至身体的两侧，最后双手重新回到胸部两肋边缘，重复 3 ~ 4 次。

腹部：把手掌放在宝宝的腹部，沿顺时针方向画圈抚摸。做腹部抚触时，动作要轻柔，并避开宝宝的肚脐。腹部抚触能够缓解肠绞痛，还能帮助排气、缓解便秘。

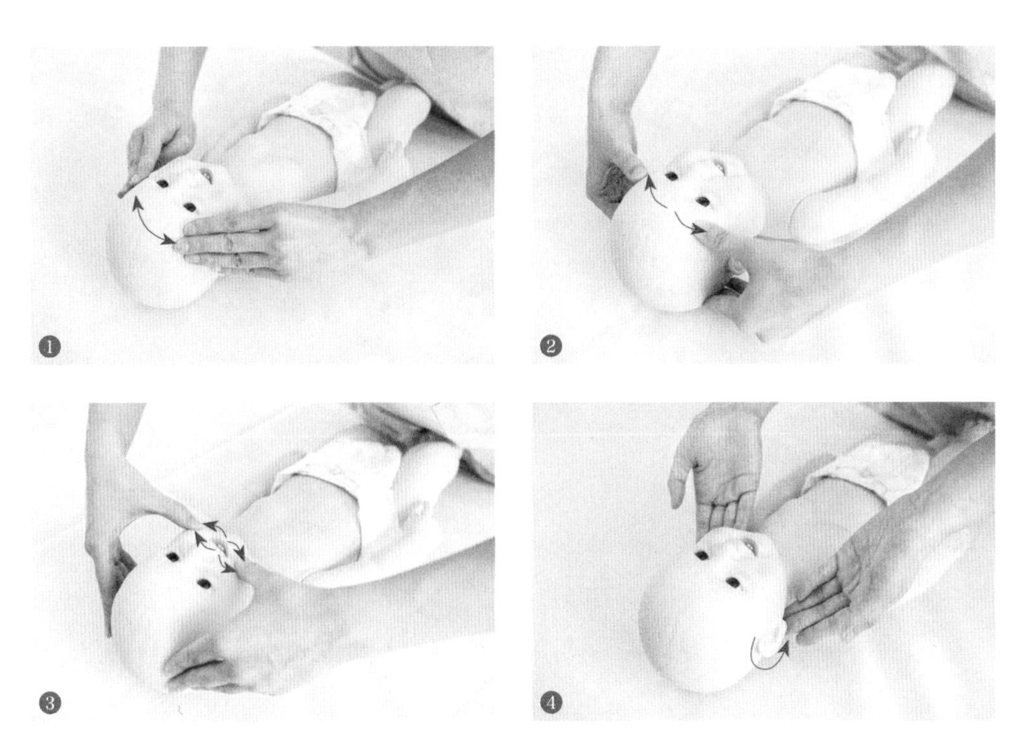

▲ 图 2-1-28　给宝宝做抚触：面部

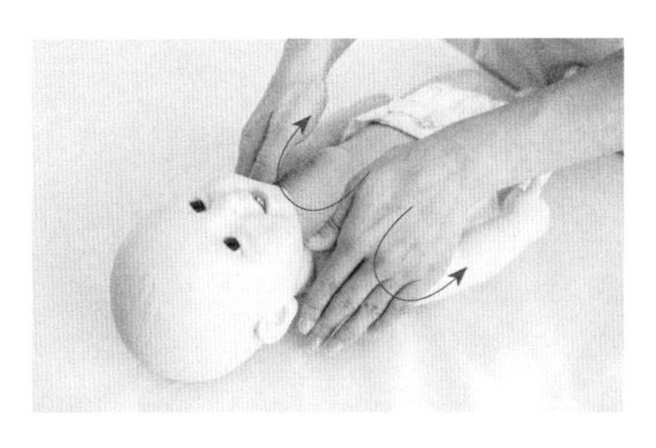

▲ 图 2-1-29　给宝宝做抚触：胸部和躯干

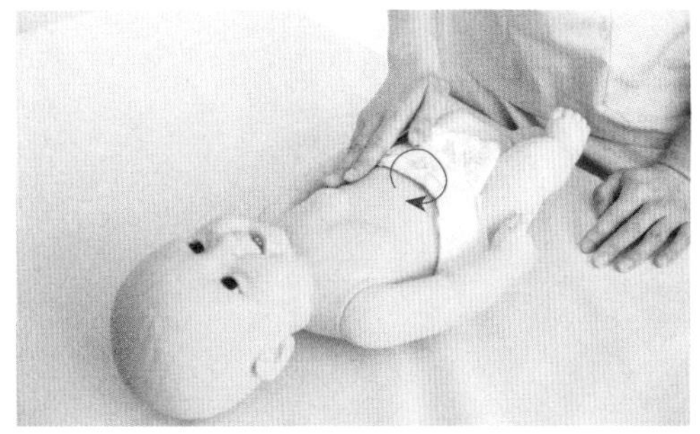

▲ 图 2-1-30　给宝宝做抚触：腹部

胳膊和双手：单手握住宝宝的一只手腕，另一只手从其腋下轻轻抚摸到手腕处；舒展开宝宝的一只小手，用拇指抚摸他的手掌；然后用同样的方法抚摸另一只胳膊和小手。

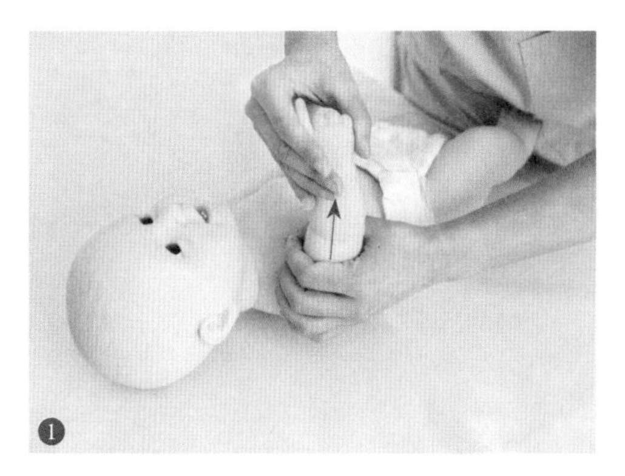

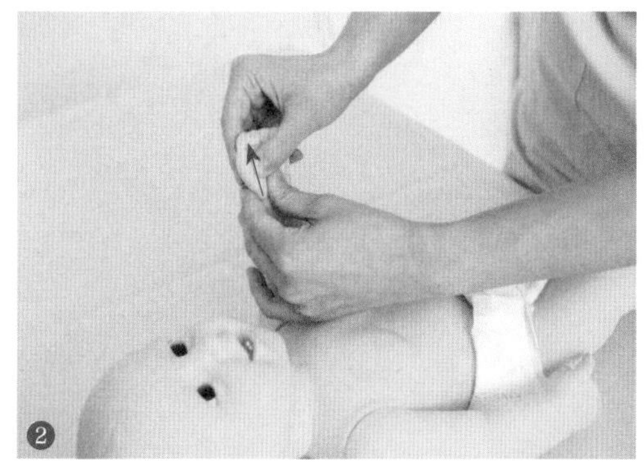

▲ 图 2-1-31　给宝宝做抚触：胳膊和双手

腿部和脚部：单手握住宝宝的一只脚腕，另一只手从大腿根部轻轻抚摸到脚腕；单手托住宝宝的一只脚，用拇指从脚后跟轻轻地点压到脚趾；根据宝宝的接受程度，也可以采用从脚趾到脚后跟的抚摸顺序。然后用同样的方法抚摸另一条腿和另一只脚。

背部：使宝宝保持俯卧姿势，双手手掌伸开，四指并拢，轻轻打圈，沿顺时针方向抚摸宝宝背部，重复 3 ~ 4 次；注意避开宝宝的脊柱。五指张开呈梳子状，用指腹由宝宝颈部向下轻轻抚摸。

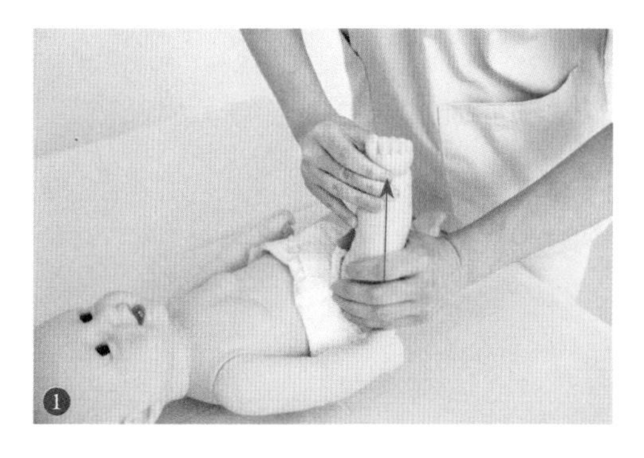

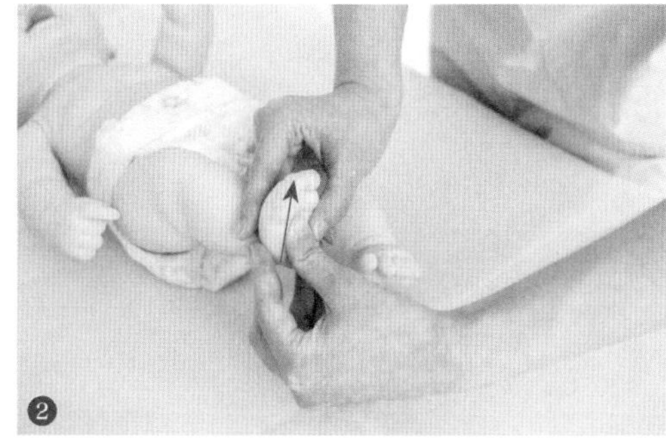

▲ 图 2-1-32　给宝宝做抚触：腿部和脚部

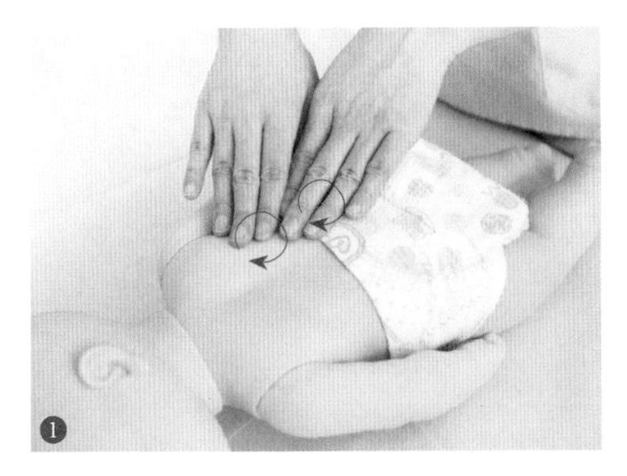

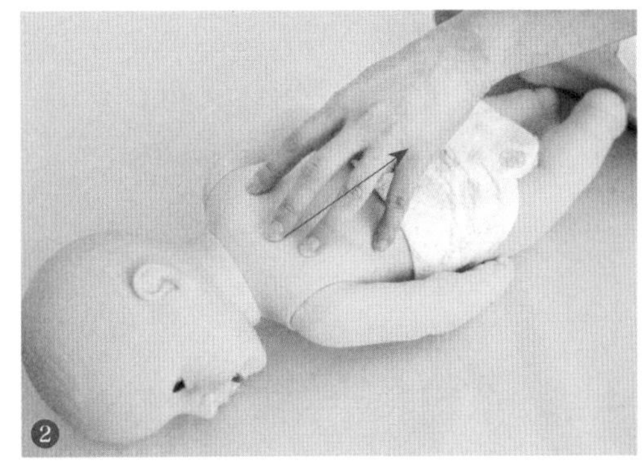

▲ 图 2-1-33 给宝宝做抚触：背部

注意事项：

- 抚触的顺序及动作不是一成不变的，可以根据宝宝的喜好稍加变化，比如不必一定要按照从头到脚的顺序进行，可以先抚摸腹部，或者先抚摸四肢。
- 如果使用抚触油，要先涂抹在自己的掌心，揉搓发热后再开始抚触，不要直接涂在宝宝身上。
- 与成人的按摩不同，针对宝宝的抚触是一种轻柔的抚摸，不要按压，也不要使劲揉搓。操作时动作要和缓，通过轻轻抚摸，将温度和爱传递给宝宝。
- 抚触是一种亲子互动方式，操作时要保持心情愉快，特别是家长，切忌焦躁和心不在焉，最好要与宝宝有语言或眼神等的交流。这既有利于宝宝语言、视觉、听觉等发展，又能增进亲子关系。
- 抚触时间不宜过长，每次 5 ~ 10 分钟，每天 1 ~ 3 次，以孩子的接受度为准。此外，虽然抚触时最好脱掉衣物，但不一定每次都脱掉，应综合考虑孩子的接受度与现实环境。

专题：宝宝需要做被动操吗

被动操与抚触不同，具有一定的治疗作用。比如，对神经系统、运动功能出现障碍的宝宝来说，适当的被动运动有助于恢复。但被动操属于带有医疗性质的运动，需要医生分析宝宝的具体情况，制订详细的方案。

通常，医生会对存在特殊情况的宝宝做全面的检查，然后确定应采取的动作、动作的力度以及运动的频次等。一段时间后，医生会进行阶段性评估，判断被动操是否有效果，并根据评估结果调整下一步的运动计划。这是一整套严谨的、有科学依据的训练。

家长如果不具备相关医学知识，很难对宝宝的情况做出科学的评估和判断，也很难完全掌握正确的操作方式。如果盲目训练宝宝做被动操，不但对宝宝无益，还可能会因操作方式不当、力度不对等，损伤宝宝的肌肉、韧带、关节，得不偿失。因此，不推荐家长自行训练宝宝做被动操。

听懂宝宝的哭声

宝宝通常用哭表达自己的各种需求，比如饥饿、排尿排便、肠胃不适、烦躁、无聊等，因此家长应学会分辨宝宝的哭声代表的含义。

通常，如果宝宝的哭声短而低沉，带有一定的节奏，且有吮吸手指或咂巴嘴寻找乳头的表现，就说明宝宝饿了；如果宝宝突然大哭，且声音非常尖锐，持续时间较长，很可能是受到某种刺激后的反应，比如接种疫苗；如果宝宝从最初的哼唧发展到呜咽，直至烦躁或愤怒的爆发性哭闹，被抱起时会有明显的缓解，那么很可能是由于无聊；如果哭声无力、鼻音严重，并伴有发热、腹泻、食欲下降等症状，就要考虑宝宝是不是生病了。如果生活规律被打乱，感到疲劳或困倦，玩得太兴奋，接触的陌生人过多或所处环境过于嘈杂，宝宝也会哭闹。

当然，以上只是绝大多数宝宝的普遍表现，并非唯一的判断标准。家长需通过日常观察，尽快摸清规律，了解宝宝在不同情况下的惯常表现，以便更有针对性地采取措施，使宝宝尽快恢复平静。

总结哭闹规律时，可以按照这样的顺序查找原因：宝宝哭闹时，首先检查纸尿裤，确认是否在用哭闹提醒更换纸尿裤；排除这个原因后，可以逗一逗宝宝，如果停止哭泣，说明刚才的哭闹很可能是因为无聊；如果尝试和宝宝互动无效，就要考虑是否患有肠绞痛或其他疾病；如果宝宝哭闹的时间正好与哺乳时间一致，则很可能与饥饿有关。此外，还可以看看是否因为衣服不平整或纸尿裤勒得过紧造成宝宝不适；手指、脚趾有没有被衣服或头发缠绕住（男宝宝还要检查有没有缠住隐私部位）；全身有无皮疹（夏秋季要注意有无蚊虫叮咬）；是否存在发热或者体温过低情况；室内温度是否过高或过低，宝宝穿盖是否过多；等等。经过一段时间的摸索，大多数家长基本都可以掌握宝宝不同哭声所传递的信息，并给予宝宝准确的回应和帮助。

宝宝的睡姿

宝宝的睡姿可谓千奇百怪，有些喜欢仰睡，有些喜欢侧睡，有些则更愿意趴睡。每种睡姿都有其特点，究竟选择哪种睡姿，要以宝宝的安全、舒适为首要原则。

仰睡

优点：宝宝平躺在床上，有利于宝宝肌肉放松和手脚自如活动，也方便家人直接、清晰地观察宝宝的表情变化。如果宝宝吐奶，也能够及时发现，及时处理。

缺点：长期仰睡，如果不能及时帮助宝宝调整头部位置，可能会影响宝宝的头形，出现偏头。对特别容易呕吐或吐奶的宝宝来说，仰面平躺时，反流的食物可能会呛入气管和肺内，存在一定的安全隐患。

趴睡

优点：宝宝趴睡时，即使吐奶，呕吐物也会顺着嘴角流出来，一般不会吸入气管引起窒息；后脑勺不会受到压迫，容易睡出标准的头形；如果宝宝有肠绞痛，趴睡能给腹部一定压力，缓解不适。需要说明的是，趴睡并不会压迫心肺，和仰睡对内脏产生的压力其实是相同的。

缺点：宝宝趴睡时，不便吞咽口水，易使口水外流。口鼻容易被枕头、毛巾、被褥等堵住，有发生窒息的可能。如果趴睡时手脚受压，可能会导致血液流通不畅。

> **崔医生特别提醒：**
>
> 如果选择让宝宝趴睡，要特别注意不要选择过软的被褥，并且一定要有成人的全程监护。

侧睡

优点：首先，侧睡可以减少咽喉分泌物滞留，让呼吸道更加通畅。其次，当宝宝侧睡尤其是朝右侧睡时，食物能够顺利地从胃部进入肠道，利于消化。如果发生吐奶，呕吐物也会从嘴角流出，不会引起窒息。

缺点：如果长期向一个方向侧躺，容易影响宝宝的头形和脸形。因此，如果宝宝喜欢侧睡，就要经常帮他变换方向，这次睡觉右侧躺，下次睡觉就要左侧躺。

● 和宝宝说话

在宝宝的眼睛还不能看清周围的事物时，只能靠听觉感知周围的一切。虽然宝宝不懂家长在说什么，也无法做出回应，家长的声音却能够给他足够的安全感，帮助建立更加亲密的亲子关系，而且对促进语言能力的发育也有极大的帮助。所以，不妨多叫一叫宝宝的乳名，向他介绍家里的每位成员，告诉他眼前事物的名称，给他唱一首好听的摇篮曲、讲一个有趣的童话故事，等等。说不定什么时候，当家长和他说话时，他会突然转过头进行互动，给家长一个惊喜。

需要注意的是，和宝宝交流时，家长不要故意说“吃饭饭”“看狗狗”“玩球球”这样的语言，这只会给宝宝做出错误的语言示范。家长可以用轻柔可爱的语气，使用正确的词语，尽量用“爸爸”“妈妈”代替“你”“我”等人称代词。另外，要注意放慢语速，拉长两句话之间的间隔，给宝宝理解和思考的时间。

宝宝的语言能力并非一朝一夕能够快速提升的，不管宝宝能否做出回应，家长都要坚持和宝宝说话。

如何清洗宝宝的衣物

宝宝更换衣服较为频繁，为宝宝洗衣服是一项颇为繁重的工作。宝宝换下来的衣服上通常有奶渍、尿渍，更换之后只需用清水清洗，再用开水烫过。对于较脏的衣服，可以选用婴儿专用洗衣皂或洗衣液清洗。使用洗衣液后，要用大量清水漂洗干净，避免洗衣皂或洗衣液中的化学成分刺激宝宝皮肤。

对于宝宝的衣服是手洗还是机洗，可视情况而定，但要注意与家人的衣服分开清洗。如果选择机洗，要注意避免使用过量的洗衣液。

崔医生特别提醒：

清洗宝宝的衣服及用品时，注意不要过量使用婴儿洗衣液，避免使用消毒剂及含有消毒成分的洗衣液、洗衣皂等，以免残余化学物质被宝宝吃下去，破坏肠道菌群，影响健康。

适合宝宝的室内温度与湿度

保持适宜的室内温度和湿度，可以使宝宝感觉更舒适，而且对宝宝的健康有利，因此，家长要学会判断温度和湿度是否合适，并根据实际情况加以调整。

适宜的温度

室温究竟多少度宝宝才舒服？有两个方法可以帮助判断。第一个方法是，如果宝宝的爸爸不是特别怕冷，可以将爸爸的感觉作为参考。当爸爸感觉室温适宜时，这个温度对宝宝也较为合适。不要以家中老人的感觉为准，因为老年人代谢较慢，比较怕冷。第二个方法是，摸摸宝宝的后脖颈，如果这个部位是温热的，说明温度合适。不要以手脚温度作为判断标准，因为宝宝年龄小，心脏搏动力量较弱，到达手脚末端的血流较少，使得手脚温度要低于全身平均体表温度。

如果是夏季，宝宝衣着合理，可以使用空调降温，让宝宝更舒服。使用空调时要注意：出风口不要对着宝宝；温度应设定在26℃左右；每周或每两周清洗一次过滤网，避免滤网上的细菌或霉菌扩散到空气中引起疾病或过敏。

需要强调的是，在使用空调时，千万不要先设定较低的温度，室温降下来感觉冷后就关上；过段时间室温回升，感觉热后又打开，这样始终冷热交替，宝宝很容易感冒。

适宜的湿度

为了调节室内空气湿度，可以考虑使用加湿器，将湿度控制在45% ~ 65%，一般以50%左右为宜（湿度过高，会增加滋生霉菌的风险）。

使用加湿器时，要注意以下几点：第一，定期清理。注意每天将加湿器内残留的水倒掉，并用流动的清水冲洗贮水槽和排气管；定期清洗、更换滤网，以免滋生霉菌。如果经济条件允许，可以考虑购买带有除菌功能的加湿器。第二，注意清洁方式。不要使用化学清洁剂清洗加湿器，以免残留的化学物质通过水雾挥散到空气中被人吸入体内，引起肺部疾病。可以用柠檬酸或小苏打清洗加湿器中的水垢，方便又安全。第三，建议不要添加精油、醋或其他药物。没有任何研究显示这些物质能够通过加湿器发挥效用，而且挥发后大多会在加湿器内有所残留，如果不能及时彻底清洁，不仅会影响加湿器的使用寿命，还可能会给家庭环境带来安全隐患。

怎样给宝宝拍照

新生宝宝有太多的第一次，每个难忘的瞬间，家长都希望用照片记录下来，留作美好的记忆。但是拍照时，家长要把宝宝的安全放在首位。

为宝宝拍照时，建议在自然光线或照明灯下进行，不要使用闪光灯，以免闪光灯强烈的刺激对宝宝的眼睛发育造成不良影响。手机、相机等照相设备要握牢抓稳，以免误伤宝宝。这一点要特别重视，千万不要因一时疏忽砸伤宝宝。不要为了拍摄效果，强迫宝宝摆出有个性化的姿势，避免出现肢体损伤。在保证拍摄安全的情况下，可以尝试利用各种方法，为宝宝拍出更自然、更有意义的照片留作纪念，比如，可以记录宝宝一天中不同时间（早上、中午、晚上）的状态，也可以在每天的同一时间记录宝宝的变化；拍摄的宝宝状态，可以是睡着的、醒着的，也可以是哭着的、笑着的；可以选择近景、远景，还可以用特写，全方位呈现宝宝的多样美好。

第 2 章　3 ~ 4 周的宝宝

在照顾宝宝的过程中，家长应持续学习育儿知识，给予宝宝科学的护理和引导，助其更好地成长。这一章将介绍出生后 3 ~ 4 周宝宝的生长发育特点，深入讲解配方粉喂养常识，并对新生宝宝常见的问题，如尿布疹、肠绞痛等给出详细的护理方法。

了解宝宝

宝宝的大运动发育：趴卧

宝宝刚出生时，颈部肌肉力量很弱，俯卧时无法自行将头部抬起。之所以能在一两个月内掌握抬头这个动作，除了与自身运动能力发育有关，很大程度上依赖适度的锻炼，最有效的锻炼方式就是趴卧。

趴卧不仅是帮宝宝练习抬头的最佳运动，也是一切大运动和精细运动发展的基础。

趴卧可以促进全身肌肉的协调发展，锻炼抬头、翻身、坐、爬、站、走时需要利用的肌肉群。趴卧时，宝宝为了撑起肢体，原本攥成小拳头的双手会本能地张开，这为以后捏、拿、传东西，发展手的精细运动做准备。

一般情况下，足月的健康宝宝一出生便可以练习趴卧。如果担心宝宝太娇弱，可以等到满月后再开始。刚开始练习时，每次趴卧的时间不要太长，以 2 ~ 3 分钟为宜，之后随着月龄增长逐渐延长时间，大约 3 个月大时，可以每次趴 15 分钟，每天趴 2 次。

趴卧练习应在宝宝清醒、精力充沛时进行，要特别注意避开宝宝困倦、饥饿或刚吃完奶的时候。练习时，一定要保证有清醒的大人在旁密切看护，确保安全。可以在宝宝面前放一些玩具与他互动，提高他对趴卧的兴趣。通过这样的练习，宝宝对头部的控制能力会慢慢得到提升，起初能够在趴卧状态下将头抬起，之后逐渐开始抬胸，进而可以自如地控制头部左右转动。

需要提醒的是，大运动发育是一件水到渠成的事，每个宝宝都有自己的大运动发育规律。家长可以为宝宝提供足够多的锻炼机会，但切不可揠苗助长，强迫他进行超过能力范围的训练。

崔医生特别提醒：

长时间趴卧不会压坏脏器，因为在趴卧和平躺时，脏器承受的压力是相同的。之所以会觉得趴着累，是因为成人常以平躺休息为主，习惯了将背部的伸肌作为主要放松肌肉，而趴卧时，因为肌肉不适应，便会出现心跳、呼吸加快现象，使人误以为这是由于脏器被压迫所致。

● 宝宝的囟门

在宝宝头顶靠前的位置，有个区域摸上去软软的，宝宝哭闹或用力时会鼓起来。这个区域就是前囟门。前囟门在头顶部，是两侧额骨与两侧顶骨之间的骨缝形成的菱形间隙。这个间隙会随着宝宝长大而逐渐被硬质的骨头填上，形成闭合。一般情况下，经常用囟门指代前囟门。

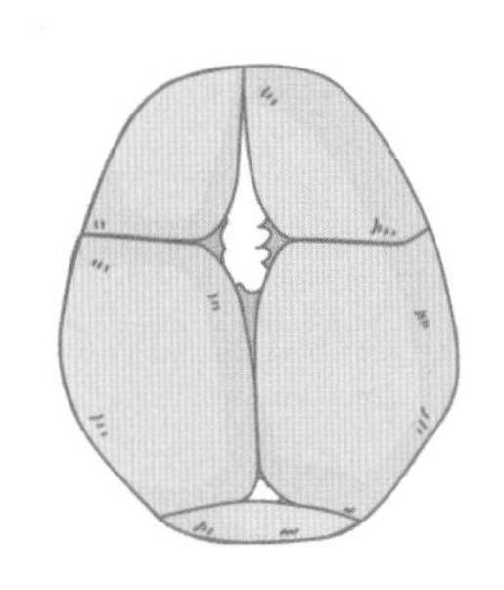

▲ 图 2-2-1　宝宝囟门示意图

囟门的大小，指的是菱形对边的距离，医生会用两个数值相乘来说明，如 1.8 厘米 × 1.8 厘米，或者 2 厘米 ×2 厘米等。一般情况下，如果数值超过 3 厘米，就认为囟门偏大，也有说法是上限值不应超过 2.5 厘米。之所以存在这样的分歧，是因为囟门的大小无法准确地测量，只能靠人以手摸来估计。

囟门闭合时间平均为 18 个月，但宝宝发育存在个体差异，通常来讲，囟门在 12 ~ 24 个月闭合都属正常。闭合太早或太晚都可能预示着宝宝生长发育存在问题。

人的脑组织会顶着颅骨生长，囟门未闭合则证明颅骨仍在发育，为脑组织留出了生长余地。如果囟门过早闭合，就如同给正在生长发育的大脑戴上了“紧箍”，限制了它的生长，可能会引发大脑发育不良以及一系列神经系统问题。而如果闭合太晚，则可能是一些疾病（如脑积水）所致，应及时带宝宝就医，请医生查明原因、对症治疗。

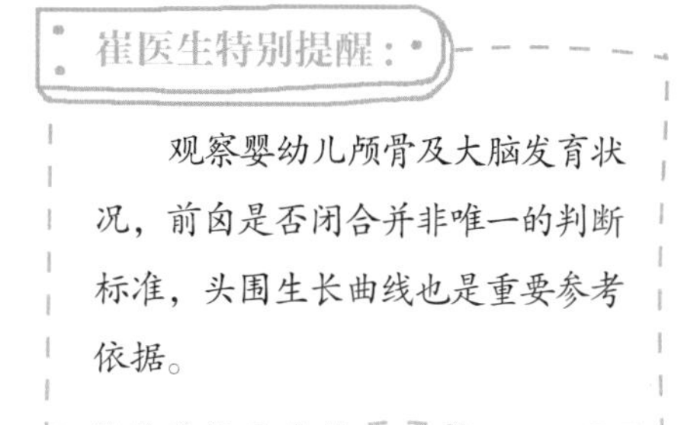

即便囟门未闭合，力道较轻的按压也不会损伤脑组织。所以，家长不要因为担心而疏于清洁和护理，否则可能会使囟门位置污垢聚集，出现结痂，甚至引起头皮湿疹。

护理囟门时，应注意以下几点：

- 囟门处的头皮可以清洗，但动作要轻。
- 不要用较硬、较热的东西接触囟门。
- 夏季外出时，为宝宝戴上通风透气的遮阳帽；冬季外出时，戴上保暖帽。

家长应养成定期为宝宝测量头围的习惯，并将测得的数值记录在头围曲线图上，根据连接各点形成的头围生长曲线，综合考量宝宝的大脑发育情况。如果发现宝宝的头围增长迅速，很可能提示存在脑积水的问题；如果头围增长缓慢，或者根本不增长，就要考虑宝宝是否为颅缝早闭。

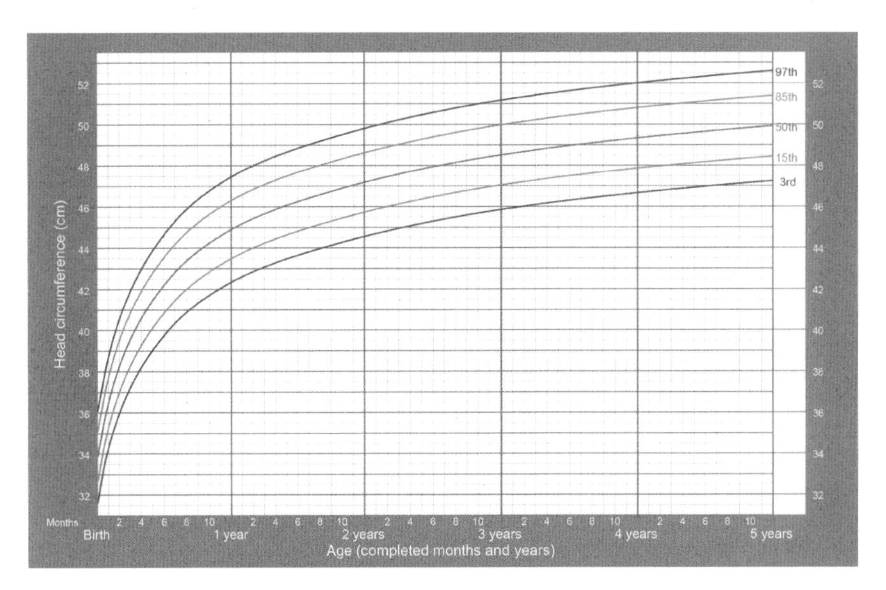

▲ 图2-2-2 世界卫生组织（WHO）头围曲线图

常见的胎记

宝宝身上常可看到胎记，常见的有青记、鹳吻痕、葡萄酒色斑、黑色素痣和咖啡牛奶斑等。宝宝身上为什么会有胎记，胎记是否有碍健康，会不会自己消退，下面逐一加以分析。

青记

有些宝宝的腰、臀等部位会出现青绿色的斑块，呈多个块状分布，甚至连成一片扩展到腿部或肩部。这种长在皮肤下而非皮肤表层的斑块就是胎斑，也叫青记或蒙古斑，在新生儿中比较常见。

青记成因要追溯到胎儿期。在胎儿皮肤发育过程中，黑色素细胞需要向皮肤表层移动，部分细胞可能受激素等因素的影响，没能转移成功，便顺势在皮肤下沉着了下来，形成了青记。不过，黑色素细胞不会因为宝宝出生而停止移动，宝宝出生后，它会努力冲破阻碍移到皮肤表层，因此大部分青记会在宝宝 3 ~ 4 岁时自行消退。消退时，青记可能会先经历范围扩大、颜色加深的过程，然后随着宝宝的长大，逐渐停止发展并慢慢变淡。

鹳吻痕

有些宝宝的身体中线附近，如眼皮、前额、颈背部会出现粉红色的斑块，这便是鹳吻痕，也叫天使之吻或鲑鱼色斑。关于“鹳吻痕”这个名字，有个有趣的传说。相传，被西方人称为送子鸟的白鹳，是用爪子抓着宝宝的背部和颈部把他送来的，所以就在相应的位置留下了痕迹。之所以又称为“天使之吻”，是因为有些宝宝的面部也有这样的斑块，人们便联想是天使亲吻宝宝所留的“礼物”。

从医学角度讲，鹳吻痕是由皮肤表层堆积过多细小血管造成的，当婴儿哭闹或发热时，血管变得充盈，使斑块变得比较红。大约1/3的宝宝出生时有鹳吻痕，大部分会在2 ~ 3年内自行消失，不需任何治疗。

葡萄酒色斑

这种斑又称鲜红斑痣，没有特别集中易分布的点，在身体任何部位都可能出现，由发育的毛细血管膨胀所致。葡萄酒色斑会随着宝宝长大逐渐加深颜色，起初是粉红色的，慢慢会变成紫红色。虽然这种紫红色可随着时间推移慢慢变淡，但通常不会完全消失。如果色斑在比较明显的位置，可以通过美容激光改善。

黑色素痣

黑色素痣是一群良性的黑色素细胞聚集在表皮和真皮的交界产生的，分先天和后天两种，新生宝宝的黑色素痣多为先天性的。

黑色素痣与黑色素瘤不同，后者属于皮肤癌，有危及生命的可能；而黑色素痣十分常见，通常不会对身体健康构成威胁。但是，对于出现在易摩擦部位的黑色素痣，家长应注意观察。从医学角度讲，极少数黑色素痣经过经常性反复摩擦，有可能恶化成黑色素瘤。通常，在痣出现恶变前会有明显变化，如颜色明显变黑、长出毛发，还可能伴有明显的痒感。一旦发现宝宝身上的黑色素痣出现异常，要及时就医治疗。

咖啡牛奶斑

咖啡牛奶斑就是像兑了牛奶的咖啡一样的色斑，颜色从淡棕色、棕色到棕褐色、褐色，深浅不一。斑块一般呈圆形、椭圆形或不规则的形状，边界比较清晰，触感也与正常皮肤一样。出现咖啡牛奶斑可能与遗传有关，如果父母有人长有这种斑，宝宝出现的概率就相对较大。

随着宝宝长大，有的斑块被逐渐撑大变淡，甚至消失，有的可能终生不退。大部分咖啡牛奶斑只是普通色斑，除影响美观外，对健康无害。如果条件成熟，可以通过美容激光等手段去除。

但是，如果斑块的数量在6块以上，且最大直径大于5毫米，则需要引起注意，及时就医检查，排除是否伴随出现神经纤维瘤。

崔医生特别提醒：

若是红斑，可以任由其消退，不影响健康，但如果是血管瘤，就要引起重视。分辨红斑和血管瘤，一个相对直观的方式是：如果局部的红斑随着宝宝长大，颜色逐渐加深变成紫红色，且高出皮肤表面，则可能是血管瘤。这种情况下，应尽早带宝宝到皮肤科就诊，遵医嘱通过局部抹药等方式进行治疗。

宝宝可能出现的小状况

出生仅仅几周，宝宝竟然出现了很多小状况，比如嘴唇上磨出小水泡、脱皮，长红斑、痤疮和粟粒疹等，甚至出现吓人的呼吸频率不规律。事实上，对新生宝宝来说，这些情况一般都是正常的，家长不必过于担心。

嘴唇上磨出小水泡

宝宝出生没几天，上嘴唇中间就长出了一个白色的小水泡。这是摩擦造成的。无论吃乳头还是吸奶嘴，宝宝嘴唇上都可能出现这种小水泡。新生宝宝的唇部皮肤特别娇嫩，在用力吮吸的过程中，嘴唇与乳晕或奶嘴反复摩擦，便磨出了小水泡。

小水泡不会给宝宝带来不适，它可能在宝宝某次吃奶后自行破溃，过几天又在相同位置磨出新的水泡，如此反复几周或几个月，才会最终消失。这种情况不需特殊处理，也不要人为把小水泡弄破，以免发生感染。

新生儿脱皮

宝宝出生后几天，就会出现脱皮，通常持续 2 ~ 3 周。之所以会脱皮，是因为宝宝出生后，脱离了温暖的子宫，没有了羊水的包裹，进入凉爽、干燥的空气中，环境的变化刺激皮肤，使其变得比较干燥。另外，新生宝宝皮肤最外层的角质层发育不完善，容易脱落，而连接表皮和真皮的基底膜也不发达，使表皮和真皮连接得不够紧密，表皮脱落的机会就大大增加。

这种脱皮的现象在宝宝全身部位都可能出现，以四肢、耳后部位尤为明显，应等待其自行脱落，不要强行搓掉或采取其他措施。洗澡时，要尽量避免使用沐浴露，以免将皮肤表面的油脂洗掉，加重皮肤干燥。洗澡后，可以在宝宝的皮肤表面涂抹一层婴儿润肤油并轻轻按摩，保持皮肤湿润。

如果宝宝脱皮后，皮肤出现了小裂口，应及时咨询医生并按医嘱进行护理，以免引发感染；若脱皮的同时还伴有红肿或水泡等其他症状，则可能为其他病征，也需要尽快就医。

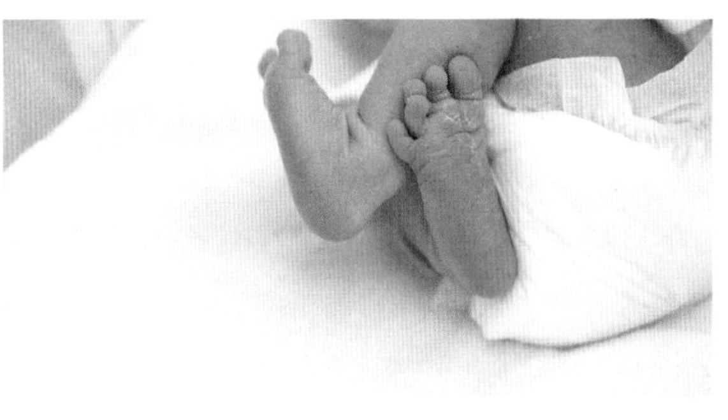

▲ 图 2-2-3 新生儿脱皮

新生儿红斑

有些宝宝出生后全身会出现红色斑疹，疹子高出皮肤，这就是新生儿红斑。新生儿红斑一般不会给宝宝带来皮肤瘙痒等不适，不需药物治疗，通常 5 ~ 7 天后就会自行消退。

新生儿痤疮

新生儿痤疮常见于出生后 3 ~ 4 周的宝宝，痤疮呈小疙瘩状丘疹，多分布于宝宝的面部、颈部、胸部和背部，可能会持续 3 ~ 4 个月。

新生儿长痤疮的原因尚不明确，有一种推测是与性激素刺激皮脂分泌增多有关，还有推测与局部皮肤的细菌感染相关。当宝宝皮肤上出现痤疮时，一般不需做特别处理，尤其不要将痤疮挤破，以免引发感染。通常情况下，只需保持皮肤清洁，随着时间的推移，痤疮会自然消退。

粟粒疹

很多宝宝在鼻子、下巴和前额等部位会长出细密的小白点，且比较硬，看上去好像小疙瘩，这就是粟粒疹。粟粒疹在宝宝刚出生时就可能出现，出生后几个月内逐渐消退，成因与毛孔未开而皮脂腺已开始分泌皮脂有关，这些小白点就是堆积的皮脂腺分泌物。家长不用着急，也无须做任何处理，粟粒疹会随着宝宝生长自然消退。

皮肤颜色异常

有些宝宝有时下半身皮肤的颜色比上半身要深，或身体左右两侧的皮肤颜色深浅不一。这是宝宝血液循环系统发育不完善，导致血液在身体某部位积存引起的。通常只要稍微调整宝宝的体位，身体颜色就会恢复正常。有些宝宝的手和脚会呈淡蓝色，尤其是平躺时，这种现象也与宝宝血液循环系统发育不完全有关，调整宝宝的姿势后，手脚发蓝的状况就可能会有明显改善。此外，当宝宝身体较凉或哭闹时，皮肤上可能会出现淡紫、淡红或淡蓝色的斑点，这同样是由于宝宝的循环系统不健全所致。随着宝宝长大，皮肤颜色的这些异常变化会逐渐消失，家长无须紧张。

总是在睡觉

宝宝出生后，几乎整天都在睡觉，而且睡得很沉，有时即使吃奶时也会睡着。事实上，在被娩出的过程中，宝宝也要消耗大量的体力配合妈妈，因此需要通过长时间的睡眠缓解疲劳；而且，长时间的睡眠有助于宝宝的成长发育。所以，只要宝宝清醒状态下精神很好，进食和生长发育均正常，那么即便全天大部分时间都在睡觉，也不要过于紧张，这是生长过程中的正常现象。

呼吸频率不规律

有些宝宝呼吸频率不规律，有时频率较慢，间隔时间很长，尤其是睡觉时，甚至出现短暂的呼吸停止，有时频率又会突然加快。这是因为，新生宝宝肺脏发育不成熟，大脑中的呼吸控制系统也没有发育完善。通常出生后第一个月内，宝宝呼吸频率波动比较大，偶尔会出现短暂的呼吸停止，还可能出现短暂的呼吸频率突然加快，这些都是宝宝在调整和适应现在的呼吸方式，是正常现象。

但是，当宝宝出现以下几种情况之一时，家长就要引起重视，立即带宝宝就医：

- 频繁出现呼吸暂停或呼吸频率加快。
- 呼吸时鼻翼抽动，呼气时有异常气味或发出呼噜声。
- 嘴唇或脸色发青、发紫。
- 吸气时胸腔肌肉凹陷，呼气时又凸出。

嗓子总有痰

当宝宝吃奶或哭闹时，喉部可能会发出呼呼的声音，既像打鼾，又像喉咙里有痰，尤其是平躺时更为严重。这种现象叫先天性喉喘鸣，是婴儿期比较常见的问题。

先天性喉喘鸣主要是由于宝宝喉软骨软化（喉软骨发育不成熟），吸气时咽部组织下陷，喉腔随之变小变窄，这时呼吸就像嗓子里含了一口痰，严重时还会呛奶、呼吸费力。当宝宝患有上呼吸道感染疾病时，喉喘鸣现象就会加重。

一般情况下，只要宝宝没有出现频繁呛奶或者呼吸困难，家长就无须担心，也不用治疗。随着宝宝的生长，喉软骨逐渐发育成熟，喉喘鸣就会消失。但是，如果宝宝出现频繁呛奶、呼吸困难等情况，要及时就医治疗。

双眼运动不协调

人的眼睛受眼肌和视神经控制，任何一方面出现问题，都会影响眼睛的协调运动。新生宝宝虽然出生前就具有了视觉反应能力，但眼肌和视神经尚未发育完全，并且大脑与眼睛需要一定的时间磨合，大脑起初接收的分别由双眼传来的视觉信号很难达到同步。于是，宝宝双眼运动可能就不协调，出现单眼或双眼内斜、外斜情况。

双眼内斜即对眼，新生宝宝出现对眼还有一个原因：宝宝鼻梁较低、眼距较宽，内眦赘皮遮盖住了内眼角侧的白眼球，使得黑眼球看起来靠眼睛内侧。这种情况并非真正的对眼，将宝宝的鼻梁轻轻提起，对眼就消失了。随着宝宝鼻梁逐渐变高，内眦赘皮逐渐消失，对眼的问题自然不再存在。

如果宝宝满 2 个月仍然存在单眼或双眼持续内斜或外斜，或满 3 个月后偶有类似的现象，家长则要引起重视，及时带宝宝就医。医生通常会通过专业手段确认孩子是否斜视，发现问题及早干预，比如使用遮挡健康眼睛、刺激有问题眼睛发育的方法等。

崔医生特别提醒：

真性斜视要引起家长重视，如果诊断太迟，大脑就会慢慢适应眼睛不协调的状态下产生的信号，阻断或者抑制有问题的那只眼睛发来的信号。长此以往，孩子视物时会只依赖优势眼，另一只眼就会出现严重的弱视。

哭闹时肚脐突出

宝宝只要一哭闹，肚脐处便会出现一个小包块，哭得越厉害包块鼓得越高，宝宝平静后会慢慢平复。虽然脐带残端通常会在宝宝出生后 2 周左右脱落，随后肚脐逐渐愈合，但肚脐周围的腹直肌却需要几个月才能逐渐发育至完全封闭肚脐。在这段时间内，宝宝频繁哭闹或肠胀气较严重，由于腹压的增加，肚脐部位便容易出现呈圆形或卵圆形的肿块或软囊，也就是新生儿脐疝。

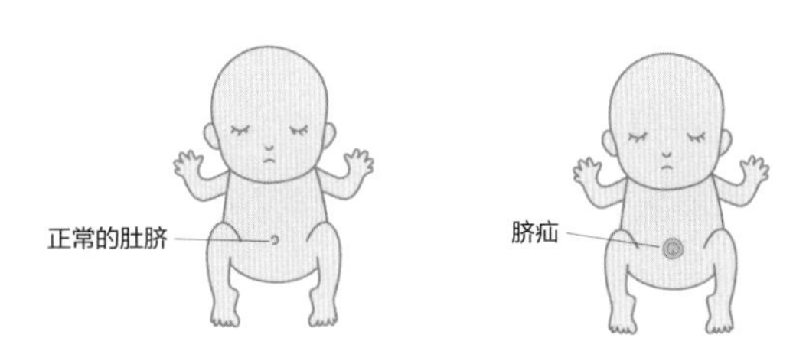

▲ 图 2-2-4　新生儿正常肚脐与脐疝示意图

看到宝宝鼓起的肚脐，如果用手将其轻轻压回去，可能会听到咕嘟一声，这是宝宝的肠管内有气体而发出的声响。但是，暂时压回鼓起的小包块不能解决根本问题，因为新生儿出现脐疝的根本原因是腹肌发育尚不完全，哭闹或肠胀气引起腹压增高，因而促发了脐疝。

患脐疝的宝宝一般不会感到疼痛，只有个别宝宝会因局部膨胀而有不适感。随着宝宝不断长大，腹直肌会渐渐向内生长封闭住肚脐，脐疝大多会自行消失，通常不会超过 1 岁，家长不用担心。当然，如果宝宝肚脐处的小鼓包过大（比如直径超过 2 厘米），或脐疝随宝宝的长大也有增大的趋势，那么自愈的可能性比较小，需要请医生评估是否需要手术治疗。

喂养常识

● 配方粉基础知识

如果不得不给宝宝添加配方粉，那就应坦然接受。毕竟，保证宝宝的营养才是第一要务。关于配方粉，家长应了解怎样选择配方粉、如何冲调配方粉、配方粉每日哺喂次数和哺喂量等几方面的内容。

如何选择配方粉

选择配方粉，总的来说，要选择有信誉的产品，而且相比品牌，更应关注种类。家长应根据宝宝的情况，从可信的渠道购买适合的配方粉。

配方粉根据蛋白质结构、脂肪种类、碳水化合物成分，可以划分为不同的种类。

根据蛋白质结构，配方粉可分为普通配方粉、部分水解配方粉、深度水解配方粉和氨基酸配方粉。普通配方粉中含有完整的牛奶蛋白，适用于母乳不足的健康宝宝；部分水解和深度水解配方粉利用技术手段，将蛋白分子分解到不同程度，降低配方粉的致敏性，前者适用于预防牛奶蛋白过敏，后者适用于治疗牛奶蛋白过敏；而氨基酸配方粉中的蛋白质来源于植物蛋白，彻底规避了牛奶蛋白这个过敏原，可以用来判断宝宝是否对牛奶蛋白过敏，也就是说，如果怀疑宝宝牛奶蛋白过敏，可以添加氨基酸配方粉，若过敏症状有所缓解或消失，就说明确实对牛奶蛋白过敏，至少 3 ~ 6 个月内要回避牛奶或含有相关成分的饮食，用氨基酸配方粉给宝宝提供回避期间的营养。

根据脂肪种类，配方粉可分为长链脂肪配方粉和中 / 长链脂肪配方粉。长链脂肪配方粉也就是普通配方粉，适用于健康的宝宝；中 / 长链脂肪配方粉适用于存在肠道功能问题的宝宝，比如慢性腹泻、肠道发育不良、早产或者经历过肠道大手术的宝宝。

根据碳水化合物成分，配方粉可分为普通配方粉、含部分乳糖的配方粉和无乳糖配方粉。普通配方粉适用于健康的宝宝，含部分乳糖的配方粉适用于早产儿、肠胃功能不良的宝宝，无乳糖配方粉则适用于患急性腹泻，尤其是感染轮状病毒性胃肠炎和先天性乳糖不耐受的宝宝。

如果是早产儿或出生低体重儿，则应根据宝宝体重及出生孕周等情况，在医生的指导下选择早产儿 / 低体重儿配方粉。这种配方粉中的高热量、高蛋白质能被宝宝快速吸收，满足其生长发育所需。

崔医生特别提醒：

如果 6 个月以内的宝宝确实需要补充配方粉，建议最好先选择部分水解配方粉，以防止出现过敏。宝宝满 6 个月后，肠道菌群基本建立，且肠壁发育相对完善，可以考虑逐渐更换为普通配方粉。

配方粉添加必备用具

如果确定宝宝必须以配方粉喂养，除了购买配方粉外，还需准备以下用具。

奶瓶：至少准备两个小号奶瓶，最好选宽口径的，既容易倒进水和配方粉，也容易清洁。

奶嘴：至少准备两个，与奶瓶配套使用。奶嘴同样应选用小号吸口的，以防止流出的奶量过大，呛到宝宝。

奶瓶刷、奶嘴刷：各准备一个，以便清洁奶瓶、奶嘴。

恒温水壶：一般来说，冲调配方粉的水温最好在40℃左右，不过，具体的温度要求需要查看购买的配方粉冲调说明。恒温水壶能够将水温始终保持在适宜的温度，使用更方便。

如何冲调配方粉

冲调配方粉的步骤如下：

1. 冲调前，要先彻底清洁双手。

2. 将备用的温开水倒入清洁且干燥的奶瓶中。

3. 用配方粉中自带的量勺取出适量配方粉，倒入水中。

4. 将奶嘴拧紧，缓缓地左右摇动奶瓶，让配方粉完全溶解。

5. 将奶液滴在手腕内测试温度，如与体温接近，则说明比较合适；如果偏热，可以把奶瓶放在冷水中降至适宜的温度，或者放在阴凉干爽处凉至合适温度，以免奶液温度过高烫伤宝宝。

6. 使用干净的毛巾擦拭瓶身，再给宝宝饮用。

需要注意的是，不同品牌的配方粉对水与粉的比例要求存在差异，因此应仔细阅读配方粉包装上的说明，严格按比例冲调。比如，包装说明上写明30毫升水加1勺配方粉，那么每次应按这个比例冲调，以保证奶液浓度适宜。不要自行调整奶液的浓度，为了让宝宝吃得饱一些，就刻意少放水多放粉，或为了让宝宝多喝水，就多放水少放粉，这些做法都对宝宝的健康不利。

冲调配方粉时，应注意以下事项：

- 冲调配方粉最好使用纯净水，不要使用果汁或米汤，也不要添加任何调味料及保健品。
- 冲调配方粉，应先加水后加粉，顺序不要颠倒。
- 配方粉冲调 2 小时后，如果宝宝没喝或者没喝完，不要继续给宝宝饮用。

崔医生特别提醒：

计算宝宝喝下的奶量，并非计算添加配方粉前水的总量，而是配方粉加水冲调后的奶液总量，即：奶量 = 配方粉量 + 水量。

配方粉的喂食量和喂养时间表

大部分配方粉包装上均会注明推荐喂食量和每日喂养次数。通常，配方粉喂养的宝宝每天的哺喂次数为 6 ~ 7 次，至满月时每次喝下的奶量为 90 ~ 120 毫升，这是一个仅供参考的平均值。由于每个宝宝对配方粉的消化吸收不同，实际奶量和喂养次数均有所差别。实际奶量低于或高于推荐量的情况都可能会出现，一般来说，只要差异在 10% ~ 20% 之间，均为正常。至于喂养次数，也无须严格遵循包装上的推荐量，而应根据宝宝自身的需求适当调整。

很多家长担心宝宝吃得少影响生长发育，这种担心是没有必要的。宝宝生长发育是否正常，应以生长曲线作为判断标准，而非单纯评估食量。只要生长曲线在正常范围内一直稳步上升，即使吃得少也没关系。但如果生长曲线在短时间内出现比较大的波动，或者始终不在正常范围内，就需要咨询医生，对饮食进行调整。

配方粉喂养的常见问题

配方粉喂养不同于母乳喂养，需备齐配方粉和奶瓶等用具才能实现，相比母乳喂养较为麻烦。家长在配方粉喂养过程中，常会遇到各种各样的问题，比如，奶瓶是否需要消毒，奶液温度多少才合适，打开的配方粉要如何保存，宝宝是否需要额外喝水，等等。

奶瓶是否需要消毒

清洗奶瓶时，不需要使用消毒柜、消毒锅等特殊方式消毒。在宝宝喝完奶后，可以用流动的清水冲掉奶渍，再用奶瓶刷、奶嘴刷刷干净，用热水烫过后倒扣晾干。干燥是最好的清洁方式。

另外，不推荐使用奶瓶清洗剂，因为清洁剂一旦冲洗不净，残留下来又被宝宝吃下后，很有可能会破坏肠道内的正常菌群。

如何安全地用奶瓶喂养

用奶瓶喂养，需注意奶液的流速和温度两个方面。第一，注意奶液流速。新生宝宝吮吸、吞咽能力不成熟，用奶瓶喂养时要特别注意奶液的流速。如果宝宝吮吸时，非常努力地吞咽，但奶液仍常从嘴角溢出，说明奶嘴孔可能过大，应及时更换尺寸合适的奶嘴，以免宝宝呛奶。检查奶嘴孔大小是否合适时，可以将奶瓶倒置摇晃，如果奶液先喷出直线后一滴滴流出，表示流速适宜。

第二，注意奶液温度。有些品牌的奶瓶隔热性能较好，即使感觉奶瓶温度适宜，奶液温度可能仍偏高，此时喂给宝宝容易发生烫伤。因此在喂奶之前，一定要在自己手腕内侧试温度，如果奶液温度与自己的体温接近，才说明其是合适的。

配方粉打开后如何保存

配方粉包装上印有保质期，但这个期限针对未打开的配方粉而言。配方粉一旦打开，保质期将大大缩短。目前市售的配方粉大多都会注明，打开后需在 3 ~ 4 周内用完，这是因为，配方粉中添加了多种活性物质，潮湿、污染、细菌等都会影响奶粉的质量。

因此，配方粉打开后，保存和取用应注意以下几点：罐装配方粉取用后要扣紧盖子，袋装配方粉要用封口夹封严袋口；将配方粉放在干净、干燥、避光的地方，不要放在冰箱里；不要用潮湿的量勺取用配方粉，必须晾干后再使用；量勺使用完毕，最好单独存放，并定期清洗。

另外，如果宝宝对配方粉需求量较小，可选择独立袋装或小罐装，以免保存不当造成浪费。

配方粉喂养的宝宝是否需要喝水

传统观念认为，喝配方粉的宝宝容易上火，因此要多喝水。但事实上，冲调配方粉时就使用了大量的水，因此通常宝宝并不需要额外补水。

判断宝宝是否需要喝水，应观察他的尿液颜色。如果尿液无色或呈淡黄色，说明宝宝体内有充足的水分；而如果尿液呈深黄色，就说明宝宝可能缺水。配方粉喂养和母乳喂养只是喂养方式的不同，并不能作为宝宝是否应喝水的依据。

冲调配方粉时，要严格按照包装说明上的推荐配比冲泡，切勿多加粉使奶液过浓，再额外给宝宝喂水。当然，如果宝宝大量出汗或出现严重腹泻，应注意给宝宝补充水分，避免脱水。

混合喂养的常见问题

所谓混合喂养，是母乳不足以满足宝宝生长需求，而额外以配方粉作为补充的一种喂养方式。简单地说，采用混合喂养，宝宝既吃母乳，也吃配方粉。针对这种喂养方式，家长应了解宝宝配方粉的食用量，宝宝是否会消化不良等问题。

如何把握宝宝配方粉的食用量

混合喂养的宝宝，同时吃母乳和配方粉，因此配方粉的食用量比较难掌握。在第一次冲调配方粉时，可以稍微多冲一些，如果宝宝这次没喝完，留心记下剩余奶量，并从总量中减掉，就能大概知道宝宝喝了多少，下次可以按照这个标准冲调；如果宝宝全部喝完仍不满足，说明这次冲调得少了，下次可适当多冲一些。

当然，宝宝在不断成长，配方粉的食用量也在不断地变化，家长应多留心，不断调整，以满足宝宝的食用量。

混合喂养的宝宝会不会消化不良

如果宝宝身体健康，没有任何疾病，混合喂养通常不会让宝宝消化不良。如果出现了腹泻等症状，要警惕宝宝是否存在胃肠道问题，或对牛奶蛋白过敏、不耐受。如果经医生诊断，宝宝的确对牛奶蛋白过敏或不耐受，就要更换经过特殊工艺调配而成的特殊配方粉，比如部分水解配方粉或深度水解配方粉。关于牛奶蛋白过敏，详见下文。

崔医生特别提醒：

混合喂养时，要注意喂母乳与配方粉的先后顺序。原则上来说，建议先喂母乳，如果宝宝没吃饱，再添加配方粉。宝宝的吮吸可以有效刺激泌乳，即便已经开始混合喂养，如果坚持吮吸，保证休息与合理饮食，仍可能恢复母乳喂养。反之，乳汁会越来越少，最终变为配方粉喂养。

牛奶蛋白过敏

牛奶含有酪蛋白、乳清蛋白等多种成分，其中多数蛋白都可能作为抗原引起宝宝出现免疫反应。牛奶蛋白过敏是婴幼儿最常见的食物过敏，1 岁以内的宝宝发生的概率要远远高于 1 岁以上的宝宝。

牛奶蛋白过敏通常表现为湿疹、荨麻疹、血管性水肿等皮肤症状，腹胀、腹痛、腹泻、便血、便秘、恶心、呕吐等胃肠不适，严重的还会出现呼吸急促或哮喘发作等呼吸道症状。对年龄较小的宝宝来说，牛奶蛋白过敏导致的胃肠道和皮肤症状更为常见。如果怀疑宝宝牛奶蛋白过敏，一般可通过牛奶回避 + 激发试验判断，一经确认，则要根据具体情况采取应对措施。

母乳喂养的宝宝如果出现了疑似牛奶过敏症状，很可能是由于对妈妈饮食中含有牛奶蛋白成分的食物过敏，妈妈应注意限制饮食。在回避牛奶及牛奶制品 2 ~ 4 周后，妈妈可以再次尝试相关食物，同时观察宝宝的身体反应。如果经此试验，确认宝宝对牛奶蛋白过敏，妈妈应回避饮食中的一切牛奶及牛奶制品，包括酸奶、奶酪、蛋糕和其他含有牛奶成分的饮料等。

如果配方粉喂养的宝宝疑似牛奶过敏，可以将配方粉转换为不含牛奶蛋白成分的氨基酸配方粉，以判断宝宝是否存在牛奶过敏的问题。如果换为氨基酸配方粉后过敏症状消失，则可以确认宝宝对牛奶蛋白过敏。

如果宝宝过敏情况非常严重，则应遵医嘱停止食用原来的配方粉，直接换为氨基酸配方粉。如果宝宝过敏情况不是很严重，考虑到氨基酸配方粉的气味、口感等，可以在医生的指导下逐渐转换。转换时，可先将常用配方粉与氨基酸配方粉以9∶1的比例混合，然后逐渐加大氨基酸配方粉的比例，直至全部转换为氨基酸配方粉。2～4周后，如果宝宝没有再出现过敏反应，以同样的方式过渡到深度水解配方粉；3个月后，逐步过渡到部分水解配方粉；6个月后，再采取相同的方式逐渐过渡到普通配方粉。

不同品牌的深度水解配方粉，被水解的牛奶蛋白可能存在差别，如深度水解酪蛋白、深度水解乳清蛋白等，家长应根据宝宝具体对哪种牛奶蛋白成分过敏，选择合适的深度水解配方粉，否则过敏症状仍会反复；如果宝宝已经适应了某一种深度水解配方粉，就不要轻易更换品牌，以免再次出现过敏症状。

崔医生特别提醒：

配方粉喂养的宝宝因牛奶过敏出现腹泻、呕吐等症状，更换其他品牌的配方粉并不能解决这个问题。只要配方粉中含有致敏牛奶蛋白，仍会激发宝宝的过敏反应，应经医生诊断后，选择深度水解配方粉或氨基酸配方粉。

另外，用羊奶代替牛奶也不是好的解决方法，只有极少数对牛奶过敏的宝宝会在短时间内接受羊奶。免疫学研究指出，牛奶及羊奶在抗原性上非常相似，也就是说，如果宝宝对牛奶过敏，用羊奶代替牛奶并不会有效解决过敏问题。

避免过度喂养

在养育宝宝的过程中，让宝宝吃好是保障宝宝生长发育的基础。然而，过度喂养却对宝宝的健康不利。家长容易陷入以下三个误区：第一，宝宝长得越胖，身体越壮实，越不容易生病；第二，将哭声当作饥饿的信号，一旦宝宝哭闹就喂奶；第三，将宝宝的吮吸反射动作认为是饥饿的表现。

过度喂养可对宝宝造成多方面的危害。宝宝的胃肠功能还未发育成熟，进食过多会加重胃肠的负担，影响消化吸收，而肠胃时常超负荷工作，也会影响宝宝日后的正常进食。宝宝进食量太大，胃部就需要更多的血液供应，以保证正常的运作。如此就会截留部分本应流向大脑的血液，影响脑细胞的新陈代谢，引起脑疲劳。喂养过度必然会造成营养过剩，导致肥胖，增加宝宝患慢性疾病的风险。过度喂养导致的肥胖，还可能对宝宝的大运动及精细运动发育造成障碍。

因此，家长应做到按需喂养，关于如何判断宝宝是否吃饱，详见第 74 页。除此之外，还可借助下面的指标判断：第一，两次喂奶的间隔能保持在 2.5 ~ 3 个小时。第二，每天排便次数在 3 ~ 4 次。第三，体重生长曲线在正常范围内。

宝宝呛奶的预防和护理

呛奶是指宝宝在吃奶时或吃奶后，奶液误入呼吸道引起的呛咳或其他呼吸道不适，在新生宝宝中比较常见。宝宝呛奶很可能与吃奶时的姿势不当有关，也可能与奶液流入宝宝嘴里的速度过快、流量过大有关。虽然呛奶是常见现象，但宝宝反应轻重不一，如果处置失当，则可能引起宝宝呼吸困难或窒息，造成不良的后果，因此家长应学习呛奶的预防及应对。

预防呛奶的方法

- 注意哺乳或喂养姿势。宝宝吃奶时，头部应略高于身体，避免完全平躺。
- 注意调整乳汁的流速。如果是母乳喂养，当妈妈意识到要出现喷乳反射时，可以用手指轻轻夹住乳晕后部，降低乳汁流出的速度；如果是配方粉喂养，则要及时更换流速适宜的奶嘴。
- 预防呛奶最好的方法，是让宝宝吃奶后打嗝，将吃进去的气体排出，保证奶液顺利进入肠道。

呛奶后的护理

- 如果呛奶不严重，可让宝宝保持侧躺，将手掌微屈呈碗口状，轻轻拍击宝宝后背上部，刺激其咳嗽将呛入的奶液排出。千万不要将宝宝竖着抱起拍背，以免让奶液流入呼吸道更深处。
- 用纱布巾轻轻擦去宝宝嘴角溢出的奶液，以免流入耳道；如果奶液呛入鼻腔，可用棉签轻轻擦去，注意不要将棉签过分探入。
- 如果伴随剧烈呛咳，宝宝出现面色涨红等情况，说明奶液很可能已经进入呼吸道深处，有出现窒息的风险，应按窒息急救进行处理。具体操作方法详见第559页。
- 如果宝宝出现哭声微弱、呼吸困难、胸部严重凹陷等情况，应及时给宝宝进行心肺复苏，同时拨打急救电话，尽快送医。关于心肺复苏的方法，详见第565页。
- 另外，如果宝宝呛奶后出现持续性咳嗽且没有好转的迹象，应请医生诊断是否引发了呼吸道炎症。如果宝宝呛咳出的奶液中带有绿色胆汁或其他异样物质，甚至伴有其他异常症状，也需带宝宝就医检查。

了解微量元素

微量元素包括铁、锌、铜、锰、硒等矿物质，目前常见的微量元素检测也涵盖钙和镁。首先要明确的是，母乳或配方粉中的微量元素能够满足宝宝生长发育所需，健康的宝宝只要每天保证进食足够的奶，就无须额外补充微量元素制剂。但当宝宝出现夜间出汗较多、枕秃、头发发黄、食欲下降、哭闹等一时无法查明原因的情况时，家长就会将其归结于微量元素缺乏，为宝宝做微量元素检测。

早在2013年，国家卫生计生委办公厅已明确提出："非诊断治疗需要，各级各类医疗机构不得针对儿童开展微量元素检测。""不宜将微量元素检测作为体检等普查项目。"中华医学会儿科学分会也曾对此进行论证，结论为：大多数医疗单位的微量元素检查结果，在诊断微量元素缺乏方面的参考意义不大。

由此可见，如果宝宝生长发育正常，就无须担心缺乏微量元素，不用额外补充，也无须进行检测；如果宝宝出现生长发育过快或过慢的情况，也要通过更为精准的医疗检测方式检查，确认缺乏某种微量元素时，再按照医嘱合理补充。

切勿盲目给宝宝补充某种或多种微量元素制剂，否则可能会妨碍其他微量元素的吸收，从而影响体内整体微量元素的平衡。比如为宝宝过量补充钙剂，很可能会导致铁和锌无法很好地被吸收。

崔医生特别提醒：

在人体的营养需求中，最重要的是蛋白质、脂肪和碳水化合物这些宏量元素，而微量营养素所占的比重很小，人体对它的需求也仅仅是微量。因此，虽然微量元素对宝宝的生长发育很重要，但只是起辅助作用，不要盲目执着于微量元素的检测与补充，而应更关注合理喂养。

日常护理

斜颈的判断与矫正

如果宝宝非常喜欢向一侧偏着头，就要提高警惕，排查是否存在斜颈的问题。大部分宝宝出现斜颈，是因一侧脖颈的胸锁乳突肌挛缩引起的，表现为脖颈向一侧歪斜。如果早发现、早干预，可以在家通过按摩矫正。但如果任其发展，宝宝很可能会出现偏头，继而引发面部发育不对称等问题，只能由医生介入进行矫正。

斜颈出现的原因

在人的脖颈两侧，耳垂垂线的后方有两条肌肉，叫作胸锁乳突肌。人的头部能够保持中位，除了与脊柱有关，还与这两条肌肉有关。

之所以出现斜颈，正是因为这两条胸锁乳突肌的松紧不一致。胸锁乳突肌就像位于人头部两侧的两根“弹簧”，如果一边紧一边松，头看起来自然就是歪的。

新生宝宝的两条胸锁乳突肌为何会长短不一呢？原因主要有以下三点：第一，娩出时轻微受损。助产士接生时，很难保证双手用力完全均匀，也不免会有牵拉的动作，造成宝宝的一条胸锁乳突肌受到轻微损伤。而剖宫产出生的宝宝，助产士将其从子宫中取出时，也有向外拉拽的动作，可能会使肌肉受损。第二，胎儿姿势的影响。如果胎儿较大，在子宫狭小的空间中，颈部很可能会因为空间的限制而逐渐扭曲起来，慢慢使得颈部两侧的肌肉发育不对称，导致出生后有斜颈的问题。第三，喂养、睡觉姿势不当。宝宝出生后，如果总是使其处于同一体位喂养、睡觉或互动，也会导致两条胸锁乳突肌发育不均衡。

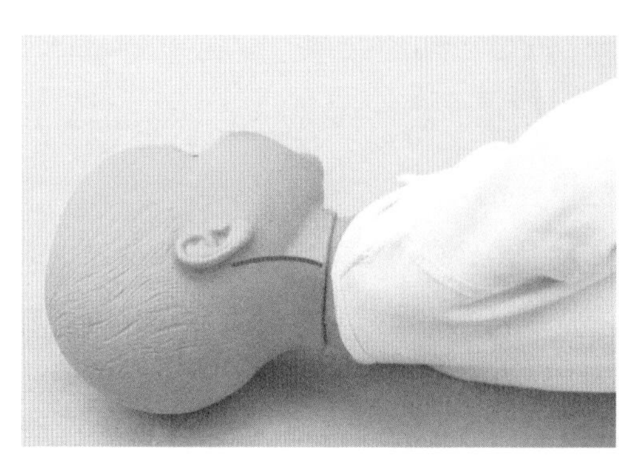

▲ 图 2-2-5　胸锁乳突肌位置示意图

如何判断宝宝是否出现斜颈

初步判断的方法是：在宝宝安静时，让他在床上放松平躺，观察宝宝头部的中线与身体的中线是否在一条线上，如果两者之间有明显的角度，宝宝很可能存在斜颈问题。

进一步判断的方法是：将宝宝的头摆正，用双手的食指和中指去摸脖子两侧的胸锁乳突肌，如果能摸到一侧有一条约 3 毫米粗的肌肉相对较硬，基本可以确定宝宝存在斜颈的问题。

摸胸锁乳突肌时，如果感觉难以定位，可以适当扩大范围，用两手食指和中指同

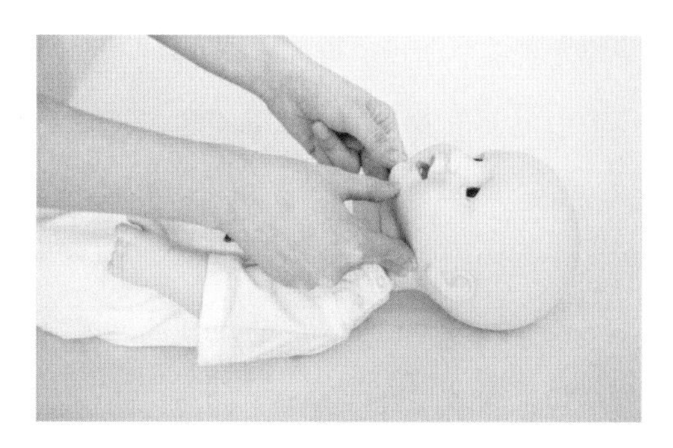

▲ 图 2-2-6　摸胸锁乳突肌判断斜颈的方法

时摸脖颈两侧对称区域，多摸几次加以对比，就可以比较准确地找到具体位置。

如何矫正斜颈

轻微的斜颈可以通过伸拉练习、多活动较紧一侧的胸锁乳突肌来矫正，具体方式包括变换喂养姿势、调整睡姿、训练宝宝俯卧抬头等。也可以给宝宝按摩较紧一侧的肌肉，按摩时需注意方向、时间和力度。

- 方向：每次按固定方向按摩，顺时针或者逆时针均可，不要来回变换。
- 时间：只要不影响宝宝进食和睡眠，按摩时间越长越好。一般情况下，每天至少按摩 3 次，每次至少 15 分钟。
- 力度：以稍微用力按压皮肤，使其下陷 0.5 厘米左右为宜，可以根据宝宝的接受度自行把握。

按摩一个月后，要带宝宝到医院检查，确认斜颈问题是否得到缓解，如果没有，医生会根据情况制定治疗方案。

崔医生特别提醒：

不用担心为宝宝按摩时会过，使原本较短的一侧肌肉反而比另一侧长，因为这是按摩而非拉扯肌肉。

斜颈问题十分普遍。家长发现宝宝斜颈无须紧张，但应引起重视。对于轻微斜颈，可通过按摩的方式进行干预，并定时复查；针对较严重的斜颈，则应及时就医。

偏头的危害

如果没有给予斜颈足够的重视，任其发展，很可能会引起偏头，最终导致头形不正。偏头与斜颈有很大关系。如果宝宝仰卧时习惯性地把头向一侧偏斜，头部长期与床面接触的位置就会变得扁平。

人的大脑在发育过程中，脑组织顶着颅骨生长，头部如果有一个区域受压，这里的脑组织就会向其他压力小的位置生长，相应部位的颅骨就会被顶起，引发偏头。偏头并不能使整体脑容量减少，而是头部较扁平位置本该存在的脑组织，被挤到了头部的其他地方。所以，偏头不会让宝宝变傻，但如果任由其发展，一旦严重了却可能引发一系列发育问题。头形不正，面部自然也会出现不对称，通常偏头严重的宝宝，头部较扁平的那一侧，同侧的面部会向前突出。而面部不对称，会导致眼睛、耳朵不在一条水平线上，影响这些器官的功能，比如双眼不在一条水平线上，看东西时就无法聚焦，最终导致一只眼睛出现弱视。另外，面部不对称，还会影响面部特别是上颌的发育，影响牙齿的正常咬合。

因此，对于宝宝的头形问题，家长务必引起重视，一旦发现异常应及时带宝宝检查，不要心存侥幸，以免延误治疗。矫正时，如果宝宝不满 6 个月且属于轻度头形异常，医生会建议先尝试体位矫正或用矫形枕头做辅助；如果是 4 个月以上的宝宝且头形异常比较严重，则需要用专业的矫正头盔加以矫正。

鹅口疮的护理

宝宝的口腔黏膜或舌头上有残留的“奶液”，不管是喂水还是用棉签擦拭都无法去除，这种类似奶液残留的白色凝乳状物质，就是鹅口疮。鹅口疮并非只发生在口腔，而是遍及整个胃肠道。人的肠道中都有白色念珠菌，因受其天敌细菌的抑制，数量能够维持在一定的范围内，不会对人体造成损害，也就不会出现鹅口疮。但宝宝肠道内正常菌群尚未建立或遭到人为破坏，缺乏能够抑制白色念珠菌生长繁殖的细菌。肠道内的白色念珠菌大量繁殖，引起整个胃肠道感染，蔓延到口腔，就成了鹅口疮。

如果宝宝得了鹅口疮，该如何护理呢？

- 通常较轻微的鹅口疮可以自行消退，不要用坚硬的物体刮，避免损伤口腔黏膜或舌头表层。

崔医生特别提醒：

在日常生活中，应远离消毒剂，减少破坏宝宝肠道菌群的做法。这里说的消毒剂不仅指市场上常见的以消毒液为名的商品，还包括含有消毒成分的洗衣液、奶瓶清洗剂、消毒湿巾等。

滥用抗生素也是引起鹅口疮的一个主要原因。滥用抗生素会使宝宝体内的细菌减少，无法抑制白色念珠菌繁殖，导致出现鹅口疮。所以，给宝宝使用抗生素时，一定要咨询医生，按照医生的指导使用。

- 如果口腔内因鹅口疮出现破损，宝宝感觉疼痛影响正常进食，就需要在医生的指导下使用制霉菌素缓解。
- 除了使用制霉菌素，可根据肠道菌群检测结果，有针对性地给宝宝服用益生菌制剂，抑制白色念珠菌繁殖。

肠绞痛的护理

医学上对肠绞痛的最新定义是：3个月内的健康婴儿，每天出现频繁的哭闹、烦躁不安至少3个小时，每周至少3天，持续至少1周以上，并排除其他病理性因素。需要注意的是，定义中的数字并非绝对，有的宝宝6个月之内都会有肠绞痛现象，有的宝宝每天只哭闹2个小时，却也是肠绞痛引起的。

因此，宝宝是不是肠绞痛，要结合以下症状综合判断：

- 存在频繁的阵发性哭闹。每天都会出现数次哭闹，多发生在晚上，且很难安抚。
- 肚子胀气。宝宝肚子里有咕噜咕噜的声音，轻轻拍打会听到嘭嘭的声音。
- 排气多。宝宝经常放屁，有时还伴有打嗝和少量吐奶。

肠绞痛是困扰很多新生儿家庭的普遍问题，发生原因尚不明确，目前普遍认为与宝宝肠道发育不完全、各段肠道运动不协调有关。幸运的是，肠绞痛一般不会造成严重损伤，随着宝宝的发育可自然缓解。因此一般无须就医，只需做好护理，帮助宝宝缓解不适，安心等待宝宝度过这个阶段。

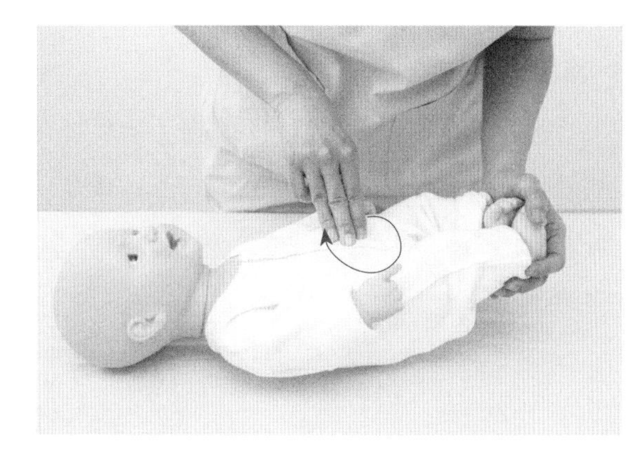

▲ 图 2-2-7 缓解肠绞痛的按摩方法

帮宝宝缓解肠绞痛，可参考以下几种方法：

- 为宝宝按摩腹部。按摩时，用一只手托起宝宝双脚，使其双腿微微弯曲，并拢另一只手的食指、中指和无名指，围绕宝宝肚脐，按顺时针方向轻轻画圈揉动。

- 让宝宝俯卧或飞机抱。这两种方式都能给腹部施加一定的压力，让宝宝感到舒服。采用飞机抱时，让宝宝趴在家长的一条手臂上，同侧的手同时托住宝宝的腹部和胸部，另一只手托住宝宝的下颌和胸部上方，以支撑其头部。
- 吮吸也有助于减轻肠绞痛的不适，可为宝宝准备一个安抚奶嘴。
- 减少外界刺激，包括声音、灯光以及气味等，为宝宝营造安静舒适的环境。在安抚时，可以发出“shishi”的白噪声。

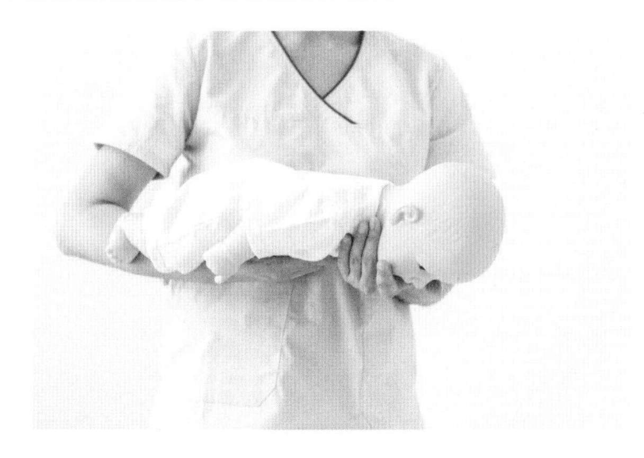

▲ 图 2-2-8 飞机抱缓解肠绞痛

如果以上方法都不起作用，则可以遵医嘱使用益生菌和消气的药物，以在一定程度上缓解肠绞痛。如果宝宝对腹部按摩表现得特别抗拒，就不要强行操作，宝宝的哭闹不适很可能是由肠套叠、阑尾炎等引起的，需要及时就医，请医生帮助排查。

淹脖子的护理

新生宝宝脖子较短，且皮褶层叠，皱褶间的皮肤相互摩擦，加上皱褶内空气流通不畅，使得汗液、流入的口水和奶液等无法蒸发，积存下来对颈部皮肤形成刺激，引起皮褶内皮肤发红、肿胀甚至破溃，伴有腐臭味，这就是淹脖子。

淹脖子若比较严重，宝宝会感觉疼痛，因此应注意预防。总的原则是，保持宝宝颈部皱褶处皮肤干爽、清洁，具体可参考以下方法：

- 天气炎热，宝宝容易出汗，或发现乳汁或口水流入脖子褶皱中，要及时清洁，防止其淤积在皱褶内。

▶ 在宝宝清醒时鼓励多趴卧。宝宝趴卧，尤其是能够主动抬头时，颈部的皱褶能够舒展开，利于空气流动、保持干燥。

▶ 每天给宝宝清洗颈部褶皱内皮肤。清洁时，先轻柔地将宝宝颈部的皱褶扒开，用纱布巾蘸水将里面乳白色奶酪样的膜轻轻擦去，再用干纱布巾蘸干，保持皮肤干爽。

如果宝宝脖颈处的皮肤已经发红、溃烂，千万不要用痱子粉或其他护肤品涂抹，以免引发感染，而应及时带宝宝就医，在医生的指导下使用药膏治疗。

● 尿布疹的护理

尿布疹又叫红屁股、尿布皮炎，是婴儿最常见的皮肤病之一。日常所见的尿布疹，大多是由于宝宝对包裹材料过敏或被尿、便刺激所致，护理时要分清原因，有针对性地采取措施。

过敏导致的尿布疹

这种情况是因为纸尿裤中的过敏原刺激了宝宝皮肤，使皮肤局部产生过敏反应，形成皮炎。疹子大多位于屁股外侧、大腿根部外侧和腰部，主要表现为出现带有鳞屑的丘疹，丘疹界限清楚，严重的可能会出现水泡和糜烂。

对这类皮疹，可以采取以下四步进行护理：

1. 停止接触过敏原，更换其他品牌的纸尿裤。
2. 局部使用激素软膏抗炎治疗，恢复受损的皮肤。
3. 使用足量保湿霜，保持皮肤水润，修复皮肤保护屏障，防止外界脏东西进入。
4. 如果宝宝感觉特别痒，可以使用抗组胺药缓解症状。

需要提醒的是，皮疹严重时，短期外用激素软膏是必要的，不要因为惧怕激素而不使用，耽误治疗；如果患处长时间不能痊愈，可能会导致细菌感染等，使病情更严重。用药时应严格按照医生的指导使用，既不要盲目抗拒药物，也不要擅自乱用药。

尿便刺激导致的尿布疹

尿便刺激导致的尿布疹最为常见，大多是尿便清理不及时导致的。纸尿裤包裹的区域潮湿，而宝宝的皮肤娇嫩，如果经常受到摩擦，容易损伤皮肤的屏障功能，增加尿便对局部皮肤的刺激。如果护理不及时，破溃的皮肤防御功能非常弱，极易继发真菌感染，导致真菌性皮炎，加重病情。

因此，一旦宝宝出现尿便刺激导致的尿布疹，要注意加强护理。护理的原则是：保持干燥。具体来说，分为以下三个步骤：

1. 宝宝排尿、排便后，应立即更换纸尿裤；清洁屁股时，应用流动清水冲洗，避免用湿巾擦拭。

2. 等待宝宝的屁股自然晾干，也可用吹风机吹干。使用吹风机时，家长要先把手放在吹风机前感受温度，避免温度过热，引起宝宝不适。

3. 宝宝的屁股干爽后，在患尿布疹的区域涂抹护臀霜，并穿上干净的纸尿裤。

如果宝宝的尿布疹较严重，可以去医院进行烤灯治疗，使用烤灯前，要彻底清洁屁股。使用烤灯时，同样要先用手感受灯的温度，以免发生烫伤。烤灯结束后，再根据医生的建议，在破溃严重处涂抹消炎药膏或抗过敏药膏。

需要注意的是，在用烤灯或者吹风机热烘前，尿布疹部位不能涂抹任何药膏，因为很多药膏或护臀霜都含有油性物质，而油能够吸收热量，稍不留意就可能烫伤宝宝，严重的甚至会起泡。

崔医生特别提醒：

在日常护理时，应注意尿布疹的预防。可以选择透气性好的纸尿裤并勤更换，清洁屁股时尽量避免使用湿巾、纸巾用力擦拭，可多用流动清水冲洗，并在屁股干爽后认真涂抹护臀霜。

专题：对纸尿裤的 3 个误解

纸尿裤给现代育儿带来了很多便利，但也遭受了很多质疑。

- 误解 1：纸尿裤太厚、不透气，容易捂出红屁股或痱子

这种说法是错误的。相比之下，使用尿布的宝宝出现尿布疹、痱子的概率更高。干爽的尿布虽然透气，但一旦宝宝排便，尿布就变得潮湿，如果不及时更换就会滋生细菌；而纸尿裤的吸水性、透气性较强，宝宝排便后，纸尿裤会快速吸收水分，保持被纸尿裤包裹部分皮肤干爽。只要做到及时更换、多冲洗少擦拭、先晾干再穿新的纸尿裤，配合涂抹护臀膏，完全可以避免捂出红屁股或痱子等皮肤问题。

- 误解 2：长期穿纸尿裤会让宝宝长成罗圈腿

这个说法是错误的。罗圈腿又叫 O 形腿，在医学上称为膝内翻，是宝宝膝关节发育不良导致的。纸尿裤穿在宝宝髋关节的位置，与膝关节毫不相关。刚出生的宝宝腿不直呈 O 形是正常的，随着年龄增长，就会发育得越来越直。事实上，过早让宝宝扶着站立、在大人腿上蹦跳，造成膝关节变形，才会导致宝宝长成 O 形腿或 X 形腿。由此可见，纸尿裤会导致宝宝罗圈腿这种担心是多余的，更要注意的反而是不要过早扶着宝宝站立、蹦跳。

- 误解 3：纸尿裤不透气，里面温度过高，影响男宝宝睾丸发育，严重的甚至会降低生育能力

这个说法也是错误的。首先要知道，睾丸的温度与体表温度相当。其次，尿液从体内排出后，会迅速从体内温度降至体表温度，而纸尿裤不会让尿液一直保持体表温度，更没有加热的功能。所以纸尿裤内的温度低于体表温度，也就是睾丸的温度，不存在温度过高的问题，也就不会对睾丸发育造成不良影响。

乳痂的护理

宝宝的头上常会出现“头皮屑”，十分难清洗。这些类似“头皮屑”的物质名为乳痂，是小月龄宝宝十分常见的一种头皮脂溢性皮炎，与成人的头皮屑大不相同。

针对不严重的乳痂，通常只需涂抹适量矿物油或凡士林，轻轻按摩就可以去除。如果情况严重，头皮上鱼鳞状的油脂扩散形成厚片，成为褐色的斑块或黄色的硬皮，就要考虑使用含有硫黄、水杨酸成分的抗脂溢洗发水清除。在使用过程中，要密切注意观察，一旦症状有加重的趋势，应立即停止使用，并向医生咨询。另外，如果宝宝的面部、颈部或其他部位出现类似乳痂的硬皮，也要及时带宝宝就医。

宝宝头皮出汗会加重乳痂症状，因此应保持头皮凉爽、干燥。有的宝宝会在出生后 1 年内反复出现乳痂，极少数宝宝可能持续存在数年。一般来讲，乳痂不会让宝宝感到不舒服，但的确会在一定程度上影响头部皮肤的正常呼吸，甚至损伤毛囊。因此，一旦发现宝宝出现乳痂，应及时清理。

宝宝排便的困惑

对新生宝宝来说，排便的次数与进食的奶量有关，如果性状正常，次数多说明宝宝获得了充足的营养。需要说明的是，在给宝宝记录大便次数时，只有排便量大于一汤匙才能称为一次；如果只是在纸尿裤上沾带了少许，可以忽略不计。随着月龄增长，宝宝每天排便的次数会逐渐减少，减少至每天一次，甚至隔天一次都是正常的。

至于大便的性状，通常情况下，母乳宝宝的大便较为松软，这是因为母乳中含有低聚糖，这是一种极易消化的纤维素。大便偏稀与腹泻的区分方法很简单：腹泻时大便常呈稀水样，或蛋花汤样，而且很臭，还可能带有黏液，同时可能伴有发热或体重下降。另外，当宝宝排便时，会伴有很大的放屁声，这是因为宝宝消化系统还没有发育成熟。

崔医生特别提醒：

随着宝宝长大，排便次数不定及排便时大量排气都会有所改善。只要宝宝生长发育正常，没有出现排便困难、腹泻、大便干结或大便带血等，就不必纠结大便的颜色、性状和次数，要接受宝宝的排便规律，切勿与其他同龄宝宝相比，也不要擅自给宝宝使用药物。

怎样给宝宝剪指甲

新生宝宝的甲片较薄，很容易抓伤自己，因此应及时修剪。不过，修剪时选对工具和时机，并掌握一定的技巧，会事半功倍。

选择工具

常见的宝宝专用指甲刀有三种：剪刀型、普通型及电动磨甲刀。其中，剪刀型指甲刀外形类似于剪刀，可以像剪纸一样轻松将指甲剪掉，并保证指甲边缘平滑整齐；普通型是成人用指甲刀的缩小版，更符合成人使用习惯，但因为是将指甲分段剪下，因此指甲上很容易形成尖锐棱角，需仔细修剪；电动磨甲刀可将宝宝的指甲磨得较平整，但新生宝宝的指甲较软，操作略有困难。家长应充分了解各种指甲刀的特点，根据自己的使用习惯酌情选择。

选对时机

给宝宝剪指甲，可以等他睡熟之后再操作，以免他清醒时乱动被指甲刀划伤。如果剪指甲时宝宝突然惊醒或乱动，不要试图控制宝宝的手，也不要让他人按着宝宝的手，以免带给宝宝束缚感，使其产生抵触情绪。另外，剪指甲时一定要保证光线充足，能够看清楚宝宝的指甲。

剪对形状

很多家长喜欢把宝宝的指甲剪成弧形，并且剪得很短，认为这样不容易藏污纳垢。这种做法并不妥当。甲床两侧的指甲剪得太短，容易使新长出的指甲嵌入肉里，形成嵌甲，甚至导致甲沟炎；而且，指甲太短会使甲片周围的皮肤失去保护，让宝宝产生刺痛感。

正确的做法是将指甲剪成长方形，顶端呈略带弧度的直线，折角处修成圆角，并保证甲片长度能覆盖住指尖最外缘。

另外，如果宝宝的指甲缝里较脏，不要用尖锐物去剔，应用清水冲洗。当指甲周围长有倒刺时，不要用手拉拽，应用指甲刀齐根剪掉。

▲ 图 2-2-9 正确修剪的指甲形状

如何判断宝宝该穿多少

有些家长习惯摸宝宝的四肢温度判断其冷热，一旦发现宝宝手脚发凉，就急忙添衣服，直到将手脚焐热。这种判断宝宝冷热的方法并不科学，新生宝宝的心脏较小，其泵出的能够到达四肢末端的血液量也较少。因此，宝宝手脚偏凉是正常的，而一旦手脚摸上去温热甚至有汗，反而说明宝宝穿得过多了。另外，摸宝宝的额头判断冷热也不准确，额头温度是体表温度，容易受外界温度干扰，影响判断。

要想判断宝宝的衣服薄厚是否合适，正确的做法是摸宝宝后脖颈处的温度，只要这里摸上去是温热的，就说明宝宝不冷；如果摸上去有些凉，说明该为宝宝加衣服；而如果这里已经出汗，则应帮宝宝擦干汗液，再适当减少一两件衣服。

如何为宝宝选择护肤品

婴儿护肤品种类繁多，有乳液、润肤霜、润肤露、润肤油、抚触油等。总的来讲，选择婴儿护肤品，需要同时满足安全、成分天然、温和无刺激、保湿能力强几个要求。

需要注意的是，千万不要给宝宝使用成人护肤品，因为其中的美白、抗衰老、防晒等化学成分，会对宝宝娇嫩的皮肤产生比较大的刺激。另外，要慎重考虑他人推荐的品牌，不同宝宝肤质不同，他人的推荐可能并不适合自家宝宝，比如有些婴儿护肤品中含有天然燕麦成分，对燕麦过敏的宝宝就应避免使用。家长一定要了解宝宝的皮肤特点，有针对性地选择。

崔医生特别提醒：

给宝宝使用护肤品时，要先检查宝宝皮肤是否完好无损，如果皮肤有破溃，很容易引发过敏，甚至出现皮肤感染。尝试新护肤品时，应先在宝宝耳后或前臂内侧少量涂抹，观察是否有红、肿、痒等过敏反应，确认安全后再使用。

如何使用安抚奶嘴

安抚奶嘴是妈妈乳头的替代品，在宝宝哭闹或睡觉时给他吸吮，可以帮助他安静下来。正确使用安抚奶嘴，能为宝宝的生长发育带来许多好处。

需要使用安抚奶嘴的情形

安抚奶嘴能够在一定程度上满足宝宝，特别是 6 个月内宝宝的吮吸需求，帮助他获得满足感和安全感。当宝宝出现肠胀气、饥饿、疲惫、烦躁或刚进入一个新环境时，往往需要更多的安抚和照顾。如果食物、玩具、妈妈的怀抱、温柔的音乐等仍无法使宝宝恢复平静且又开始吮吸手指时，就可以考虑给宝宝使用安抚奶嘴。另外，如果宝宝夜间无法自主入睡，安抚奶嘴可以让宝宝安静入睡，保证其睡眠质量，对宝宝的生长发育无疑是利大于弊。

需要注意的是，如果宝宝没有必须靠吮吸（手指、乳头）获得安抚的习惯，就无须给宝宝使用安抚奶嘴。

选择合适的安抚奶嘴

宝宝对安抚奶嘴的大小和形状要求很高，选择时可以多准备几款试用，直到找到最满意的一款。如果宝宝始终拒绝使用，可以尝试在安抚奶嘴上涂抹乳汁或配方奶，诱导宝宝吮吸。

使用安抚奶嘴的注意事项

- 安抚奶嘴不宜过早使用。通常在宝宝出生至少 3 周后再使用，要让宝宝先习惯妈妈的乳头，避免出现乳头混淆。
- 注意奶嘴的清洁。每次使用后要用清水冲洗干净并晾干，干燥是最好的消毒方式。不建议频繁使用开水煮烫或高温蒸煮消毒，以免影响其使用寿命，破坏安全性。
- 不要用细绳将安抚奶嘴连在宝宝身上。尤其是宝宝睡觉时会来回挪动身体，很可能会被绳子缠住脖颈引发意外。
- 安抚奶嘴上出现小裂纹、小孔等损坏，要及时更换。即使没有损坏，也建议每 2 ~ 3 个月更换一次，以防其老化影响使用安全性。

戒掉安抚奶嘴的时间

大多数宝宝在 6 ~ 9 个月大时会主动戒掉安抚奶嘴。这一时期，宝宝开始学习坐、爬等技能，会将更多注意力集中在用手探索周围的环境上，逐渐增强的运动能力以及对环境的控制能力会让他非常满足，不再依赖安抚奶嘴。

如果宝宝 1 岁时还未戒除，家长就要有意识地减少宝宝对安抚奶嘴的依赖，人为让安抚奶嘴消失，如带宝宝出游或暂时改变居住环境时，故意将安抚奶嘴丢在家里，让宝宝慢慢适应没有安抚奶嘴的生活，最终戒除。如果宝宝到了需要戒除的年龄，却表现出强烈的依赖，不要反复说教，或在安抚奶嘴上涂抹辣椒油、药水等强迫戒除，应采用温和的方式正确引导。

专题：对安抚奶嘴的 4 个误解

– 误解 1：安抚奶嘴会造成乳头混淆，影响母乳喂养

这个观点是否成立，关键要看给宝宝使用安抚奶嘴的时机是否合适。要先让宝宝习惯妈妈的乳头，即宝宝出生后至少 3 周再使用；另外，不要在宝宝饥饿时使用，否则很可能出现乳头混淆。

宝宝能够分辨出妈妈的乳头与硅胶制成的安抚奶嘴之间的差别。只要使用时机合适，安抚奶嘴不会造成乳头混淆；并且，也没有任何研究结果显示安抚奶嘴会影响母乳喂养。相反，宝宝在使用并接受安抚奶嘴后，能够给妈妈留出时间好好休息，反而有益于母乳喂养。

– 误解 2：安抚奶嘴会影响宝宝牙齿发育

安抚奶嘴是否会损伤宝宝的牙齿，与使用的频率、程度、时长

有很大关系。安抚奶嘴由盲端奶嘴和护盾组成，盲端奶嘴能够避免宝宝吸入大量的空气，护盾则可以通过反作用力削弱吮吸时对牙齿和牙龈的影响。因此如果宝宝在1岁之前只是偶尔使用安抚奶嘴，不会对牙齿发育造成影响。如果宝宝严重依赖安抚奶嘴，且长时间吮吸，的确会对出牙造成影响，比如导致牙齿排列不整齐等。

- 误解3：宝宝睡觉时使用安抚奶嘴会影响睡眠

很多家长担心睡觉时使用安抚奶嘴会影响宝宝正常呼吸。实际上，人在睡眠中主要是经鼻呼吸，因此正常情况下，使用安抚奶嘴不会影响宝宝呼吸或睡眠。

如果宝宝因感冒鼻塞或是腺样体肥大而鼻呼吸不畅，就会因为使用安抚奶嘴不适而主动放弃，家长不必担心。

- 误解4：使用安抚奶嘴可能会增加宝宝患中耳炎的概率

中耳炎是细菌通过咽鼓管进入中耳引发的炎症。这种细菌不是口腔中的常规细菌，使用安抚奶嘴不会增加口腔中的致病细菌。不过，一个很重要的前提是，要注意每天清洗安抚奶嘴，否则致病菌很可能会附着其上被宝宝吃下去。如果宝宝的咽喉已经感染此种致病菌，即使不使用安抚奶嘴，也有可能患中耳炎。

● 危害宝宝视力的隐患

未满月的宝宝，每天绝大部分时间都是闭着双眼在睡眠中度过的，但千万不要因此忽略对宝宝眼睛的呵护。在日常生活中，家长应注意以下三点，呵护宝宝娇嫩的眼睛。

第一，禁止使用闪光灯。家长总想记录下宝宝的每个精彩瞬间，于是手机、相机齐上阵。这种做法其实隐藏着隐患。小月龄宝宝眼球发育尚未成熟，如果拍照时不慎使用了闪光灯，这种强刺激会对视网膜造成冲击，甚至可能破坏视网膜神经细胞。因此，要在自然光线下给宝宝拍照。

第二，夜间不用照明灯。新生宝宝夜间醒来次数较多，为了随时照看宝宝，有时会选择一直开着顶灯、壁灯或台灯，这些都是危害宝宝视力的隐患。调查显示，睡在光线较强的照明灯下的宝宝，患近视的概率明显增高。

照明灯不仅不能彻夜开，喂夜奶时最好也不要使用，因为突然的强光会伤害宝宝的眼睛，还会对宝宝再次入睡造成障碍。如果夜间的自然亮度不够，可以使用小夜灯作为照明工具。

第三，禁用灯暖型浴霸。灯暖型浴霸多采用硬质石英防爆灯泡，灯泡发出的强光会损伤宝宝视力，特别是宝宝洗澡时仰面望向天花板，直视浴霸灯泡，光线对眼睛造成的伤害更大。因此，为了保护宝宝的眼睛，给宝宝洗澡时不要使用灯暖浴霸。如果要调节浴室温度，可在洗澡前打开浴霸加热，洗澡时关掉，也可改用风暖浴霸。

如何给宝宝剃胎发

关于剃胎发，不同地区的习俗不同，在宝宝满月或百天等特殊的日子，有的地区可以剃胎发，以期宝宝长出一头乌黑浓密的头发。不过可以肯定的是，理发并不能使发量增多。宝宝的发量、发质等受遗传的影响比较大，对于大多数宝宝，头发一般都会在两三年内经历由密到稀、再由稀到密的过程，因此不要频繁给宝宝理发，更不要理得太短，以免操作不当损伤了头皮毛囊，反而影响头发的生长。

理发工具

理发器：尽量选择带有静音功能或者噪声比较小的婴儿专用理发器，刀头最好是塑料或陶瓷质地的，以免生锈。有些理发器带有储屑盒，更便于使用。

围布：理发时围在宝宝身上，避免碎头发刺激宝宝皮肤。

软毛刷：用来清理碎头发，可以边理边刷。

海绵：理发结束后用来清理在宝宝脸上或脖子上的碎发。

玩具：用来转移宝宝的注意力，顺利完成理发。

理发前准备工作

仔细检查理发器的刀头及其他配件安装是否牢固；将指甲修剪整齐，清洁双手，并摘下戒指、手镯等配饰；给宝宝围好围布。

理发步骤

1. 一人抱着宝宝协助，另一人负责理发。理发者要一手持理发器，另一手扶住宝宝的头，避免宝宝乱动出现误伤。

2. 理发时，建议按照从前到后的顺序，先理前额附近的头发，再理后脑勺部分；边理边用软毛刷扫清碎头发，尽量避免掉在宝宝的脸上或脖子上引起不适。注意一定要用手护住宝宝的耳朵，以免划伤。

3. 理前额附近的头发时，可以让宝宝仰面斜躺在协助者怀里，再进行修剪；理后脑勺部位时，可以让宝宝趴在协助者的腿上或者手臂上。

4. 理发结束后，用海绵清扫留在宝宝脸上或脖子上的碎发。

理发注意事项

- 尽量在宝宝高兴或睡着的时候理发，以易于操作。
- 如果宝宝头皮上仍有乳痂，要提前清理干净后再理发。
- 宝宝无须在理发前洗头，但理发后可以洗头或洗澡，便于清理碎发。
- 理发时，可以用玩具转移宝宝的注意力，避免宝宝因害怕、紧张而不配合。一旦宝宝表现出不耐烦、哭闹等，要先暂停理发，安抚好后再继续。

- 头发不应理得过短，更不能理光头，以免损伤毛囊，影响头发生长，所留头发长度以 2 ~ 3 毫米为宜。
- 理发时间最好控制在 3 ~ 5 分钟，以免时间过长使宝宝出现烦躁情绪。

第 3 章　1 ~ 2 个月的宝宝

宝宝满月了！经过一个月的历练，家长照顾宝宝时已不再无所适从，不过，要想育儿经验丰富、技巧纯熟，还需不断地学习与实践积累。这一章主要介绍宝宝发育指标、42 天体检，以及可能会出现的皮肤、饮食、睡眠等方面的问题。

了解宝宝

宝宝满月时会做什么

满月时，宝宝应该会：

- 对铃声有反应。
- 视线跟随人或物追到正前方的中线位置。
- 注意到人脸。

满月时，宝宝很可能会：

· 俯卧抬头。

· 发出哭声以外的声音，比如咿咿呀呀、哼哼唧唧。

满月时，宝宝也许会：

· 视线跟随人或物追过正前方的中线位置。

· 反应性微笑。

满月时，宝宝甚至会：

· 自发地微笑。

· 俯卧时抬头 45°。

家长可以为宝宝建立“发育档案”，每月根据“了解宝宝”板块中所示项目，记录下宝宝各项表现，必要时也可以用照片、视频等作为辅助，全面监测宝宝各项能力发育水平。一旦发现宝宝有某项“应该会”列表中的技能持续落后，可以及时向医生咨询，以便尽早发现问题并进行干预。

▲ 图 2-3-1 用文字、图片、视频等为宝宝建立发育档案

宝宝 42 天体检

42 天体检，是宝宝出生后第一次全面健康检查，也是监测生长发育的起点。医生会全面了解宝宝的生长发育和喂养、排便、睡眠、运动情况，再结合各项检查，对宝宝生长发育情况进行综合评估，并给予下一步的喂养、护理指导。

准备工作

为了顺利完成这次体检，需做好如下准备：

- 提前咨询体检医院，将所需的证件准备好。
- 总结宝宝这段时间的喂养、排便、作息情况。
- 给宝宝选择容易穿脱的衣服，方便医生检查。

体检项目

不同地区和儿保机构设置的体检项目会有所不同，需根据所选医院的要求给宝宝体检。大多数情况下，宝宝 42 天体检包括以下项目：

- 一般情况：包括身长、体重、头围。
- 身体和智力发育：通过让宝宝趴卧、抬头、抓握、听音、追物等方式，了解宝宝的智力和动作发育水平。
- 心肺检查：通过听诊的方式检查宝宝心肺功能是否正常。
- 囟门情况：检查宝宝囟门，比如后囟是否闭合、前囟大小等，并结合头围判断宝宝头部发育是否正常。
- 外科检查：医生会对宝宝做全面的外科

崔医生特别提醒：

相比体检时测得的身长、体重等数值，家长更应关心宝宝的生长曲线增幅。比如，宝宝 42 天体检时，虽然体重在正常范围内，但与出生体重相比增长相当缓慢，就要反思喂养情况等，分析增长缓慢的原因。

通常情况下，9 个月内的宝宝每月都要体检一次，1 ~ 3 岁每半年体检一次，3 岁以上每年体检一次。这是根据宝宝的生长发育规律做出的科学的时间规划，家长应定期带宝宝体检，以便及时发现问题，及时调整或治疗。

检查，包括头部、面部、皮肤、髋关节、肛门、外生殖器等。

需要注意的是，宝宝 42 天体检时，妈妈也要做产后体检。医生据此评估妈妈的恢复情况，针对身体状况提出调理和避孕建议。

宝宝生长发育的个体差异

孩子之间存在个体差异，出生时的身长、体重基数不同，生长规律也不尽相同，所以不提倡将宝宝的生长情况与同龄宝宝做比较。

评估宝宝的生长发育，最简单、最有效的办法是绘制宝宝的专属生长曲线，包括体重、身长、体块指数（BMI）和头围。只要宝宝的生长曲线呈稳步增长的趋势，并与参考线的变化趋势基本保持一致，就说明生长状况良好，切不可盲目追求参考值的上限。

需要提醒的是，宝宝的体重和身长增长同时减缓，一般与喂养不当、营养不良或疾病有关，要注意排查原因，必要时请医生帮忙，以免影响宝宝生长发育。如果体重曲线呈直线上升趋势，则提示可能存在过度喂养的情况，家长应反思喂养方式。

宝宝的头总是比较热

宝宝的头比较热，主要是因为全身的汗毛孔还没有发育完全，只能靠头部散热，使得头部容易出汗，温度较高。随着宝宝慢慢长大，汗毛孔逐渐发育成熟，这种现象会有所缓解。

一般情况下，宝宝总是头部出汗较多，身体其他部位出汗较少。一旦宝宝全身都有汗液，就说明给宝宝穿盖得太多、太厚，或者环境温度太高，要及时调整宝宝的着装、降低环境温度。需要注意的是，宝宝出汗后，不要马上进入空调房或较冷的环境，以免着凉引起感冒。

枕秃

枕秃是宝宝头部和枕头接触的地方，头发稀少或没有头发，其形状有的呈月牙形，有的呈片状，有的呈环形，这在小月龄宝宝中十分常见。枕秃是宝宝生长发育过程中的正常现象。宝宝平躺时间长，转动头部时枕部的头发会被反复摩擦，尤其是有肠绞痛的宝宝，由于身体不适可能会更频繁地转头。长时间的摩擦造成局部头发脱落，同时抑制这个部位的头发生长，就出现了枕秃。当宝宝不断长大，逐渐学会坐、站、走，睡着时也变得安静后，枕部的头发会慢慢长出，因此对于枕秃，不需要进行干预和治疗。

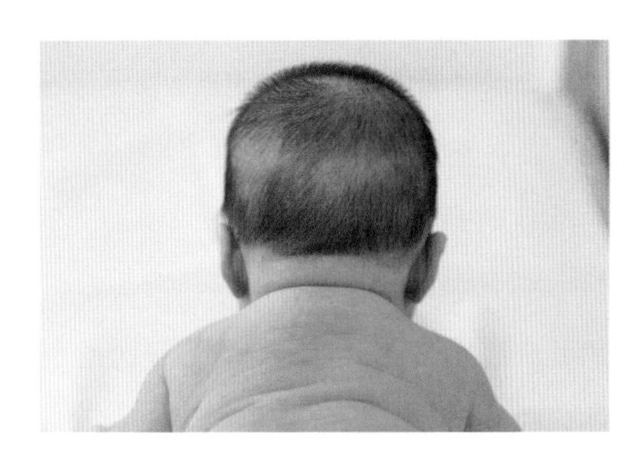

▲ 图 2-3-2 枕秃

宝宝爱吃手

很多宝宝喜欢把手指或小拳头放在嘴里，吮吸得津津有味。这是宝宝自我安慰的一种方式。对小月龄的宝宝来说，嘴是探索和感知世界最重要的途径，用吃手的方式可满足其对这个世界的好奇心。如果宝宝只是偶尔吮吸手指，家长完全没必要焦虑。随着年龄的增长，大运动和精细运动能力的增强，宝宝会将注意力集中在除手指以外的其他事物上，自然会主动放弃曾经热衷的吮指游戏。

虽然宝宝吃手可以理解，但是频繁吃手毕竟不卫生，所以针对小月龄的宝宝，可以寻找替代物，比如安抚奶嘴；也可以尝试转移他的注意力，减少吮吸手指的频率，比如在宝宝清醒时，增加与他的互动，多跟他说话、讲故事、唱歌等，或者利用玩具或其他物品吸引宝宝的注意力，避免他因为感到无聊或缺乏安全感而吮吸手指。

需要提醒的是，在纠正宝宝吮吸手指时，很容易出现以下两个错误：一是频繁地制止宝宝。看到宝宝吃手时，简单粗暴地把宝宝的手指从嘴里拿出来，或者直接告诉宝宝“不许吃手”，这种做法非但不会改掉宝宝吃手的习惯，反而会强化他吮吸手指的欲望。二是担心宝宝经常吃手会引发肠道疾病，而不时用消毒湿巾或免洗洗手液清洁宝宝的双手。这种做法也是错误的。宝宝吮吸手指时，会将手上残留的消毒剂成分一并吃进去，破坏肠道正常的菌群。因此如果宝宝有吃手的习惯，家长应注意经常给宝宝洗手保持卫生，但不要使用含消毒剂成分的清洁用品。

崔医生特别提醒：

若宝宝满1岁，甚至2～3岁时还在吃手，就要考虑是否是由无聊、紧张、缺乏安全感等原因造成的。家长应注意排查，同时给予宝宝更多关注。

宝宝的O形腿

刚出生的宝宝，小腿都会有些弯曲，因为胎儿在妈妈子宫里时，身体是蜷曲的，双腿弯曲内收。宝宝出生后一段时间内，双腿仍会保持这种状态，看上去呈O形，这种情况是正常的，会随着成长逐渐变直。一般来说，这种生理性的双侧对称性的膝关节内弯，0～2岁的婴幼儿出现的可能性很高，18个月内内弯最明显。因此，对于小月龄宝宝，家长若发现其有双腿不直的情况，不用过于担心。

O形腿是指宝宝放松平躺的状态下，髋关节、膝关节、踝关节不在一条直线上，膝关节外移，当双脚并拢时，膝关节间有超过6厘米的距离，外形类似字母O。从理论上来讲，如果膝关节或踝关节之间的距离在3厘米以内，就说明宝宝的双腿发育是正常的；如果在3～6厘米之间，则需要注意观察；超过6厘米，家长就要予以重视，及时带宝宝就医，进行矫正和治疗。

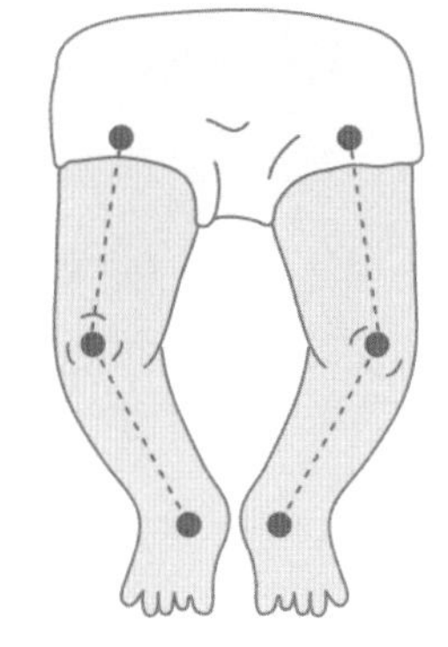

▲ 图2-3-3 宝宝O形腿示意图

出现O形腿的主要原因是膝关节发育异常，如果过早地架着宝宝的腋下频繁地蹦跳，或过早地让宝宝学站等，因宝宝的下肢还承受不了自己的重量，就容易出现膝关节变形。当宝宝1岁半以后，O形腿仍然没有改善，可以视轻重程度，用矫正鞋垫、矫具或通过手术进行干预。

专题：宝宝的X形腿

几个月或一年后，宝宝的双腿由原来的O形发展成了X形。这是发育过程中的正常现象，会随着宝宝长大逐渐改善。X形腿又称膝外翻，与O形腿的判断方法类似，X形腿是指宝宝放松平躺时，靠拢两侧膝关节，两侧踝关节间距离超过6厘米，双腿呈X形。如果两踝关节距离在3～6厘米之间，可以密切观察。如果长时间没有改善，或者间距比较大，则需要及时就医，在医生指导下，使用矫正鞋垫、矫具或通过手术的方式进行矫正和治疗。

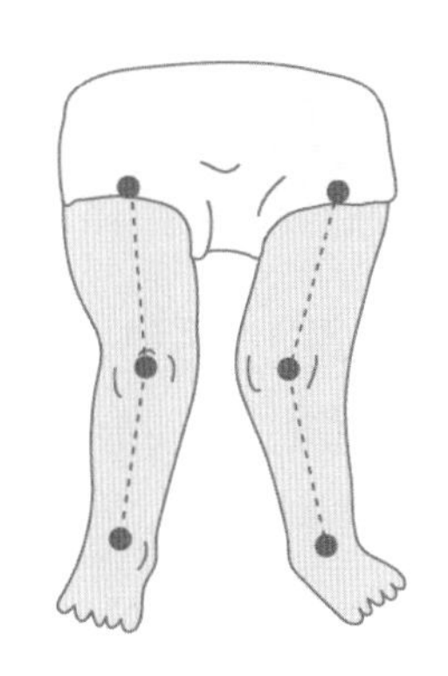

▲ 图2-3-4　宝宝X形腿示意图

-矫正鞋垫

这种方式适用于X形腿程度较轻微的宝宝。矫正X形腿时，应选择内侧偏高、外侧偏低的鞋垫。设计成一侧高、一侧低的鞋垫，可以调整膝关节的着力点，改善膝关节发育。

-矫具

这种方式适用于程度较严重的宝宝。使用方法是，在宝宝睡觉时将矫具套在腿上，借此外力“掰”直宝宝的腿。

- 手术

如果宝宝X形腿比较严重，或者长时间持续使用矫正鞋垫和矫具都起不到作用，即应求助医生，选择手术的方式进行治疗。

喂养常识

外出哺喂宝宝

母乳喂养理应得到全社会的支持，为饥饿的宝宝哺乳也是一件再自然不过的事，不过在公共场所给宝宝喂母乳，妈妈仍需提前做好相应准备。

第一，准备舒适方便的哺乳服。在公共场所给宝宝喂母乳时，设计合理的哺乳服能让哺乳更轻松、便捷。双侧乳房处设有活动开口的哺乳外衣，可以让宝宝方便地吃到母乳。最好选择前开口的哺乳内衣，方便解开、扣上扣子。另外，还可以选择罩杯能直接打开的款式。

第二，选好哺乳场所。妈妈要提前了解目的地是否有哺乳室或者其他较为封闭的空间。通常，一些较大的购物中心、游乐场、早教中心等都会设有母婴室或私密性较好的休息区；如果是去公园，可以找位置偏僻的长椅；如果是带宝宝外出就餐，包间往往是优先选择；如果条件实在不允许，商场的试衣间、私家车内也可以作为临时的哺乳场所。

第三，制造独立空间。带宝宝外出时，尽量和家人或朋友同行。当没有合适的哺乳场所时，可以请家人或朋友帮忙遮挡，人为隔离出一个相对独立的空间来哺乳。

第四，灵活运用随身物品遮挡。妈妈可以随身携带一条哺乳巾或宽大的丝巾、婴儿背巾、外套等，作为哺乳时的遮挡物。宝宝吃奶时，妈妈可以将哺乳巾或其他遮挡物搭在自己的肩膀和宝宝的身上。不过，使用这些遮挡物时一定要注意不要影响宝宝的呼吸。

另外，妈妈要根据宝宝的喂养规律规划行程。如果只是短途外出，可以在外出前将宝宝喂饱，减少在公共场所哺乳。外出时，妈妈要随时关注宝宝的表现，以便及时收到宝宝发出的饥饿信号，以免因为宝宝突然饿得大哭而手忙脚乱。

宝宝偏爱一侧乳房

哺乳时，宝宝只偏爱一侧乳房，即便另一侧乳房已经严重胀奶，宝宝仍拒绝吮吸。出现这种情况，与很多原因有关。比如，哺乳时妈妈总是喜欢用更有力的一只胳膊抱着宝宝，久而久之宝宝就养成了只吃这一侧乳房的习惯；有些妈妈为了方便哺乳时看手机、吃东西等，通常会让宝宝先吃某一侧乳房，以腾出另一只手做想做的事情；有些妈妈因为某侧乳房曾经动过手术或患有乳腺炎，宝宝吮吸困难，也会出现偏爱一侧乳房的情况。有些宝宝因斜颈导致头偏向一侧，就会偏好该侧乳房。

不管哪种原因，宝宝长期只吃一侧乳房，会导致这一侧乳房的乳腺管更为通畅，另一侧泌乳减少。当宝宝吮吸泌乳较少的乳房时感到费力，就会更加拒绝，形成恶性循环。因此，为了避免这种情况，妈妈在哺乳时应提前预防，如果已经出现这种问题，要及时干预和纠正。

- 从最开始哺乳，就要坚持两侧乳房轮流喂，这一次让宝宝先吃左侧，下一次就先吃右侧。注意，每次哺乳时，最好基本排空一侧乳房，再吃另外一侧。
- 如果妈妈一侧乳房泌乳量较少，宝宝饥饿时，要先给宝宝吃泌乳少的那一侧，以刺激泌乳，保持乳腺管畅通。
- 喂奶前，可与宝宝互动，让他靠在他不太喜欢的乳房一侧，趁其情绪好，自然而快速地将乳头放到宝宝的嘴里，使他顺势吮吸。
- 尽量在相对安静的环境下哺乳，仔细观察并积极回应宝宝的各种需求，给宝宝充足的安全感，减少不适感或紧张感。

如果妈妈某侧乳头凹陷导致宝宝吮吸费力或患有乳腺炎等乳腺疾病，在问题解决之前，最好使用吸奶器吸出乳汁，以免影响乳房泌乳。

需要提醒的是，如果某侧乳房出现病变，宝宝也会表现出拒绝该侧乳房。虽然这种情况极为少见，但一旦宝宝突然特别抗拒某侧乳房，妈妈要主动就医咨询，排查是否存在疾病问题。

日常护理

宝宝下肢发育的异常情况

宝宝出生后，下肢可能会存在各种各样的问题，比如脚向下向内扭转、双腿腿纹或臀纹不对称。

腿纹或臀纹不对称

宝宝双腿或臀部的纹路高低不一或数量不同，就是腿纹或臀纹不对称，意味着宝宝可能髋关节发育不良。但事实上，很多原因都会引起这种情况，比如下肢脂肪分布不均匀，因此它不是判断髋关节发育异常的依据，但是髋关节发育异常的宝宝，的确会出现腿纹或臀纹不对称的现象。因此，一旦发现宝宝存在这一问题，可以按照下面的步骤先行自查。

1. 弯曲宝宝的双腿。让宝宝平躺在床上，并拢并屈曲他的双腿，并让双脚平踩在床上。观察宝宝双腿的膝关节是否对称，包括水平高度是否一致、前后是否对齐。如果宝宝屈腿时两个膝关节高度不一致或前后不齐，则说明髋关节可能存在错位。

2. 向外侧推双腿。双手握住宝宝的膝盖，同时向外侧推，观察双腿外展的角度是否一致。不论外展角度大小，只要两侧是对称的，就说明髋关节发育正常；一旦发现不对称，外展角度较小的一侧髋关节可能存在问题。如果两侧髋关节同时存在错位，外展角度也是不对称的。

3. 向外旋转双腿。双手握住宝宝的膝盖，轻轻向外旋转，如果听到“咔嗒”或者“嘎啦”声，就要考虑发声的那侧髋关节可能发育不良。但是，如果听到的是“咔吧”的高调音，则是在旋转髋关节时挤出原来存在于关节腔中的气体发出的声音，或者是肌腱和韧带发出的声音，不必担心。如果无法分辨出“咔嗒”“嘎啦”或“咔吧”声，只要发生异常声音，建议由医生确认。

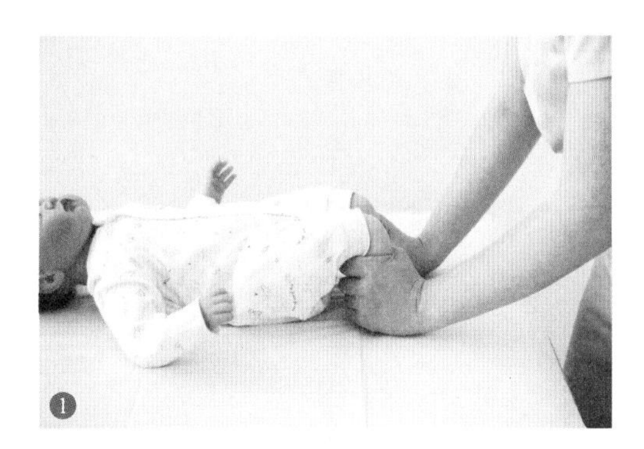

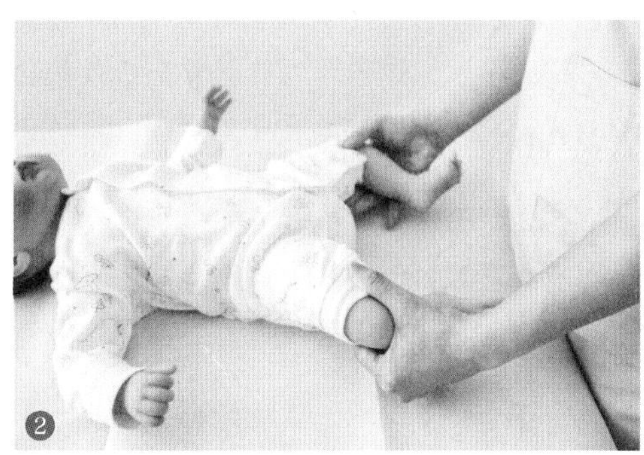

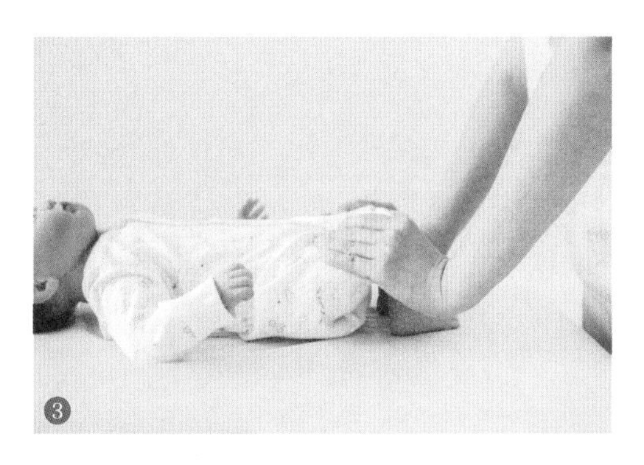

◀ 图 2-3-5
检查髋关节的方法

在以上三个步骤的检查中，如果发现任何一个步骤有异常，应及时带宝宝就医诊断和矫正治疗。

专题：髋关节发育不良

髋关节发育不良是婴儿发育过程中比较常见的问题。正常发育的髋关节，髋臼与大腿股骨头所处的位置刚好合适，而发育不良存在两种情况：一种是髋臼的窝没有发育好、比较浅，不能很好地包裹球状的股骨头，致使股骨头很容易滑出；另一种情况是，大腿股骨头在髋臼的窝外，也就是常说的股骨头脱位。

42 天体检时，医生会检查宝宝的髋关节，如果发现确实存在发育不良，就会建议家长进行矫正。矫正时，可以在宝宝的纸尿裤外再套一个大号纸尿裤，或者穿戴专业模具，促使宝宝的腿形成适宜的、轻度外展的角度。如果这样的矫正效果不佳，可以咨询医生是否进行手术治疗。

需要提醒的是，仅凭一次检查并不能最终确认髋关节发育情况，因此宝宝出生后几个月内都要注意检查，通常髋关节在宝宝满 6 个月时仍没有任何异常现象，才能说明发育正常。

马蹄内翻足

部分新生宝宝的一只脚（也可能是双脚）会出现向下、向内扭转，僵硬地保持脚心向内的姿势，不能回到正常的位置，这就是马蹄内翻足，与宝宝在子宫内蜷缩得时间太久，或脚部肌肉和韧带发育不良有关。

对于程度较轻的马蹄内翻足，医生会建议给宝宝适度按摩。如果情况比较严重，医生会借助打石膏的方式引导宝宝脚部发育，保证脚部的姿态始终保持正常，促进脚部肌肉和韧带的正常发育，通常 1 ～ 2 个月后就会有所改善。针对内翻足特别严重的宝宝，医生会考虑通过手术进行干预。

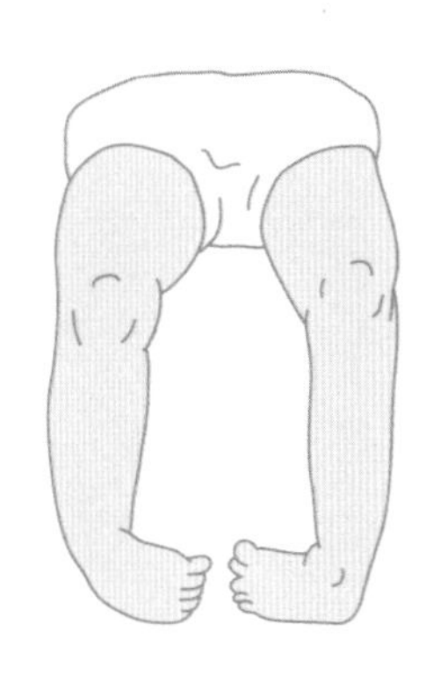

▲ 图 2-3-6　马蹄内翻足示意图

男宝宝包皮粘连

包皮是包在阴茎头外的一层皮肤。包皮粘连一般是指包皮和龟头粘在了一起，比较难以翻动。一般来说，男宝宝 3 岁之前，包皮和龟头都是粘连的，而且大多会表现为包皮过长或包茎，这是正常现象，是宝宝自身形成的保护机制。这个阶段的包皮粘连，使得包皮与龟头之间没有缝隙，细菌无法进入阴茎内，从而避免宝宝出现包皮感染。

一般 3 岁之后，最晚 10 岁之前，包皮粘连的现象就会逐渐消失，包皮自然能够上翻。所以，家长切勿频繁上翻、清洁包皮内外。因为每一次上翻都可能会给宝宝阴茎造成轻度损伤，甚至引起局部肿胀，增加护理的负担以及感染的风险。

崔医生特别提醒：

很多家长看到宝宝包皮过长，担心出现感染或其他泌尿系统疾病，会选择给宝宝割包皮，即医学上所说的包皮环切术。实际上，如果宝宝没有包茎现象，无须过早割包皮。

只有当宝宝出现包茎，即包皮口过于狭小，上翻包皮仍不能露出龟头和尿道口，才需要考虑施行包皮环切手术。另外，如果宝宝已出现阴茎感染，如因包茎清洁困难引发炎症，也要及时咨询医生是否需要实施包皮环切手术或做其他治疗。

宝宝皮肤上的疹子

宝宝脆弱娇嫩的皮肤上，常会悄悄出现各种皮疹，如痱子、湿疹、口水疹等。这些疹子是否有办法预防？又该如何妥善护理？

痱子

痱子是由于皮肤上的汗毛孔排汗不畅，致使汗液积聚在局部皮肤内形成的鼓包。家长可以根据以下三点，确认宝宝身上的红疹是不是痱子。

- 观察疹子的性状。痱子由很多界限清晰的小粒状红色皮疹组成，摸上去有轻微扎手的感觉。
- 观察出疹的速度。痱子的出疹速度很快，一两个小时甚至十几分钟就可能大面积出现，局部皮肤干燥透气后会很快好转。
- 持续观察疹子的变化情况。痱子通常会由小红点变成小脓包，甚至破溃、化脓。

– 如何预防痱子

第一，注意环境的温度和湿度。宝宝应尽量避免待在温度高、湿度大的环境里。夏季室内温度最好控制在 24 ~ 26℃，湿度在 45% ~ 65%。如果温度合适，但是湿度过大，汗液无法排出，也容易出痱子。

第二，注意皮肤的清洁、干爽。平时要尽量保证宝宝皮肤清洁、干爽，出汗后要及时擦干；每次喂奶后，用柔软的纱布巾蘸干宝宝脸上的汗液和乳汁。另外，要勤换衣服，夏季最好选择透气性好的棉质衣物，以利于汗液排出。

– 如何护理生痱子的宝宝

护理时，家长要注意以下几点：

- 如果宝宝感觉瘙痒，应注意避免宝宝抓挠，以免抓破皮肤引发感染。
- 尽量减少对痱子的刺激，不要用太热的水洗澡，也不要使用碱性、刺激性的洗浴用品，以免刺激皮肤，加剧皮肤的瘙痒。
- 不要使用痱子粉。痱子粉中多含有滑石粉，对宝宝健康无益，对痱子的防治效果也非常有限；而且扑粉时，空气中的粉末还可能会被宝宝吸入肺中。

- 保证合适的室内温度、湿度，勤换衣物，减少对皮肤的刺激。切忌过分捂盖，特别是长痱子的部位，最好能够裸露在空气中。
- 如果痱子比较严重，比如红点连成大片，局部皮肤破溃、渗水化脓，可用温水清洗局部皮肤，在溃烂的皮肤上涂抹抗生素软膏，但用药前应咨询医生。

崔医生特别提醒：

如果宝宝出的痱子较为严重、痒得难耐，可用外用炉甘石洗剂止痒，使用时一定要确认皮肤没有破溃。如果皮肤已被抓破、有发炎的迹象，要及时带宝宝就医。另外要注意，即使是冬天，在室内给宝宝穿的衣服过多，或夜间盖的被子过厚，也可能会出痱子。

湿疹

湿疹的学名叫特异性皮炎，表现为皮肤发红粗糙、脱屑，伴随严重的刺痒甚至出现裂口、渗水，最后结痂；疹子不分个数，成片出现，可能只覆盖身体的某一小片区域，如头部、面部，也可能几乎覆盖全身，甚至手心、脚心。湿疹一般从面部开始，逐渐蔓延到身体其他部位。

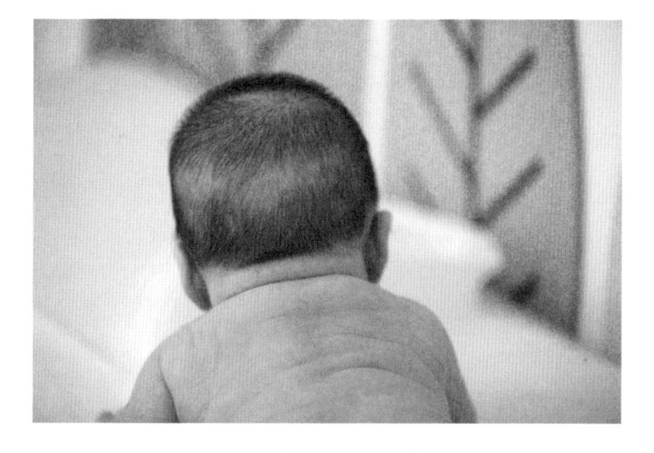

▲ 图 2-3-7 湿疹

- 引发湿疹的原因

宝宝患湿疹，最主要的原因是皮肤发育不够成熟。如果宝宝总是反复出现顽固性湿疹，除了皮肤本身的问题，最可能的诱发原因是食物不耐受或过敏刺激。

另外，湿热环境会加重湿疹。宝宝皮肤发育不成熟，皮肤较薄，患了湿疹后一旦遇到湿和热，皮肤上的血管充血，使得薄薄的皮肤显得更红，而且更痒，如果宝宝抓挠，很容易导致皮肤破溃诱发感染，进而加重病情。

– 如何治疗湿疹

治疗湿疹应先治标，护理患处皮肤。遇到顽固性湿疹，要考虑是否有过敏的问题，及时发现并回避过敏原，做到对因治疗。护理湿疹，最主要的工作是止痒、消炎抗感染和保湿。

首先，止痒。止痒通常要用到两种药物，即抗组胺药物和激素。“痒”这种感觉是由皮肤下的肥大细胞破溃释放的组胺产生的。其中，抗组胺药物就是用来直接消耗组胺的，如氯雷他定、西替利嗪；激素一般是皮质醇、类固醇类激素，可以稳定肥大细胞不破溃，最常用的是氢化可的松药膏。因此，如果宝宝痒感比较明显，可以在咨询医生后，采取口服抗组胺药物与外用激素药膏结合的方式进行治疗。

其次，消炎。在止痒的基础上，针对破溃的皮肤，则要用到抗生素，目的是消炎、抗感染。皮肤破溃后，细菌就会侵入皮肤下引起感染，导致湿疹不容易痊愈。许多顽固性湿疹除过敏因素外，都是皮肤破溃后继发感染导致的。如果皮肤有破溃，使用抗生素就显得尤为重要，较常见的外用抗生素药膏是百多邦软膏，一般会将其和止痒的氢化可的松以 1∶1 的比例混合使用。

需要注意的是，使用抗生素或激素要根据湿疹的范围和程度而定，药物的停用也应根据宝宝皮肤恢复情况来定，要等皮肤破口全部愈合后再停药，一步到位，而不应机械地规定用多少天之后必须停药。

最后，保湿。破溃的皮肤愈合后，容易变得干燥，也会使湿疹加重，因此需用保湿霜护理患处。给宝宝涂抹保湿霜时，有湿疹的地方都应大量涂抹，充分滋润皮肤。用过保湿霜后，如果皮肤表面的颜色基本恢复正常、没有红肿现象，可以继续涂抹适量润肤露做好后续的保湿工作。

专题：湿疹护理的 5 个误区

- 误区 1

护理患湿疹的宝宝，常会陷入两个极端，或使用香皂、沐浴露频繁给宝宝洗澡，或担心湿疹加重几乎不给宝宝洗澡。

宝宝患了湿疹后，粗糙的皮肤上很容易挂上细菌和脱屑，需要及时清洗，保持皮肤清洁，避免出现感染，因此应每天洗澡。但要注意水温，以免水温过热刺激皮肤，并且要少用香皂、沐浴露等洗护用品，只需用清水清洗。

- 误区 2

有家长认为激素用多了会导致局部皮肤变黑或增厚，这种观点是错误的。顽固性湿疹的确会有局部增生，皮肤易变黑变厚，但并非因为激素。无论是激素还是抗生素，是否对人体产生负效应，既与使用时长相关，也与每次用量有关。治疗后期，宝宝皮肤的破溃越来越少，药物的用量和使用范围也会减少，通常不会出现严重的副作用。

如果在宝宝皮肤破溃处未完全愈合时就停药，反而会导致湿疹复发，要重新按疗程用药，如此累计的用药量，反而比一次治愈多得多。而且无论什么药物，反复使用都容易产生耐药性，增加治疗难度。

- 误区 3

有些家长会在宝宝皮肤有破溃时，贸然使用保湿霜。这种做法是错误的，不但起不到保湿的作用，反而会加重湿疹；而且皮肤破溃时，保湿霜容易直接接触破溃口，宝宝可能会对其中的某种成分过敏。

- 误区 4

有些家长认为患湿疹的皮肤只有保持干燥才能止痒。事实上，干燥应有限度，比如夏天时，不建议给患湿疹的宝宝穿短袖衫和短裤，而应选择透气性好、质地轻薄的长衣长裤，否则皮肤长时间暴露在空气中更容易接触细菌。

- 误区 5

有些家长担心宝宝抓破皮肤，限制宝宝抓挠。这样做非常容易让宝宝产生暴躁的情绪，不利于心理健康。对于这种情况，不应直接制止，而要用其他事情分散宝宝的注意力，让他暂时忘记瘙痒。

口水疹

顾名思义，口水疹是因口水浸泡导致宝宝下颌或颈部皮肤粗糙、脱屑，甚至出现小裂口的现象。这个月龄的宝宝口水分泌并不多，只是吐沫或偶尔流口水，但如果护理不当，仍可能出现口水疹。而接下来的几个月，这种情况可能会更加严重，需特别关注。

- 为什么会出现口水疹

大体来说，口水疹主要是多余口水浸泡口周皮肤所致，通常由两种原因引起：第一，宝宝一定时期内口水分泌较多，吞咽能力尚不成熟，不能将口水咽下，使其流出口外。口水长时间残留在口周，就会侵蚀皮肤。第二，只要看到宝宝嘴边的口水，就会将其擦掉，但不管力道多么轻，反复的摩擦都会刺激宝宝娇嫩的肌肤，形成皮肤破损。

- 如何预防口水疹

原则只有一个：保持口周清洁干燥。具体做法是：

- 清理口水时，用蘸的方式，而不要来回擦拭。
- 保持耐心，及时为宝宝蘸干嘴边的口水，保持口周清洁干燥。
- 如果宝宝有频繁吃手的习惯，最好使用安抚奶嘴作为替代。这样既保护了牙龈，又减少了口水的流出。
- 待宝宝长大，可以多示范吞咽这个动作，引导宝宝模仿学习，逐渐学会吞咽口水。

- 如何护理口水疹

针对口水疹的护理，方法很简单：将宝宝口周的口水用软布蘸干后，薄薄地涂上一层橄榄油，以保护口周的皮肤。

涂在口周的油易被宝宝舔食，因此要选择安全可食用、不易过敏、不含药物的，可以用橄榄油、凡士林等，不建议使用芝麻油、花生油、大豆油等，以免引起过敏。另外，宝宝白天活动量大，容易将涂好的油蹭掉，因此，可以采用白天及时蘸干口水、晚上睡觉时涂抹油的方式进行护理。

宝宝便秘

对于宝宝便秘，家长要了解什么情况才是便秘，以及便秘产生的原因，这样才能更好地预防和对症护理。

什么是便秘

便秘表现为大便干结、排便费力，这也是判断宝宝是否便秘的重要标准。宝宝两次排便的时间间隔不能作为判断标准，即便连续若干天不排便，只要排便时不费力、大便不干结，也不应判定为便秘。

引起宝宝排便间隔时间长的原因很多，比如有些宝宝消化吸收能力好，食物残渣相应较少，因此不会每天都排便，尤其是母乳喂养的宝宝，因为母乳易吸收，经常连续几天不排便；有些宝宝肠道蠕动较慢，需要较长时间才能形成粪便，但排出的大便并不干，这种情况就是“攒肚”，也不能定义为便秘。相反，虽然宝宝一天排便多次，但每次排出的大便非常干，也应认定为便秘。不过，排便间隔时间长未必都正常，有些可能是疾病引起的，比如先天性巨结肠、肠梗阻、肠套叠等。

为什么会便秘

宝宝之所以出现便秘，不是因为喝水太少或吃配方粉上火。引起便秘的直接原因是肠道吸收了粪便中太多的水分，造成大便干结。需要说明的是，粪便中的水分只有很少一部分来自人体，大多数是由肠道中的细菌败解纤维素获得的。

纤维素的来源主要有两个，一是母乳中含有的丰富的可溶性纤维素，即低聚糖。宝宝在接受母乳喂养的过程中，可以从乳头周围的皮肤上和乳腺管中接触到细菌，而细菌败解纤维素后生成水分，所以母乳喂养的宝宝大便普遍偏稀，即使排便间隔时间长也不易出现便秘。配方粉喂养的宝宝无法从配方粉中获得足够的纤维素，而且整个喂养过程近乎无菌，因此相对来说，宝宝更容易便秘，特别是小月龄宝宝，便秘通常与配方粉喂养有关。

二是宝宝添加辅食后，可以从食物中获取纤维素。可以给宝宝适当添加蔬菜和水果，如绿叶菜或块茎类菜等。加工蔬菜注意不要过细，否则会破坏其中的纤维素，无法很好地达到预防便秘的效果。

怎样治疗便秘

当宝宝便秘时，首先要使用物理手段帮助宝宝排出肠道中干结的大便，如使用开塞露或从肛门注入甘油。但是，这些物理方法治标不治本，想要从根本上去除病因，则需采用“益生菌 + 益生元”联合治疗的方法，也就是细菌 + 纤维素双管齐下。益生菌是对人体有益的细菌，益生元是促进肠道内健康菌群建立和生长的一类碳水化合物，比如蔬菜、水果或谷物中所含的纤维素，母乳中所含的低聚糖，以及乳果糖、小麦纤维素、菊粉等。除此以外，还应鼓励宝宝多活动，养成爱运动的习惯，促进肠道蠕动。

便秘问题不可小看，如何正确判断和治疗很重要。而且，宝宝便秘时很可能会伴有肛裂，一定要加以注意。

帮助宝宝建立昼夜规律

新生宝宝没有明确的昼夜规律，帮宝宝建立合理的昼夜睡眠习惯非常重要。家长在引导过程中，要让宝宝明白，睡眠是夜里的事情，白天可以多玩耍，以建立良好的昼夜规律。

首先，要为宝宝创造昼夜分明的睡眠环境。在夜间睡眠时间，要尽量保证房间内安静、黑暗，最好不要开灯，夜间哺乳可以使用小夜灯。白天即使宝宝睡着了，家人也要继续正常活动，无须拉上窗帘制造暗环境，更不必刻意蹑手蹑脚。通过这样明显的睡眠环境差异，逐渐帮宝宝建立昼夜规律。

其次，父母要身体力行，和宝宝一起养成健康睡眠习惯。宝宝的睡眠规律通常与家长的作息规律有很大关系，如果家长半夜才睡觉，宝宝也很难早早入睡。因此，家长要以身作则，做好表率。

最后，要纠正宝宝昼夜颠倒的睡眠模式。如果宝宝已经形成了昼夜颠倒的模式，建议首先尝试调整宝宝白天的睡眠时长，在他刚刚表现出睡意时，用玩玩具、做游戏、去户外散步等方法转移注意力，适当减少白天的睡眠时间，增加夜晚睡眠时间。

需要提醒的是，一切做法都要建立在尊重宝宝自然需求的基础上。也就是说，在宝宝稍有困意，还有精力玩耍时，可以给他提供机会，让他多玩一会儿，不要稍有困意就哄睡。但如果宝宝明显很困倦，就不能过于教条，否则强行破坏宝宝生物钟的做法同样得不偿失。

宝宝傍晚哭闹

每到傍晚，宝宝总是无缘无故地哭，怎样安抚都不行。随着宝宝成长，很多时候哭闹无关生理需求。研究显示，许多宝宝每天有15分钟到1个小时的哭泣无法解释，而且总是发生在傍晚时段。

这很可能是因为傍晚家中人多了起来，环境嘈杂、吵闹而使宝宝大哭；也可能宝宝经过充实而忙碌的一天，需要通过大哭放松自己；又或者他只是太累了，需要哭一哭把自己哄睡着。对于宝宝在傍晚时分爆发的哭闹，家长要仔细观察，排查原因后做出调整。如因环境太嘈杂，家人说话应尽量放低音量，减少对宝宝感官的刺激；如因疲惫和困倦大哭，家长要注意宝宝困倦的信号，及时哄睡，并培养作息规律，减少夜间哭闹的发生；如果以上原因都不是，那不妨让宝宝释放一下自己。

总之，对于宝宝傍晚的哭闹，家长通常无须担心，但是，如果宝宝通常都很安静，却在某天突然开始号啕大哭，就要注意排查是否存在疾病等问题，必要时及时向医生寻求帮助。

崔医生特别提醒：

很多家长误以为宝宝哭闹是饿了，因而频繁地哺乳，甚至一天哺乳12次以上。事实上，宝宝哭闹不一定是饥饿，很可能还有别的需求。对小月龄宝宝来说，不管是生理需求还是心理需求，都会通过哭来表达，如患有肠绞痛的宝宝也会频繁哭闹，频繁哺喂虽然能够暂时平复宝宝的情绪，却会导致体重过快增长等过度喂养的问题。因此，千万别把喂奶当作止哭良药，要在了解宝宝各种需求的基础上，有针对性地加以安抚。

怎样把睡着的宝宝放到床上

宝宝频繁出现“落地醒”，不断消耗着家长的耐心。其实，只要掌握一定的技巧，就能把睡着的宝宝顺利抱上床。随着宝宝月龄增加，落地醒的情况会慢慢消失。家长可以尝试以下方法。

第一，待宝宝熟睡后再放下。成功哄睡后，不要着急把宝宝放到小床上，要让他在自己怀里多睡一会儿。这时，轻拍宝宝的动作不要立即停下，而要慢慢停止，直到他彻底睡熟后再轻轻放下。如果家长坐在椅子或者床上哄睡，起身时动作一定要慢，并将宝宝搂紧，避免动作过大和重心变化太快而惊醒他。

第二，放下宝宝的动作要轻柔。家长弯腰把熟睡的宝宝放到床上时，要保持宝宝的身体一直贴在自己的胸前，要注意先让宝宝的背部接触床面，然后轻轻抽出托住屁股的手，放好双腿，再用这只手稍稍抬高宝宝的头部，抽出头颈下的另一只手。注意，放下宝宝时，每个动作都要轻柔缓慢，以免宝宝突然醒来。

第三，放下宝宝后，再多陪一会儿。成功把宝宝放到床上后，最好再保持俯身的姿势多陪一会儿，不然很可能前功尽弃。可以用手轻轻按住宝宝的身体或继续轻轻拍打，给他足够的安全感，3 ~ 5 分钟后再缓缓将手拿开。

第四，用毯子包裹宝宝。小月龄的宝宝会有惊跳反射，且缺乏安全感，可以用毯子将他包裹起来，营造仍在妈妈子宫里的感觉，让宝宝睡得更踏实。睡袋也能起到同样的效果。

另外，家长可以在宝宝睡着后，抱着宝宝一起躺在床上，注意要让宝宝的头继续枕在自己的手臂上，或贴着自己的胸口，几分钟后，再慢慢把宝宝枕着的手臂抽出。

关注宝宝的夜间睡眠质量

评估宝宝夜间的睡眠情况，不能单纯地追求睡眠时长，还应注重睡眠质量。那么，如何让宝宝享受优质的睡眠呢？家长可从以下几方面着手。

第一，创造舒适的睡眠环境。睡眠环境主要包括温度、舒适度以及空气的流通度。就温度而言，室内温度最好控制在 24 ~ 26℃；关于舒适度，建议给宝宝准备的床褥不要太软，以免一躺就陷下去，让宝宝觉得不舒服；而且，床褥的透气性要好。此外，每天应至少通风换气 15 分钟左右，保持空气流通。

第二，保证轻松的睡前气氛。睡前至少 1 小时内，不要让宝宝有太大的活动量，不要有太激烈的互动，让宝宝逐渐做好睡觉的心理准备。家长要营造良好的睡前气氛，可以适当播放一些柔和的轻音乐，或者给宝宝唱摇篮曲。等宝宝逐渐安静下来，可以把灯光逐渐调暗直至关掉。

第三，不要用关心打扰宝宝。睡眠有浅睡眠和深睡眠之分，真正有意义的是深睡眠，睡眠质量取决于能否进入深睡眠，以及深睡眠持续的时间。因此，不要用一些不必要的关心影响宝宝睡眠。比如，宝宝晚上睡觉偶尔做噩梦呜咽，或出现了无意识的哼唧，家长听到动静就开灯、抱起来哄，这种做法会将宝宝吵醒。恰当的应对方法是，暂时不应答，让宝宝再次自行入睡。

> **崔医生特别提醒：**
>
> 睡梦中的宝宝有感知饥饿的能力，饿了会自行醒来要求吃奶，熟睡时绝不会饿着。因此，在宝宝睡眠时不需要叫醒喂奶。另外，夜间睡觉时，只要孩子没有排大便，尿液没有溢出来，就不必刻意更换纸尿裤，以免打扰宝宝。

家长可以自制一份“宝宝睡眠笔记”记下宝宝每天的睡眠情况，比如入睡和起床的时间点、睡眠时长、夜醒次数、睡眠状态等，通过长期记录观察，家长就可以慢慢通过摸索和总结，掌握宝宝的睡眠规律，发现问题及时调整，提高宝宝的睡眠质量，形成规律作息。

▲ 图 2-3-8 用睡眠笔记记录宝宝睡眠情况

怎样预防新生宝宝感冒

预防新生宝宝感冒，首先要减少生活空间里病毒或细菌的含量。它们能否对宝宝产生影响，主要不在于种类，而在于数量和密集程度。为了保暖和防尘而拒绝开窗通风，这种做法非常不可取。室外虽然致病细菌或病毒种类较多，但浓度低，而室内不经常开窗通风，细菌或病毒的浓度会远远高于室外，宝宝反而容易患病。

此外，家长外出，尤其是去了人多的场所，很可能会带回大量细菌或病毒，在亲密接触时传给宝宝，增加宝宝患病的风险。因此，家长外出回家路上应尽量延长在室外停留的时间，让外面的新鲜空气进入呼吸道，稀释呼吸道内可能携带的病毒浓度；而且进门后，第一件事情是要换衣服、洗手、漱口，然后再与宝宝亲近，以免将病毒或细菌传给宝宝。

带满月宝宝外出注意事项

满月后，很多家长开始带宝宝到户外活动，尤其是阳光充足的天气，不仅可以让宝宝呼吸新鲜空气，还可以促进钙的吸收。

带齐必需物品

一般情况下，母乳喂养的宝宝外出时，需要带纸尿裤、隔尿垫、纸巾、纯水湿巾（应注意不含酒精等消毒剂）、手帕、垃圾袋、宝宝衣物、小毯子、玩具及妈妈的食物和饮用水等；如果目的地没有合适的哺乳场所，还需要准备一块哺乳巾，以便于哺乳时使用。用配方粉喂养的宝宝，需要额外带上适量的配方粉、一个或多个奶瓶、奶嘴、保温水壶等。

冬、夏季外出注意事项

冬季天气较冷，但不意味着不能带宝宝出门，呼吸新鲜空气有助于宝宝呼吸道发育。出门时，要注意给宝宝保暖，但宝宝新陈代谢快、体温较高，也不可一味地捂着；如果习惯给宝宝盖一块毯子保暖，要注意不要捂住宝宝的口鼻，避免透不过气引起窒息。

夏季外出时，要注意防蚊，可以用扇子扇风，避免蚊虫停留在宝宝身上，也可以选择防蚊贴、驱蚊环等预防蚊虫叮咬；注意避免强烈的太阳光直晒宝宝的眼睛和皮肤，可以选用遮阳帽、遮阳板遮挡。

另外，无论冬季还是夏季，开车外出要注意车内外温差不宜过大，以免途中睡着的宝宝下车时吹风着凉；长途驾驶时，要保持车厢内通风，以免宝宝缺氧。

务必使用安全座椅

宝宝外出要关注乘车安全，务必将宝宝放在专用的安全提篮或安全座椅内，并反向固定在车内后排座椅上。乘车时抱着宝宝，这种做法是错误的，甚至是危险的。实验证明，在急刹车或车辆遭受猛烈撞击时，家长根本无力保护宝宝，后果不堪设想。为了保证宝宝出行的安全，专用的安全提篮、安全座椅是最佳选择。

专题 1：如何让宝宝习惯汽车安全座椅

越来越多的家长认识到安全座椅的重要性，刚出生的宝宝可选择提篮式座椅，达到一定体重再选择适合的安全座椅。安装时，一定要严格按照说明书上写明的方法和要求正确安装。如果宝宝拒绝坐安全座椅，家长不可妥协，可以尝试下列方法，尽可能保证每一次出行安全。

首先，可让宝宝提前适应安全座椅。不用安全座椅时，可以把它放到家里，让宝宝多加熟悉。可以试着把宝宝放在安全座椅上玩耍和探索，摸一摸、爬一爬、玩一玩等，让他发现坐在上面没有那么不舒服，从而慢慢接受这个陌生的物品。

其次，转移宝宝的注意力。在把宝宝放在安全座椅中或系安全带时，可以给他讲讲故事、唱唱歌，或让他玩一玩喜欢的玩偶，转移注意力，完成坐进安全座椅并系好安全带的一系列动作。

在行车过程中，要不时和宝宝说说话，或者做做游戏，吸引他的注意力，避免他因无聊而重新将关注点放在束缚感极强的安全座椅上。

再次，让宝宝感受到家人的陪伴。外出时如果车内有两个成人，其中一人可以跟宝宝一起坐在后排座位和他互动，让宝宝知道自己一直受关注。如果一个人带宝宝外出，并且不得不将他独自安置在后排时，也要经常通过车内的后视镜看看后座的宝宝是否表现出不耐烦等情绪，并播放一些他喜欢的音乐或者跟他说说话。

最后，要保持耐心，平和坚持。如果宝宝非常抵触安全座椅，家长也要态度坚决，不能给宝宝“不想坐就可以不坐”的暗示。在行车过程中，如果宝宝因不愿继续坐而哭闹，可以暂时停车，对宝宝予以安抚，待他情绪稳定后，再继续行驶。

专题 2：如何安全使用婴儿车

婴儿车既成功解放了父母的双手，也让宝宝外出时更加舒适。可一旦使用不当，却可能对宝宝造成不良影响。因此使用婴儿车时，应注意以下事项。

第一，注意宝宝的体感温度。宝宝新陈代谢旺盛，容易出汗。在炎热的天气，要特别预防婴儿车中的宝宝长痱子，甚至中暑。宝宝躺在婴儿车里，即使穿盖较少，都仍会因车内空气不易流通导致体温升高，因此要经常查看宝宝有没有出汗或体温是否升高，并根据实际情况适当增减衣物，或每隔一段时间将宝宝抱出婴儿车，在通风处稍作休息。

第二，控制使用婴儿车的时间。婴儿车虽在一定程度上保障了宝宝的出行安全，长时间使用却会对生长发育产生不良影响。比如宝宝躺在婴儿车内，视野和四肢活动都受到限制；随着婴儿车移动，宝宝很容易打瞌睡，甚至形成昼夜颠倒的作息规律。因此，应时常抱起宝宝活动，或借助婴儿背带，多给宝宝探索世界的机会。除此以外，可以在婴儿车上挂上一两个玩具，吸引宝宝的注意力。

第三，避免宝宝受伤。宝宝颈部骨骼和肌肉还未发育完全，无法给予头部足够的支撑，推车经过颠簸的路面时，宝宝头部被迫剧烈抖动，很可能受到伤害。因此使用婴儿车时，要尽量选择平坦的路面，并且一定要为宝宝系好安全带。另外，要养成停车后立即锁车的习惯，以免婴儿车顺着路面滑动发生意外。

专题3：如何正确使用婴儿背带

婴儿背带可将宝宝固定在胸前，外出时既能够解放家长的双手，让宝宝和自己亲密接触，还能确保宝宝安全，可谓一举三得。不过，婴儿背带若使用不当，同样会给宝宝带来伤害。

根据抱宝宝的姿势不同，婴儿背带主要分为横抱式、竖抱式、面向前式、面对面式及后背式五种，家长要根据宝宝的月龄及生长发育情况，选择合适的背带。对4个月以内的宝宝，建议选择横抱式婴儿背带，因为小月龄宝宝的骨骼、肌肉还未发育完全，尤其是颈部力量弱，无法很好地支撑头部，长时间竖抱若保护不当，很容易影响正常发育。

4个月以上的宝宝，颈部肌肉发育逐渐成熟，能够很好地完成抬头的动作，可以尝试使用竖抱式

崔医生特别提醒：

使用婴儿背带，一定要购买从0岁就可以使用的款式，因为宝宝的颈部肌肉、腰背部肌肉需要3～6个月才能基本发育完全，适合新生儿的背带可以对宝宝的头颈部、腰背部给予很好的承托。

为避免较强的紫外线伤害皮肤，夏天外出要避开10～16点，可以在树荫下晒太阳。

6个月以内的婴儿皮肤较薄，很容易吸收外来的有害物质，建议不要使用防晒霜。

应多带宝宝进行户外活动，如果天气不理想，可以选择人群不密集、通风较好的大型购物中心。

背带。但在使用初期，建议尽量选择对宝宝头颈部有支撑设计的类型，以在一定程度上增强安全性及舒适性。当宝宝能够独坐时，颈背部的骨骼和肌肉发育得更加完善，可以根据需要选择其他类型的背带。

使用婴儿背带，除了有月龄限制外，还需注意以下几点：

第一，不要将婴儿背带作为安抚工具。当宝宝哭闹时，不要把宝宝放进背带内安抚，以免宝宝更加没有安全感，加剧哭闹。

第二，注意使用婴儿背带的时长。使用背带时，连续使用时间不要超过 2 小时，尤其是炎热的夏季，否则很可能导致宝宝出现热疹等皮肤问题。

第三，注意背带的舒适性。不要在哺乳后 30 分钟内使用背带，以免挤压腹部使宝宝感到不适；使用时，可以适当调高背带系带，尽可能借助髋部及以上的力量支撑宝宝，增加舒适性。

第四，确保宝宝的安全。如果必须背着宝宝做一些事情，要特别注意安全，避免磕碰；如果宝宝在背带内睡着，一定要确保宝宝保持面对家长的姿势，便于及时发现宝宝可能出现的任何情况；准备解开背带放下宝宝时，家长要先坐稳，再解开背带，保证宝宝可以稳妥地落在家长的腿上，以免发生坠地的意外。

早教建议

开始和宝宝互动

虽然 1 ~ 2 个月大的宝宝还不能和父母进行太多互动，但已经开始出现社交的萌芽，比如露出回应性的微笑、发出咕咕声等。

微笑

这个阶段的宝宝，大部分可以自然展现出具有社交意义的微笑，也就是回应性微笑。他会通过微笑进行互动，如果家长对宝宝露出亲切的笑容，宝宝也会用微笑来回应。

有些宝宝天生爱笑，所以这种社交意义上的微笑出现得较早。他们通过不断尝试和练习，能够绽放出发自内心的微笑。如果宝宝还没有出现这种微笑，家长要注意多和宝宝互动，多和他说话、玩耍、拥抱，以加速宝宝学习，尽早展露出笑容。

咕咕声

1 ~ 2 个月的宝宝，会发出咕咕声。这说明宝宝在不断地练习发音，并享受发音的乐趣，要注意给予积极的回应。宝宝发出的每一个音节，都是语言能力发展的一种积累，家长的积极互动能进一步激发宝宝练习的兴趣，同时给予他机会模仿学习。

家长回应时，可以用同样的音节来呼应，也可以借机跟他多说说话，比如“我是妈妈 / 爸爸”“宝宝饱了吗”等，以此激发宝宝学习语言的兴趣。

营造良好的家庭互动氛围

每个家长都想给宝宝营造良好的成长环境，与物质条件相比，良好的家庭互动氛围对宝宝的成长起着更为重要的作用。

第一，毫不吝啬地表达爱。满满的爱会给宝宝带来足够的安全感和幸福感，使亲子关系更加亲密。即使宝宝烦躁、发脾气、哭闹，家长也要注意保持耐心，让他感受到来自父母的爱与包容。

第二，多和宝宝沟通。沟通是增进感情最有效的方式。家长应抓住每个与宝宝沟通的时刻，如换纸尿裤、洗澡、做抚触、外出购物或旅途中，多和宝宝说说话，或者唱歌、读绘本、做游戏，这些看似简单的刺激与互动，会让宝宝变得更聪明。

第三，给宝宝空间。宝宝的成长需要家长的关注，过度的关注却会使宝宝感到压抑，直接影响其游戏、学习、应变等行为能力的发展。宝宝最终要学会独立面对和解决问题，虽然在低龄阶段，很多事情仍需家长的帮助才能顺利完成，但应适当地放开双手，将注意力从宝宝身上移开一会儿，让他自己去玩小手小脚、聆听周围的声音、观察身边的事物。家长适当地离开，能够为宝宝提供学习、探索的机会，帮助他更好地成长。

第四，尊重宝宝的意愿。即使是小宝宝，也有自己的主观意愿，有自己偏爱的玩具、喜欢玩的游戏，有自己期望控制的游戏时间。在不影响正常生长发育的基础上，对这些需求给予尊重并适当满足，对促进宝宝学习的积极性、自信心及自尊心有很大的帮助。

第五，多多鼓励宝宝。适当的夸奖能够激发宝宝的创造力，增强抗压能力，更加积极地面对遇到的问题。因此，当宝宝学会微笑、晃动摇铃时，要及时给予回应，不管是言语夸赞还是拥抱鼓励，都会成为宝宝继续探索和学习的动力。

和宝宝互动的小物件

与出生时相比，宝宝的身长和体重有了明显的增长，各项技能也获得了很大提升，四肢更加灵活，开始认识妈妈的脸和声音，对颜色更加敏感，学会了用嘴探索世界。在这个阶段，可以利用身边的小物件，有技巧地与宝宝互动。

镜子

很多宝宝喜欢照镜子，与镜子中的自己互动，这对培养宝宝的社会性和认知能力非常有好处。可以在宝宝趴卧时，在他面前放一面小镜子，让他注视着自己，练习抬头。还可以抱着宝宝站在镜子前，告诉他“这是宝宝，这是妈妈”，帮助宝宝建立自我意识。

需要注意的是，一定要使用安全的婴儿镜，避免发生意外划伤宝宝。

人脸或照片

小月龄的宝宝很喜欢近距离地观察人脸。要多花些时间与宝宝亲近，让宝宝看看家人的脸或照片。这种看似简单的互动，不仅能够促进宝宝视力的发育，还能提高宝宝的认知能力，增进与家人之间的感情。

绘本或卡片

色彩鲜艳的绘本或认知卡片能够为宝宝提供丰富的视觉刺激，对认知能力的发展也有很好的促进作用。需要提醒的是，在选择绘本或卡片时，要尽量选择颜色鲜艳、图案分明、没有太多细节的，避免给宝宝学习带来困扰。

刺激宝宝语言发展

与大运动发育不同，语言发展并非顺其自然，因此有意识地刺激、引导宝宝开口说话非常有必要。只有经过大量的语言输入，宝宝才会慢慢理解话语的含义，产生发声说话的欲望。

宝宝的语言不断发展，很大程度上得益于对语言的模仿。因此，家长应不厌其烦地做出示范、不断重复，跟宝宝说话，给他唱歌、念童谣，等等。

在宝宝发声时，家长要及时给予回应，多创造让宝宝开口的机会，保护他说话的权利，以提升他进一步“交流”的兴趣，提高学习语

崔医生特别提醒：

因想让宝宝学习标准的普通话，而禁止家中长辈在宝宝面前说方言，这种做法并不可取。因为老人已经习惯了讲方言，“只能讲普通话”的要求，很可能导致老人不愿意开口，如果平日宝宝主要由老人来带，生活环境里就会缺少足够的语言刺激，自然影响宝宝的语言发展。

家中有人说方言不是坏事，在普通话之外接触一种方言，会丰富宝宝的语言环境。因此，家长不要刻意阻止孩子接触方言，这样既可以让长辈轻松自在地带孩子，也可以发展孩子的语言能力。

言的积极性。在这一阶段，宝宝除了哭之外，还能发出咿咿呀呀或哼哼唧唧的声音，虽然通常不代表什么实质的意义，但这是宝宝语言的基础，家长可以借此跟他“对话”。此外，当宝宝创造新音节时，家长也要及时给予鼓励，千万不要置之不理或者表现得不耐烦，否则很可能影响宝宝模仿发声的积极性。

第 4 章　2 ~ 3 个月的宝宝

养育不仅意味着抚养，也包括教育。随着宝宝掌握的技能越来越多，与父母的互动形式也逐渐丰富多样。不过，在享受亲子互动快乐的同时，家长应时刻注意宝宝的安全。这一章将着重介绍和宝宝互动时应注意的事项，以及锻炼宝宝精细运动和大运动时应把握的原则。

了解宝宝

宝宝 2 个月会做什么

2 个月时，宝宝应该会：

· 俯卧抬头。

· 发出哭声以外的声音，比如咿咿呀呀、哼哼唧唧。

· 视线跟随人或物追过其正前方的中线位置。

2 个月时，宝宝很可能会：

· 反应性微笑。

2 个月时，宝宝也许会：

· 俯卧时抬头 45° 。

· 笑出声。

2 个月时，宝宝甚至会：

· 竖抱时，保持头部稳定。

· 发出尖叫声。

· 抓住引逗他的玩具，比如拨浪鼓等。

· 视线随着人或物追至 180° 的范围。

· 将两只手握在一起。

· 自发微笑。

警惕宝宝生长过速

过度肥胖会危害宝宝的健康。世界卫生组织曾多次表示，肥胖也属于一种营养不良。可以说，宝宝婴幼儿期生长过速、过度肥胖，对健康有百害而无一利。因此，家长必须认识到控制宝宝体重增长速度的重要性，养成使用生长曲线评估生长发育的习惯，一旦发现宝宝体重过速增长，就要及时采取措施进行调整。

通常来讲，生长过速很大程度上是过度喂养惹的祸。因此控制宝宝体重时，首先要考虑从改变喂养入手。改变对宝宝的喂养，主要包括两个方面：哺喂量和哺喂次数。

如果以配方粉喂养的宝宝体重超标，除了哺喂量和哺喂次数外，还应关注奶液的浓度，千万不要因为希望宝宝多吃奶，就擅自多加配方粉，应严格按照配方粉包装上的建议配比冲调。

除了控制饮食外，生长过快的宝宝还应注意增加运动量。可以让宝宝多趴卧，这是最适合小月龄宝宝的运动，不仅有助于消耗体能，还可以锻炼肢体协调能力，促进神经系统的发育。

崔医生特别提醒：

肥胖的宝宝往往需要心肺等器官超负荷工作来满足身体的正常需求，这会在无形中增加心肺负担，最终导致心肺功能下降，影响身体健康。

宝宝的体重为何不稳定

宝宝的体重在一天之中存在差异，早晨、中午和晚上称量出来的体重各不一样。这是因为，宝宝的体重基数小，测量时要求精度比较高，稍出现浮动就会被察觉，而且易受外界因素影响，比如宝宝着装薄厚、吃奶前后、排便前后，都会使测量结果出现不同。此外，环境温度也会导致一些差异，比如夏季天气炎热，宝宝体内水分蒸发快，体重会相对稍轻；而春、秋、冬季水分蒸发少，体重则较重。

家长无须每天多次为宝宝测量体重，如果整体生长情况良好，通常可每个月测量一次。另外，为了尽量保证测量结果的稳定性，建议在相对固定的时间、使用相同的工具测量。只有尽量减少外界因素对测量结果的影响，才能减小误差，绘制出准确的生长曲线。

宝宝排便次数减少

在这个阶段，宝宝排便的次数变少了，每天只排 1 ~ 2 次，有时甚至一天或几天都不排便。对 2 ~ 3 个月的宝宝来说，排便次数减少是很正常的，特别是母乳喂养的宝宝更为常见。通常，只要宝宝排出的大便颜色和性状正常，家长就无须担心。宝宝之所以排便次数减少，是因为随着月龄的增长，所需的营养物质逐渐增多，身体对营养的消耗大幅增加，剩余的食物残渣相对减少，大便量自然也就减少了。这也预示着宝宝的肠道功能正在逐步完善。

不过，并非所有的宝宝都会排便次数减少，有些宝宝仍会保持以往的排便规律，直到哺乳结束。只要大便性状正常，宝宝生长情况良好，就不要因为排便频率较高而怀疑宝宝吸收不良。另外，还有一部分宝宝可能连续几天不排便，但只要宝宝的状态正常，没有其他不适症状，排便时不费力、大便不干结，家长同样无须焦虑。

逐渐减少夜奶次数

睡眠充足对宝宝的生长发育至关重要，既有利于分泌生长激素、促进身体发育，又具有明显的益智、储能作用，因此不要干扰宝宝睡眠，尤其是夜间睡眠。

干扰宝宝夜间睡眠的情况，除身体不适和个别客观因素（如睡眠环境舒适度或噪声等）外，最常见的是夜间哺喂。有时是宝宝夜间频繁醒来要吃奶，有时是家长担心宝宝长时间不进食影响健康，刻意唤醒宝宝喂奶。事实上，宝宝睡眠时基础代谢自然变慢，身体消耗也随之降低。而且，宝宝完全具有感到饥饿便自然醒来吃奶的能力，不会出现睡眠中低血糖的情况，更不会造成营养不良。因此应顺其自然，醒来有需求时随时哺喂，不必刻意叫醒喂奶；随着宝宝的不断长大，家长应帮他养成睡整觉的习惯，尤其要戒除并非因真的饥饿而要求吃夜奶的习惯。

对于这个月龄段的宝宝，如果能够连续坚持 5 ~ 6 个小时不吃奶，可以尝试延长两次夜奶的间隔时间。如果每晚仍要频繁喂奶，可以逐渐减少喂奶的次数。如果确认宝宝并非因为饿，只是需要安抚，可以试着使用安抚奶嘴，也可以让爸爸配合承担起陪睡及夜间安抚的工作，让宝宝逐渐明白“夜里不是每次醒来都有奶吃”，从而逐渐减少夜间醒来的次数，为日后养成睡整觉的习惯打下基础。

母乳喂养的宝宝不接受配方粉

母乳喂养的宝宝，如果因为妈妈泌乳量突然减少，或生病无法继续哺喂母乳，为了保证宝宝正常的生长发育，不得已添加了配方粉，可宝宝却嘴巴一碰到奶嘴就躲，根本不肯喝。要想解决这个问题，可从两个方面入手。

第一，不要让妈妈喂配方粉。要已经习惯母乳的宝宝接受配方粉确实有很大的难度，面对这种情况，可以在宝宝饥饿时先喂配方粉，再喂母乳，借助饥饿让宝宝接受配方粉。另外，刚添加配方粉时，建议由妈妈以外的家人哺喂，否则宝宝闻到妈妈身上熟悉的味道，会更加抗拒配方粉。

第二，咨询医生，选对产品。有些宝宝初次接触配方粉时，可能会对配方粉不耐受或对其中的牛奶蛋白过敏，因而不接受配方粉。家长要在医生指导下，给宝宝提供氨基酸配方粉或水解配方粉。

专题：添加配方粉的误区

添加配方粉是妈妈母乳不足时的一种选择，但在为宝宝添加时，家长应注意避开一些误区。

误区1：添加配方粉不会影响泌乳量

添加配方粉是否影响泌乳量，主要取决于宝宝对配方粉的依赖程度。如果过度依赖配方粉，或者混合喂养方式不当，很可能会导致宝宝出现乳头混淆，影响宝宝对妈妈乳房的吮吸刺激，乳汁就会分泌得越来越少。所以，在混合喂养过程中，通常建议先喂母乳，再吃配方粉，一方面能够刺激乳房泌乳，另一方面能够让宝宝保持对母乳的兴趣。不过，如果宝宝特别抗拒配方粉，则要在宝宝饥饿时先喂配方粉，再喂母乳。

误区2：配方粉的营养更加丰富

目前市售的配方粉大部分是牛奶，少部分是豆奶、羊奶等，但无论哪种都与母乳的成分不同。配方粉中的脂肪、蛋白质和碳水化合物并不像母乳中的那样容易被宝宝消化吸收。而且，配方粉的成分只是尽可能与母乳相似，但是母乳中还有些目前未知的营养，因此配方粉的营养更加丰富这种说法是错误的，母乳中的营养成分之多是任何一种配方粉都无法比拟的。

误区3：宝宝开始吃配方粉，就可以断母乳了

这种做法是不恰当的。虽然给宝宝添加了配方粉，但应明确的是，母乳中所含的营养素优于任何配方粉，且有些营养成分只能从母乳中获得。因此，不要在给宝宝添加配方粉后，轻易放弃母乳喂养。

崔医生特别提醒：

对于刚出生的宝宝，应尽量坚持母乳喂养。一旦母乳不足，妈妈应积极追奶，不要急于添加配方粉。

确实需要添加时，应尽量坚持“能喂母乳就不吃配方粉”的原则，尽可能让宝宝多吮吸，以持续刺激泌乳。

混合喂养的宝宝补充维生素D时，不应补充400国际单位，而应减去从配方粉中获得的维生素D含量。

误区4：一旦开始混合喂养，就无法再恢复母乳喂养

通常，用配方粉补

充母乳不足会出现两种结果：一是因为宝宝吮吸乳头次数减少，逐渐导致妈妈从母乳不足变为完全没有母乳，从而改为完全用配方粉喂养；二是妈妈放平心态，坚持让宝宝吮吸乳头刺激泌乳，最终又恢复了母乳喂养。所以，只要喂养方法得当，妈妈保证心情愉悦、饮食合理，选择混合喂养后并不代表彻底告别了母乳喂养。

需要提醒的是，如果妈妈需要长时间外出，要坚持用吸奶器吸出乳汁，千万不要懈怠，否则可能会给大脑传递“我不再需要那么多母乳”的信号，导致母乳越来越少。

日常护理

● 何时开始给宝宝用枕头

人的脊柱有四道生理弯曲，分别是颈前曲、胸后曲、腰前曲和骶后曲，其中颈前曲是颈椎和侧缘之间的凹陷带。如果没有枕头，人在平躺时，颈前曲处于紧绷的状态，凹陷带就会压迫气道，造成呼吸不畅。如果枕上枕头，这种紧绷的状态就会缓解，呼吸不畅的感觉也会消失。这就是我们需要枕枕头的原因。

但是，刚出生的宝宝生理弯曲还没有形成，平躺时不存在凹陷带压迫气道的问题，自然能够顺畅呼吸。如果此时使用枕头，会制造一个压迫的弯曲气道，反而造成呼吸不畅。所以，宝宝在颈前曲形成之前，一般是不需要枕头的。

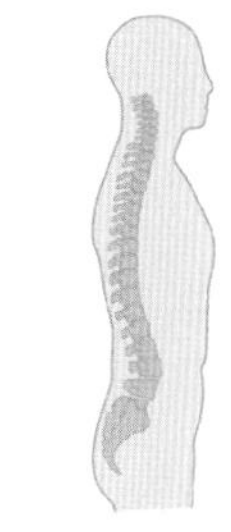

▲ 图 2-4-1 宝宝与成人生理弯曲的区别

当宝宝可以熟练地俯卧抬胸时，就意味着颈前曲已经形成。这个时间一般与宝宝会独立坐的时间十分接近，因此建议在宝宝会坐之后再尝试给他枕枕头。如果宝宝睡觉时，开始自主想办法找小物件垫在头下，比如枕在身旁的衣服上，或枕在自己的小手上，这就是在告诉家长，他需要一个小枕头。不过，如果宝宝会坐后仍然习惯不用枕头，且呼吸通畅，家长就不必强求。枕头的使用要以宝宝是否舒适为判断标准。

让宝宝自己睡小床

宝宝夜间睡觉时，提倡与家长“同房不同床”，但仍有许多家长继续与宝宝共享一张床，且理由充足，比如亲子关系更加亲密，夜间哺乳更为方便，可以随时观察宝宝睡眠情况，宝宝发生任何问题都可以及时发现（如果父母睡得没那么沉的话），等等。即便如此，家长与宝宝同床还是存在很多隐患，比如，宝宝闻到妈妈身上的奶香味可能会频繁夜醒，影响睡眠质量；父母翻身时，一不小心可能会压到熟睡的宝宝；宝宝与成年人近距离接触，可能增加感染传染性疾病的风险。

让宝宝睡小床，可以很好地避免以上问题，还能培养宝宝的独立性。但是出于安全考虑，宝宝可以与父母“同房不同床”，这既能给宝宝充足的安全感，也让父母和宝宝都有自己的空间。

如果月子里宝宝始终与父母同床，起初分床睡可能会比较难，因此要有足够的耐心帮宝宝度过适应期。比如，增加睡前陪伴的时间，待宝宝熟睡后再离开；如果宝宝半夜醒来，尽量让他独自再次入睡；如果宝宝哭闹，可以轻轻安抚，让他知道你在他的身边，但尽量不要抱起。

另外，在小床的摆放上，主要有以下几种方式，可以根据宝宝月龄的变化，随时做出调整。

第一种，小床与大床并排摆放。这是最为普遍的一种摆放方式，也是另一种意义上的“同床”。可以将婴儿床摆在大床的旁边，为了夜间哺乳方便，可以卸掉婴儿床靠近大床一侧的围栏，既能避免宝宝夹在父母中间睡觉可能发生的危险，也便于父母夜间随时照顾宝宝。

第二种，小床与大床用帘子分开。宝宝稍大一些，可以在大床与小床之间挂一块好看又有趣的布帘，为宝宝打造一个既充满趣味又能培养独睡能力的空间。这种方式为父母和宝宝创造了相对独立的空间，可以随时和宝宝玩躲猫猫等游戏，让宝宝更加喜欢这种睡觉方式。

第三种，给宝宝打造专属空间。可以将宝宝的小床和玩具一起放在卧室的一角，为他打造专属自己的一片小天地，让宝宝在自己的"领地"内玩耍，培养宝宝的独立意识。

● 进一步帮宝宝建立作息规律

作息规律固然重要，但每个宝宝都是特殊的个体。在为宝宝建立生活规律的过程中，家长要特别注意方式，不要制订时间表强制宝宝执行，而要先了解宝宝自身的需求，再引导其形成规律。

有些宝宝已经形成了一定的作息规律：早晨大致在同一时间醒来，一天之中除了吃奶，每清醒一两个小时就要再次入睡，下午觉可能睡得稍长，晚上又基本在同一时间入睡；夜醒的次数逐渐减少，连续睡的时间有所增加。但还有许多宝宝尚未形成规律作息：有时玩几个小时才小睡15分钟，在一个时间段内频繁要求吃奶。虽然也遵循"睡觉—醒来—吃奶"的基本模式，只不过睡觉、醒来、吃奶的时间完全随机。

这种情况下，家长可尝试为宝宝制订时间表进行引导。当然，有了时间表不代表要严格限制宝宝，比如还没到时间表上的哺乳时间，即便宝宝已经发出明确的饥饿信号也不肯哺乳，又或者不到睡觉时间坚决不让宝宝睡觉。这样严苛的限制会使宝宝缺乏安全感，不利于身体及心理健康。家长应在一定的时间范围内，尽量参考时间表引导宝宝，比如在计划玩耍的时间，宝宝稍稍表现出了困意，可以再引逗宝宝多玩一会儿，直到确实困倦了再哄睡。如此坚持下去，宝宝慢慢就会建立自己的作息规律。

和宝宝互动时的注意事项

宝宝逐渐长大，跟大人互动的愿望更加强烈，也需要更多的互动方式认识世界。然而在跟宝宝互动时，家长必须保护好宝宝，以免出现意外。以下做法在与宝宝互动时必须避免。

第一，不要竖抱宝宝。一般来说，不鼓励竖抱小月龄的宝宝，因为宝宝颈部肌肉还未发育完全，无法承受头部的重量，竖抱时可能后仰，对颈椎发育有害。当宝宝趴着抬头抬得很稳了，就说明颈部肌肉力量已经足够强，这时才可以竖抱。

第二，不要高高抛起宝宝。抛起的动作对宝宝来说非常危险，即使家长认为自己完全有能力接住，而且宝宝在下落过程中，由于惯性的作用，尚未发育成熟的骨骼要承受很大的压力，有被损伤的风险。

第三，不要抱着宝宝转圈。架住宝宝的腋窝转圈，这样做也是很危险的。因为宝宝的骨骼与韧带发育得尚不完善，在旋转的过程中，容易造成肩关节脱臼等问题。

第四，不要剧烈晃动宝宝。宝宝颈部肌肉力量很弱，剧烈地摇晃宝宝身体时，他的头也来回晃荡，很可能会导致大脑损伤。

第五，不要架着宝宝在腿上蹦跳。过早站立和蹦跳，不利于宝宝下肢发育，容易损伤膝关节，增加出现O形腿或X形腿的概率，甚至会致使肩关节或膝关节脱臼。所以，应避免让小月龄的宝宝在家长腿上蹦跳。

第六，不要捏宝宝的鼻子。不少家长喜欢捏宝宝的鼻子，以表达对宝宝的爱。还有的家长觉得宝宝鼻梁低，想要把它捏高。这些做法都是错误的。宝宝的鼻黏膜还在发育中，经常捏鼻子可能会对鼻黏膜造成损伤，破坏保护鼻腔的天然屏障。

第七，不要给宝宝呵痒痒。为了逗宝宝开心，有些人喜欢给宝宝呵痒痒，不过过度大笑可能会导致宝宝脑组织缺氧，或增加腹部的压力。在宝宝腹部肌肉还没有发育完善时，腹部压力会大大增加患脐疝或腹股沟疝的概率。

早教建议

帮宝宝锻炼精细运动

对小月龄的宝宝来说，锻炼精细运动最有效的方式是趴卧。它不仅能够促进宝宝大运动能力的发育，也能够锻炼精细运动。

崔医生特别提醒：

担心宝宝抓伤自己，而给他戴上小手套，这种做法并不妥当。因为手套虽然能减少宝宝抓伤自己，却剥夺了他用双手探索世界的机会，不利于精细运动的发展。

新生宝宝的小手握拳时，拇指呈内收状态，并用四根手指包住拇指。而随着宝宝大运动的发展，进入俯卧抬胸阶段后，他的小拳头就会慢慢张开，用整个手掌接触床面，以此来更稳地撑起身体。只有手指张开后，宝宝才能开始捏、拿、传物，才能进一步发展手部精细运动。如果宝宝很少有机会趴卧，很可能会使得手部因为缺乏锻炼，出现拇指无法向外水平展开的情况，造成大鱼际肌肉挛缩，进而影响精细运动的发育。

练习趴卧时，应先把宝宝从仰卧翻为俯卧，要注意保护宝宝的颈部，然后将宝宝的两只小手放在胸前头部的正下方，这种姿势更容易让宝宝抬头。宝宝抬头时，才会以手支撑床面，达到锻炼精细运动的目的。

崔医生特别提醒：

有些家长将医生检测婴幼儿神经发育状况的动作，误认为可以用于日常锻炼，比如架住小月龄宝宝的腋下让他站立等。医生之所以会这样做，是有医学目的的，而且操作手法受过专业训练。但家长并不一定具备足够的相关医学知识和技能，一旦操作不当很可能会对宝宝的骨骼和肌肉造成损伤。

大运动锻炼不可超前

很多家长认为，各项大运动发育越早越好，宝宝早坐、早站、早走，才意味着没有输在起跑线上。这样的做法并不可取。

大运动发育是一个水到渠成的过程，过早地帮助宝宝学会坐、站、走，会影响脊柱、下肢的正常发育，如许多宝宝出现脊椎侧弯、罗圈腿等问题，都与大运动锻炼超前有一定关系。

锻炼大运动能力时，家长应了解宝宝的发育规律，在宝宝有意识自主练习爬、坐、站、走等大运动时，提供练习的机会及适当的帮助，切勿揠苗助长，以免给宝宝的身体造成伤害。

如何与不同个性的宝宝相处

每个宝宝都是独特的个体，都有自己的个性特点，需要家长给予理解与尊重。在养育的过程中，家长要根据宝宝的个性，找到恰当的应对方法。但家长在做调整时，万不可强制执行，宝宝的习惯不是一日两日养成的，不能一蹴而就。

与过于活跃的宝宝相处

有些宝宝会表现得非常活跃，只要醒着，就没有一刻是安静的，总是踢来踹去，而且时刻要求父母关注、和父母互动。对这些宝宝，家长即便筋疲力尽，也应克制自己的情绪，以免让宝宝没有安全感，产生更多的需求。可以尝试以下方法让宝宝安静下来：给宝宝做抚触（关于抚触的操作方法，详见第 106 页），播放轻音乐，洗温水澡。

要注意的是，看护活跃的宝宝时，一定要小心，千万不要将他单独留在床上、沙发上，以防坠落。

与过于胆怯的宝宝相处

有的宝宝性格内向，容易害羞，只要换了新的地点、新的看护人，甚至多了新的玩具，都可能引起他的不适，产生抵触。对这些宝宝，家长要适当创造机会，让宝宝尝试接触新的人、事、物，并根据他的接受度调整引入新事物的方式，给宝宝足够的时间去接受。比如更换看护人时，要给宝宝一个心理缓冲，可以让原来的看护人与新的看护人同时出现，后者先保持一定的距离，之后再慢慢增加相处时间。给宝宝提供新的玩具时，不要一次性全部替换，可以逐渐增加新玩具，让宝宝慢慢熟悉。带宝宝外出时，家长最好带上宝宝喜欢玩的玩具，让他有足够的安全感。

与需求多变的宝宝相处

需求多变的宝宝比较随心所欲，无论吃奶还是睡觉，都难以找到规律。面对这些宝宝，家长应尽快帮他建立规律的饮食与作息习惯。比如，记录宝宝一段时间的饮食、作息等，找到规律；试着在相对固定的时间哺乳、洗澡、游戏互动等；帮宝宝建立昼夜观念，充分保证其夜间睡眠质量。

第5章　3～4个月的宝宝

百天，是宝宝成长过程中的又一个里程碑。宝宝的大运动能力、精细运动、认知能力等都有了明显进步。许多妈妈即将休完产假，回归工作岗位。这一章将着重介绍妈妈返回职场前，要做哪些工作帮助宝宝适应接下来的变化。

了解宝宝

● 宝宝3个月会做什么

3个月时，宝宝应该会：

· 俯卧时，抬头45°。

3个月时，宝宝很可能会：

· 将两只手握在一起。

· 自发微笑。

3 个月时，宝宝也许会：

· 竖抱时，保持头部稳定。

· 俯卧抬头 90° 。

· 发出尖叫声。

· 笑出声。

· 抓住引逗他的玩具，比如拨浪鼓等。

· 视线跟随人或物追到 180° 的范围。

3 个月时，宝宝甚至会：

· 双腿支撑一点重量（此动作仅代表发育程度，不建议做如此训练）。

· 拉坐时，头部不后仰（此动作仅代表发育程度，不建议做如此训练）。

· 俯卧抬胸。

· 拒绝别人把玩具拿走。

宝宝偏瘦是不是营养不良

在传统观念中，身体偏瘦意味着宝宝营养不良、生长发育缓慢等，事实并非如此。宝宝的生长发育情况，仅凭观察很难做出正确评估，不能单纯因宝宝身体偏瘦，就断言他营养不良。

评估宝宝的生长发育，应根据生长曲线加以判断。在解读生长曲线时，除了关注身长、体重、头围的增长趋势，还要注意观察体块指数曲线，这才是判断宝宝体形是否标准的重要参考指标。

如果宝宝的体块指数值处于较低水平，家长可从以下几个方面寻找原因：一、遗传因素。宝宝的体形受遗传因素影响，如果父母偏瘦，宝宝苗条的概率就会很高。二、活动量。如果宝宝活泼好动，能量消耗自然较多，脂肪沉积相对变少，使得身体偏瘦。三、进食量。如果宝宝有体重不增或明显变瘦的情况，则要考虑宝宝是否进食量偏少，存在营养不良等问题。四、慢性疾病。如果宝宝进食量正常但仍体重不增或下降，则要考虑是否存在慢性疾病未愈的情况，很多慢性病（如过敏、先天性心脏病等）都会消耗宝宝的能量。

宝宝为何还是不会抬头

通常，满月的宝宝俯卧时便已有抬头的动作；满两个月时，大部分宝宝抬头时胸部可以离开床面。不过，也有些宝宝虽已满百天，俯卧时却仍然无法抬头，竖抱时头也不能竖起，脖子看起来很软、缺乏力量。这些说明在俯卧抬头这项大运动能力上，宝宝的发育的确有些落后，不过，不能就此断言宝宝的脊柱、神经系统或肌肉功能出现了问题。

如果其他各项发育均正常，宝宝无法俯卧抬头可能与养育方式有关。比如，宝宝从未或很少有机会尝试俯卧，缺乏练习；过度喂养导致宝宝肥胖，活动不便，等等。

对小月龄宝宝而言，趴卧是最好的锻炼方式，不仅能促进颈背部肌肉的发育，有利于练习抬头，还可以协调全身肌肉，促进大脑对运动功能的控制。如果宝宝仍无法俯卧抬头，一定要提供机会，让宝宝多练习趴卧。只有顺利完成俯卧抬头，接下来的翻、坐、爬、站、走等一系列大运动发育才能按部就班进行。如果已经提供了足够多的练习机会，宝宝满百天后却仍然不会抬头，则应及早带宝宝就医，请医生排查引起问题的原因。

崔医生特别提醒：

部分家长认为宝宝不会抬头是因为骨头发育得不够硬，与缺钙有关。事实上，抬头、坐、爬、站、走等与运动能力相关的问题，多和肌肉力量较弱有关，与缺钙无直接关联。

不要让宝宝站在大人腿上蹦跳

部分好动的宝宝很喜欢站在大人腿上蹦跳。许多家长以为，既然宝宝喜欢这样的动作，那必定符合发育规律，对身体无害，甚至想借这个时机让宝宝练习站立，以促进大运动发育。事实上，这种做法不仅于大运动发育无益，还会对宝宝的健康产生不良影响。

这个阶段的宝宝，正处在生长发育的旺盛阶段，骨骼钙化不完全，骨质以软骨为主，很软，肌肉的力量比较薄弱，下肢骨骼也不足以支撑体重。如果长期处于站姿，骨骼可能会弯曲变形，特别严重的还会导致畸形。另外，宝宝还不能自主控制身体的平衡，不具备站的能力，站着时身体重心主要依靠大人的扶持，不利于肌肉和骨骼发育。

宝宝站在大人腿上蹦跳时，腿部和脊柱承受的压力加大，出现损伤的概率更高，因此和宝宝互动时应注意避免这个动作。

● 宝宝出现心杂音

宝宝体检时检出了“心杂音”，一般情况下，这不是宝宝的心脏出了什么问题。事实上，许多心杂音是宝宝发育过程中的正常现象，并无大碍。

宝宝出现心杂音，大多由于心脏形状不规则所致，这称为无害性心杂音或功能性心杂音，通常医生用听诊器就能诊断，不需要再进一步检查、治疗或者限制宝宝活动。超过一半的宝宝都会出现这种类型的心杂音，大多数待心脏发育完全，这一问题会自行消失。当医生发现宝宝有心杂音时，会将这一情况记录在宝宝的病例或体检手册中，以便之后检查的医生知晓并进行复查。

如果家长十分担心，可以带宝宝到心脏科就诊，接受专科医生的检查。家长要告知医生宝宝心杂音首次被检查出的时间、有无不适症状及生长发育情况，以便医生做出诊断。同时，也可以向医生详细咨询宝宝心杂音的确切类型、引发原因、能否自行痊愈、需要做何种检查等。

喂养常识

● 宝宝突然拒绝吃母乳

原本好好吃母乳的宝宝，却突然拒母乳于千里之外。针对这种情况，首先可以明确的是，宝宝不会毫无理由地拒绝吃母乳，一旦抗拒进食，家长就要从妈妈和宝宝两方面入手，积极排查原因，寻找应对策略。

与妈妈有关的原因包括以下三个方面：

第一，饮食出现变化。妈妈若是吃了较多辛辣或其他的刺激性食物，可能影响乳汁的味道，使宝宝难以接受。因此，妈妈应注意饮食结构合理，避免吃之前很少吃的食物。

第二，身体出现异常。妈妈患某些疾病或处于生理期时，可能会出现内分泌失调、激素水平异常等情况，影响乳汁的味道。因此，妈妈可以多次尝试在宝宝饥饿的时候哺喂。

第三，心理过于焦虑。繁重的育儿生活常让妈妈感到身心俱疲，特别是要重返职场的妈妈，更可能会对未来要兼顾家庭和工作感到焦虑，这些不良情绪传染给宝宝，导致他心情不佳，抗拒进食。妈妈要积极调节心情，多与家人、朋友讨论自己遇到的问题，舒缓情绪。

与宝宝有关的原因主要有以下四个方面：

第一，长鹅口疮。如果宝宝的嘴里有白色膜状物，而且喂水后白膜仍然存在，那么很有可能得了鹅口疮，因为疼痛而影响吮吸。这种情况应及时带宝宝就医，在医生的指导下用药，并妥善护理。关于鹅口疮的护理，详见第 140 页。

第二，感冒鼻塞。鼻塞时，宝宝需要借助嘴巴呼吸，吮吸母乳时就会呼吸受阻，宝宝可能会因呼吸不畅而拒绝吃奶。家长应尝试帮助宝宝缓解鼻塞症状，关于缓解鼻塞的方法，详见第 507 页。

第三，出牙时牙龈肿胀。有些出牙早的宝宝可能在这个阶段萌出乳牙，出牙导致牙龈肿胀，吮吸时产生疼痛感，让宝宝抵触吮吸母乳。家长可以选择咬胶等帮助宝宝缓解不适，并在他饥饿或疼痛缓解时哺喂。

第四，患有中耳炎等耳部疾病。如果宝宝经常拉扯耳朵，有时还边拽边哭，吮吸时哭闹尤为严重，家长应警惕宝宝是否患了耳部疾病，应及时带宝宝就医。

帮母乳宝宝适应奶瓶

很多妈妈上班后，都会选择以“背奶”方式继续坚持母乳喂养。而“背奶”面临的问题是，宝宝需要使用奶瓶吃母乳。许多习惯了吮吸妈妈乳头的宝宝，一开始可能会拒绝奶瓶，甚至坚决不肯用奶瓶吃奶，饿着肚子等妈妈下班回家。因此，为了保证妈妈不在家宝宝仍能正常进食，家长可采用以下方法尽早帮助宝宝适应奶瓶。

第一，选择合适的时机。每个宝宝的接受度不同，家长可以分别在宝宝饥饿或吃饱时让他尝试用奶瓶。有些宝宝会因饥饿而忽略喂奶用具，即使是奶瓶，也能大口吮吸，顺利进食。多次在饥饿时尝试，宝宝可能就会接受奶瓶。有些宝宝饥饿时会比较焦躁、哭闹不止，此时再用奶瓶喂母乳，只会让宝宝更加抗拒，不妨在宝宝吃饱后再尝试用奶瓶，让他有好心情耐心研究这个新“玩具”，慢慢接受。

第二，请家人帮忙。给宝宝尝试用奶瓶时，要尽量避免妈妈哺喂。宝宝饥饿时，看到妈妈、闻到母乳的味道，是很难接受奶瓶的，反而会认为妈妈故意不给自己吃，因生气更加抗拒奶瓶。所以此时最好由家人代劳，并且在哺喂过程中，妈妈要与宝宝保持一定的距离，最好回避到宝宝看不到的地方，以免影响适应效果。直到宝宝适应了奶瓶，妈妈再尝试亲自用奶瓶喂奶。

第三，在奶嘴上抹上母乳。可以在奶嘴上涂抹一些乳汁，宝宝在吃奶时闻到熟悉的味道，可能就会吮吸奶嘴。不过，有些宝宝会在吮吸后发现与妈妈的乳头感觉不同而吐出来，别灰心，多试几次，宝宝就会慢慢适应奶瓶。

第四，在奶瓶里添加果汁。当宝宝表现得特别抗拒奶瓶时，可以在奶瓶中装一些果汁，如苹果汁或葡萄汁，以使宝宝因奶瓶中的液体味道不错而接受奶瓶。需要注意的是，这是不得已而为之的办法，最好不要轻易尝试。给宝宝喝果汁时，一定要经过稀释，否则味道太甜会影响味觉发育，引起偏食等问题。并且，当宝宝适应奶瓶后，就不要再给宝宝喝果汁了。

日常护理

偏头的判断和矫正

前面已经讲过，斜颈可以引发偏头的问题，给宝宝带来诸多危害。家长应引起重视，多关注宝宝，了解偏头的判断方法和矫正方法，以便及时发现问题，及时采取措施。

如何判断宝宝是否偏头

判断宝宝的头形是否存在问题，要先去除头发的干扰，可以用相对宽松的丝袜套住宝宝的头（如果宝宝是光头，则略过这一步骤），露出口鼻眼，然后分别从正面、背面、两个侧面、顶部五个角度给宝宝的头部拍照。如果照片显示前后、左右均对称，顶部看起来也圆润、对称，就说明宝宝没有偏头的问题。如果家长认为宝宝的头形不对称或无法判断，应及时带宝宝就医。如果经过检查，宝宝确实存在偏头的问题，医生会根据宝宝的月龄、偏头的严重程度确定矫正方案。

偏头的矫正

6 个月以内的宝宝，如果偏头不严重，通常采用体位疗法进行矫正。体位疗法要用到矫正枕头。这种枕头的材质通常比较考究，柔软、透气、有弹性，使用时既舒适，又不易被挤压变形，对头形有一定的矫正作用。矫正枕头中间位置有个成人手掌大小的凹陷，使用时要根据宝宝偏头的情况，帮他调整睡姿。如果宝宝头部一侧凸出，使用时可将凸出的部位放在枕头凹陷区域，以固定头部，这可以在一定程度上限制头部凸出的部位继续生长。如果宝宝头部局部比较扁平，可将扁平部位架在枕头的凹陷区域上，避免该部位受到外力挤压，以使其获得充足的生长空间，逐渐向正常状态发展。

若宝宝已满 6 个月，或虽不满 6 个月，但偏头情况特别严重，矫正时就要用到专业的矫正头盔。头盔治疗是一种专业的头形矫正手段，这种头盔需根据宝宝的头形定制。矫形师会先利用专业仪器扫描宝宝头形，然后根据扫描结果制作头盔，保证头部凸出部位与头盔内壁贴合，限制其增长，或扁平部位与头盔之间留有一定空间，引导其向长成正常形状。

通常头盔矫正周期最短为 3 ~ 4 个月。每天要戴约 23 个小时，除洗脸、洗澡外，宝宝睡觉、清醒时都要佩戴。矫正头盔透气性好，且使用的材质非常轻，一般为 100 克左右，不会影响宝宝的颈部活动，不会限制其趴卧、抬头等动作，也不会对生活造成影响，经过一段时间的适应，宝宝通常能够接受。

如果矫正周期较长，矫形师会随时根据宝宝的头形变化调整头盔内壁，为不断增长的部位留出充足的空间，家长不必担心头盔会限制宝宝头围增长。

重视宝宝的口腔清洁

为了更好地保护牙齿，在乳牙萌出前，家长就应为宝宝做好口腔清洁工作。保持口腔清洁，既可以抑制口腔内的细菌，也可以清理口腔内残留的糖分，这是保护牙齿的前提。因此，帮助宝宝养成清洁口腔的习惯，对将来保护乳牙非常重要。

对乳牙还未萌出的小月龄宝宝来说，清洁的方法比较简单，只需每次吃奶后用少量清水漱口。配方粉喂养的宝宝，因配方粉中含有的乳糖和蔗糖易被口腔中的细菌败解，产生可腐蚀牙釉质的酸性物质，在出牙后患龋齿的风险较大，更应养成每次吃奶后喝一两口水清洁口腔的习惯。另外，家长可以清洁双手，为宝宝轻轻按摩牙龈，或给宝宝提供咬胶，帮助他提前习惯牙龈被异物触碰的感觉，以使其开始刷牙时不至于特别抵触。

如果宝宝已经有乳牙萌出，家长应坚持每天使用指套牙刷为宝宝刷牙，同时让他咬一咬磨牙棒或者咬胶，缓解出牙时的不适。

崔医生特别提醒：

母乳中所含的低聚糖，不会被细菌败解成酸性物质，相对来说患龋齿的风险低一些。但家长不能因此忽视母乳宝宝的口腔清洁，乳牙一旦出现龋齿，可能会影响日后恒牙萌出，因此无论采用哪种喂养方式，都应重视护理宝宝的乳牙。

与宝宝配合更换纸尿裤

随着大运动能力的不断提升和活动能力的增强，宝宝不再喜欢任由家长限制、摆弄，因此换纸尿裤时就会奋力抵抗。要应对这样的局面，家长需要调整策略。

第一，准备齐全，不要中途去找东西。要提前将宝宝换纸尿裤时所需的物品全部准备在手边，比如隔尿垫、纸巾、纸尿裤、护臀霜等，再开始更换。如果中途去找东西，既增加了宝宝坠床的风险，也会将宝宝原本就不多的耐心消耗殆尽。

第二，采取各种方式转移宝宝的注意力。在换纸尿裤的过程中，要多跟宝宝互动，说说话、唱唱歌，或者用玩具逗逗他，不管用哪种方式，只要能分散宝宝的注意力就好。

第三，动作迅速，速战速决。迅速完成整套动作，难度比较大，家长可以分解成若干阶段，如脱掉脏纸尿裤、清洁屁股、穿上干净的纸尿裤等，迅速完成每个环节的工作。每完成一个环节，都要和宝宝进行互动，再开始下一步，这样的节奏既能够保证速度，又不至于手忙脚乱。

如何减少妈妈上班对宝宝的影响

对宝宝来说，即将面临和妈妈的第一次长时间分离，因此妈妈应提前做好两方面的准备，把给宝宝带来的影响降到最小。

第一，给宝宝选择接替的看护人。妈妈在上班之前应选择好合适的人照顾宝宝日常起居，这个人可以是家中的长辈，也可以是育婴嫂。无论请谁接替自己照顾宝宝，都应在妈妈产假结束前留出一段时间共同生活，以便使其尽快熟悉宝宝的生活习惯、了解各种注意事项，同时让宝宝熟悉新的看护人，避免因连续几个小时看不到妈妈而不适应。

为宝宝选择的看护人最好不要频繁更换，不要今天把宝宝送到爷爷奶奶家，明天送到姥姥姥爷家，后天又自己全职看护，这种做法不利于宝宝建立规律作息、养成相对稳定的生活习惯，也会让宝宝长时间处于焦虑、紧张的精神状态，失去安全感，影响他对人的信任。因此，妈妈在重返职场之前，应尽量为宝宝选择固定的看护人，并在固定的居所居住，避免频繁更换周围的人和环境。

第二，化解宝宝的分离焦虑。面对即将到来的分离，宝宝会感到焦虑不安。为了顺利度过分离焦虑期，妈妈可以在产假结束前一个月，通过一些训练游戏，有目的地帮助宝宝适应分离。要注意的是，训练应循序渐进地展开。在训练初期，妈妈可以和宝宝玩躲猫猫的游戏，用手绢挡住宝宝的眼睛，几秒钟后移开，让他看到妈妈的笑脸。通过不断重复这个游戏，帮宝宝消除暂时看不到妈妈的恐惧；之后再有意拉长分离的时间，如故意花较长的时间去趟洗手间，多在厨房里停留一会儿等；当宝宝适应后，妈妈可以延伸分离的空间，比如将宝宝暂时交给家人照看，自己下楼去倒垃圾、去小区的超市买东西，甚至去和朋友喝杯下午茶，让宝宝逐渐熟悉和适应分离，并渐渐明白，妈妈只是暂时离开自己，并不是永远消失不见。

早教建议

创造利于锻炼精细运动的环境

家长帮助宝宝锻炼精细运动能力，除了要创造机会让他趴卧外，还要创造利于锻炼精细运动的环境，可从以下几个方面着手。

第一，提供适合精细运动锻炼的玩具。像手摇铃等玩具，不仅易于抓握，而且外形可爱、声音悦耳，让宝宝在练习抓握的同时，视觉与听觉也能得到锻炼。

第二，带宝宝接触多姿多彩的环境和事物。外界的一切对宝宝来说都是新鲜的，应带宝宝多多接触大自然，让他摸摸花儿、看看草，增加锻炼精细运动的机会。

第三，不要过多干涉，要及时给予鼓励。当宝宝触摸或者把玩一些物品时，只要没有安全隐患，家长最好不要干涉，以免削弱宝宝探索的兴趣。另外，家长要在宝宝有进步的时候，多给予鼓励，可以是动作上的鼓励，比如抱抱、摸摸头；也可以用语言鼓励。

第四，多和宝宝互动，为宝宝做示范。宝宝会在不知不觉中模仿爸爸妈妈，所以可以为宝宝多做一些适合锻炼精细运动能力的示范，并用夸张的表情和语气鼓励他一起做。

要注意，训练不能超出宝宝的能力范围，家长要做的只是引导而非强迫。另外，随着宝宝精细运动发育得越来越完善，出现意外伤害的可能性也越来越大，因此家长应小心看护。

为宝宝选择合适的玩具

玩具是伴随宝宝成长最重要的伙伴之一，设计优良的玩具会促进宝宝的生长发育。因此，家长应为宝宝选择安全、适龄、适宜的玩具。

首先，安全第一。玩具大小要适宜，不能有被宝宝吞进嘴里、塞进鼻孔或耳朵里的风险；零件应足够牢固，避免宝宝揪下后误吞；表面要平滑，不要选择边缘尖锐、有明显棱角的玩具，以免划伤宝宝；材质上，应注意选择安全无毒、易清洗的玩具；如果是可发声、发光的玩具，应做到声音柔和悦耳、音调准确，光线不刺眼，以免损伤宝宝的听力与视力。

其次，选择宝宝感兴趣的玩具。只有对玩具感兴趣，宝宝才愿意玩，玩具的功能才能最大限度发挥出来。因此买玩具时，不妨带着宝宝一起去商店，观察宝宝看到一款玩具时的表情，以判断他是否感兴趣。需要注意的是，购买玩具不能以家长的喜好为主导，而应尽量以孩子的喜好为依据。

再次，选择适合宝宝月龄的玩具。家长选购玩具时，有时会选一些超过宝宝年龄的玩具，希望宝宝提前尝试玩一玩，以最大限度地延长玩具的使用时间，提高利用率。这种做法是错误的。“超龄”玩具对宝宝的各项能力要求比较高，如果宝宝无法操控，可能根本不感兴趣。另外，适合大宝宝的玩具可能零部件较多、较细碎，对小宝宝来说会有安全隐患。

和宝宝一起读绘本

绘本阅读从宝宝一出生就可以开始，不失为一项有趣的亲子活动。绘本中色彩丰富的画面、父母阅读时温柔的声音，能够给宝宝良好的感官刺激，帮助他提高认识能力、思维能力、想象力，丰富内心的情感世界。

如何选择绘本

给宝宝选择绘本，要遵循以下四个原则。

第一，颜色鲜艳，图案简单。随着视觉功能的发育，颜色的分辨能力也逐渐增强，除了黑色和白色，宝宝对其他鲜艳的颜色，如红、黄、蓝、绿，也非常感兴趣。家长可以给宝宝选一些彩色卡，或颜色鲜明、图案简单的图书。彩色卡虽不是绘本，却可以成为绘本阅读的铺垫，而且卡片的颜色能够刺激宝宝视觉的发育，促进视觉完善。

第二，构件牢固，不易撕坏。这个月龄的宝宝正处在口欲期，喜欢用嘴探索世界，而且随着精细运动能力的发育，对想要的物品往往会“五指并用一把抓”，于是啃书、撕书成了家常便饭。因此，可以选择硬板书、布书，即使宝宝啃咬、撕扯也不容易损坏。

第三，故事简单，内容易懂。这个月龄的宝宝认知能力比较低，文字太多、内容复杂的绘本，会给宝宝的“阅读”带来困扰，因此应选择一页一字或者图画易懂的绘本，以易于宝宝理解。

第四，有较强的互动性。这里“互动性较强”指的是可以“玩”的绘本，比如翻翻书、洞洞书、立体书、触摸书、有声书等，不仅可以用眼睛看，还可以用耳朵听、用手触摸、用嘴啃，动用所有感官，刺激宝宝主动发现绘本里的小惊喜，增加阅读的兴趣。

> **崔医生特别提醒：**
>
> 小宝宝多为远视眼，看绘本时书与宝宝之间的距离，应控制在20厘米左右，以免宝宝要努力调节眼睛焦距才能看清，不利于视觉发育。另外，要将书摆在宝宝的正前方，而非家长面前，以免宝宝长时间注视偏斜位置的画面而出现斜视。

如何给宝宝读绘本

选好了合适的绘本，家长就要开始尝试和宝宝一起读了。考虑到这个月龄宝宝的发育特点，家长要用缓慢且轻快的声音，耐心讲解每一页内容，对于需要强调的内容，可以使用夸张的语气和表情，增加宝宝的兴趣。

为了从小培养宝宝的阅读兴趣，家长可以每天安排2～3次的阅读时间，每次3～5分钟。最好选在宝宝吃饱、睡好、情绪较好的时候，比如饭后、洗澡后、睡觉前等。一旦宝宝表现出烦躁，家长要灵活调整阅读时间，不要在宝宝正在做事时而强迫他读绘本。

第 6 章　4 ~ 5 个月的宝宝

宝宝满四个月了，部分妈妈已返回工作岗位开始上班。这一章着重讲解了与背奶、母乳储存等事宜有关的注意事项，以便保证宝宝在妈妈上班期间也能吃到优质的母乳。此外，在这个月龄段，部分宝宝开始萌出第一颗乳牙，本章也会介绍乳牙萌出的相关知识。

了解宝宝

宝宝 4 个月会做什么

4 个月时，宝宝应该会：

- 发出尖叫。
- 笑出声。
- 视线跟随人或物追到 180° 的范围。

· 将两只手握在一起。

· 自发微笑。

4 个月时，宝宝很可能会：

· 俯卧抬头 90° 。

· 抓住引逗他的玩具，比如拨浪鼓等。

4 个月时，宝宝也许会：

· 双腿支撑一点重量。

· 拉坐时，头部不后仰。

· 俯卧抬胸。

· 伸手去够自己想要的东西。

4 个月时，宝宝甚至会：

· 玩躲猫猫游戏。

· 拒绝别人把玩具拿走。

· 自己吃饼干。

宝宝的拇指还是伸不直

正常情况下，宝宝满百天后，紧握的拳头就会慢慢放松，手指逐渐伸直，随之拇指从掌心中伸出来，再握拳时，拇指可以像成人一样握在其他四指外。如果这个月龄的宝宝仍无法自主伸直拇指，可能是因为锻炼的机会少，没有做过抓握或摊开手掌的练习。对于这种情况，家长要通过一些方法帮助宝宝，以免拇指长时间呈内收状态，造成手掌大鱼际肌肉挛缩，影响其他精细运动的发育。最常用的办法是让宝宝多趴卧，也可以多让宝宝抓握玩具或做手指游戏，让拇指得到锻炼。

宝宝出牙的时间和顺序

许多家长将“长牙”和“出牙”混为一谈，实际上这是牙齿发育的两个阶段。新生宝宝的牙床看起来光秃秃的，其实早在胎儿期，乳牙的牙胚就开始发育了。宝宝出生时，牙龈内部已经存在乳牙和恒牙两层牙胚。从胎儿期的牙齿发育到乳牙顶破牙龈萌出前，这个阶段称为长牙；而出牙是指从第一颗乳牙萌出开始，直到 20 颗乳牙完全长齐的过程。

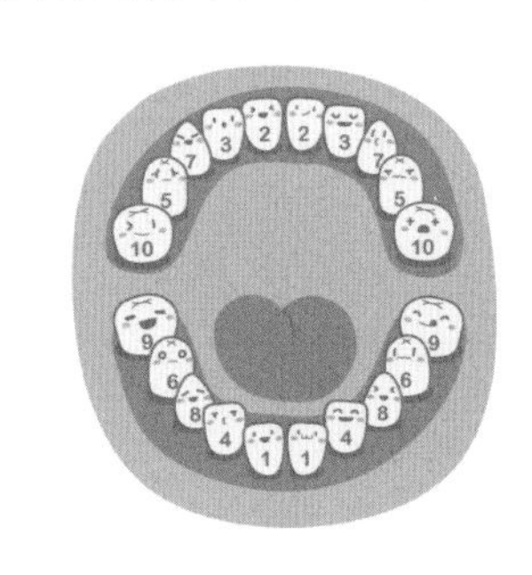

▲ 图 2-6-1　宝宝乳牙萌出顺序图

通常宝宝会在出生后 4 ~ 10 个月开始出牙。通常情况下，宝宝萌出的第一颗牙是下颌的中切牙，也就是常说的下门牙。下门牙萌出后，再过 1 ~ 4 个月，上门牙也会陆续萌出。2 ~ 3 岁时，20 颗乳牙一般就会完全长齐。

宝宝出牙早晚与很多因素有关，比如遗传、营养吸收水平、牙龈接受适度刺激的频率等，只要第一颗乳牙在宝宝出生后 13 个月内萌出，就是正常的，家长无须担心。

另外，出牙顺序和节奏也存在差异，乳牙并非按时间匀速萌出。有时宝宝连续 1 ~ 2 个月都没有出牙，有时又会同时萌出 3 ~ 4 颗；有的宝宝牙齿是一对一对萌出，有的是一颗一颗萌出，还有的不按常理出牌，打乱常规顺序出牙。

每个宝宝都有自己的发育规律，出牙同样存在很大的个体差异，家长完全没必要在宝宝出牙的过程中和别的宝宝进行对比，徒增不必要的焦虑。

宝宝大运动发育时间表

每个宝宝的生长发育起点不同，各项能力在发育过程中也有各自的节奏，因此家长千万不能教条，过分纠结所谓的标准时间。右图是宝宝 6 项大运动发育时间表，家长可以用来初步判断宝宝的大运动发育情况。

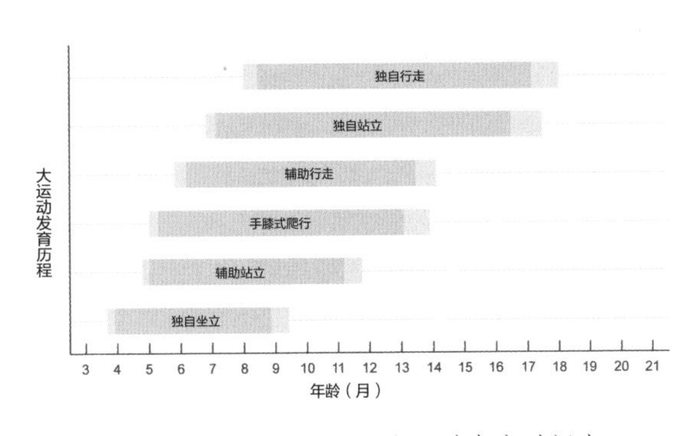

▲ 图 2-6-2　宝宝 6 项大运动发育时间表

其中，深蓝色区域代表绝大多数宝宝都能够掌握某项大运动的时间段；浅蓝色区域则代表少数宝宝的发育状况。如果宝宝对应的某项大运动发展在左侧浅蓝色区域内，说明发育稍微超前；如果落在右侧浅蓝色区域内，则说明该项大运动发育较迟缓，家长要重视，积极查找原因，并根据情况为宝宝提供机会多练习。

如果发现宝宝某一大运动发育迟缓，家长要关注宝宝对前一阶段大运动动作的掌握情况。因为下一步的迟缓，很可能是由于上一个动作还没练习好，宝宝不具备开始尝试下一个动作的能力。家长要找到导致宝宝发育出现滞后的根源，再有针对性地练习。

总体来说，宝宝的发育存在个体差异性，只要大运动水平在蓝色范围内，就是正常的，不必强求一定要超前发育，或者一定要都在深蓝色的区域内。但如果某项大运动发育在右侧浅蓝色区域外，就表示宝宝发育明显滞后，家长要及时带宝宝就医，请医生分析引起问题的原因，并进行纠正或治疗。

喂养常识

让宝宝自己控制进食量

宝宝有自己的吃奶规律，且能够自行把握进食量，因此家长不必担心宝宝吃不饱或吃撑，应尊重宝宝，不要强迫他吃到所谓的标准量。

对配方粉喂养的宝宝来说，由于配方粉包装上通常会标注建议喂食量和哺喂次数，家长便会以此作为喂养标准。需要注意的是，配方粉包装上的推荐喂食量和哺喂次数只是参考，最终的喂养方案需要根据宝宝的具体情况来确定。对母乳喂养的宝宝来说，由于很难知道宝宝究竟吃进多少母乳，很多妈妈害怕宝宝没吃饱或进食过多，其实宝宝具有自我调节的能力，这种担心没有必要。

总之，家长应让宝宝自己控制进食量，并借助生长曲线评估进食量是否合理，而不要凭所谓的标准量或自己的主观判断强迫或限制宝宝进食。

背奶妈妈需要的用具清单

职场妈妈选择通过背奶坚持母乳喂养，不仅需要准备恰当的背奶用具，还要注意一些事项，以让宝宝喝上放心、优质的母乳。

背奶工具

- 吸奶器

吸奶器分为手动的和电动的、单头的和双头的等不同类型，如果经济条件允许，建议妈妈选择电动双头吸奶器。

- 储奶袋

储奶时尽量不要让乳汁中混入空气，因此使用储奶袋时应排出里面的空气，以利于乳汁储存。现在市面上已有直接连在吸奶器上的储奶袋，可以直接将乳汁吸到储奶袋里，更为方便卫生。需要提醒的是，不建议使用储奶瓶储奶，因为储奶瓶里残存的空气容易使乳汁变质。

- 冰包、冰袋

如果条件允许，吸出的母乳应立刻放入冰箱内保存，但是如果工作地点没有冰箱，或者上下班路上无法使用冰箱，母乳的保存就要用到冰包、冰袋了。

注意事项

第一，注意吸奶时间。一般来说，工作 8 小时期间，应按时吸奶 2 ~ 3 次，也就是至少每 4 个小时吸一次。否则长时间胀奶，会直接导致泌乳量下降，并出现母乳不足或回奶的情况；另外，还会使乳汁淤积，引发乳腺炎。因此，妈妈一定要按时吸奶，这不仅能够保证泌乳量，

崔医生特别提醒：

母乳喂养应该得到全社会的理解与支持，也需要妈妈认真对待。即使重返职场后工作非常忙碌，或工作单位没有哺乳室，妈妈也要尽量克服困难，坚持按时吸奶，以免长时间胀奶影响泌乳量，甚至引发乳腺炎等，影响母乳喂养。

还能够保护乳房。

第二，注意卫生。妈妈要在吸奶前彻底清洁双手，吸奶后清洁吸奶器的相关部件，条件允许可以用热水烫过消毒，并晾干。注意，清洁吸奶用具时，要避免使用含有消毒剂成分的清洁用品，以免残留成分被宝宝吃下后破坏肠道菌群。

第三，正确吸奶、储存和哺喂。关于如何正确吸奶、储存和哺喂储存的乳汁，详见第 81、82 页。

日常护理

宝宝要出牙的表现

一向乖巧的宝宝突然变得暴躁，常常无缘由地哭闹、睡眠不安、狠咬妈妈的乳头，出现这些奇怪的变化，并有以下表现，可能只是因为宝宝正在出牙。

表现一，经常流口水。宝宝乳牙萌出时，小牙在穿透牙龈的过程中，会引起牙龈组织轻微肿胀，同时会刺激牙龈上的神经，导致唾液腺分泌唾液增多，但是这个月龄的宝宝吞咽口水的能力还没有发育成熟，因此就会出现不断流口水的现象。为了避免出现口水疹，家长要随时用纱布巾或柔软的毛巾为宝宝蘸干口水，注意力度一定要轻柔，避免造成不必要的擦伤。

如果宝宝口水异常增多，短时间内就将口水巾或衣服前襟打湿，家长要及时带宝宝就医，确认是否存在口腔疾病或者吞咽障碍等问题。

表现二，吃手、爱咬乳头。出牙期间，宝宝需要通过啃咬缓解不适，因此吃手的现象变得严重，吮吸乳汁时还会狠咬妈妈的乳头。家长可以帮宝宝按摩牙龈，或者购买磨牙用品，如牙胶、磨牙饼干等给宝宝啃咬，以在一定程度上减轻疼痛和不适。需要提醒的是，出牙期的牙龈肿痛是生长过程中的正常现象，千万不要因为宝宝哭闹而给他服用止痛药。

表现三，体温轻微升高。宝宝经常啃咬东西摩擦牙龈，很容易引起口腔黏膜感染或牙龈发炎，进而引起发热。如果体温没有超过 38.5℃，而且精神状态良好，就无须担心，应保持适宜室温、减少穿盖，并让宝宝多喝水。如果体温超过 38.5℃，要及时带宝宝就医，并及时用药物退热。

表现四，频繁夜醒。出牙的疼痛会让宝宝异常烦躁，白天有各种事情和声音容易分散其注意力，能适当减轻宝宝对不适的关注；到了晚上，安静的环境会让他将全部注意力集中在牙龈疼痛上，使得夜晚非常难熬。家长要及时安抚，可以搂抱、轻拍，千万不要漠视或指责宝宝。

另外，有些宝宝还会出现拒食、腹泻等情况。不过，家长切不可把这个时间段所有的发热、肠胃不适等都归咎于出牙。一旦把握不准，无法判定宝宝的症状是否与出牙有关，要及时向医生咨询，以免延误治疗。

专题：出牙期间宝宝咬乳头怎么办

出牙期间，宝宝会被牙龈发痒等不适所困扰，常通过啃咬来缓解，吃奶时难免会咬妈妈的乳头，严重的甚至将乳头咬破。为了避免这种情况发生，哺乳时如果宝宝咬乳头，妈妈可以将小拇指轻轻插进宝宝嘴里，迫使他张开嘴。注意千万不可硬将乳头从宝宝口中拉出，以免加重乳头的损伤。

另外，妈妈即便被咬也要保持镇定，不要有大喊大叫等过于强烈的反应，以免宝宝误认为妈妈在和自己开玩笑，而更加热衷于这个“咬人”游戏。妈妈也不要训斥宝宝，而应先停止哺乳，让宝宝将“咬了妈妈”和“没有奶吃”联系起来；待宝宝安静下来，妈妈再告诉宝宝“咬人是不对的，妈妈会很疼”，如此重复几次，宝宝就能理解“不能咬乳头”了。

此外，为了避免宝宝咬乳头，妈妈还要注意以下几点：

第一，哺乳时注意宝宝的吮吸动作。一般来说，宝宝特别饥饿时，会无暇顾及出牙的不适，一旦吃饱些，可能就会开始咬乳头磨牙了。所以哺乳期间，妈妈要留意宝宝的吮吸力度等是否有所改变，一旦发现宝宝快吃饱了，就要提高警惕，随时准备停止哺乳。

第二，保证哺乳的环境简单、安静。宝宝不断长大，越来越容易受外界吸引，一旦将关注点集中在除妈妈乳头之外的人或物上，就不会再集中注意力吃奶，如果牙齿不适就更容易出现咬乳头的行为。所以妈妈哺乳时，应尽量选择相对安静的环境，让宝宝专心吃奶。

第三，用其他方式帮助宝宝缓解出牙的不适，比如为宝宝购买咬胶或者磨牙棒等，避免宝宝将妈妈的乳头作为磨牙工具。关于缓解出牙不适的具体方法，详见第238页。

了解气质类型，规律宝宝睡眠

气质是与生俱来的，具有超强的稳定性，不会因年龄的增长发生很大的变化。宝宝的气质可根据九个维度标准来评判，这九个维度分别是：活动量大小、生物节律规律与否、对陌生的人或事物的接受度、对新环境的适应度、对外界刺激的反应强弱、引起某种反应所需要的刺激量、积极情绪所占的比重、引起注意力转移的刺激容易度，以及注意力的持久性。

气质的分类

通过综合评判以上九个维度，宝宝的气质可分为五类：容易型（E 型）、困难型（D 型）、发动缓慢型（S 型）、中间近容易型（I-E 型）、中间近困难型（I-D 型）。

容易型（E 型）：容易型的宝宝在饮食、睡眠等方面都非常有规律，而且节奏鲜明。这类宝宝一般情况下可以保持积极愉快的情绪，爱玩，容易适应新的环境，也容易接受新鲜事物和不熟悉的人，对与成人的社交行为反应积极。

困难型（D 型）：困难型的宝宝在饮食、睡眠等方面缺乏规律，时常大声哭闹、烦躁易怒，不容易安抚，对新食物、新事物、新环境接受得很慢。这类宝宝时常情绪不好，很难在游戏中获得乐趣，需要花很大力气安抚。

发动缓慢型（S 型）：一部分宝宝同时具有两种气质特点。这类宝宝在饮食、睡眠方面具有规律，但易于回避人和事，对外界的刺激反应较强，情绪比困难型宝宝要积极。

中间近容易型（I-E 型）：这个类型的宝宝介于以上三种气质之间，与容易型更接近。

中间近困难型（I-D 型）：这个类型的宝宝介于以上三种气质之间，与困难型接近。

气质类型对宝宝睡眠的影响

家长要了解宝宝的气质特点，有针对性地调整策略，帮他养成良好的睡眠习惯。对于容易型和发动缓慢型的宝宝，虽然外界的刺激也会引发他们的不良情绪，但他们天生能够自己调节，特别是容易型的宝宝，能在家长的安抚下迅速平静下来，很少出现睡眠障碍。若有一天宝宝突然变得很难哄睡，应先检查宝宝是否身体不适。

困难型宝宝较易出现睡眠问题。这类宝宝很难从不高兴的情绪中恢复，在睡眠过程中如果感到不舒适，比如环境热、着装不舒服，或者做了噩梦、受到刺激，就会很强烈地发泄自己的情绪，而且较难平息。对于这类宝宝，家长应帮宝宝做好睡前准备工作，以在一定程度上缓解先天气质引起的睡眠问题。比如，每天晚上都和宝宝在同一时间入睡，拉上窗帘、关上灯，给宝宝讲个晚安故事等，帮宝宝建立规律的生物钟。同时，要将室内温度、湿度、宝宝着装的舒适度调整好。

需要注意的是，宝宝的气质类型与遗传有关。如果家长总是精神愉悦放松，宝宝很可能属于容易型；如果家长时常敏感紧张，那么宝宝是容易型的可能性就比较小。因此，在迎合宝宝的气质特点时，父母不妨先自己反思，不要强求宝宝接受家长都无法忍受的事情。

早教建议

积极回应宝宝的语言

虽然宝宝还不会说话，但千万不要认为他对语言没有感觉。家长所说的每一句话，可能都已被宝宝默默记在心里，成为日后语言输出时的铺垫与积累。因此当宝宝吃饱睡足、好奇地观望世界，发出咿咿呀呀的声音时，家长可以顺势搭话，比如宝宝正对着玩具小车发声，爸爸妈妈就可以说："你在跟小车打招呼是吗？那是小车，小车……"这种方式既可以帮宝宝将物体和名称联系起来，也可以刺激宝宝发声的欲望。

家长做出回应时，应注意以下几点：第一，不要因太懂他而影响互动。当宝宝咿呀学语时，家长因太懂他而一次性回应太多，这种做法反而缩小了互动的空间，宝宝只发出一个音，接下来的"话"都被家长贴心地代替说了，那他就失去了更多练习的机会。第二，回应的语言要简单且多重复。尽量和宝宝说一些简单的词和句，而且要多次重复，以增强宝宝对语言的接受度，学习起来也更快。第三，回应时要配合神态、动作。对语言发育还不成熟的宝宝来说，神态、动作等在交流过程中更重要。家长回应宝宝时，可以配合动作、神态等帮助宝宝理解，以激起宝宝更多的互动兴趣。

锻炼宝宝的知觉恒常性

知觉恒常，是指当人或物不在眼前时，宝宝仍能知道这个人或物只是暂时看不到，而非完全消失了。知觉恒常性的建立，对宝宝认识世界具有十分重要的意义。

对小月龄的宝宝来说，只要是看不到的人或物，都是不存在的，比如看不到妈妈时，宝宝会认为妈妈消失了，从而感到十分恐慌、没有安全感。通常，当宝宝 8 个月或更大时，知觉恒常性才会出现。在此之前，家长可以尝试通过游戏帮助宝宝了解客体永存的概念，建立知觉恒常性。需要注意的是，任何知识和能力的学习都不是一蹴而就的，知觉恒常性的锻炼要遵循循序渐进的原则，从简单到复杂，从易到难，先从遮挡物品开始，再逐渐发展到让宝宝去寻找藏好的玩具。

躲猫猫

用双手将脸挡住，然后再慢慢拿开。最初，宝宝可能会在家长挡住脸时哭闹，产生抵触的情绪。多尝试几次，宝宝很快就会喜欢上这个游戏，甚至会在重新看到家长时露出惊喜的表情。

找玩具

家长先让宝宝选一块积木，然后把它藏在手里，再摊开手掌让宝宝看到。反复几次，宝宝就会明白“虽然看不见积木，但它就在妈妈手里”。还可以根据宝宝的生长发育情况，把玩具藏起来，鼓励宝宝寻找。这不仅能帮助宝宝建立知觉恒常性，还能培养他的认知能力。

第 7 章　5 ~ 6 个月的宝宝

在这个月龄段，大部分宝宝靠坐时可以保持头部稳定，这是日后宝宝顺利吃辅食的重要前提之一。这一章着重讲解宝宝能够添加辅食的信号，以及添加辅食前应做的准备工作，并介绍有关宝宝乳牙护理的知识。

了解宝宝

宝宝 5 个月会做什么

5 个月时，宝宝应该会：

· 俯卧抬胸。

· 俯卧抬头 90°。

· 抓住引逗他的玩具，比如拨浪鼓等。

5 个月时，宝宝很可能会：

· 双腿支撑一点重量。

· 拉坐时，头部不后仰。

· 伸手去够自己想要的东西。

5 个月时，宝宝也许会：

· 自己吃饼干。

5 个月时，宝宝甚至会：

· 翻身。

· 不需要外部辅助，短暂地坐。

· 别人叫名字时有反应。

· 抓起一两块积木。

· 玩躲猫猫游戏。

· 见到陌生人，有不同于看到日常看护人的反应。

· 想办法够取不易拿到的玩具。

· 拒绝别人把玩具拿走。

宝宝大运动发育：坐

宝宝学坐并非一日之功，而是一个循序渐进的过程，总体来说可以分为靠坐、扶坐和独坐三个阶段。

第一阶段：靠坐

4 ~ 6 个月时，宝宝可以倚靠在家长怀里坐一会儿，但还不能坐得很直，身体时常呈前倾的姿态，而且不能坚持太久，没有支撑就会失去平衡。在帮宝宝练习坐时，可以用手支撑住他的背部、腰部维持坐姿，也可用靠垫辅助。每次练习的时间不宜过长，注意不要让宝宝采取跪姿，以免影响腿部发育。

第二阶段：扶坐

6 ~ 7个月时，宝宝可以依靠自己双手的支撑坐起，背部能够挺直并保持一定的平衡，并渐渐脱离双手的支撑，调整腿的位置变换坐姿。在这个阶段，家长应注意不要拉开宝宝的双手，此时双手的支撑也是在为日后四肢着地爬行做准备。引导宝宝练习扶坐时，可以在他面前放一些色彩鲜艳的玩具，吸引宝宝用手去抓，慢慢地，宝宝放手后也可以坐稳了。

第三阶段：独坐

通常，大部分宝宝8个月左右时能够学会独坐，可以不用任何支撑坐稳，并能在坐姿状态下双手拿东西；随着月龄增加，坐着时还能自如转动头颈和上半身观察四周。在这个阶段，家长可以多和宝宝玩耍互动，通过游戏帮宝宝熟练掌握坐的技巧。

需要说明的是，大运动发育是件水到渠成的事情，而且存在个体差异，家长应尊重宝宝的发育规律，可在适当时给予引导并提供练习机会，千万不要揠苗助长。家长很难判断宝宝的骨骼和肌肉对某一动作的熟练度，如果加以人为控制，很可能会造成宝宝还没有完全熟练某个动作时，就被匆忙带入下一个动作的练习，这非但对发育没有帮助，甚至还会造成损伤。

崔医生特别提醒：

真正意义上的“会”是指宝宝能够独自在不同的动作间自由转换，而不是由家长帮助做某个动作。比如宝宝能熟练地从趴到坐，再从坐变回趴的姿势，才叫会坐；如果家长帮助宝宝靠在垫子上，即便他能保持坐几秒钟不倒，也不能算会坐。因此，人为干预下宝宝即便能做出相应的动作，但从生长发育测评的角度来讲，也不能叫“会”。

宝宝总是揪耳朵

起初，宝宝揪耳朵只是因为好奇，随着月龄的增长，可能会渐渐成为一种习惯或自我安慰的方式。宝宝揪耳朵的行为，可能是由心理原因引起的，比如觉得无聊或有心理压力等。此外，还有可能与以下几种情况有关。

第一，如果宝宝揪耳朵时，没有任何其他异常，很可能是由于双侧内耳发育不均衡，这是宝宝生长发育过程中的正常现象，一般出生后 6 ~ 12 个月内会逐渐消失，无须治疗。在保证安全的基础上，家长可以带宝宝荡秋千、玩转椅等，促进两侧内耳的平衡发育。

第二，如果宝宝揪耳朵时，伴有口水增多、烦躁、频繁啃手指、吃奶时咬乳头或咬奶嘴等情况，说明可能与出牙有关。出牙时，疼痛会通过神经传递到耳朵和脸颊部位，宝宝感到耳朵不舒服，就会揪耳朵、抓脸。

第三，如果宝宝经常揪耳朵，伴有发热、哭闹、食欲下降等，就要怀疑是否患了中耳炎。家长可以通过测量耳温的方式进行初步判断，若双耳温差在 0.5 ~ 1℃，就要高度怀疑耳温较高的一侧可能存在发炎的情况，要及时带宝宝就医，做进一步检查。

第四，如果家长在宝宝外耳道或耳郭部位看到湿疹，那揪耳朵很可能是湿疹所致。

总的来说，绝大多数情况下，宝宝揪耳朵只是生长发育过程中十分常见的现象，家长无须担心。但如果宝宝揪耳朵时伴有异常表现，就要引起重视，及时带宝宝就医，检查是否由疾病引起的，若是应积极配合治疗。

喂养常识

6 个月以后的母乳

宝宝满 6 个月以后，妈妈应继续坚持母乳喂养，不要担心宝宝营养不足影响生长发育。对 6 个月以后的宝宝来说，母乳仍是重要的营养来源，既可以为宝宝提供丰富的优质蛋白质、钙、维生素 A 等，母乳中的免疫保护因子能帮助宝宝抵抗各种疾病，增强自身免疫力。而且，继续母乳喂养能够增进亲子关系，促进宝宝心理健康发育。

但随着月龄的增长，宝宝对各种营养素的需求越来越大，单纯母乳喂养确实已经无法满足宝宝生长发育过程中对营养素和能量的需求，需要添加其他食物作为营养补充。另外，在满 6 个月时，宝宝的口腔咀嚼能力，味觉、视觉、触觉等感知能力，以及心理、认知等能力都在不断发展，为接受新食物做好了准备。这时开始添加辅食，不仅能够满足宝宝的营养需求，还能够满足其探索新事物的心理需求，对宝宝认知、行为等能力的发育也有促进作用。

因此，在宝宝满 6 个月时添加辅食，并非因为母乳没有营养了，而是因为母乳提供的营养不足以满足宝宝生长发育所需，需要靠更多的食物来补足，母乳本身所含营养素的各项优势并没有丧失，妈妈不要轻易放弃母乳喂养。

尝试让宝宝不吃夜奶

夜奶通常是指宝宝在夜里 12 点到清晨 6 点之间吃奶。如果夜奶过于频繁，必然会干扰宝宝睡眠，影响生长发育。因此，随着宝宝胃容量变大，可以持续 4 ~ 6 小时不吃奶，可以尝试断掉夜奶。

开始断夜奶时，首先建议妈妈和宝宝分床睡，特别不要搂着宝宝睡觉。其次，逐渐推迟夜奶时间，减少夜奶次数，比如临睡前给宝宝稍增加奶量，让他一次吃饱，以推迟宝宝半夜醒来吃奶的时间；慢慢地，再尝试拉长两次夜奶的时间间隔，在这个过程中，特别要注意每次宝宝扭动、哼唧时，不要赶快抱起来喂奶，而要先给他机会尝试再次自行入睡，最终帮宝宝成功戒掉夜奶。

不过，要提醒的是，对于是否要断夜奶，要结合宝宝的情况灵活掌握。如果宝宝每夜都会自主醒来一两次，且吃下的奶确实不少，说明宝宝真的是饿了，家长应满足宝宝吃奶的需求。

怎样给宝宝转奶

任何品牌的配方粉都必须遵循婴儿配方粉全球标准，即尽可能接近母乳，并在此基础上进行合理的调整。也就是说，各种普通配方粉的基本成分没有太大的区别，因此不建议频繁给宝宝更换配方粉品牌，以免因其胃肠消化功能不成熟，在转奶初期出现厌奶、腹泻、便秘等不良反应。

配方粉根据宝宝的月龄划分段数，如果宝宝要更换高段配方粉，或因某些原因必须更换配方粉品牌，一定要循序渐进。常用的转奶方式有两种：新旧配方粉混合和按顿增加新配方粉。通常情况下，推荐选择第一种转奶方式。

新旧配方粉混合

将原配方粉与新配方粉按一定比例混合，最初加入少量新配方粉，然后逐渐增加新配方粉的比例，直至新配方粉完全替代原配方粉。比如，先在原配方粉中添加 1/4 的新配方粉，哺喂 2 ~ 3 天后，如果宝宝没有出现不适反应，再将新配方粉的比例增加至 1/3， 2 ~ 3 天后，如果宝宝适应，可以将新配方粉加至 1/2，最后逐渐过渡到新配方粉，取代原配方粉。

按顿增加新配方粉

最初，先将中午的配方粉换成新配方粉，连续吃 3 天，如果宝宝没有不适反应，可以更换下午的配方粉，再连续吃 3 天，之后逐渐替换早晨、晚上和夜间的配方粉，最终实现完全转奶。

如果宝宝无不良反应，通常 1 周左右即可接受新的配方粉；如果出现不适反应，可能需要更长的时间适应，家长一定要保持耐心，切勿操之过急。另外，若宝宝正生病，比如感冒、发热、起皮疹等，或接种了疫苗，建议家长将转奶时间延后。

● 给宝宝添加辅食的信号

《中国居民膳食指南（2016）》中明确指出：婴儿应在满 6 月龄（出生后 180 天）起添加辅食。不过，家长也应明白，宝宝发育存在个体差异，建议只能作为参考，不能教条执行，而应结合宝宝的情况，在“对的时间做对的事”。

通常来说，宝宝同时具有以下表现时，家长就可以考虑尝试添加辅食了。

▶ 已经掌握身体技能，即在协助下能坐好，趴下时能用手臂撑起身体。

- 已经具备进食技巧，即当勺子靠近时，能张开嘴巴，能用舌头“运送”食物。
- 可以表达饥饿信息，即身体前倾，向食物挪动，对食物表现出极大兴趣。
- 可以表达饱腹信息，即转头远离勺子，或注意力不再集中，表示不想再吃。
- 在保证每天奶量、排除疾病原因后，体重不再增长或增长放缓。

因此，究竟何时添加辅食，家长要综合宝宝的月龄、喂养情况和种种表现综合判断。需要提醒的是，如果宝宝没有出现上述添加辅食的信号，家长就不要操之过急。辅食添加过早，可能会增加宝宝胃肠不适的风险，如食物过敏、食物不耐受等，还容易导致摄入过量蛋白质，造成肥胖。

添加辅食要准备的工具

为了让宝宝顺利接受辅食，家长需要提前准备辅食工具。

碗和勺：婴儿专用餐具鲜艳的颜色和可爱的造型有助于吸引宝宝的注意，引起对吃饭的兴趣。但一定要确保餐具的材料安全、质量过关，勺子最好选择软头的，以免进食时伤到宝宝娇嫩的口腔。

餐椅：一款设计合理的餐椅能让宝宝吃饭时坐得舒适，增加进食的仪式感，让宝宝更专注。挑选时，首先应考虑餐椅的安全性；其次，餐椅的结构、造型不宜太花哨，以免过度吸引宝宝的注意力，导致吃饭不专心。

围兜：可以有效避免宝宝吃辅食时弄脏衣服。应选择简单易穿、容易清洗的款式，可准备 2 ~ 3 件。

专用菜板、刀具、小锅：最好为宝宝准备专用厨具，处理食材时要做到生熟分开，以减少卫生隐患。辅食基本以炖、煮、蒸等烹饪方式为主，且每次量比较小，因此可以准备一个小蒸锅和一个底较厚的小奶锅。

研磨碗、辅食棒或辅食机：辅食添加初期，主要以泥糊状食物为主，因此可以选择辅食棒或辅食机为宝宝制作辅食。当宝宝 8 个月以后，可以吃颗粒较大的食物时，就不需要将食物研磨得太细碎，研磨碗即可满足基本需求。

辅食盒：除了绿叶菜不宜隔夜食用外，其他种类的辅食，比如块茎类菜的菜泥、肉泥、肝泥等，可以每次多制作一些，分装在辅食盒内冷冻储存，下次解冻即可食用，比较方便。

日常护理

帮宝宝缓解出牙不适

出牙时，牙齿将牙龈顶破逐渐长出。在出牙过程中，宝宝会出现哭闹、咬手指、流口水、低热、耳部不适等一系列不良反应，家长可以尝试用下面的方法帮他缓解不适。

第一，准备磨牙棒、安抚奶嘴、牙胶等让宝宝啃咬。选择安全优质的安抚奶嘴、牙胶等，宝宝通过啃咬能在一定程度上缓解牙龈肿胀带来的不适。需要提醒的是，即便宝宝已经开始添加辅食，也不要使用胡萝卜条、黄瓜条等磨牙，以免咬断后误吞发生噎呛。如果想选择食物用来磨牙，那么磨牙棒或磨牙饼干相对来说比较安全。

第二，使用短时冰镇磨牙用品。将牙胶、安抚奶嘴等在冰箱冷藏室放置片刻再给宝宝使用，清凉的口感能够让宝宝感觉更舒适。但要注意，一定不要冷冻牙胶和安抚奶嘴，以免磨牙用品过于冰凉，冻伤宝宝的牙龈。

第三，帮宝宝按摩牙龈。家长可以用指套牙刷给宝宝轻轻按摩牙龈。这种方式也可在一定程度上缓解不适，但使用时要注意卫生，并且用力不要过猛，以免损伤牙龈。

通常，宝宝出牙期间出现不良反应不需就医，但家长要学会区分引起不适的原因，不要将所有症状全归因于出牙，以免延误治疗。比如，一般宝宝出牙时，即便发热也多为低热，如果出现高热则需考虑其他病因；虽然出牙会导致耳部不适，但如果宝宝频繁揪耳朵，应排除是否有耳部感染。另外，如果宝宝表现得特别烦躁，牙龈出血过多或不止，或难以确定不适是否由出牙所致，都需及时请医生进行诊断。

保护宝宝的乳牙

虽然乳牙迟早会被换掉，但如果出现严重的龋齿，很可能会影响恒牙的发育。首先，如果拔除龋齿，与其相邻的两颗乳牙会逐渐挤占原本属于龋齿的位置，而当此处的恒牙萌出时，就没有了足够的空间，很可能会出现牙齿排列不齐的问题。另外，恒牙的牙胚就在乳牙根部下面，如果龋齿波及牙根和牙周组织，也会影响恒牙的健康。

因此，家长要特别注意保护宝宝的乳牙，即便只有一颗，也要认真保护。家长可以使用指套牙刷坚持每天帮宝宝刷牙，同时要有意识地多用夸张的动作、有趣的表情示范如何刷牙，激发宝宝的兴趣。如果宝宝不喜欢刷牙，家长要注意引导方式，避免用机械粗暴的方式强迫，以免宝宝产生抵触心理。

崔医生特别提醒：

牙齿上残留的糖分是形成龋齿的重要原因，乳牙的牙釉质比较薄，被腐蚀的可能性更大，也就更容易出现龋齿。因此，应从小养成良好的口腔清洁习惯。

早教建议

用适当的方式引导宝宝锻炼

随着月龄的增长，宝宝和成人互动的能力也越来越强。家长要抓住时机，多为宝宝提供练习的机会，引导锻炼大运动能力、精细运动能力、社交技能、语言能力等各项能力。

大运动能力

在接下来的几个月里，应侧重帮宝宝增加肌肉力量、锻炼身体协调性，让他逐渐学会坐、翻、爬、站等动作。家长可以根据宝宝的情况，有目的地做一些练习。

- 如果宝宝已经尝试扶坐，家长应注意观察宝宝“想要自己坐起来”的身体语言，拉住宝宝的双手，让他借力坐起来；还可以让宝宝将双手支撑在身体前，像青蛙一样坐着。

- ▶ 待宝宝可以熟练扶坐后，家长可以用玩具在他头顶上方引逗，让宝宝尝试伸手抓玩具，练习独立坐直。
- ▶ 如果宝宝已经开始尝试爬，可以让宝宝俯卧，在离他不远处放上玩具，吸引他抓够玩具、练习爬行。
- ▶ 如果宝宝已经尝试扶站，家长发现宝宝有想要站起的欲望时，可以提供帮助，让宝宝适当借力，从坐立姿势站起。

家长要根据宝宝的情况，选择他力所能及的练习，不要急于求成，强迫宝宝进行锻炼，以免对身体造成损伤。

精细运动能力

许多重要的生活技能都与精细运动能力有关，比如吃饭、画画、刷牙、系鞋带、扣扣子等。因此，家长应借助玩具或物品，锻炼宝宝手部精细运动能力。

- ▶ 块状物品。木质积木、塑料积木等大小不一、形状各异的块状物品，能够有效锻炼宝宝的抓握能力，但积木块大小应保证宝宝无法吞咽。
- ▶ 毛绒玩具。松软的毛绒玩具会受宝宝喜爱，吸引他抓在手里把玩，锻炼精细运动能力，但要注意选择短毛绒，并定期清洗。
- ▶ 日用品。许多宝宝喜欢将日用品作为玩具，比如勺子、瓶子、碗盘等，家长可以选择一些材质安全的让宝宝练习抓握。
- ▶ 各种不同大小、材质和纹路的球。可以用来让宝宝捏、挤，体验不同的触觉感受，提升精细运动能力。

社交技能

宝宝虽然还不具备成熟的社交技能，但会通过微笑、尖叫等方式表达自己，和周围的人进行简单的交流。在这一阶段，即可开始培养宝宝的社交能力。

- ▶ 带宝宝多接触陌生面孔，比如同龄小朋友、邻家的叔叔阿姨。家长要注意做好引导，如果宝宝对陌生人表现得抗拒，不要强迫他一定要和陌生人交流。

- 让宝宝照一照镜子，帮助他熟悉自己的五官，这既是在加强自我认知，也是一种和自己的交流。
- 教宝宝利用简单的手势表示“你好”“再见”“谢谢”“飞吻”等。

语言能力

发展语言能力，可以从帮助宝宝认识周围熟悉的事物开始，比如为宝宝介绍生活中常见的事物，解释一些现象的因果关系等，宝宝在尝试理解的过程中，语言能力、观察能力、记忆力、问题解决能力等都会得到提升。

- 为宝宝介绍看到的各种物品，帮助宝宝将词语与实物建立联系，为日后学习语言做积累。
- 为宝宝描述所见的场景，比如，小汽车跑得很快，玩具在客厅里，拖把是用来擦地的，等等。这与介绍实物相比难度有所提升，因为里面有抽象的概念，起初宝宝可能不理解，但在不断听的过程中，就会逐渐明白其中的含义。
- 和宝宝一起观察生活现象，讲解因果关系。比如下雨时告诉他“看，下雨了，所以地面湿了”；也可以把宝宝喜欢的玩具用手帕盖住，然后告诉宝宝，“小汽车看不见了”，之后再鼓励宝宝找一找小汽车。
- 模仿各种声音，比如消防车警笛、水壶哨音、电话铃声、口哨声、各种动物的叫声，鼓励宝宝模仿，尝试有目的地发音。

要牢记，语言学习是随时随地的，只有先经过大量的语言输入，逐渐完成内化，才能在理解的基础上，尝试开口说话。因此，家长不要认为宝宝太小听不懂而忽视日常交流，要多和宝宝互动，让他有机会听到更多的内容。

重视性别教育

性别教育是性教育的基础，不仅关乎宝宝现阶段的心理发展，还关系到日后正常的社会交往、恋爱、婚姻、家庭生活等。性别教育最好从宝宝出生后就潜移默化地展开，以逐渐帮他建立起正确的性别角色定位和认知。当正确的性别意识形成后，再进行下一步的性教育就会容易得多。性别教育起初的任务，是帮宝宝形成性别意识，可以从对宝宝的喂养、交流、看护、家庭角色及装扮等多个方面入手。

第一，喂养、交流、看护方面。家长可以从与宝宝关系最紧密的喂养入手，让宝宝明白，吃母乳要找妈妈，爸爸没有。在交流和看护方面，如果是女宝宝，妈妈可以多给予关心；如果是男宝宝，爸爸可以多承担照顾的任务。这样，女宝宝有机会多和妈妈学，男宝宝会受爸爸的影响。

要注意，这里说的多关心和多照顾，并不代表另一方可以不参与育儿。父、母这两个角色，在孩子的成长过程中缺一不可。女孩也需要具备爸爸身上的一些特质，男孩也需要来自妈妈的影响。鼓励宝宝多接受同性别人的熏陶，并非简单地给他贴上性别的标签，而是为了更好地认识自身性别的特质。

第二，家庭角色方面。在家庭性别角色的认定上，父母首先要以身作则。虽然不提倡性别角色的标签化，但不可否认，男性和女性在社会角色及性格上，的确存在一定差异。因此在日常生活中，父母应尽量展现各自性别角色的特点，帮助孩子全面地理解性别角色。

第三，装扮方面。在为宝宝准备衣服、着装打扮时，要突出性别特点。服装的样式、颜色、整体造型等，应让人能够准确辨认出宝宝是男孩还是女孩，这有助于培养他对自身性别的正确认知。

总体来说，性别教育对宝宝的身心健康发展和人格的成长，有着极为重要的作用。父母对子女施以良好的性别教育，有助于建立良好、亲密和相互信任的亲子关系，更重要的是，为宝宝的性教育以及形成自我保护意识打下了基础。这需要家长坚持不懈地以身作则，从小就给宝宝创造一个利于性别角色认定、便于性话题沟通的氛围和环境。

第8章　6～7个月的宝宝

在这个阶段，宝宝开始添加辅食，第一次接触奶以外的食物。这一章系统讲解了与辅食添加有关的一系列内容，包括辅食添加基础知识、辅食食材添加时间表、辅食添加基本原则等，以顺利为宝宝添加辅食。

了解宝宝

宝宝6个月会做什么

6个月时，宝宝应该会：

· 双腿支撑一点重量。

· 拉坐时，头部不后仰。

· 伸手去够自己想要的东西。

6 个月时，宝宝很可能会：

· 拒绝别人把玩具拿走。

· 自己吃饼干。

6 个月时，宝宝也许会：

· 翻身。

· 不需要外部辅助，短暂地坐。

· 别人叫名字时有反应。

· 抓起不止一块积木。

· 玩躲猫猫游戏。

· 见到陌生人，有不同于看到日常看护人的反应。

· 想办法够取不易拿到的玩具。

6 个月时，宝宝甚至会：

· 扶着东西站立（此动作仅代表发育程度，不建议做如此训练）。

· 发出 dadamama 的音，但无所指。

· 把积木块等物品从一只手换到另一只手。

宝宝的大运动发育：爬

再次强调，宝宝的大运动发育是一件随生长发育而水到渠成、按序而行的事情。家长可以给宝宝提供适度练习的机会，但绝不应揠苗助长，强迫训练。

很多宝宝在 6 个月左右会表现出爬的欲望，起初爬得可能并不标准，无法采取手膝式爬行，而是用匍匐前进的方式，甚至倒退着爬，这些情况都是正常的。另外，爬与站两项大运动的发展可能会次序颠倒，也就是说有些宝宝先会站再会爬，因此开始爬的时间比较晚。面对这种情况，家长如果不放心，可以在体检时请医生检查，在生活中多为宝宝提供练习的机会，比如在宝宝趴卧时，在他面前放上一个小玩具，逗引他爬过去抓握。

需要提醒的是，体检时医生会让宝宝保持趴卧姿势，双手顶住他的双脚，观察他是否有往前爬的欲望。这只是为了检查宝宝神经反射是否正常的一个检测项目，不能成为平常让宝宝爬行的练习。

添加辅食后宝宝大便的变化

添加辅食后，宝宝排出的大便呈现各种稀奇古怪的颜色和性状。遇到这种情况，家长应保持镇静，首先确认宝宝的状态，如果饮食正常、精神状态良好，不妨想想最近给宝宝吃过什么食物，影响了大便的颜色和性状。

比如，宝宝吃了胡萝卜泥或南瓜泥，大便可能是橙色的；吃了剁碎的绿叶菜，大便就会发绿并且有蔬菜的碎渣；吃了猕猴桃泥，大便里就会有黑色的种子；吃了香蕉泥，大便里可能会有黑点或黑线；而吃了红心火龙果泥，大便就可能呈红色。

除了颜色，大便的性状和气味也会发生明显的变化。开始添加辅食后，宝宝的大便会比之前明显变稠，有时成条状，气味也明显变臭。所以，当看到宝宝排出奇怪的大便时，先不要大惊小怪，这很可能是添加辅食后的正常情况。

喂养常识

辅食添加基础知识

随着宝宝一天天长大，仅仅依靠母乳或配方粉喂养，已经不能满足其生长发育的所有需求，因此，在宝宝满6个月（出生后180天）后，应开始添加辅食。

什么是辅食

辅食是指给6 ~ 18个月宝宝添加的，除母乳和配方粉之外的所有固态和液态食物。也就

崔医生特别提醒：

辅食主要针对6 ~ 18个月的宝宝而言，在这个阶段内，宝宝仍应以奶为主，以饭菜为辅。不过，从宝宝满1岁起，可以视情况逐渐减少奶量，增加饭菜量，作为过渡。当宝宝满18个月后，就进入了“以饭菜为主、奶为辅”的阶段，“辅食”这个概念就会慢慢退出。

是说，不管是米粉、蔬菜、蛋黄、肉等固态食物，还是米汤、果汁、鲜牛奶等液态食物，都属于辅食，都应遵循辅食添加原则。

辅食的作用，是在以奶为主的前提下，用来辅助增加营养的食物，切不可喧宾夺主。对辅食添加初期的宝宝来说，吃辅食饱腹的意义并不大，而是让宝宝学习并接受奶之外的食物，学习咀嚼及吞咽固态食物，熟悉餐具、餐椅等，逐步理解关于“吃饭”的概念。

为什么要添加辅食

随着生长发育，宝宝对各种营养素的需求越来越大，满 6 个月后单纯吃母乳或配方粉，已经无法摄取生长发育所需的足够营养，需要额外补充。另外，宝宝的胃容量逐渐增大，消化酶分泌液有所增加，流质的母乳或配方粉在胃肠道内的留存时间会缩短，影响营养吸收。而辅食可以帮助增加母乳或配方粉在胃肠道中的留存时间，提高营养素的吸收率。

同时，吃辅食对宝宝的各项能力也是一种锻炼。比如，由稀到稠、由细到粗添加辅食，可以锻炼宝宝的咀嚼能力和吞咽能力；而学习将勺子中的食物送入口中，可以锻炼宝宝的手眼协调能力。另外，及时添加辅食，可以促进宝宝颌骨发育，并有效刺激乳牙萌出。

什么时候添加辅食

世界卫生组织、中国营养学会都明确地提出：宝宝应在满 6 个月（出生 180 天）后开始添加辅食。之所以强调“满 6 个月”才开始添加，是因为宝宝的胃肠道等消化器官要到此时才能相对发育完善，具备消化母乳或配方粉以外的多样化食物的能力。因此，如果宝宝没有出现需提前添加辅食的信号，家长就应在宝宝满 6 个月时，按时按序添加。

崔医生特别提醒：

“满 6 个月”是指足月宝宝的月龄。如果是早产宝宝，则要根据矫正月龄计算辅食添加的时间。

矫正月龄计算公式：矫正月龄 = 实际月龄 −[(40 周 − 出生时孕周)/4]。比如，孕 32 周出生的宝宝在出生后 6 个月时，相当于矫正月龄为 4 个月。

有些家长认为，既然过早添加辅食有引起肠胃不适、过敏等风险，不如等宝宝满七八个月胃肠道发育更成熟之后再添加。其实，添加辅食过晚也可能会引起健康问题，如营养不良、微量营养素缺乏；大大降低宝宝对食物的接受，出现喂养困难；增加患炎症性肠病、Ⅰ型糖尿病、过敏等疾病的风险。

宝宝每天什么时间吃辅食

对宝宝而言，即便再稀的米粉也是"正餐"的代表，因此从开始添加起，就应有意识地培养规律的进食时间，添加初期适应阶段可选择上午、下午各一次，待规律添加后，就可以渐渐接近家人吃饭的时间，和家人一起吃饭也有助于增加宝宝的食欲。

另外，通常辅食应尽量安排在喂奶之前，先吃辅食后吃奶，一次性让宝宝吃饱。但每个宝宝都有自己的进食习惯，家长应照顾宝宝的需求灵活调整喂食顺序。如果宝宝明显表现出特别喜欢辅食，甚至因此而厌奶，就应先喂奶；如果宝宝明显表现出特别喜欢奶，就可以先喂辅食。当宝宝每顿辅食量增加后，由于吃过辅食容易饱腹，也不必强迫吃过辅食必须马上吃奶。

宝宝每顿吃多少辅食

在辅食添加的最初几天，为了使宝宝的胃肠道有足够的时间适应奶以外的食物，家长应控制米粉的进食量，每次以一到两勺为宜。规律添加辅食后，家长不必刻板地量化宝宝的进食量，而应关注宝宝的接受度、对辅食的兴趣。如果每次准备的辅食宝宝都能吃完，并且没有出现任何过敏等异常反应，就可以在下次适当增加。如果宝宝吃了几口拒绝再吃，也不要强迫。

无论哪种喂养方式，对喂养效果最好的判断标准都是生长曲线。按照正常生长曲线反映的身长、体重等生长指征判断，如果宝宝生长趋势正常，就说明进食量与需求是匹配的，家长不必纠结宝宝的进食量。

在正常情况下，宝宝每顿饭的接受度会有 20% 的浮动空间。家长应在接受这一浮动空间的基础上做到“吃多了不限制，吃少了不强制”，遵循按需喂养的原则，将每天的进食量交由宝宝自己控制。

辅食添加推荐时间

为了保证宝宝获得充足且合理的营养，并照顾其消化吸收能力，预防过敏等风险，从第一口辅食开始，家长应循序按原则逐渐添加食材。

第一口辅食

宝宝的第一口辅食，应为富含铁的高能量食物，比如婴儿营养米粉、肉泥等。不过，考虑到中国家庭的饮食习惯，建议优先选择高铁婴儿营养米粉，这种食物营养成分较全面，含有蛋白质、脂肪、维生素、纤维素等，还添加了钙、铁、维生素 D 等营养素。宝宝在出生后 4 ~ 6 个月，体内的铁元素储存消耗殆尽，母乳中的铁元素难以完全满足宝宝的生长发育所需，因而许多婴儿营养米粉特意添加了铁元素，来补足宝宝对铁的需求。

菜泥

一般在添加婴儿营养米粉 2 周左右后，如果宝宝没有出现湿疹、腹泻等过敏症状，没有吞咽问题，也没有消化吸收问题，就可以考虑添加菜泥了。

添加蔬菜时，可先添加菠菜、油菜等绿叶菜，后添加胡萝卜、红薯、土豆等块茎类菜，因为绿叶菜中铁元素含量较多。

建议将菜泥和米粉混在一起喂，这样宝宝更容易接受食物的味道，避免挑食。

崔医生特别提醒：

制作绿叶菜菜泥时，应先将整棵菜在烧得滚开的水中焯，当菜的颜色从鲜绿变成深绿时马上捞出，然后用刀剁碎加在米粉里。注意时间不要太长，焯熟即可，不要焯烂；也不要蒸熟后用辅食机打烂，以免破坏菜中的营养素和纤维素。

不要给宝宝喝焯过菜的水，因为焯菜过程中，菜上的化肥、农药会溶在水里，而且菜水本身除了色素外并无营养价值。

果泥

顺利添加菜泥 1 周之后，就可以添加果泥了。之所以要在菜泥之后添加，是因为水果的味道相对更好，提前添加可能会影响宝宝接受蔬菜。

选择水果时，为了降低水果的甜味对宝宝味觉的强烈刺激，避免偏食，建议选择甜度较低且容易研磨的水果，比如香蕉、苹果等。

肉泥

当宝宝接受米粉、菜泥、果泥后，接近满 7 个月时，可以开始添加肉泥。添加时，肉泥也要和米粉或菜泥相混合，既可保证营养素相对均衡，也可避免宝宝偏食。

日常所吃的肉包括白肉与红肉，其中白肉有鱼肉、鸡肉、鸭肉等，红肉有猪肉、牛肉、羊肉等，家长可根据自家的饮食习惯和放心程度选择。

蛋黄

当宝宝适应肉泥，满 8 个月时，可以考虑添加蛋黄。之所以建议在米粉、菜泥、果泥、肉泥后，将蛋黄引入辅食，主要是为了减少过敏情况发生的可能性。如果宝宝在接受其他食材之前，过早地食用蛋黄并出现了过敏，可能会妨碍后续接受其他食材，从而影响整个辅食添加的进程。

其他

鲜牛奶及相关制品、鸡蛋清及相关制品、

崔医生特别提醒：

在宝宝 1 岁以内不建议添加的辅食中，有鲜牛奶及相关制品、鸡蛋清及相关制品、大豆花生及相关制品等，要特别注意其中的“制品”二字，因为在一些食物里可能含有相关成分，如蛋糕，其中就有牛奶和蛋清，这类食物同样不适合不满 1 岁的宝宝食用。

另外，在给宝宝添加一类新食物时，尝试几种后，就可以添加下一类食物。如添加三四种蔬菜和水果后可尝试肉泥，待宝宝接受几种肉泥后，可再继续添加未尝试过的蔬菜、水果。这样既不耽误宝宝添加肉泥的时间，也能保证营养结构均衡。

大豆花生及相关制品、带壳海鲜、蜂蜜等，要在宝宝 1 岁之后添加。

另外，宝宝 1 岁以内不要在辅食中额外添加盐和糖，这并非说 1 岁以内的宝宝不需要摄入盐和糖，而是日常食材中含有的盐和糖，已经能够满足生长发育所需，不需额外添加，以免摄入过多增加肾脏负担，引发龋齿、肥胖等问题。

综上所述，提倡宝宝满 6 个月后添加婴儿营养米粉，适应 2 周后依次添加菜泥和果泥，满 7 个月后加肉泥，满 8 个月后加蛋黄。需要指出的是，这些只是基本的添加时间，并非绝对严格的时间标准，家长应在这个大原则的基础上，结合宝宝的情况灵活掌握。

专题：婴儿营养米粉

– 怎样选择米粉

目前，市售婴儿配方米粉种类繁多，家长选购时应根据口碑选择正规厂家生产、大品牌的产品，并尽量选择与家庭饮食习惯最接近的米粉种类，以便宝宝更好地适应。比如，家中常以大米作为主食，可以给宝宝添加大米米粉；如果常吃燕麦，或者妈妈从怀孕到哺乳阶段，都是以燕麦为主食，就可以选择燕麦米粉。

需要提醒的是，在宝宝添加米粉初期，一定要先选择纯米粉（如纯大米米粉、纯燕麦米粉等），而不是混合谷物米粉。这是因为混合谷物米粉中含有多种食材，同时摄入多种新食物会大大增加过敏的风险，而且过敏后很难确定过敏原。另外，部分品牌的米粉中含有牛奶成分，如果宝宝一直是母乳喂养，家长选择此类米粉时应谨

慎，以免宝宝出现牛奶蛋白过敏等问题。

– 怎样冲调米粉

与冲调配方粉不同的是，冲调米粉没有严格的水粉比例要求。添加辅食初期，由于宝宝的吞咽能力和肠胃吸收能力有限，可把米粉冲调得较稀，以提起勺子后，米粉糊能从勺子上连续流淌下为宜，然后逐渐增加稠度，从流质到半流质，再到糊状。

冲调时，先将适量米粉（添加初期可先加一勺）倒入碗中，缓慢倒入温开水，用勺子向一个方向轻轻搅拌，压散米粉结块，让米粉与水充分融合。

需要注意的是，不要用果汁、奶液冲调米粉，因为甜味容易掩盖米粉原本的味道，不利于味觉发育。

– 用什么喂米粉

给宝宝喂米粉时，即便米粉很稀，也要坚持使用碗和勺。这是为了让宝宝练习卷舌、咀嚼、吞咽等一系列进食必需的动作，为将来吃其他食物做准备。需要注意的是，不要用奶瓶喂米粉，因为奶瓶喂食通过吮吸吃进食物，无法练习咀嚼。

崔医生特别提醒：

由于饮食习惯的差异，有些国家生产的婴儿营养米粉没有添加铁元素。因此，海淘米粉时，要选择含铁、少糖、无盐的米粉。

另外，不建议用自制米粉代替市售米粉，自制米粉虽然更安全、卫生，却只含有谷物原本的营养，缺少其他营养素。市售米粉则在谷物营养的基础上，添加了婴幼儿成长必需的多种营养素，是自制米粉无法比的。

辅食添加的基本原则

每个宝宝的发育状况各不相同，对食物的接受程度也有所不同，在辅食添加的过程中，家长要在坚持以下原则的基础上，根据宝宝的具体情况灵活喂养。

- 种类从单一到多样：通常，添加米粉 2 周后，如果宝宝适应良好，就可以添加菜泥、果泥及肉泥等。要注意每次只添加一种新食材，并连续添加 3 天，确认宝宝没有不良反应，再继续添加下一种。
- 冲调由稀到稠：辅食添加初期，宝宝吞咽能力及消化能力尚未发育完全，冲调要尽可能偏稀，之后再慢慢过渡到糊状，逐渐加稠。
- 添加量由少到多：宝宝需要时间适应新食物，不管是添加米粉，还是菜泥、果泥等，初期都要先少量添加，比如初次添加米粉，可以先加 1 勺，若 3 天后宝宝没有异常反应且消化吸收很好，再逐渐根据需求增加。
- 制作由细到粗：添加初期，宝宝乳牙刚刚萌出或还未萌牙，还不会通过咀嚼初步消化食物，因此应以泥糊状的精细食物为主。当宝宝接受和适应后，再逐渐添加粗颗粒的食物，比如研磨的果泥、菜泥等，直至固态食物。
- 各种食材混喂：当宝宝接受较为丰富的食材后，应将主食、菜、肉混在一起喂养，避免偏食。由于水果不是正餐的组成部分，水果的甜味也不是辅食的主要味道，因此不建议将水果混入其他食物中喂，而应以加餐形式出现。
- 每餐营养均衡：宝宝适应多种食材后，应每餐均有主食、菜、肉，其中主食应占 50%。

崔医生特别提醒：

千万不要认为，细的食物就是稀的食物，粗的食物就是稠的食物，粗细与咀嚼能力和效果有关，稀稠与吞咽和胃肠消化有关。辅食添加一段时间后食物就可以由稀到稠，而只有适当的时候食物才能由细到粗。

宝宝拒绝吃辅食

在添加辅食的过程中，如果宝宝拒绝，可以尝试从以下几个方面寻找原因。不论何种原因，宝宝表现出对辅食的抗拒，家长不要强迫。在辅食添加的最初阶段，让宝宝保持对食物的兴趣，才是最重要的。

第一，不适应新食物。任何一种新添加的食物，对宝宝来说都是一种前所未有的体验，需要时间逐渐适应。要用更多的耐心和宽容，坚持每天让宝宝尝试，慢慢接受。

第二，肚子不饿。如果在两顿奶之间添加辅食，宝宝很有可能还不饿，自然难以对辅食产生兴趣。可在摸清宝宝的进食规律后，在他饥饿时先喂辅食再喂奶。

第三，餐具不合适。用金属勺或瓷勺喂辅食，可能会刺激宝宝的口腔和牙龈，敏感的宝宝会觉得不舒服，而拒不接受辅食；把米粉放在奶瓶中喂食，也会使宝宝拒绝进食，因为他会困惑为什么奶瓶里吸出来的不是奶，而是味道陌生的食物，而且用奶瓶吮吸米粉，相比奶液更费力，也影响宝宝接受。因此，要选择刺激性较小的餐具，并尽量用碗勺喂食。

第四，辅食过敏。宝宝对辅食中的某种原料过敏，食物进入口腔后，引起口腔黏膜、咽喉黏膜水肿、瘙痒等不适反应，而本能地把食物吐出来。通常，应先排除宝宝对辅食味道不接受，然后考虑食物过敏或不耐受。如果确定食物过敏，应立即停止添加这种辅食。

宝宝接受辅食后拒绝喝奶

宝宝在添加辅食后对奶失去了兴趣，家长应查找引起厌奶的原因，适当地进行干预调整。总的来说，面对宝宝厌奶，家长要耐心地引导，切勿强迫进食，否则只会加剧宝宝对奶的抵触情绪。

通常宝宝对奶失去兴趣可能是以下原因引起的。

- 身体不适：如果宝宝身体不舒服，如出现发热、腹泻等症状，食欲自然会受到影响。
- 吃奶分心：宝宝的好奇心愈发旺盛，越来越容易受到外界的影响。如果周围出现新鲜有趣的事情，宝宝吃奶时很容易分心，导致奶量下降。

- 吃太多辅食：如果宝宝吃太多辅食，也会影响吃奶的兴趣和奶量。尤其在辅食添加初期，新鲜的食物口味很容易使宝宝对吃奶产生厌倦。
- 口味偏好：无论是母乳还是配方粉，味道相对清淡且单一。宝宝接触各种各样的食物后，就会逐渐养成自己的口味偏好。如果过早接触味道比较好的食物，就有可能排斥味道较清淡的母乳或配方粉。

家长应先找到宝宝厌奶的原因，再根据情况调整应对。

- 如果因为身体不舒服而厌奶，应及时进行护理，必要时带宝宝就医，待宝宝痊愈后奶量自然会随之恢复。
- 如果因分心所致，应为宝宝创造安静的吃奶环境，避免出现噪声等干扰吸引宝宝注意力。妈妈喂奶时也应专心，避免玩手机、看电视等行为。
- 如果因辅食吃太多而厌奶，应在宝宝饥饿时先喂奶，并适当减少辅食添加量，逐渐恢复宝宝对奶的兴趣。
- 在给宝宝添加米粉时，要选择少糖、无盐的米粉，不要因觉得米粉没味道任意添加调味料，以免宝宝口味变重而拒绝吃奶。若已有类似的做法，应及时停止给宝宝喂食，慢慢引导调整，帮宝宝重新适应清淡的食物。如果宝宝厌奶情况非常严重，可以先暂停添加辅食，直到重新接受奶后再逐渐恢复。若宝宝已经习惯了比较甜的口感（如喜欢喝甜果汁），家长可以试着在配方粉中兑一些果汁，待宝宝接受奶后再将果汁逐渐减量，直至宝宝恢复正常吃奶后再完全去除果汁；母乳喂养的妈妈可以在乳头上涂抹果汁，引导宝宝吮吸乳头。

训练宝宝的咀嚼能力

与吮吸不同，宝宝的咀嚼能力并非与生俱来，需要后天不断地训练才能掌握。咀嚼是粉碎、消化食物的第一步，也是促进消化液分泌的关键步骤，能够在一定程度上减轻胃的消化负担。另外，如果宝宝咀嚼适当硬度的食物，对出牙期不适也有一定的缓解作用。

如果宝宝咀嚼功能较差，不仅会影响进食，还会对以后的语言学习产生不利影响。这是因为，咀嚼动作的完成需要舌头、牙齿、面部及口腔肌肉、口唇等各部位完美配合，才能顺利将食物咬碎并进入消化道。咀嚼训练既锻炼了宝宝的面部、口腔肌肉，又能帮助宝宝更加灵活地运用舌唇等器官，利于日后语言能力的训练。

因此，在宝宝满 6 个月添加辅食后，家长应开始对宝宝进行咀嚼训练，切不可因宝宝还没有出牙，而认为还没有咀嚼的能力忽视练习。家长要知道，宝宝是要先学会咀嚼的动作，才慢慢具备咀嚼的能力。

在日常生活中，家长可以在喂饭时，嘴里嚼口香糖给宝宝示范应如何咀嚼。当宝宝可以独立吃饭时，让他和家人一起在餐桌上进食，不仅能够起到示范咀嚼的作用，还能够增加宝宝的食欲。另外，在添加辅食的过程中，要遵循“由稀到稠、由细到粗”的原则，为宝宝提供咀嚼的机会。

让宝宝习惯餐椅

从添加辅食起，就要让宝宝习惯在餐椅中吃饭。这是因为，相比家长的怀抱，餐椅有利于宝宝上半身直立，避免宝宝因身体蜷曲被食物噎呛，提高进食的安全性；同时能为宝宝提供易于专注的进食环境，养成良好的进食习惯。如果宝宝对餐椅表现出排斥，家长不要着急，也不要训斥，而要找到原因，有针对性地去解决。

第一，调整餐椅的舒适度。座椅太硬、椅背靠后无法支撑、安全带太紧、餐盘太近、空间太小等，都可能会让宝宝对餐椅产生厌恶情绪。如果宝宝不愿意坐，家长首先要解决这些问题，比如松一松安全带、在餐椅上放一个小靠枕，增加餐椅的舒适度，缓解宝宝的抵触心理。

第二，让宝宝熟悉餐椅。餐椅是一个相对狭小陌生的环境，宝宝突然坐进去，难免觉得不习惯。首先应消除宝宝的恐惧感、陌生感，可以在宝宝心情愉悦时，让他坐在餐椅中玩一会儿。家长要陪在一旁，安抚宝宝的情绪，切勿把宝宝绑在餐椅上，自己离开去做其他事情，以免宝宝更加厌恶餐椅。

第三，慢慢延长坐餐椅的时间。宝宝刚开始体验餐椅时，时间不宜太长，吃完两勺米粉就要抱出来。如果在这个过程中，宝宝没有表现出抗拒，可以逐渐延长宝宝坐餐椅的时间，直至能够在餐椅中吃完一顿饭。如果宝宝表现出极强烈的抗拒，也不要勉强，可以暂时让宝宝坐在童车里（保持上身直立），先喂食一两次，待宝宝熟悉进食姿势后，再慢慢引导他坐在餐椅里。

日常护理

● 为宝宝选择合适的枕头

宝宝的颈前屈形成后，就可以考虑使用枕头了。一个合适的枕头，能让宝宝睡得更舒适。选择枕头时，家长应着重关注枕头的高度、枕芯的材质和便于清洗三个方面。

第一，枕头的高度。给宝宝准备的枕头不宜太高，也不宜太低，要贴合宝宝的颈部曲线。判断标准是：宝宝仰卧枕在枕头上时，头和身体能够处于一条水平线上；侧卧时，双眼的连线要与床面垂直。达到这两个标准，就说明枕头的高度是合适的。

第二，枕芯材质。常见的枕芯有小米、决明子、荞麦皮、棉或化纤等，材质本身无优劣之分，家长可以根据地域传统、民族风俗以及使用习惯等自行选择。但要注意，枕头不要太软，避免宝宝把脸埋在枕头中发生窒息。

第三，便于清洗。不管选择哪一种枕头，都应便于清洁，以免宝宝溢奶或流口水后，液

崔医生特别提醒：

如果选择小米、荞麦皮等粒状填充物当枕芯，每次使用前都要将枕头压平，不要高低不平，以保证宝宝不管向哪边翻身，仍能枕在相同高度的平面上。如果选择棉或化纤枕芯，要注意购买可信赖的品牌，避免“黑心棉”。

体沾染到枕头滋生细菌、霉菌等，引发呼吸道疾病及过敏等问题。

清洗枕套时，千万不要忽视枕芯的清洁。枕芯应经常清洗、晾晒，尤其是荞麦皮、小米做的，更要经常晾晒；建议三个月更换一次枕芯，以免材料变质影响宝宝健康。

● 如何让宝宝配合洗澡

随着各项能力的不断提升，宝宝洗澡时变得十分不配合，洗澡难度骤然升级。除了能力的发展外，这个阶段的宝宝有了更多的心理需求，已不满足于枯燥的洗澡活动，洗澡时狭小的空间使他感到束缚，不能玩耍。因此，家长要给洗澡增添乐趣、使宝宝乐于配合。

家长可以在浴盆里放一些玩具，营造出一个“水上乐园”，让宝宝喜欢洗澡的氛围。当然，玩具应及时清洁，以免滋生细菌。除此之外，浴盆里的水也可以发挥作用，当宝宝把掀起水花当作乐趣时，家长不要阻拦，只要没有安全隐患，就在保证安全、严格看护的前提下，让宝宝自己去玩耍。

● 如何预防宝宝着凉

着凉会降低免疫力，给病菌可乘之机，感染感冒等疾病。在日常护理中，家长要特别注意避免宝宝着凉。很多家长认为着凉是因环境温度太低导致的，实际上并不一定如此。着凉多是因全身有汗液、有水分，水分突然被凉风吹走，引起体温骤然下降而造成身体不适。

可见，引起宝宝着凉的主要原因之一，就是穿盖太多，捂出了汗。一旦吹到凉风，汗液迅速变凉，加之宝宝皮肤血管和汗腺调节体温的能力还不成熟，身体无法适应骤变的气温，就会出现不适反应。因此，防止宝宝着凉，最主要的是保证宝宝穿盖合适，防止受热后着风。判断宝宝冷暖和穿盖是否合适，应以后脖颈处温度为准，只要颈部温暖就说明宝宝不冷。

此外，在日常生活中，家长需要注意以下几点：第一，给宝宝洗澡时，要注意房间和水的温度；洗澡后，将宝宝的身体擦干，以免体表带水着凉。第二，夏天宝宝出了一身汗后，不能马上进入空调开放的房间，以防温差太大着凉。天气热时应及时给宝宝减衣物，避免大汗淋漓。如室外气温太高，可以开空调调节温度，以 24 ~ 26℃为宜，注意不要直吹宝宝。第三，冬天北方室外温度较低，进入温度较高的室内，要适时给宝宝脱掉外衣，以免捂出汗后着凉。家长可以给宝宝选择“外厚内薄”的服装搭配方式，不仅户外能够御寒，室内脱掉外套也不会太热。而南方因室内室外温差不大且空气潮湿阴冷，家长可以给宝宝穿一两件薄厚相近的毛衣，再加一件外套，进入室内根据宝宝的活动情况和温度减少衣物。

如何应对幼儿急疹

幼儿急疹又称婴儿玫瑰疹，是典型的病毒感染性疾病，通常经由呼吸道靠飞沫传播。但它不属于传染病，且患病后终身免疫。因感染发病多在 2 岁以内，特别以 1 岁以内最多见，所以称为幼儿急疹。需要提醒的是，虽然幼儿急疹多在 2 岁以内发病，但学龄前的幼儿也有可能出现。

幼儿急疹有哪些症状

幼儿急疹典型的表现是“热退疹出”，前期宝宝在没有任何症状的情况下突然高热，而且持续不降，体温可高达 39 ~ 40℃，持续 3 ~ 5 天，其间服用退热药后体温可短暂降至正常，然后又会回升。在出疹之前，宝宝唯一的症状是发热，不伴随流鼻涕、咳嗽等任何其他症状，且精神状态只在高热期间受影响，热度退下时无任何不舒服的表现，情绪、吃喝等均正常。

需要提醒的是，这里所说的 3 ~ 5 天是指 3 ~ 5 个 24 小时，而不是将昨天半夜到今天早上算作 1 天。

宝宝持续高热 3 ~ 5 天后，体温恢复正常，皮肤上出现红色丘疹，直径为 2 ~ 5 毫米，主要散布于前胸、腹部和后背，偶尔见于面部和四肢，很少出现融合。出疹期间，可以正常洗澡、外出玩耍，大约 3 天后，疹子自行退去，不会留下疤痕。

崔医生特别提醒：

幼儿急疹是充血性皮疹，不是出血性皮疹。发疹后 24 小时内皮疹出齐，3 天左右自然消退，皮肤上不留任何痕迹。见到疹子后，家长可以分辨是充血性皮疹还是出血性皮疹。如皮疹呈玫瑰红色，用手按压会褪色，松手后又恢复玫瑰红色，就是充血性的；如果皮疹呈紫红色，用手按压不会变白，就是出血性的，应及时带宝宝就医。

幼儿急疹如何护理

幼儿急疹是一种自限性疾病，随病程发展可以依靠自身的免疫力逐渐恢复健康，通常不需要治疗。但是，宝宝很容易因高热而异常烦躁，家长需针对宝宝的具体情况进行护理，缓解身体不适。关于发热的护理与应对，详见第 502 页。

早教建议

● 宝宝胆小怕生怎么办

新生宝宝无法分辨陌生人和家人，因此对周围所有的人都会无差别对待，而随着月龄的增长，心理水平发展到一定阶段，就会表现出对陌生人的抗拒和躲避。从成长过程来看，这是一种进步，说明宝宝的认知水平有了提高。另外，宝宝的心理发育存在阶段性特点，在某一阶段表现得外向开朗，下一阶段又表现得胆小怕生，两种表现交替出现。

宝宝胆小怕生有很多原因，如陌生的环境和人群、家长紧张焦虑的情绪、曾被某个成年人吓到甚至伤害过，都会使他感到害怕，进而做出躲避的行为。当宝宝出现类似情况时，家长可以按照以下三个步骤做出正向引导，但切勿操之过急。

1. 在刚进入陌生环境时，家长要抱着宝宝。身体上紧密的接触，与宝宝不断的语言、目光交流，能够给他足够的安全感，使他逐渐放松下来。判断宝宝是否放松，一个比较简单的方法是，仔细感受宝宝搂抱家长的力度，如果紧紧搂着家长，说明宝宝很紧张，相反则说明比较放松。

2. 放下宝宝，和他坐一会儿或是玩一会儿，不要马上离开。如果环境中有熟人，家长要做出交流的榜样，比如和对方打招呼、聊天。但不要强求宝宝打招呼。

3. 当宝宝完全放松时，或有主动和别人沟通的意愿时，再鼓励宝宝交流。

面对宝宝胆小怕生的情况时，家长首先要尝试站在客观的角度分析宝宝怕生的原因，然后有针对性地解决。注意要循序渐进，不要因为担心邻居、亲友尴尬，而强迫宝宝打招呼、和人接触。家长也要做好表率，保持轻松、不紧张的情绪状态，这样宝宝才能在舒适、安全的心理环境下，改善胆小怕生的情况。

培养宝宝的专注力

专注力是单位时间内做一件事的专注的能力。对宝宝来说，专注力就是将视觉、听觉、触觉等集中在某一事物上，达到认识事物的目的。专注力是一切学习的开始，也是伴随宝宝终身发展必不可少的重要品质。拥有良好专注力的宝宝做事效率较高，也更容易拥有成就感，培养自信心。

在这个阶段，辅食添加就是一个不可多得的培养宝宝专注力的好时机。具体来讲，家长可以在给宝宝喂辅食时，用颜色鲜艳的碗和勺子。不同颜色的碗和勺子形成鲜明反差，会把宝宝的注意力吸引到餐具上，有助于增加食欲、带来愉悦的心情，提升专注力。一段时间后，宝宝不再局限于被餐具吸引，还会被食物吸引，很可能手里拿着食物，边玩边送入口中。这时宝宝处在一种很专注的状态：不管是玩食物还是吃食物，心中只想着“食物”。对宝宝玩食物的行为，在保证安全的前提下，家长最好不要阻止，这也是一种很好的训练专注力的方式。

不过，在添加辅食的过程中，家长要避免几种做法，以免影响孩子的专注力。比如，强迫宝宝按时间点吃辅食，喂养过程中完全控制宝宝，强行喂宝宝难以接受的食物，或强迫宝宝每餐必须吃完。这些做法都会让宝宝产生压迫感，参与性差，变得难以专注。

除此之外，家长也可以借助宝宝感兴趣的玩具、绘本等培养专注力。这其中，特别推荐的是绘本。因为家长为宝宝讲绘本时，会有非常密切的互动，加之绘本画面的吸引，可以让宝宝在一段时间内集中注意，提高专注力。

第 9 章　7 ~ 8 个月的宝宝

对这个阶段的宝宝而言，辅食添加仍是重点。随着宝宝可尝试的食物日渐丰富，与喂养有关的一些新问题会衍生出来。这一章继续介绍辅食添加相关知识，包括如何帮宝宝顺利接受新食物、如何应对食物过敏等。另外，对于家长关心的缺钙问题，本章也会详细介绍。

了解宝宝

宝宝 7 个月会做什么

7 个月时，宝宝应该会：

· 翻身。

· 自己吃饼干。

7 个月时，宝宝很可能会：

· 不需要外部辅助，短暂地坐。

· 别人叫名字时有反应。

· 抓起不止一块积木。

· 想办法够取不易拿到的玩具。

· 拒绝别人把玩具拿走。

7 个月时，宝宝也许会：

· 扶着东西站立。

· 把积木块等物品从一只手换到另一只手。

· 见到陌生人，有不同于看到日常看护人的反应。

7 个月时，宝宝甚至会：

· 咿咿呀呀学说话。

· 发出 dadamama 的音，但无所指。

· 用积木块等物品对敲。

· 用拇指和其他手指抓东西。

宝宝还不出牙是否与缺钙有关

一般情况下，宝宝出生后 13 个月，乳牙还没有萌出的迹象，才算作乳牙萌出延迟。这个月龄段的宝宝没有出牙属于正常现象，家长无须担心。不过，出牙时间虽然不能人为干预，但适度地啃咬较硬的食物或物品，如磨牙棒、磨牙饼干、牙胶等，对牙龈产生一定的刺激，有助于乳牙萌出。

可以肯定的是，出牙晚与缺钙没有直接关系，因为钙更多的是帮助牙齿矿化，对促进牙齿生长作用不大。也就是说，即便宝宝有出牙延迟的情况，也不能作为是否缺钙的判断依据。所以，家长不要因为想加速宝宝的出牙进程，而擅自补充钙剂。

专题：宝宝缺钙的常见误区

在养育宝宝的过程中，家长经常会遇到一些问题，因为一时间无法找到引起问题的根本原因，便情不自禁地将其与缺钙联系起来，比如枕秃、睡眠差、出汗多等，但事实上这些问题与缺钙并无直接联系。

- 误区 1：睡眠差是因为缺钙

有时宝宝在夜间熟睡中突然醒来、哭闹，很多家长误以为是缺钙所致。事实上，这很可能是由肠绞痛、肠胃不适等原因引起的，与缺钙无关。

- 误区 2：出汗多是因为缺钙

很多宝宝出汗多，是因为植物神经发育不完全、控制出汗的能力较弱。另外，宝宝身上的汗毛孔还未发育完全，主要依靠头部散热，因此虽然汗量不多，但都从头上散发出来，看起来大汗淋漓，使家长误以为宝宝出汗多。这一切与是否缺钙无关。

- 误区 3：佝偻病是因为缺钙

说到佝偻病，家长第一反应就是缺钙。饮食正常的宝宝通常不会有钙摄入不足的问题，却可能存在因维生素 D 不足而导致钙吸收不足。钙之所以能够到达骨骼，全靠维生素 D_3 的推动与辅助。为达到预防的效果，家长应保证宝宝日常饮食均衡，适量补充维生素 D

以促进钙的吸收。

误区 4：骨密度低是因为缺钙

宝宝正处在快速生长发育的阶段，骨骼生长自然也比较迅速，必然造成骨密度低的现象。可以说，正是因为不断生长造成的骨密度低，才能保证骨头有足够的空间填充钙，而在钙刚刚填满的时候，骨头又在拉长。因此宝宝的骨密度自然较低。如果骨骼不再拉长，没有空间填充钙，骨密度监测显示不再缺钙，也就意味着宝宝的骨头不再长了。

由此可见，宝宝骨密度低，正说明宝宝最近长得比较快。从这个意义上说，骨密度偏低通常是宝宝快速生长的信号，是一种好现象，而不是缺钙的信号。

误区 5：枕秃是因为缺钙

随着宝宝活动能力的增强，仰卧时经常转头，头部后面可能会出现头发稀少或无发的枕秃现象。枕秃与缺钙无关，是由于头部经常摩擦导致的。随着宝宝慢慢长大，躺着的时间变少，这些区域会逐渐长出头发。

崔医生特别提醒：

不要认为钙有益无害，多补些无伤大雅。如果过分补钙，会导致多余的钙无法被吸收，集中在宝宝的肠道中，与脂肪结合导致便秘；而如果同时又补充了维生素D，则会使得多余的钙被吸收，但骨骼又不需要，剩余的钙就可能跑到血液中，附着在肝、肾、脾、大脑、心脏等器官上，使器官出现钙化，引起更严重的后果。

宝宝的皮肤为何发黄

当宝宝开始添加辅食后，皮肤可能会发黄，这很可能是黄色食物摄入过量，皮肤色素沉淀导致的。许多家长喜欢给宝宝吃南瓜泥、胡萝卜泥、红薯泥等辅食，也经常给宝宝喂橙子、橘子等黄色水果。虽然胡萝卜含有胡萝卜素对视力发育有好处，南瓜含有大量膳食纤维能预防便秘，橙子富含维生素 C，但如果摄入大量黄色食物，很容易使宝宝的皮肤发黄。

对于这种情况引起的皮肤发黄，一般暂时不吃黄色食物，黄色就能自然消退，不需药物治疗。需要提醒的是，如果宝宝的白眼球也变黄了，就需要及时就医。

崔医生特别提醒：

黄种人肤色原本偏黄，判断宝宝是否存在肤色异常发黄的情况，最简单的办法是，比较家长和宝宝的掌心，如果宝宝的掌心比父母的掌心黄，就说明色素沉淀比较严重。

宝宝令人尴尬的行为

给宝宝换纸尿裤时，男宝宝竟然偶尔出现阴茎勃起，女宝宝用小手触摸自己的私处，令人尴尬。

男宝宝阴茎勃起

很多原因都会引起男宝宝阴茎勃起。宝宝情绪高涨，阴茎容易充血，就会出现勃起的现象；换纸尿裤、洗澡时，不小心碰到阴茎，这种偶尔的摩擦也会刺激宝宝阴茎勃起；喂奶时，放松的精神状态也可能引起宝宝勃起；另外，憋尿有时也会导致勃起。由此可见，这个月龄段的勃起与“性”完全没有关系，而且几乎所有男宝宝都会因各种原因偶尔出现这种情况，家长无须紧张。

女宝宝用手触摸私处

随着宝宝认识水平的不断提高，可能会在某一天，突然发现了自己的私处，并且充满兴趣地开始触摸。对宝宝来说，这和摸自己的小脚、小手是一样的事情，家长没有必要强烈地制止，更不要向宝宝传输肮脏或羞耻的观念，以免扼杀宝宝的好奇心和对探索的热情，对未来自尊的形成和对性的认识造成负面影响。

因此在换纸尿裤时，家长发现宝宝用手触摸私处，只需平静地将她的手移开，并帮助宝宝尽快穿好纸尿裤。慢慢地，随着吸引宝宝的事物越来越多，她自然会将注意力从探索私处这件事上移开。

喂养常识

市售辅食和自制辅食

市面上销售的辅食种类繁多，为许多忙碌的父母节省了不少时间，但有些家长觉得，自制辅食更安全卫生。其实，市售、自制辅食各有利弊。因此辅食究竟是自制还是购买，应根据自己的实际情况综合考虑，理智选择。

市售辅食

市售辅食不仅食用方便、易于储存，而且添加了很多宝宝生长发育所需的营养素。如果家长给宝宝选择市售辅食，要注意以下两点：第一，辅食添加初期，应选择单一食材。刚添加辅食的宝宝，如果食用多种食材混合的食物，一旦出现过敏症状，会增加排查过敏原的难度。第二，如果购买国外品牌的辅食，除了选择可靠的购买渠道，还要了解生产国特定的饮食习惯。比如德国某品牌营养米粉没有额外添加铁元素，显然与德国的地域环境、饮食习惯相关。在德国，宝宝添加肉泥的时间相对较早，而肉泥特别是红肉肉泥中含铁量很高，而且吸收率也很高，不需要额外补充铁元素。所以，为宝宝选购辅食产品时，一定不要盲目。

当然，市售辅食也有缺点，比如菜泥、果泥等，因保存时间较长，新鲜度会有所下降，还会丢失一些营养成分。有些市售辅食会添加白砂糖、食用油、食盐等调味品，不适合 1 岁以内的小宝宝食用。

自制辅食

在家给宝宝制作辅食更加安全，也足以保障卫生。而且，按照家庭的饮食习惯给宝宝制作辅食，有利于宝宝及早适应家庭饮食，并顺利过渡到与家人共同进餐。另外，自制辅食的新鲜度也是市售辅食无法比的。但是，自制辅食缺乏宝宝生长发育所需的很多营养物质，尤其是自制米粉，只含有谷物原本的营养，缺少其他营养素。

● 宝宝吃辅食后为何体重下降

按理说，宝宝添加辅食后，由于有了新的营养来源，体重增长速度应该加快，可事实却相反，出现了体重增长缓慢甚至下降的情况。对此，家长要反思喂养方式，并结合宝宝的情况查找原因，然后有针对性地进行调整。

添加辅食后，宝宝体重增长缓慢通常与进食量不足、消化吸收不良和慢性疾病消耗等三个原因有关。

第一，进食量不足。宝宝进食量不足，分为绝对进食量不足和相对进食量不足。绝对进食量不足一般是指因宝宝挑食、偏食或食欲差等，导致进食量减少。这种情况可以明显看出。应注意，进食量的衡量应客观，必要时可参考周围若干同龄宝宝的进食量，得出一个相对普遍的标准值作为参考，而不应主观地以自己心里预设的进食量加以判断。绝对进食量不足与不当行为关系较大，应通过观察宝宝的进食状态来判断。比如，宝宝在吃饭的时候不好好吃，家长应先反思养育方式，是否平时给宝宝吃东西次数过多、吃零食没有规律等。

相对进食量不足这种情况易被忽视。简单来说，看起来给宝宝吃了一大碗食物，但实际的量或营养不足。最为常见的原因包括：一、实际进食的主食量不够。粥、面等主食容易吸水，短时间内会膨胀成一大碗，看似很多很稠，实际量不多。所以家长给宝宝吃辅食时，不应用“几碗”或 “多少毫升”来计量，而应注意食物实际的量。二、在饮食的配比中，给宝宝吃的粮食不够。许多成年人吃饭，会吃很多蔬菜和肉，主食吃得少，以免碳水化合物摄入过多引发肥胖。但是这种饮食结构不适合宝宝，容易导致相对进食量不足，摄入的热量不够。要记住，碳水化合物是辅食中的主角，至少应占每次喂养量的一半。三、每顿饭的营养搭配不够均衡。比如很多家长早餐时给宝宝吃一碗蛋羹，其中含有的营养物质主要是蛋白质。宝宝在消化吸收时，需要先代谢消耗，将一部分蛋白质转化成能量，再使剩余的蛋白质发挥本身的作用，既浪费了蛋白质的营养，又增加了肠胃的负担。所以宝宝的早、中、晚每一顿饭中，都应既有碳水化合物，又有蛋白质和蔬菜。

第二，消化吸收不良。消化的过程是把整块的食物变成碎泥的过程，其中最主要的一步是咀嚼。加工辅食时，要根据宝宝的咀嚼能力考虑把食物加工成什么性状。如果在宝宝的大便里发现很多原始食物颗粒，说明他的咀嚼和肠胃消化功能尚未成熟，提供的食物相对较粗。

如果宝宝大便量和次数突然增多但性状正常，那可能是肠道蠕动太快，还没吸收食物中的营养就将残渣排出，属于吸收不良。这种情况一般在胃肠道损伤或腹泻后容易出现，吃益生菌会有一定的调节作用。应注意的是，并非所有的消化吸收不良吃益生菌都有效，应遵医嘱进行补充。

第三，慢性疾病的异常消耗。过敏、长期腹泻、呕吐、严重湿疹是比较常见的显性慢性病消耗。比如，严重湿疹皮肤上会往外渗水，这些渗出的体液含有大量的白蛋白，因此患严重湿疹的宝宝经常伴有低蛋白血症，就是体内的蛋白质大量从皮肤渗出丢失造成的。另外，如果宝宝患有先天性心脏病、先天性肾脏病、慢性肺部疾病等慢性消耗性疾病，需要消耗更多的能量维持正常的生理状况，也会出现体重增长缓慢的情况。

宝宝吃饭的恐新问题

用新食材做了辅食，宝宝却始终不吃，这种拒绝接受新食物的做法，就是恐新症。从广义上来说，恐新症有两种情况，一种是心理上的，一种是生理不适造成的。

心理上的恐新症，是单纯对新食物的害怕与排斥。宝宝对新食物往往会有从抗拒到逐渐接受的过程。不过，可以安心的是，并非所有宝宝都恐新，一个宝宝也不会对所有的新食物都抗拒。因此，遇到宝宝拒绝吃某种新食物时，家长大可不必担心，也无须强迫宝宝。

生理不适造成的恐新症，大多表现为宝宝进食一种新食物后，口腔黏膜、咽喉黏膜会出现水肿、瘙痒等症状，这其实是一种过敏反应。所以，当家长发现宝宝对一种食物特别抗拒时，不要执着地换着方式添加，以免把过敏问题由口腔延伸到肠道，造成更为严重的过敏。

崔医生特别提醒：

如果宝宝对某种食物过敏，至少3个月内不要添加这种食物，应寻找替代食品，不要一味强迫宝宝适应，以免加重过敏。

宝宝疑似食物过敏怎么办

添加辅食后，一些宝宝会出疹子、腹泻、口周红肿等，这很可能是对某种食物过敏引起的。当宝宝疑似食物过敏时，最好的办法是先通过食物回避 + 激发试验，判断对哪种食物有过敏反应，然后有针对性地治疗。

家长锁定可疑的致敏食物后，从给宝宝提供的食物中去除，如果症状明显好转，则说明回避试验呈阳性，也就是说，宝宝很可能对这种食物过敏。回避几天后，再次给宝宝提供这种食物，如果过敏症状再次出现，则说明激发试验呈阳性，可以确定宝宝对这种食物过敏。比如，第一次给宝宝吃鱼后，他身上出现了红疹；停止吃鱼后，红疹逐渐消退；再次给宝宝吃鱼，红疹又出现了，据此可以判定宝宝对鱼过敏。如果通过这个试验无法自行锁定过敏原，家长应带宝宝就医，请医生判断是否要进行过敏原检测，查找过敏原。

对过敏的对症治疗，需在医生指导下，使用激素或抗组胺药物，以缓解不适。益生菌对过敏的治疗也有一定的帮助。如果采用益生菌进行辅助治疗，需明确宝宝肠道菌群情况。应先进行肠道菌群检测，再根据医生的指导，选择适合的菌株；服用时要遵医嘱，不要擅自减量。此外，益生菌暴露在有氧环境中的时间越长，效果越差，所以服用时，应开袋后立即用温水冲服。

帮宝宝养成良好的进食习惯

辅食添加初期，家长就应帮宝宝养成良好的进食习惯。日常进食时，可从以下几个方面进行正面引导。

第一，给宝宝创造良好的进食环境。要尽量让宝宝和大人一起吃饭，如果宝宝起初不肯，家长可以先去吃，然后用“好吃”等语言及夸张的动作吸引宝宝，并开心地吃饭。要提醒的是，如果宝宝正在开心地玩游戏，不愿意停下去吃饭，不要强迫他中断玩耍，以免影响宝宝对进食的热情。

第二，教宝宝进食时要专心。要求宝宝专心吃饭，家长要以身作则，不要一边看电视、玩手机、聊天，一边吃饭。家人安静专注地进食，就是给宝宝做出的良好示范。

第三，限制宝宝进食的时间，可以规定每次进食时间为 20 ~ 30 分钟。如果宝宝不好好吃饭，时间到了就要停止喂饭，带他出去玩。外出时不要让宝宝接触食物，如果宝宝感觉饥饿，可以给他喝白水。注意不要加水果或零食，不要用食物引逗，更不要训斥。应让宝宝体会饥饿的感觉，并逐渐理解按时吃饭是缓解饥饿和不适的最佳和唯一方法，以提高他对吃饭的兴趣。

第四，鼓励宝宝自己进食。家长可以准备外形有趣的餐具，便于抓握的食物，让宝宝自己进食，提高其吃饭的积极性，养成良好的进食习惯。

日常护理

关注宝宝的乳牙问题

随着乳牙一颗颗萌出，牙缝大、龋齿、牙齿歪斜等问题相继出现，其中有些情况是正常的，有些则要引起注意。

牙缝很大

这是生长发育过程中的正常现象。宝宝颌骨随着月龄的增加逐渐变大，而乳牙的大小却不会发生改变，变宽的颌骨拉大了乳牙间的缝隙，便出现牙缝大的问题。

宝宝牙缝大非但没有坏处，反而有很多好处。首先，较大的牙缝给恒牙的生长留出了足够的空间，恒牙长出后排列整齐的概率比较大。如果乳牙排列过于紧密，恒牙长出后会被挤得参差不齐。其次，牙缝较大，残留的食物残渣会比较少，即使有食物残渣，也容易清除。

牙齿长歪

宝宝最早长出的牙齿一般都是歪歪扭扭的，原因是牙齿数量较少，相互之间没有制约，导致牙齿生长得“自由散漫”。随着越来越多的乳牙萌出，宝宝的牙齿会排列得更加整齐。即便存在歪斜的情况，也不代表长大后牙齿就不整齐。

但如果宝宝有明显的出牙不正问题，比如“地包天”或 “天包地”，则需要宝宝 3 岁后进行矫正治疗，以保证面部骨骼的正常发育。

奶瓶龋齿

宝宝出生后 2 年内发生奶瓶龋齿的概率非常高，尤其是经常含着乳头或奶嘴睡觉的宝宝，如果没有做好充分的口腔护理，食物（如配方奶、牛奶或其他含糖饮料）中的糖分就会被细菌败解形成酸性物质，附着在牙齿上引起龋齿。

为了保护宝宝的乳牙，家长要做到以下几点。

第一，尽量避免让宝宝接触糖水。无论宝宝是否出牙，都应尽量避免接触有甜味的水、果汁等，避免宝宝习惯甜味后而拒绝没有味道的白水，以减少糖水和果汁中的糖分对牙齿造成损伤。

第二，不要让宝宝养成奶睡的习惯。如果宝宝是配方粉喂养，不要采取奶睡的方式。宝宝睡着后吞咽反射减少，最后一口奶可能会滞留在口腔内，导致口腔中的细菌迅速败解奶液中的蔗糖，造成龋齿。如果一时间很难戒掉睡前含奶嘴的习惯，可以用安抚奶嘴或在奶瓶中装清水替代。

对于母乳喂养的宝宝，长时间含着乳头睡觉，会对牙齿的正常发育产生不良影响，导致牙齿发育畸形；而且，妈妈的乳房可能会堵住宝宝的口鼻，增加发生窒息的风险。所以家长一定要注意，不要让宝宝养成含着乳头睡觉的习惯。

第三，做好乳牙清洁。要重视宝宝的口腔清洁，尤其是乳牙萌出后，每次吃完辅食，要给宝宝漱口，尽可能地清除口腔中残留的糖分；晚上吃完最后一顿奶后，应帮助宝宝刷牙，彻底清洁口腔。

早教建议

阅读的好处

阅读习惯的培养不容忽视，阅读的好处并不仅仅限于理解书中的内容。虽然这个年龄段的宝宝仍然对啃咬书更感兴趣，但只要家长保持耐心并不断坚持为他朗读，就会发现宝宝慢慢开始对书本的内容产生兴趣，特别是会被颜色鲜艳的图案吸引，也会开始与家长进行互动。长久坚持下来，自然能为培养阅读兴趣和养成阅读习惯打下很好的基础。另外，坚持给宝宝朗读，对于宝宝词汇量的积累、理解能力的增强以及语言能力的发育都有积极作用。

因此，家长要从现在开始着力培养宝宝良好的阅读习惯，可以把阅读这件事安排到宝宝的日常生活中，每天 1 ~ 2 次，每次几分钟，但要坚持，让宝宝养成阅读习惯。家长应选择宝宝平静的时候朗读，比如刚吃饱、刚睡醒、洗完澡或临睡前挑选一些画面简单、色彩鲜艳的绘本。阅读时可以使用夸张的语气、表情，以达到吸引宝宝注意的目的。但不要在宝宝烦躁或专注于另外一件事时强迫他，以免引起宝宝对阅读的抵触情绪。

崔玉涛医生

送你的育儿小秘籍

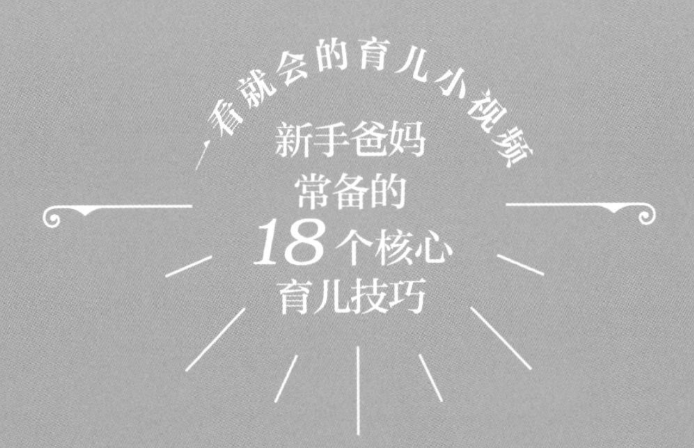

养育从来都不是小事，

让每个孩子健康长大，

是每个爸爸妈妈的心愿，

也是崔医生的希望。

在《崔玉涛育儿百科》中，

崔医生已经为大家带来了科学全面的育儿指导，

为了帮助新手爸妈远离育儿误区，

熟练掌握育儿的“核心技能”，

我们特别制作了实操视频，

配合《崔玉涛育儿百科》中的相关内容，

让宝爸宝妈更加便捷直观地学习育儿知识和手法，

帮助宝宝健康成长。

目录

崔 医 生 祝 每 一 个 宝 宝 健 康 快 乐 成 长!

01. 如何正确监测宝宝的生长情况

判断宝宝生长得好不好，家长需要根据他的身长（身高）、体重、头围等发育情况综合判断。身长（身高）、体重经常被关注，头围测量却容易被忽视。其实不管是身长、体重，还是头围，对于宝宝的健康生长都具有重要的意义，因此掌握测量方法很有必要。

常见误区

1. 身高、体重和头围，平时看着差不多就行，没必要既要测量又要记录的，怪麻烦的。
2. 量个身高有啥难的，孩子太小不会站，那就扶着量，跟咱大人一个量法就成了。
3. 测量头围，绕着宝宝的脑袋围一圈就可以了。具体位置不重要，反正都在耳朵附近，差不多就行了。

扫码看视频

◀ 翻到《崔玉涛育儿百科》47 页，参看相关文字指导

02. 如何抱起和放下新生宝宝

小宝宝身体很柔软，家长在抱起和放下宝宝时，需要讲究技巧，让他安全舒服地起身与躺下。

常见误区

1. 宝宝老是躺着，看世界都不舒服，所以要经常竖抱宝宝，让他看到美丽的世界。
2. 抱着宝宝时，别的不重要，只需要注意一点：扶着腰，扶着腰，扶着腰！
3. 抱起、放下宝宝还有技巧？夹着胳肢窝，就好了啊。

扫码看视频

◀ 翻到《崔玉涛育儿百科》91 页，参看相关文字指导

03. 如何给宝宝换纸尿裤

顺利给宝宝穿上纸尿裤，可能并不像很多家长想的那么简单。你会给宝宝换纸尿裤吗？

常见误区

1. 屎尿积存太脏了，用消毒湿巾清理，既干净又卫生。
2. 纸尿裤裹得越严实越好，与小屁屁严丝合缝，可以防止屎尿流出来。
3. 脐带还没掉，要小心，可以用纸尿裤盖住，这样更安全。

扫码看视频

◀ 翻到《崔玉涛育儿百科》94 页，参看相关文字指导

04. 如何给小宝宝穿衣服

小宝宝肌肤娇弱，因此家长在给他选择衣服及穿衣服的时候，一定要做到：有所为，有所不为。

常见误区

1. 蕾丝边、小亮片，给宝宝选衣服，就得漂亮。
2. 衣服套头直接罩下去，要什么技巧手法，快、准、狠三秒钟搞定，哭就哭两声，没什么关系。
3. 扶着宝宝呈坐姿，开衫从背后围过来，左手右手依次伸，搞定。

扫码看视频

◀ 翻到《崔玉涛育儿百科》96 页，参看相关文字指导

05. 如何给小宝宝洗澡

给宝宝洗澡，是一门技术活。如何洗头、洗脸、洗身体，如何护住耳朵和头颈，了解清楚很重要。

常见误区

1. 水温这事儿好控制，热水壶备旁边，随时需要随时续。
2. 室温更是好把握，浴霸是个好东西，调节温度很好用。浴霸光线太亮？没事儿，宝宝洗澡很快的，完全不影响。
3. 给宝宝洗澡一共分三步：第一步，把宝宝放进水里；第二步，沐浴露打满泡，全身上下搓一搓；第三步，温水冲完抱出来。

扫码看视频

◀ 翻到《崔玉涛育儿百科》99 页，参看相关文字指导

06. 脐带根部的护理方法

宝宝出生后，脐带会被剪断，但还会留有一截残端，家长需要认真护理，直到它自然脱落。掌握脐带根部的护理方法，非常有必要。

常见误区

1. 紫药水、红药水，家中常备消毒水，宝宝肚脐护理少不了。
2. 棉签蘸医用酒精，脐带结扎处轻轻点一点，护理工作就完成啦。
3. 脐窝里残留的擦拭液体，不能擦得太干净，多接触多防护，这样才能好得快。

扫码看视频

◀ 翻到《崔玉涛育儿百科》104 页，参看相关文字指导

07. 如何给宝宝做抚触

越来越多的人开始认识到抚触对宝宝发育有好处，然而抚触如何做，需要注意什么，很多家长却不知道。

常见误区

1. 从头到脚依次摸，顺序不能变，流程不能省。
2. 抚触好处多，坚持总没错。宝宝抵触不让做？那哪儿行，连哄带按也得做完啊。
3. 家里月嫂手特巧，抚触这事儿全靠她！放心！

扫码看视频

◀ 翻到《崔玉涛育儿百科》106 页，参看相关文字指导

08. 如何冲调配方粉

冲调配方粉看似简单，实则门道多多。掌握正确的方法，宝宝吃喝问题的烦恼就会少一些。

常见误区

1. 先放奶粉，后加水，冲得均匀好操作。
2. 早上奶粉冲多啦，室温放置仨小时，添点儿新的又一餐，经济实惠。
3. 果汁营养丰富又美味，烧热拿来冲奶粉，宝宝肯定很爱喝。

扫码看视频

◀ 翻到《崔玉涛育儿百科》129 页，参看相关文字指导

09. 如何护理肠绞痛的宝宝

宝宝频繁哭闹，令家长手足无措，很可能是肠绞痛惹的祸。掌握宝宝肠绞痛的护理方法，缓解宝宝不适，很有必要。

常见误区

1. 宝宝肠绞痛哭闹？最好的办法就是喂奶呀，小孩子嘛，有奶万事足。
2. 对付肠绞痛，按摩算是一大招，左三圈右三圈，揉来揉去很快就好。
3. 医生说是肠绞痛，不用吃药。可是看着真闹心啊，要不然悄悄给吃点儿止疼药？

扫码看视频

◀ 翻到《崔玉涛育儿百科》141 页，参看相关文字指导

10. 如何给宝宝做口腔及牙齿清洁

刷牙对于保持宝宝牙齿健康非常重要，但刷牙并不是每个人都会。正确给宝宝刷牙，是每个家长都需要掌握的必修课。

常见误区

1. 刷牙很简单，左左、右右，搞定!
2. 刷牙没什么讲究的，想怎么刷怎么刷，尤其小孩子，随便刷刷就行了。

扫码看视频

◀ 翻到《崔玉涛育儿百科》
212、373 页，参看相关文字指导

11. 菜泥的制作方法

宝宝要加辅食了，菜泥是必不可少的食物。如何做菜泥才既营养又健康?

常见误区

1. 菜泥很好做，沸水中多煮煮，碾碎捣烂搅一搅，大功告成。
2. 烫菜的水千万不能倒掉，原汤化原食，倒在菜泥里搅拌下，美味又营养。
3. 我觉得啊，不用那么费事又蒸又煮的，直接洗洗干净，切碎就好了。

扫码看视频

◀ 翻到《崔玉涛育儿百科》
248 页，参看相关文字指导

12. 如何冲调婴儿营养米粉

给宝宝的第一口辅食，应是富含铁的婴儿营养米粉。米粉如何冲调，是辅食添加阶段家长需要了解的。

常见误区

1. 给宝宝冲调婴儿米粉，有个绝招得分享，那就是用果汁冲，比如苹果汁、草莓汁、西瓜汁等，加热后倒进米粉，超美味。
2. 用果汁冲调，我觉得不靠谱，最靠谱的做法应该是米粉搭配配方奶，营养丰富，味道棒。
3. 米粉还是冲得稠点儿好，喂得快，营养好。冲得太稀还得喂半天，手累心也累。

扫码看视频

◀ 翻到《崔玉涛育儿百科》
251 页，参看相关文字指导

13. 如何应对宝宝惊厥

宝宝出现惊厥，第一时间的处理很关键。家长需要掌握一定的应对技巧，减少对宝宝的伤害。

常见误区

1. 天哪，这是惊厥了吧？帮他揉揉胳膊揉揉腿，让他肌肉放松下来。
2. 宝宝惊厥了，快抱住他，用力搂住，别让他动啊。
3. 掐人中，掐人中，使劲掐，隔壁阿姨告诉我的。

扫码看视频

◂ 翻到《崔玉涛育儿百科》520 页，参看相关文字指导

14. 宝宝发生溺水怎么办

任何人都希望溺水等危险离宝宝远一些，但掌握一些应对技巧，防患于未然，确实是有必要的。

常见误区

1. 把孩子的腿提起来，倒挂控水啊，这样水就能流出来了。
2. 掐人中！危险中的万能操作，试试总比不试强啊。
3. 嘴里放点儿东西，催吐试试？

扫码看视频

◂ 翻到《崔玉涛育儿百科》562 页，参看相关文字指导

15. 宝宝被异物卡住怎么办

异物呛噎很危险，能在第一时间采取正确的应对措施，对减少宝宝受到的伤害非常关键。

常见误区

1. 给宝宝灌点儿水，或者喝点儿醋，让异物往下顺一顺。
2. 让宝宝站着别动，使劲捶后背，兴许能把异物咳出来。
3. 异物卡住？别犹豫，抠抠抠，赶紧抠，使劲抠出来。

扫码看视频

◂ 翻到《崔玉涛育儿百科》559 页，参看相关文字指导

16. 如何给宝宝做心肺复苏

任何人都不希望宝宝发生危险，然而当危险出现在眼前，掌握必备的急救方法，可以挽救宝宝的生命，非常必要。

常见误区

1. 人都昏过去了，咋还有工夫又看又问的，赶紧做人工呼吸啊。
2. 人工呼吸哪管用，快做心脏按压吧，我看电视上都是使劲压心脏位置，一直按一直按，不能停。
3. 不管做啥措施，先给抱到床上啊，地上多硬多凉啊，再垫上枕头，怎么也能舒服点儿啊。

扫码看视频

◂ 翻到《崔玉涛育儿百科》565 页，参看相关文字指导

17. 如何正确地给宝宝洗手

洗手人人都会，但你确定你给宝宝洗手的方式是最有效的吗？看看给宝宝有效清洁双手该怎么做吧。

常见误区

1. 洗手不只是洗手，装备必须到位，洗手盆、消毒洗手液不可少。
2. 先洗手心，搓搓搓，再洗手背，搓搓搓，省时省力，十秒搞定。

扫码看视频

◂ 翻到《崔玉涛育儿百科》374 页，参看相关文字指导

18. 如何清理宝宝的鼻腔

宝宝鼻塞不舒服，家长要学会用正确的方法帮他清理分泌物。那么鼻腔分泌物该如何清理呢？

常见误区

1. 在家里兑点儿盐水，至于比例，看着调兑就行，用这个盐水给宝宝洗一洗小鼻子，就会舒服了。
2. 其实，最好的办法是用棉签蘸点儿盐水，一点一点挖出来。

扫码看视频

◂ 翻到《崔玉涛育儿百科》102 页，参看相关文字指导

第 10 章　8 ~ 9 个月的宝宝

对大部分宝宝而言，大运动能力有了明显进步，开始尝试爬行，同时认知能力也有了长足进步。这一章着重讨论如何为宝宝打造安全的锻炼场地，并对家长在教育宝宝时如何成为一个引导者给出切实的建议。

了解宝宝

宝宝 8 个月会做什么

8 个月时，宝宝应该会：

· 独自坐。

· 别人叫名字时有反应。

· 抓起不止一块积木。

· 想办法够取不易拿到的玩具。

· 拒绝别人把玩具拿走。

8 个月时，宝宝很可能会：

· 扶着东西站立。

· 把积木块等物品从一只手换到另一只手。

· 玩躲猫猫游戏。

· 见到陌生人，有不同于看到日常看护人的反应。

8 个月时，宝宝也许会：

· 咿咿呀呀学说话。

· 发出 dadamama 的音，但无所指。

· 用拇指和其他手指抓东西。

8 个月时，宝宝甚至会：

· 自己坐下。

· 拉着物体站起来。

· 用拇指和食指捏东西。

· 用积木块等物品对敲。

· 玩拍手游戏，或者跟别人挥手再见。

宝宝的大运动发育：爬

8 个月的宝宝大都已经开始尝试爬行，有的是手膝式，有的是匍匐式，有的向后爬。不管哪种方式，爬行可以扩大宝宝的活动范围，比如爬着去找感兴趣的玩具，这是探索世界的一个新起点。

宝宝爬行的基础是可以稳稳地独坐，独坐时颈部力量完全能够支撑头部，腰背部力量也足以支撑上半身保持直立。宝宝爬行需要用到全身各个部位的肌肉群，包括颈部肌肉、躯干肌肉、四肢肌肉等。爬行时，宝宝要抬头并左右转动头部，用胳膊和手腕的力量支撑起上半身，挪动胳膊的同时配合下肢和其他感官功能。这一系列的动作既锻炼了宝宝的全身肌肉，也增强了协调能力，对神经系统的发育也有极大的促进作用。

一般情况下，宝宝是从匍匐爬行开始的，即宝宝用四肢爬行时，腹部无法离开床面或地面，看起来就好像是一条向前爬的小虫子。随着四肢力量的增强，他会从匍匐爬行过渡到手膝式爬行，腹部可以离开床面或地面，用双手和膝盖向前爬。需要说明的是，并不是所有的宝宝都会经历匍匐爬行的阶段，有的宝宝会坐后直接开始手膝式爬行。所以如果宝宝不会匍匐爬行，家长无须担心。

另外，有些宝宝在学会向前爬之前，会经历向后爬的阶段，这种爬行方式虽然看起来稍显怪异，但并非异常表现。对宝宝而言，他只是选择了一种比较省力的方式而已。不过，宝宝向后爬，通常与下肢肌肉力量较弱有关。宝宝胳膊力气较大，爬行时就会用胳膊撑着地面向后爬，随着双腿力量的增加，就会转换成向前爬。

爬行作为宝宝大运动发育的重要一环，不需要刻意学习，待宝宝能力达到一定水平，自然就能掌握这项技能。不过，在日常生活中，家长可以适当引导，如在宝宝面前放上玩具吸引他向前爬等。如果宝宝非常抗拒爬行训练，家长切勿强迫，以免给身体造成损伤，或对爬行产生抵触情绪。

宝宝惯用左手无须纠正

宝宝刚出生时，使用左手和使用右手的次数大体相同；几个月之后，就会出现习惯使用哪只手的倾向。当宝宝有习惯使用左手的迹象时，比如放一件玩具在宝宝的右侧，可是他居然用左手去拿，不要横加干涉。在接下来的生长发育中，即使没有外界的干预，使用左右手的习惯仍然会改变，完全没必要强加干预。强行改变用手习惯，可能会对日后的学习活动造成一定障碍。

关于人为什么会有惯用手不同的情况，目前还没有定论。有专家认为，惯用手不同与大脑左右半球的发育不同有关。惯用左手的人，右脑比较发达；惯用右手的人，左脑比较发达。

因此，建议家长顺应宝宝生长发育过程中的个体差异，以宝宝的喜好及舒服度决定惯用哪只手或两只手同等频率使用，不要强行加以纠正。

喂养常识

宝宝挑食偏食

随着宝宝逐渐长大和辅食种类的不断增加，不同味道的食物会给宝宝带来不同的味觉感受，导致宝宝出现对某些食物的偏好。虽然不能单纯地认为这种偏好是坏事，但对正处于生长发育期的宝宝来说，不偏食、不挑食是保证营养的基础。如果出现了挑食偏食的情况，家长应找出原因自我反思，并从以下四个方面加以调整。

第一，把不同的食物混合后，再喂给宝宝。添加辅食后，家长会诱导宝宝品尝各种味道，希望他接受更多的食物。但是，将不同味道的食物分开喂给宝宝，就如同出了一道选择题，诱导他选择自己喜欢的食物。所以，至少在宝宝1岁以内，应把各种食物混合在一起喂，避免给他提供挑食偏食的机会。

第二，在食材的选择上，注意营养和味道的均衡搭配。很多情况下，家长准备辅食仅考虑了营养，而忽略了口味。如添加蔬菜时，把三四种绿叶菜混合加工后喂给宝宝，却因味道偏苦、偏涩遭到抗拒。为了改善食物口感，可以将一种绿叶菜与一种块茎类菜搭配，因为块茎类菜自身有一定的味道，如胡萝卜、土豆、红薯等，既有营养又很好吃。

第三，给宝宝做出榜样。在宝宝饮食习惯形成的过程中，示范和引导起着非常重要的作用。家庭中不能有双重标准，要求宝宝不挑食，父母也要时刻自我监督，避免做出任何可能会

崔医生特别提醒：

经常有家长抱怨“我家宝宝厌食”，但真正对所有食物都不感兴趣的病理性厌食并不多见；厌食更多的是指宝宝吃饭时不专心、进食拖沓、进食量过少、挑食偏食等情况。家长要在排除疾病原因后进行引导，除使用提到的方法外，让宝宝体会饥饿感也是引起食欲的有效手段。

对宝宝的饮食习惯造成误导的行为。在进食的过程中，家长要用一种平等的态度引导宝宝，避免强迫必须吃完一定量的饭，或者必须吃某一种蔬菜。

第四，避免给宝宝吃重口味的食物。因为觉得宝宝尝了特殊味道的食物后反应很有趣，而故意喂食这种食物，却又在每日正餐时让宝宝吃清淡食物，这种做法可能会让宝宝对日常饮食失去兴趣，而且带给宝宝一种被愚弄的感觉，对心理发育也会产生不利影响。

宝宝吃饭抢勺子

这个阶段的宝宝对于吃饭已经有了自己的认识。当出现抓勺子、抢碗等行为时，就是宝宝在表达想要在餐桌上独立的愿望，家长可以引导他学习自己吃饭。

鼓励宝宝独立进食有很多好处：锻炼手部精细运动、促进手眼协调能力的发展；增加进食的乐趣，培养独立性。因此，尽管起初宝宝不能熟练准确地将食物送进嘴里，家长也要多鼓励，不过为了保证营养充足，可以另外准备一把勺子给宝宝喂饭。

需要提醒的是，面对宝宝因动作不熟练而手、勺并用，把食物弄得四处飞溅、一片狼藉，家长要保持耐心，不要训斥、批评。要知道，用手抓食物和用勺子乱挖一气，是学习用餐具进食的必经阶段，家长应给宝宝戴好围兜，洗干净手，让他大胆尝试。

让宝宝尝试使用杯子

使用杯子，既可以让宝宝掌握一种新的进食方式，为日后戒掉奶瓶打下良好基础，也对口腔肌肉的锻炼有很大帮助。要提醒的是，一定要在宝宝可以独自稳当地坐之后再尝试，以免呛水。

尝试前，要为宝宝挑选合适的杯子，可以选择鸭嘴杯或吸管杯作为过渡，待宝宝适应后，再逐渐换成常规的敞口水杯。另外，考虑到这个阶段宝宝强烈的控制欲，建议家长选择带手柄的杯子，方便宝宝抓握。如果宝宝十分挑剔，可准备多种款式的杯子让他自己选择。

教宝宝使用杯子时，家长可以先做示范，再在他的杯子里倒入少量的水，尝试学习。

注意，练习时不必强求必须将杯子里的水喝完，可每次只喝一小口。当宝宝能够成功使用杯子喝水时，要及时给予表扬和鼓励，使他保持继续学习的热情，千万不要因学习时弄湿衣服或将水杯打翻而责怪宝宝。

需要明确的是，月龄不能成为宝宝是否开始使用杯子的衡量标准。如果宝宝已经达到甚至超过了可以使用杯子的月龄，但面对水杯时表现出强烈的抵触，对训练十分不配合，家长可以将训练的时间适当延后，并保持足够的耐心，不要给宝宝太大的压力，以免削弱学习热情。

日常护理

怎样防止宝宝踢被子

宝宝睡觉时踢被子，并不总是因为睡觉不老实。家长应从护理方式和宝宝自身找原因，然后采取相应的措施进行调整。具体来讲，踢被子的原因有以下几点。

床太大：宝宝和家长睡在同一张大床上，太大的睡眠空间对宝宝而言并不是一件好事，会增加宝宝的不安全感，于是宝宝在不知不觉间靠近大人，或倚着床栏寻求依靠，将原本盖得好好的被子踢走。

被子太小：睡觉时，长时间保持一个姿势会觉得很累，需要调整睡姿。如果被子不够大，宝宝在调整的过程中，就会将被子压在身下或踢到别的地方。

宝宝感觉太热：家长担心宝宝睡觉时着凉盖得厚，宝宝觉得非常热就会把被子踢掉。另外，床铺得太厚，宝宝也会因觉得很热而踢被子。

睡得不踏实：晚上睡觉时，宝宝翻身、偶尔哼两声本是正常的，有些家长却反应过度，会立即抱起宝宝进行安抚，结果反而打扰了宝宝的睡眠，导致他睡得更加不踏实，在不断翻身的过程中，被子也就被踢掉了。

家长在发现宝宝夜间睡觉爱踢被子后，可以先从上面提到的几方面进行排查，然后采取相应的措施加以调整。

如果因和父母同床而踢被子，建议给宝宝准备单独的小床，增强宝宝的安全感；如果因为被子小，家长要给宝宝选择一条尺寸稍大的被子，确保盖上之后边缘有空余；若是温度的原因，建议将室温维持在 24 ~ 26℃，家长可以用手摸宝宝的后颈部，如果温热且没有出汗，说明温度和穿盖是合适的；对于宝宝睡眠过程中的一些小动作，家长不要太紧张，先观察几分钟，如果宝宝没有太过剧烈的反应，家长就无须打扰，高质量的睡眠对宝宝来说是非常重要的。

崔医生特别提醒：

若是宝宝非常抗拒盖被子，也没有着凉，说明他不觉得冷，家长要相信宝宝有感知冷暖的能力，没必要强迫他一定要盖。

关于要不要给宝宝穿睡袋，应参考环境温度来判断。如果环境温度较高，宝宝穿睡袋会觉得热，很可能会出现睡眠不安的问题。

为爱爬的宝宝清除隐患

随着运动能力的提升，宝宝在家中探索的区域也越来越大，安全隐患也随之增加。家长要尽力排除各种潜在风险，给宝宝打造安全的场地。

如果宝宝在床上爬行，家长可以在大床周围安装防护栏，避免发生坠落。当然，更为保险的做法是将爬行场地改到地板上。如果担心宝宝着凉，可以在地板上铺一层地垫。

不过，宝宝在地板上爬行时，家长仍需要留意安全隐患，以免发生意外：

- 移走那些底部不稳，会被宝宝推倒的家具。
- 夏季若使用电风扇，应在风扇外增加安全防护罩，或选择无叶片风扇，以免宝宝因好奇伸手触摸扇叶引发危险。
- 餐桌、茶几上不要铺桌布，桌面上不要放沉重易碎物品，防止宝宝拉扯桌布将桌面上的物品拽下。
- 给家具贴好防撞条和防撞角，确保不会磕伤宝宝的头。
- 清除宝宝可触摸到的尖锐物品、易碎物品，避免划伤宝宝。小件玩具或零件也要收好，以免宝宝将其放进嘴里。

- 将宝宝能摸到的抽屉安装儿童安全锁，尤其是多层抽屉柜，以免夹伤宝宝。
- 位置较低的插孔或插线板要安装保护套、插孔保护盖等，并确保宝宝无法打开，避免因好奇去抠插孔洞，发生触电危险。
- 锁好卫生间的门，禁止宝宝进入。宝宝的活动范围内不要有任何装有水的盆、桶等容器。
- 装有热水或热食物的餐具不要放在桌子边缘或低矮的家具上。在用餐时，要时刻监护宝宝远离过烫或会引起窒息的食物。
- 加热设备应放到禁止宝宝进入的房间，并放在宝宝够不到的台面上，避免发生危险。冬天使用加热设备时，材质、设计上要选择控温更严格的，避免烫伤宝宝。
- 药物、酒类等物品，应收纳在宝宝接触不到的地方，以免误食。
- 不要养任何食用后可能引起中毒的植物，并将植物放在宝宝够不到的地方。

检查时，家长不妨趴下来，以宝宝的视角在地上爬一圈，可能就会发现许多平时忽视的安全隐患。需要注意的是，每个家庭格局布置不同，具体防护措施应根据家庭实际情况来做，以保证安全，让宝宝自由探索。

早教建议

给宝宝描述见闻

这个阶段的宝宝，已经能够发出一些简单的音节，家长要多与宝宝互动，多向他描述见闻，以帮宝宝将见闻和语言联系起来，促进语言能力的发展。

第一，在宝宝咿呀学语时，要多引导他说话。家长在给宝宝东西时，向他说明这是“苹果”、那是“香蕉”，帮宝宝逐渐将词语与物品对应起来。家长可以利用一些技巧，比如，宝宝指着图画书发出“嗯啊”的声音时，家长即便明白了宝宝的意思，也可以故意递给他玩具车。宝宝拒绝后，家长再拿起图画书，同时向宝宝强调：“哦，宝宝是要看书呀。”如此强化宝宝认知语言和事物之间的联系。不过，采用这个方法时，要注意不能让宝宝太长时间达不到目的，以免情绪崩溃大哭大闹，打击他的积极性。

第二，要随时向宝宝介绍世界。面对新奇的世界，宝宝会非常好奇。家长要利用这个机会，向宝宝介绍那是什么以及人们正在干什么，比如看到花花草草，可以跟他说：“宝宝看，这是漂亮的花，叔叔在浇花。”不断重复有助于宝宝建立语言与事物之间的联系。另外，家长不要忽略社交中人物的称呼介绍，比如阿姨、叔叔、哥哥、妹妹等，还要经常和宝宝说自己的名字，这样有助于形成社交概念和自我认同感。

家长在帮助宝宝练习说话时，要注意以下三点：第一，语言只是互相交流、表达自己的工具，不能成为家长炫耀的资本，否则宝宝会觉得，学习语言不是为了交流，而是用来表演的，很可能会造成虽然会说但不会用的情况。第二，家长要以身作则，记住自己时时刻刻都是宝宝模仿的对象。有些家长认为，只有刻意教宝宝学说话，所说的内容才有意义。事实上，家庭成员在日常生活中所说的每句话，都对宝宝的语言学习有着很大的影响，因此家长时刻不能忽视自己的示范作用。第三，不要在宝宝刚刚表达需求的时候，就马上满足他。家长的理解力和执行力如果太强，会减少宝宝练习说话及认识世界的机会，对语言发展造成阻碍。

做宝宝的引导者

在宝宝成长的过程中，家长对其不当行为进行适度的管教或者说引导是必要的。宝宝起初可能不配合，但随着年龄的增长，他终将学会遵守规则，合理利用规则，保护自己远离危险，更好地与他人和社会相处。

给宝宝立规矩，并不是简单地制订规则，并要求严格遵守，家长可遵从以下几个原则进行引导。

第一，尊重为先，方式因人/因事而异。每个宝宝的性格不同，对家长采取方式的接受程度也不同。有的宝宝只需温柔的忠告，有的即使是严厉的警告也无济于事。所以，家长要在尊重宝宝的前提下，根据实际情况适当调整引导方式。

另外，针对不同的事件，要用不同的处理方法。这个年龄段的宝宝，即便有错误行为也是无心之失。针对危险的动作，家长要立即阻止纠正；对于其他错误行为，家长“视而不见”淡化处理效果会更好。比如，宝宝去捅插座上的小洞，家长要严肃地告诉宝宝“这样做很危险，不许动”；如果宝宝故意咬人，家长可以冷处理，过激的反应可能会让宝宝觉得很有趣，反而强化他的错误行为。

第二，妥善掌握尺度。家长要知道，最有效的教育，绝不是死板地遵守每一个既定的规矩，也不是没有原则的宽容。完全依赖父母监督的宝宝，长大后一旦失去家长或其他成年人的监督，反而无法很好地管束自己；在溺爱环境中成长的宝宝，往往比较自私、粗暴，同样无法约束自己。所以，根据宝宝的情况掌握适当的尺度很重要，家长要自己去摸索。

第三，纠正和奖励远比惩罚要有效。对小宝宝而言，积极的奖励和表扬要比惩罚更加有效，这种做法能够使宝宝充满自信，鼓励他继续坚持这种良好的行为。惩罚则很容易伤害宝宝的自尊，使其产生逆反心理，甚至挑衅家长的权威。

当然，不惩罚并不代表姑息，家长可以用平和的方式让宝宝承担犯错误的后果。比如宝宝打翻辅食碗，家长可以为宝宝示范如何清理地板，再为宝宝安排一些力所能及的工作，让他一起参与清理，从而慢慢意识到承担后果的重要性。

崔医生特别提醒：

在养育过程中，家长除了牢记“强化优点、淡化缺点”这个大原则外，还应将自己的角色定位成引导者，而非管理者。这样才能在教育宝宝时端正心态，尊重宝宝，采取“引导”而非“管教”的方式纠正宝宝的不当行为。

第 11 章　9 ~ 10 个月的宝宝

满九个月的宝宝，随着认知能力进一步发展，情绪变得更为多样与复杂；而且部分宝宝大运动能力有了新进步，开始尝试站立。这一章着重介绍了宝宝一些怪异小动作的成因，提醒家长关注宝宝的心理健康，并对如何帮宝宝练习站立提出建议。

了解宝宝

宝宝 9 个月会做什么

9 个月时，宝宝应该会：

- 扶着东西站立。
- 把积木块等物品从一只手换到另一只手。
- 见到陌生人，有不同于看到日常看护人的反应。

9 个月时，宝宝很可能会：

· 发出 dadamama 的音，但无所指。

· 用拇指和其他手指一起抓东西。

· 玩躲猫猫游戏。

9 个月时，宝宝也许会：

· 自己坐下。

· 拉着物体站起来。

· 咿咿呀呀学说话。

· 用拇指和食指捏东西。

· 用积木块等物品对敲。

· 玩拍手游戏，或者跟别人挥手再见。

9 个月时，宝宝甚至会：

· 扶着家具走。

宝宝大运动发育：扶站

在这个阶段，大部分宝宝能够扶物站立。当宝宝能够扶站时，说明腰前曲已经形成，且腿部力量能够支撑身体重量。对已经可以很好独坐，又明显表现出想要尝试站立的宝宝，家长应适当地提供练习机会并进行辅助，如轻轻拉起宝宝的小手，让他尝试借助外力站起来。需要注意的是，千万不要把宝宝用力拉起，以免造成肌肉或骨骼损伤。也可以让宝宝扶着床、椅子等比较结实的物体练习站立，但最好在宝宝周围放上柔软的垫子，以免不慎摔倒磕碰受伤。当宝宝能够熟练扶站时，可以慢慢撤掉支撑物，让他尝试独自站立。但仍要注意做好保护措施，给宝宝足够的安全感。

需要注意的是，如果宝宝站着时仍习惯脚尖着地，过早开始练习站立，很可能对脚弓及下肢肌肉发育产生不利影响。针对这种情况，家长可以让宝宝多趴，并视情况提供机会练习爬行。有些宝宝在11个半月的时候才能在辅助下完成站立，因此如果宝宝稍有落后，家长不必过于焦虑。

专题：扁平足是否妨碍宝宝站立

通常，人的双脚内侧底部向上拱起，形成一个C字形的弧度，这个弧度叫作内侧脚弓。如果脚底比较平坦没有脚弓，这在医学上叫作扁平足，也就是常说的平足。

有些家长在帮助宝宝练习站立时发现，宝宝肉乎乎的小脚好像没有脚弓，不禁担心这种情况是否影响站立。事实上，脚弓不是宝宝出生时就有的，而是随着宝宝生长发育，尤其是会站、会走之后，肌肉、踝关节韧带得到锻炼，才逐渐形成。

在宝宝2岁左右时，脚弓开始形成，4～5岁能够发育为比较成熟的类似成人的脚弓。小宝宝的足底有脂肪垫，如果脂肪垫较厚，脚弓就不会那么明显，尤其是站立时，脂肪垫填充在脚弓与地面的空当处，使得足底显得扁平，但当宝宝双脚悬空垂直于地面时，脚弓则相对明显一些。

扁平足一般不需要进行特殊的护理和治疗，鞋子也不能矫正这种情况，但选择有脚弓的鞋子会让宝宝更舒服。大部分扁平足基本能自行缓解，即使少数长期存在，也不会造成严重的行走困难。

如果宝宝有脚、脚踝、膝盖疼，走路姿势明显异常，不愿意走路或跑步等情况，家长需带宝宝就医，请医生排查引起问题的原因，必要时进行矫正。

宝宝的怪异小动作

撞头、摇头、拉扯头发、用力磨牙、频繁眨眼，这个月龄段的宝宝突然出现了这些怪异的举动。一般情况下，这些动作都是正常的。

撞头、摇头

对这个阶段的宝宝来说，撞头、摇头等行为都是正常的，可能会持续几周或几个月，甚至一年或更长的时间。大多数宝宝会在 3 岁左右改掉这个习惯，家长无须干预。

宝宝出现这种情况，很可能是因为节奏感增强，听到音乐就会随之摇晃身体；也有的宝宝通过摇晃身体或者摇头，体会一种被父母轻摇的感觉；如果宝宝正处在出牙期，可能会用撞头转移出牙带来的疼痛感。除此之外，有的宝宝会在睡觉时撞头、摇头，以缓解白天积累的疲惫感。另外，对于正在承受断奶、学走路、看护人变化等生活压力的宝宝，也会出现持续的摇头或撞头的行为。

对发育正常的宝宝而言，这些行为与其精神和身体没有关系。如果宝宝日常精神状态良好，饮食、睡眠、生长曲线等均正常，家长完全不必担心，无须过度关注或强行纠正，否则很容易适得其反。

需要提醒的是，即便摇头、撞头不需要太多干预，家长仍应注意保护宝宝的安全，比如在婴儿床、墙面等容易磕碰的地方包上柔软的垫子，避免宝宝用力过大而对头部造成损伤。另外，如果宝宝在摇头、撞头的同时出现其他异常行为，并且伴随发育迟缓等问题，家长则需及时带宝宝就医检查。

拉扯自己的头发

宝宝卷、拉自己的头发大多发生在吃奶时，这给正在吮吸的宝宝带来足够多的安抚，获取安全感。事实上，小宝宝会通过各种奇怪的举动进行自我安慰，拉扯头发就是其中之一。虽然有些自我安慰的行为在妈妈看来未免有些过激，但通常都是无害的。

宝宝自我安慰的行为一般会随着成长自行消失，不需过多干涉。但在日常生活中，应多注意观察宝宝的举动，及时帮他疏导不良情绪，有效地陪伴，给宝宝更多的安全感。如果宝宝拉扯头发的行为比较严重，家长可以考虑暂时将宝宝的头发剪短，也可以在喂奶时，握住宝宝的小手避免他拉头发，或者准备一个毛绒玩具供他拉扯。

用力磨牙

磨牙与咀嚼的动作是不同的，咀嚼食物时口腔中有食物和唾液，在牙齿间起到润滑的作用，而磨牙是干磨，容易把牙齿磨平、磨坏，对接下来的出牙不利。

宝宝磨牙可能与心理压力、出牙不适、兴奋过度有关，也可能仅仅因为喜欢磨牙的声音和感觉。因此，遇到宝宝磨牙的情况，家长应注意查找原因。如果因为牙龈不适，可以为宝宝准备牙胶或磨牙棒帮助缓解。如果因为心理方面的原因，则应多陪伴宝宝，加强互动和交流；也可以多带宝宝外出，分散其注意力。

另外，宝宝睡觉期间磨牙可能与脑神经过度兴奋有关，家长要注意合理安排宝宝的日常活动，做到劳逸结合；特别要注意，临睡前不要让宝宝过于兴奋，不要玩太激烈的游戏、讲吓人的故事等，以让他安静地慢慢进入睡眠状态。

频繁眨眼

一般来说，宝宝频繁眨眼睛可能与以下几个原因有关：第一，满足宝宝的好奇心，这是发育中的正常现象。宝宝对世界处于不断的认识过程中，一切都是新奇而有趣的，睁眼闭眼引起的光明及黑暗的变换可能会让宝宝产生兴趣，表现为频繁眨眼。待宝宝逐渐熟悉这个世界，眨眼的情况就会消失。第二，眼部疾病。如果宝宝眨眼时，伴随出现红、肿、分泌物异常增多等情况，那么眨眼很可能是由眼部感染引起的。家长应带宝宝及时就医，请医生进行检查。第三，眨眼是由心理因素引起的。受到惊吓也会使宝宝频繁眨眼。在排查原因时，家长要想一想最近是否发生了给宝宝造成压力的事情，有针对性地调整改变。第四，与多动症有关。多动症不是单纯地指宝宝的动作增多，而是异常动作增多。所以，家长如果发现宝宝频繁眨眼，同时伴有很多让人无法理解的奇怪动作，而且注意力总是无法集中，应提高警惕，及时带孩子就医，请医生做出判断。

喂养常识

开始尝试稍粗的食物

宝宝辅食的制作，应遵循由稀到稠、由细到粗的原则。由稀到稠，指的是辅食中水量逐渐减少；由细到粗，指的是食物的性状由泥糊状逐渐调整到细小的颗粒状。这个月龄段的宝宝，大部分都已掌握了咀嚼动作，并且萌出了乳牙，可以开始尝试稍微粗一些的食物。因此，家长可以不再用辅食机加工食物，改用研磨碗和研磨棒，将蔬菜、软面条等食物捣碎，锻炼宝宝的咀嚼能力。

不过，在将食物做粗后，家长要密切留意宝宝的大便，一旦发现大便中未经消化的食物颗粒较多，说明宝宝的咀嚼能力或肠胃消化能力还不足以应对如此粗的食物，就要及时将食物再做得细一些，并继续有意识地锻炼宝宝的咀嚼能力。

在为宝宝做稍粗的食物时，除碎面条外，粥也是一个不错的选择。煮粥时，先将米用冷水浸泡半小时，让米充分膨胀，之后将米和泡米的水一起煮。如果计划煮肉粥或菜粥，肉和菜最好另行提前加工，在粥快煮好时再下锅，以使每样食材都保持各自的味道。

给宝宝准备手指食物

当宝宝开始主动尝试用手去拿捏食物时，家长就可以准备可以直接用手抓或捏着吃的手指食物，以锻炼宝宝的手部精细运动，为日后使用勺子打下基础。

磨牙棒是很好的手指食物，抓握方便，且较硬，不易被咬断。即便被咬下少许，入口与唾液混合，也很快就融化，不易发生噎呛。除磨牙棒外，具备成形的固体形态、入口很快融化的食物，都可以作为宝宝练习的工具。需要特别提醒的是，不建议将黄瓜条、萝卜条等作为手指食物。因为此时宝宝的咀嚼以及吞咽能力尚不完善，一旦这些条块被宝宝咬断未经咀嚼就咽下去，很可能发生噎呛。

在宝宝具备充分的咀嚼及吞咽能力后，手指食物可以慢慢转换为薄片状或块状食物。当然，在食材的选择上，仍应具有适宜咀嚼和遇唾液即化的特点。

崔医生特别提醒：

将黄瓜条、胡萝卜条蒸熟后给宝宝作为手指食物，这种做法也存在一定的隐患。蒸熟的黄瓜条、胡萝卜条较软，一旦被宝宝咬下，在嘴里变成十分黏稠的糊状不慎吞入气道，可能会将气道堵严引起窒息。

日常护理

宝宝的头发护理

给宝宝做好头发护理，包括洗头和梳头两个方面。家长需要了解一些相关的小技巧，以使这项工作更易于进行。

洗头

洗头并非每天的必修课，除非天气很热宝宝出了很多汗，或者头发很油腻，否则每周洗 1 ~ 2 次就可以了。给宝宝洗头时，要注意以下三个方面：第一，洗头要速战速决。在宝宝对洗头厌烦或者发脾气之前结束，会减少很多麻烦。当然，速战速决并不是仓促慌乱结束，而是提前做好准备、简化程序，比如方巾放手边、水温提前调好、动作果断不拖拉等，切不可因为着急弄疼宝宝。第二，选用合适的洗头帽。很多宝宝不愿意洗头，是因为反感水流到眼睛或嘴巴里。如果用洗头帽截留住冲头发的水，宝宝洗头时可能会更配合。第三，让宝宝看到自己洗头的过程。宝宝洗头的时候，可以在他前面放一面镜子，让他看到自己洗头的整个过程。家长可以用泡沫把宝宝的头发做成各种造型，也可以请一位助手给宝宝拍照留作纪念，有趣的造型及回忆会让他对洗头少一点排斥、多一点兴趣。

梳头

日常给宝宝梳头时，为使宝宝减少抗拒，更容易配合，家长可以从下面两方面着手：第一，选用梳齿疏密合适的梳子。梳子的齿疏密合适，梳头发时从发梢开始逐渐向上至发根，可以减轻拉扯头发引起的痛感，减少宝宝对梳头的抗拒。第二，增加宝宝对梳头的兴趣。家长在给宝宝梳头的时候，可以让他通过镜子观看整个过程。如果想给宝宝梳辫子，注意不要扎得太紧，以免损伤头皮。平时家长可以和宝宝玩给玩具梳头的游戏，提高宝宝对梳头的热情。

专题：宝宝头发小常识

有家长见到宝宝发色偏黄，担心是缺乏营养素所致。事实上，宝宝头发的颜色，对其身体健康与否不具备指向性，而是受遗传因素的影响比较大。如果爸爸妈妈的头发浓黑，宝宝头发浓黑的可能性就会大；相反，爸爸妈妈的头发稀少且偏黄，宝宝头发的颜色自然也会比较黄。

宝宝头发是否有光泽，确实能够在某种程度上体现健康状况。健康的宝宝，头发通常比较有光泽；如果宝宝的头发正常养护，仍然灰暗无光，则可能提示存在健康问题，家长要多加关注，必要时带宝宝就医检查。

怎样为宝宝选鞋子

对于宝宝学站、学走时是否应穿鞋，答案并不绝对。一种说法是，宝宝赤脚站立或走路，既能够刺激脚底丰富的触觉神经，促进触觉发育，还能增强身体协调性，穿鞋则会在一定程度上削弱宝宝感知觉的发育。如果是在室内，赤脚完全没问题，可一旦到户外，赤脚可能会划伤或硌伤宝宝的双脚。此外，赤脚走路和穿鞋走路的感受是有差异的。这是因为，穿鞋走路时脚趾是并拢的，赤脚走路时脚趾是撑开的，赤脚和穿鞋走路时用到的肌肉不完全一样，脚上的受力点和用力的具体部位自然也就不同。因此，在宝宝学站、学走时给宝宝准备一双学步鞋，既是为了保护好宝宝的双脚，也是为以后适应穿鞋走路打下基础。

怎样选择学步鞋

关于学步鞋子的选择，家长可以参考以下几个方面。

- 鞋子的形状符合宝宝脚形、鞋帮要尽量低，避免较高的鞋帮卡伤宝宝的脚踝；不能过分追求好看而选择样式奇特的鞋子；鞋底弯曲部位应在鞋子前部 1/3 处。
- 鞋面材质柔软、透气性好、无异味。宝宝的脚比较娇嫩且容易出汗，材质过硬可能会磨伤皮肤，透气性不好则可能让宝宝的脚出汗，产生不适感。但鞋子的后帮和鞋头相较于其他部分应稍硬，以给脚较好的保护。

- 鞋底防滑性要好。宝宝刚刚学会站立，动作尚不娴熟，鞋底滑容易摔倒。选择时，可用手按压鞋内的前脚掌部位，确保鞋底不会太软，以便为宝宝提供良好的支撑；还可以用手像拧衣服一样拧整只鞋子，确保鞋子不会变形。
- 鞋子尺码要合适。确认鞋子的尺码，家长首先要测量宝宝的脚长。在白纸上画一条直线，让宝宝站立在白纸上，脚后跟抵住那条直线，测量宝宝最长的脚趾到直线之间的距离。鞋子的内长要比宝宝的脚长 0.5 ~ 1 厘米。一般来说，夏季的鞋内长应比宝宝裸脚长 0.5 厘米，冬季则以长 1 厘米为宜。判断鞋子大小是否合适，家长可以让宝宝穿上合适的袜子试鞋，这样可以挑出更为合脚的鞋。另外，试鞋时应尽量让宝宝站着，确保脚趾未呈蜷缩状态。家长要用手指检查鞋前面多出的空间，并判断鞋的宽度是否适合（能捏起一点即为合适），若沿鞋边按压能感觉到宝宝的小脚趾或脚骨外侧，则说明鞋太窄。最后应检查鞋后跟空间是否合适，以家长的小手指可以插入脚后跟和鞋帮之间为宜，同时可以扶着宝宝穿鞋走几步，确保宝宝不会拖着鞋走。

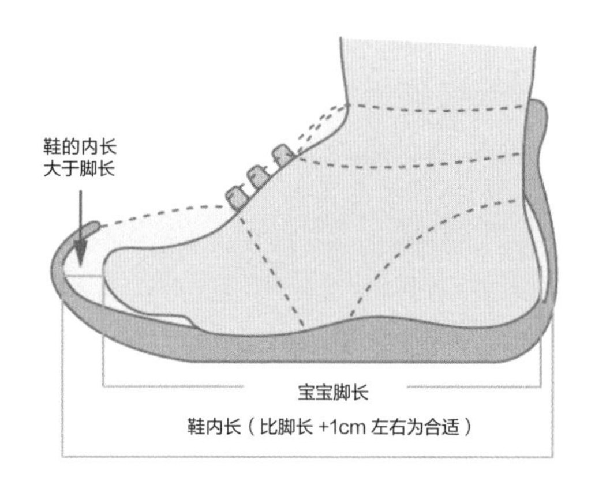

▲ 图 2-11-1　选择鞋长的标准

- 定期为宝宝更换鞋子。宝宝脚长变化较快，家长应及时更换，不要让宝宝穿过大或过小的鞋子。在宝宝生长高峰期，6 ~ 8 周就要换一个号码。通常情况下，每 3 ~ 4 个月即需要更换一次鞋。需要注意的是，每个宝宝的发育速度不一样，家长应每个月检查一下宝宝鞋子的舒适度，如果宝宝穿上鞋后，脚趾处所余空间不足家长小手指的一半宽，或脚跟、脚面等处有勒痕，则说明宝宝需要换新鞋了。不建议给宝宝买较大尺寸的鞋子，以延长每双鞋子的使用周期；也不建议宝宝穿哥哥姐姐穿过的鞋，因为即使这些鞋子没有破损，与脚底接触的鞋子内底部分也可能已轻微变形，承托能力减弱，不适合宝宝穿着。

宝宝哭闹时屏气怎么办

屏气发生时，宝宝会出现暂时性呼吸停止、嘴唇发青，严重的会身体僵直、抽搐，甚至失去知觉，但时间通常较短。宝宝哭闹时屏气大多与生气、身体不适或强烈的挫败感有关。屏气一般在宝宝1岁左右出现，2 ~ 3岁达到高峰，4岁以后通常就不会出现了。

家长可以通过以下方式，预防或减少宝宝出现屏气：第一，如果宝宝是因要求得不到满足发脾气而导致屏气，家长可以采取淡化处理的方式，在宝宝哭闹时给予平和的回应，不要表现得特别紧张，更不要无条件地满足宝宝的要求，否则宝宝会养成依赖屏气而获得满足的坏习惯。第二，如果宝宝属于比较敏感易受挫的性格，家长要多关注宝宝的情绪。这不是指一味地退让与配合，而是通过多互动给予宝宝更多的安全感。第三，增强宝宝的适应能力，带他多和同龄小朋友接触，锻炼社交能力，引导他在和同龄人相处的过程中，学会分享与合作。第四，如果宝宝确实因身体不适而导致屏气，需及时就医排查原因。如果经过引导，宝宝仍频繁出现屏气，或者屏气时间比较长，家长也应及时送宝宝就医检查。

早教建议

不要阻止宝宝的探索

刚刚收拾整齐的房间，转眼间就被宝宝搞得混乱不堪，这与宝宝的探索行为有关。探索不仅能够激发好奇心，锻炼观察与思考能力，还可以提高大运动和精细运动水平，可谓好处多多，值得鼓励。不过，整洁的家庭环境对于保障宝宝探索时的安全也很有必要，因此应在鼓励宝宝探索和保证环境整洁之间找到平衡。家长可尝试以下几种方法。

第一，给宝宝分出可以探索的区域。家长可以给宝宝提供一两个房间或某个区域供其探索，既可以满足宝宝的需求，也能保持整体环境的整洁。具体方法是，家长关上房门或设置婴儿安全门，分隔出宝宝的活动区域，并提前将各类危险物品收到宝宝够不到的地方，而在较低的位置留出专门的抽屉或柜子，里面放一些有趣的玩具，或纸杯、木勺之类的生活用品，让宝宝享受发现的乐趣。

第二，家长应克制随时想追求整洁的心。如果宝宝把房间弄得比较乱，家长不要紧随其后帮忙收拾，以免让宝宝感到爸爸妈妈限制自己的行动，而且这种做法通常都是徒劳的，宝宝转瞬间会再次把整洁的房间弄乱。因此，家长要学会克制自己，接受暂时的混乱，每天只在固定的时间清理，比如宝宝午睡时和晚上入睡后。

第三，要持续给宝宝传递“保持整洁”的概念。每天游戏后，家长可以和宝宝一起收拾玩具，比如将玩具递给宝宝，让他帮忙放回玩具箱，或者让他把废纸、脏纸尿裤等帮忙扔进垃圾桶，并对他的每一次努力给予积极的回应和表扬。虽然宝宝在一段时间内依然会是“破坏王”，但是坚持引导有助于他渐渐明白物归原处的道理，逐渐养成自己收拾玩具、保持整洁的习惯。

第四，不要责备宝宝。家长不要不停抱怨宝宝造成的混乱，也不要把“不许”挂在嘴边，打击他的探索欲望和好奇心。当然，暴力阻止更是错误的，如果不希望宝宝做什么，就要从源头上避免他有这样做的机会，或者在事情发生时平静地阻止。

帮宝宝学会认识危险

强烈的好奇心和探索欲望总会驱使宝宝不断地接近危险，甚至制造危险。因此，家长除了要做好防护，还要告诉宝宝哪些物品、哪些行为是危险的，逐渐帮宝宝建立安全意识。

- 锋利的物品不要碰。家长使用剪刀、菜刀、指甲刀、剃刀时，一定要告诉宝宝这些东西非常锋利，不是玩具，只有大人才能用。当宝宝在精细运动发育到一定程度后，可以尝试使用儿童安全剪刀。

- 滚烫的物品不要碰。家长要不断告诉宝宝热水壶、取暖器等很烫不能触摸，让他将“烫”和“不能触摸”联系起来。对越阻止越好奇的宝宝，家长可以在保证安全的前提下，让他触摸一些热的东西，如装了热水的杯子，体验“烫”的感觉，这比一味制止效果要好很多。不过，让宝宝尝试触摸的物品不要太热，以免发生烫伤。
- 远离电线和插座。大多数宝宝都喜欢拉扯电线，用手指抠电源插座，因此家长应藏好电线、给插座装上安全盖，反复向宝宝强调“这很危险”，以加强安全意识。
- 不要独自玩水。要不断提醒宝宝，不能在父母不在场时玩水，以免发生溺水。
- 清洁剂、药品不要碰。清洁剂、药品等有安全隐患的物品应放到宝宝拿不到的地方。每次使用清洁剂或服用药物时，应告诫宝宝，这些东西只有大人才能拿。
- 遵守交通规则。教宝宝认识红绿灯，示范如何安全地过马路，让他理解并记住交通规则。

重视宝宝自尊心的建立

自尊是指个体对自己做出的评价，所表达的是个体对自己的一种肯定或否定态度，表明宝宝在多大程度上相信自己是有能力的、重要的、成功的和有价值的。通俗地讲，自尊就是当宝宝遇到一件事情时会主动去探索，并认为自己有能力完成这件事情，即使探索失败，也可以主动去寻求帮助。这个过程是宝宝的应物能、应人能、运动能、言语能四项能力不断得到提升的过程。其中，应物能是指宝宝对外界事物的反应能力；应人能指宝宝理解别人和与人交往的能力；运动能是宝宝大运动和精细运动的发育；言语能则是指宝宝是否有有效运用口头语言或文字表达自己的思想并理解他人的能力。

有研究表明，健康的自尊是宝宝应对社会挑战的武器。因为了解自己的优缺点、对自己满意的宝宝，可以有效应对冲突和压力，更容易乐观地享受生活。反之，低自尊的宝宝面对压力和挑战时，经常会感到焦虑和挫败感、对自己评价低，在困境面前更容易消极、退缩甚至抑郁。

宝宝自尊心形成的时间

自尊心的形成没有一个确定的年龄界限。一般来讲，从婴儿期开始，宝宝就有自尊心的意识，而且，从婴幼儿时期到成年期，自尊是动态发展变化的。因此，家长不要因为觉得宝宝还很小，就认为他没有自尊心，然后在宝宝面前说话、做事毫无顾忌。家长应该意识到，宝宝的自尊不是到了跟家长抗议，要求被尊重的时候才开始存在的，而是从小从细微处就体现出来了。

如何帮宝宝建立自尊

帮宝宝建立自尊时，家长要做到：第一，要多进行亲子互动，让宝宝感到自己在家长心中的重要性。在互动过程中，父母要细心关注宝宝的反馈，即使宝宝只会咿咿呀呀，家长也要安静聆听、耐心回应。通过父母的反应，宝宝会知道自己做得好不好，也能感受到来自亲人的爱。第二，当宝宝有进步时，家长要及时肯定和鼓励，注意表扬时要就事论事。第三，帮宝宝形成正确的是非观，及时纠正他对自我的错误认识。家长要知道，宝宝对自己的不良感知，如果不能及时得到纠正，就会影响日后健康自尊的形成。

培养宝宝的自尊时，要避免下面几种情况：第一，不要在外人面前批评指责宝宝，以免伤害他们的自尊心。第二，不要对宝宝取得的进步采取否定式的肯定。比如宝宝主动帮家长擦桌子，家长说："嗯，不错，但你没有擦干净呀。"这种表达方式不利于宝宝自尊心的建立。第三，宝宝在认真做一件事或玩游戏时，家长不要在旁边不厌其烦地纠正，以免使宝宝失去掌控的乐趣，产生挫败感。

第 12 章　10 ~ 11 个月的宝宝

在这个月龄段，宝宝的认知、理解能力都有了明显进步，并开始有意愿尝试用语言表达自己。这一章着重讲解了家长应如何引导宝宝，以帮助宝宝理解语言，进行语言储备，并针对学语期可能出现的各种问题做了解答。

了解宝宝

● 宝宝 10 个月会做什么

10 个月时，宝宝应该会：

· 发出 dadamama 的音，但无所指。

· 用拇指和其他手指一起抓东西。

· 玩躲猫猫游戏。

10 个月时，宝宝很可能会：

· 自己坐下。

· 拉着物体站起来。

· 咿咿呀呀学说话。

· 用积木块等物品对敲。

· 玩拍手游戏，或者跟别人挥手再见。

10 个月时，宝宝也许会：

· 扶着家具走。

· 用拇指和食指捏东西。

10 个月时，宝宝甚至会：

· 不扶东西站立一瞬间。

· 有所指向地发出 dadamama 的音。

· 尝试用杯子而不是奶瓶喝水。

· 以声音或身体动作传递自己的需求。

● 宝宝体重增长缓慢

如果宝宝身体健康、饮食正常，体重一段时间内不增或增长缓慢，很可能是运动量增加所致。随着宝宝爬、站等大运动能力发育逐渐完善，运动量也在不断增加。宝宝在一段时间内运动量猛增，体重很可能会增长缓慢甚至没有增长，但在这个阶段，身长会按照正常速度增长。

事实上，宝宝的生长发育速度呈阶梯状。在一个阶段内相对较快，接下来的阶段又会慢一些，之后可能会再度加快。因此家长要持续观察宝宝的生长曲线，并将身长和体重指标结合来看，如果体重增长暂时放缓，而身长增长正常，很可能是这个阶段宝宝运动量增大引起的正常变化。如果体重和身长增长同时减缓，就要考虑是否营养吸收出现了问题，需及时咨询医生。

宝宝为什么还不会站立

在学习站立的过程中，宝宝的学习速度受许多因素影响，比如体重（较重的宝宝要付出更多努力）、身体协调性、练习机会等，甚至不防滑的鞋子或袜子，都可能对宝宝练习站立造成影响。

如果宝宝已经有了站立的意识和扶站的能力，家长可以将他喜欢的玩具放在站起来才能够到的地方，鼓励他站立。要注意，练习要在宝宝精神状态比较好的时候进行，当宝宝表现出烦躁或拒绝时，千万不要强迫。

通常情况下，宝宝都能在 11 个半月前学会扶站。如果在这之后还没学会，家长就要带宝宝就医，检查是否存在发育迟缓的问题。

宝宝睡觉为什么会打鼾

宝宝打鼾是由于上呼吸道不畅造成的，引起上呼吸道不畅的原因很多，有些会随着生长发育自行消失；有些如果不及时干预，会对健康造成严重的影响。因此，如果宝宝睡觉打鼾，家长要根据情况进行初步判断，有针对性地进行护理，必要时及时向医生寻求帮助。

上呼吸道感染

上呼吸道发生感染，鼻黏膜肿胀，分泌物增多，鼻腔被堵塞，引起打鼾。如果宝宝平时没有打鼾的情况，却在有呼吸道感染的其他症状时打，很可能就是这个原因导致的。随着上呼吸道感染的好转，打鼾的情况就会逐渐消失。

扁桃体肥大

扁桃体肥大会堵塞呼吸道，在睡眠过程中引发宝宝打鼾。引起扁桃体肥大的原因多是感染，对于因扁桃体肥大而引起的打鼾，应积极治疗原发病，感染消除后扁桃体自然会缩小。对扁桃体反复感染或反复发炎的宝宝，家长应咨询耳鼻喉科的医生进行治疗。

腺样体肥大

造成腺样体肥大的主要原因是过敏。腺样体位于鼻咽后部，如果肥大，向内会造成上呼吸道不畅，引起打鼾，长期不干预，可能会导致慢性缺氧、颜面变形等问题；向外肥大的腺样体会压迫听神经，影响听力，时间长了有可能造成宝宝听力障碍。因此，如果宝宝打鼾情况较严重，家长应引起重视，及时向耳鼻喉科医生求助。

如果排除了上述几种情况，就要考虑宝宝是不是喉软骨发育仍不成熟，这种情况应及时带宝宝就医。

崔医生特别提醒：

如果是由腺样体或扁桃体肿大引起的打鼾，一般宝宝由平躺转为侧躺时，情况会有好转；如果调整睡姿后仍无法缓解，说明肿大已经比较严重，一定要及时就医。

宝宝出现技能倒退

宝宝正处于快速认识世界的阶段，需要掌握的技能非常多，在接触更有趣、更新鲜的事情后，很可能对已经掌握的技能失去兴趣，出现不情愿做或做不好的情况，这是正常的。

家长应用发展的眼光看待宝宝的成长，即使在发育过程中出现一些小小的倒退，也不要太在意，要以宽容的态度对待发育中的宝宝，允许宝宝有一时的停歇。很可能过段时间，宝宝又能轻而易举地做这些事情，或者用搁置一段的技能去进行新的探索。如果宝宝既忘掉了已经掌握的技能，其他方面又没有任何新的进步，或者很多技能突然同时出现倒退，家长就要引起注意，必要时向医生咨询，排查宝宝是否出现身体或心理问题。

喂养常识

用食物应对宝宝贫血

贫血是婴幼儿期常见的临床表现，也是影响宝宝发育、诱发感染性疾病的主要因素之一，其中以缺铁性贫血最为常见。

缺铁为什么会导致贫血

血液由血浆和血细胞组成，血细胞包括红细胞、白细胞和血小板。红细胞中含有血红蛋白，它使血液呈现红色，还能将人吸入肺中的氧气运送到全身，保证机体的正常运行。铁是合成血红蛋白的重要微量元素，当人体内的铁减少，血红蛋白就会随之减少，红细胞中没有了血红蛋白，自然会随之变小，出现缺铁性贫血，也叫小细胞低色素贫血。

缺铁性贫血的表现

缺铁性贫血较为明显的特征，除了肤色发白，口唇黏膜和眼黏膜也会变白，同时伴有指甲薄脆、食欲下降等现象。此外，还表现为易烦躁、对周围事物兴趣下降、注意力易分散、记忆力变差等。因此，家长发现宝宝出现类似症状，就应考虑是否有缺铁性贫血的问题，及时带宝宝就医，及早诊断，及时干预。

如何用食疗应对缺铁性贫血

因为人体本身不能产生铁，只能从外界补充，所以治疗缺铁性贫血有两种方式，一是食补，二是服用补铁剂。对宝宝来说，食补是最好的方式，既是治疗，也是一种预防手段，当贫血得到改善后，已经形成的良好的饮食结构能够有效防止贫血再次发生。

一般情况下，足月出生的宝宝6个月以内不需要补铁，因为出生前已经从妈妈体内获得了足够的铁，这些铁在宝宝出生后会按需释放，能够维持其正常生长发育到6个月左右。而当宝宝满6个月开始添加辅食后，家长就要注意通过辅食给宝宝补铁。

- 含铁的婴儿米粉：在辅食添加初期，由于宝宝进食量较小，无法大量摄入绿叶菜、红肉等，可以含铁的婴儿米粉作为主要的补铁方式之一。
- 绿叶菜：绿叶菜中含有叶绿素，叶绿素中含有铁，对规律添加辅食的宝宝来说，绿叶菜是很好的补铁食物。需要注意的是，绿叶菜不要煮得太烂，只要在滚水中焯一下，菜叶颜色变成深绿色就可以捞出来剁碎，煮得太烂会破坏其中的营养素。

- 红肉：红肉包括猪肉、牛羊肉等。红肉含铁量很高，而且因富含肌红蛋白，所含铁可以直接被人体完整吸收，是很好的补铁食物。

需要提醒的是，宝宝日常要注意含铁食物的摄入，并非建议只吃含铁食物。其他食物如块茎类菜、白肉虽然不含铁，却含有生长发育所需的其他营养素。宝宝添加辅食后，饮食中不仅要包括含铁的营养米粉、绿叶菜、红肉，其他食物也要每天适当摄入，以保证营养均衡。

崔医生特别提醒：

很多家长觉得补铁剂价格不贵，而且相较于食补，效果更明显，便给宝宝使用补铁剂。其实补铁剂对胃伤害比较大，宝宝的生长发育需要很多营养素，如果因使用补铁剂影响了正常进食量，进而影响其他营养素的摄取，就会得不偿失。不过，靠食物补铁适用于预防贫血或有轻微贫血的情况，如果宝宝贫血严重，则应遵医嘱使用补铁剂。

宝宝不良的进食习惯

宝宝吃饭突然变得不专心，有些家长会采取“追着喂”的策略，每喂一口都要挖空心思，想尽办法，甚至软硬兼施，搞得身心疲惫，但效果却并不理想，不仅拉长进食时间，对消化吸收也有不良的影响。

另一些家长则采用“放羊”的模式，随宝宝的心意，不管是不是进食时间，想吃就吃；即使是进食时间，不吃也不会强迫。这种方式也存在诸多隐患：首先，影响营养素的摄入。吃饭不规律会无法保证以奶为主的饮食结构均衡，影响营养素的全面摄入；其次，存在安全隐患。宝宝一边玩一边吃，有发生噎呛的风险。再次，可能会导致龋齿。宝宝进食次数和时间没有限制，很难保证牙齿清洁，容易出现食物残留、细菌侵蚀，造成龋齿。

不管是“追着喂”策略，还是“放羊”模式，对宝宝形成良好的进食习惯、餐桌礼仪都是非常不利的，因此，对有类似问题的宝宝，家长应帮助宝宝予以调整，养成良好的进食习惯。

日常护理

保护宝宝的隐私

从婴儿时期起注意保护宝宝的隐私，对于宝宝形成性别意识、提高自我保护意识都有很大帮助。家长可以从以下几个方面着手，避免一些不经意的做法让宝宝受到身体或心理上的伤害。

第一，家长应避免在宝宝面前裸体。虽然对这个月龄段的宝宝来说，父母裸体与穿衣服可能没有明显区别，但家长应养成良好的习惯，在宝宝面前做好遮挡。一旦不小心暴露了私密的身体部位，家长也不要有强烈的反应，以免引起宝宝特别的注意。

第二，给宝宝换纸尿裤时注意遮挡。如果在家中，换纸尿裤时最好避开异性；外出去购物中心等室内场所时，则应尽量选择母婴室或较为封闭的空间更换纸尿裤，即便在户外，也要注意选择僻静处，避免在人较多的地方暴露宝宝私处。另外，不要给宝宝穿开裆裤，以免将宝宝的生殖器官直接暴露在外，不仅不尊重宝宝的隐私，还存在卫生隐患。

第三，禁止任何谈论宝宝生殖器的行为。有些亲友甚至父母会拿男宝宝的生殖器开玩笑，甚至用手触碰或把弄。这些行为会严重伤害宝宝的自尊，甚至破坏宝宝对自己身体界限的认知，不利于日后形成自我保护意识，而这种不良行为示范很可能会使宝宝将来也出现同样的行为。

如何处理宝宝手上的倒刺

手指上长倒刺多与遗传有关，但对手部妥善护理能够有效预防。当宝宝的手指因吮吸而皮肤变红、干燥时，可以在宝宝睡觉时在手指上涂抹橄榄油，即便吃手也没有害处。另外，频繁吃手也会使手上长倒刺，可以引导宝宝使

崔医生特别提醒：

很多家长认为倒刺是营养不良造成的，其实这多是一种遗传现象，或与吃手等不良习惯有关，通常与缺少维生素或其他营养素没有直接关系。

用牙胶、磨牙棒或安抚奶嘴等，以减少吃手。

对于已经长出的倒刺，家长可以先将宝宝的小手浸在温水中，待倒刺变软后用指甲刀齐根剪掉。

早教建议

引导宝宝更好地运用语言

宝宝已经开始学习用语言表达自己，在未来的几个月，理解能力会突飞猛进，语言能力也会迅速提升，父母的适当引导在这个过程中起着十分重要的作用。

第一，要注意倾听宝宝说的话。在教宝宝说话的过程中，聆听与示范同样重要，即便还不能清晰说出，家长也要积极给予回应，努力将不清晰的词语与实际词语对应起来，回应时要做出清晰的示范；如果难以理解宝宝的意思，家长应耐心猜测。这种积极的互动有助于加速语言发育进程，而家长的理解会让宝宝更有成就感。

第二，给宝宝的指令要简单。再过一段时间，大多数宝宝能够根据家长的指令做出相应的动作，但仅仅是简单的指令。因此家长应发出单一指令，比如，不要说“请捡起勺子，递给我”，而应先说“请捡起勺子”，等宝宝把勺子捡起来之后，再说“现在把勺子递给我”。另外，在宝宝正在或已经完成某个动作后再发出相应的指令，可以增加成就感。比如，宝宝正在捡饼干，家长说“请把饼干捡起来”，这种做法有助于加强理解，促进学习说话的进程。

第三，不要苛责宝宝。宝宝在学习说话的阶段，如果发音不准，家长不要苛刻地批评、纠正，以免打击宝宝的自信心，使他放弃尝试。另外，家长不要模仿宝宝错误的发音，以免被宝宝当成发音示范而更加混乱。当宝宝用错词时，不要反应太激烈，比如听到宝宝骂人，不要紧张地横加指责。其实宝宝可能不清楚这些词语的含义，而家长过于强烈的反应，反而可能强化他对错误用法的印象。

学习陪玩的技巧

陪玩需要技巧，父母既要给宝宝提供探索世界的自由，又要有适当的引导与互动。当宝宝沉浸于某个玩具时，家长可以在一旁观察，并不时给予语言上的支持，描述他的行为，比如，“呀，你把球投到洞里了，做得好！”家长的关注和鼓励会激发宝宝继续探索的热情，强化探索的行为，对认知能力的发展也有很好的促进作用。

当发现宝宝遇到了困难，家长可以给予适当的指导和帮助。比如，宝宝始终无法将三角积木放在对应的三角孔中，家长可以做出示范，直到宝宝掌握这个技巧。家长的帮助不仅使宝宝掌握解决困难的办法，还给宝宝带来了克服困难的成就感。

值得注意的是，很多家长往往无法把握适时引导的尺度，而演变为不恰当的关心。当宝宝专注于游戏时，家长会担心自己照顾不周，不时询问宝宝“饿不饿”“渴不渴”“累不累”。这种看似周到的关心，对宝宝来说却是一种打扰，久而久之很可能使其专注力下降。此外，过多的干涉同样会破坏宝宝的专注力。要知道，他们玩游戏自有其独特的玩法，比如把三角积木放到圆孔中，把细长的木片放到没有填满的缝隙中。如果家长强行纠正并反复重复，会限制宝宝创造力发展，对探索世界形成阻碍。因此，家长要明白，正确而高效的陪玩应以宝宝为主体，给他提供一个自由、自然的探索环境，只在他有需要时给予适当的帮助。

第 13 章　11 ~ 12 个月的宝宝

宝宝满十一个月了，部分妈妈开始考虑断母乳。这一章系统介绍了与断母乳相关的知识，包括何时可以开始断母乳、断母乳过程中的注意事项、如何帮宝宝顺利度过断乳期等，以帮助有需要的妈妈顺利度过这一时期。

了解宝宝

宝宝 11 个月会做什么

11 个月时，宝宝应该会：

· 自己坐下。

· 拉着物体站起来。

11 个月时，宝宝很可能会：

· 扶着家具走。

· 咿咿呀呀学说话。

· 用拇指和食指捏东西。

· 用积木块等物品对敲。

· 玩拍手游戏，或者跟别人挥手再见。

11 个月时，宝宝也许会：

· 不扶东西站立一瞬间。

· 有所指向地发出 dadamama 的音。

11 个月时，宝宝甚至会：

· 不借助任何辅助，独自站立（此动作仅代表发育程度，不建议做如此训练）。

· 用水杯喝水。

· 以声音或者身体动作传递自己的需求。

宝宝的生长曲线为何呈现阶梯状

宝宝生长曲线的走势呈现出阶梯状，受以下几方面因素的影响：第一，生长并非绝对匀速。以身长为例，生长曲线呈现阶梯状，说明身长不是均匀地增长，而是在一段时间内增长较快，接下来增长缓慢，之后可能又进入快速增长的阶段。第二，测量存在误差。仍以身长为例，每次测量可能都会存在误差：这次测量宝宝较放松，测量值就相对准确；下次测量宝宝比较紧张，数值可能就会出现偏差。这些误差使得生长曲线不能构成一条平滑的曲线，而是呈阶梯状。第三，运动量增加。如果在某个阶段内，宝宝的运动量持续增加，体重增长就会放缓，继而导致宝宝的体重生长曲线不能呈现平缓增长趋势。家长一定要结合整体情况考虑宝宝生长是否正常。

因此，虽然生长曲线呈阶梯状，但只要是在一定范围内波动，而且整体趋势是增长的，就属于正常现象，无须干预。当然，如果宝宝身长、体重均增长缓慢，家长要引起重视，积极寻找原因予以纠正。

宝宝学走时的奇怪步态

学步初期，有的宝宝不能很好地控制身体平衡，因此走路时会将双脚的脚后跟向外撇维持平衡；还有的宝宝只有一只脚向外撇，这同样是因为还没熟练掌握走路的技巧，无法将全身的力量均衡地分配到两只脚上。这些都属于正常现象，家长不用担心，也无须纠正。除此之外，在学走路的过程中，宝宝会不断地用自己的方式探索保持平衡的技巧，比如双腿微微弯曲、双手外展、走路蹒跚、用脚尖走等，这些也都是正常表现。随着年龄的增长、走路经验的增加，以及平衡能力的增强，走路姿势会逐渐转为正常，所以家长不必急于纠正。

需要提醒的是，如果宝宝过了 1 岁半，走路姿势仍有怪异表现，家长应及时带宝宝就医检查，请医生排查是否存在发育问题。

宝宝黏人又独立

有时候宝宝表现得非常黏人，有时候家长想要亲近他却被推开，这种矛盾的行为是 1 岁左右的宝宝情感发育的正常表现，也是逐渐独立的信号。

在这个阶段，宝宝开始有了要独立的想法，可又害怕失去家长的怀抱，所以会表现得既黏人又抗拒。家长要理解宝宝的心理状态，在他想要追求独立时给予足够的空间和安全，帮助他勇敢地尝试独立；在他希望陪伴时关注他的情感需要。

不过，这个尺度不好把握，家长需根据宝宝的情况适度调整。总体来说，在陪伴宝宝时，给他自己玩耍的独立空间，比如自己看绘本、搭积木、玩玩偶，家长可以退到一旁做个旁观者，默默关注宝宝。当他在游戏中成功完成了任务，及时地给予表扬和鼓励；当他遇到了困难或遭受了挫折，第一时间给予引导和适当安慰，一个拥抱、一个亲吻，都能让他感受到来自爸爸妈妈的温暖，知道“爸爸妈妈是爱我的”“爸爸妈妈在时刻关注着我”，慢慢地内心就会充满安全感，他也会变得更加独立。

喂养常识

何时开始断母乳

关于断母乳的时间有很多说法，一些权威的组织或机构虽然提供了建议，却也正因这些建议，令一些妈妈无所适从，觉得断母乳太早对不起宝宝，太晚又害怕乳汁营养不够影响宝宝的生长发育。

事实上，每个人存在个体差异，家庭情况也不尽相同，妈妈不要过分纠结，应根据自身情况选择。如果妈妈乳汁充足、时间充裕，完全可以坚持母乳喂养到宝宝自然离乳。如果条件所限，妈妈不能再坚持母乳喂养，那么就要有计划地引导宝宝离乳。

大致来讲，妈妈引导宝宝离乳有以下四点原因：第一，妈妈的身体状况不允许继续母乳喂养，如生病、身体状况较差、精力不足等，应视情况考虑停止母乳喂养。第二，妈妈的工作和母乳喂养有冲突，妈妈应先权衡工作与家庭再做出选择，如果计划坚持工作，就要给宝宝断母乳。第三，宝宝只吃母乳，对辅食完全没有兴趣，导致营养不良甚至生长发育迟缓，为了保证营养均衡，需要有计划地引导宝宝离乳。第四，宝宝过于依赖母乳，遇到任何事情都选择吃母乳解决，这种情况可能会对宝宝的性格养成产生负面影响，也应考虑断母乳。

崔医生特别提醒：

关于何时开始断母乳，妈妈要考虑清楚再做决定，千万不要勉强自己。如果为了坚持母乳喂养而不情愿地辞掉工作，即便在家照顾宝宝，最终也可能因为觉得付出太多而心情低落，这种负面情绪对宝宝的成长并无好处。因此，究竟是为了坚持母乳喂养而放弃工作，还是为了工作断母乳，每位妈妈要结合家庭实际情况，尽可能地尊重自己的意愿做出选择。

专题：宝宝 1 岁后母乳就没营养了吗

没有研究表明宝宝 1 岁后母乳就没有营养了。母乳中除营养素外，还有抗体、母乳低聚糖等各种免疫保护因子，具有任何其他乳制品都无法替代的优势。中国营养学会指出：7 ~ 24 月龄婴幼儿继续母乳喂养可显著减少腹泻、中耳炎、肺炎等感染性疾病；继续母乳喂养还可减少婴幼儿食物过敏、特应性皮炎等过敏性疾病；此外，母乳喂养婴儿到成人期时，身高更高，而肥胖及各种代谢性疾病明显减少。与此同时，继续母乳喂养还可增进母子间的情感连接，促进婴幼儿神经、心理发育，母乳喂养时间越长，母婴双方的获益越多。

另外，宝宝 6 个月之后就可以添加辅食，只要按时按量添加，保证食物种类丰富、营养均衡，即便单纯靠母乳提供的营养不能满足生长发育需要，宝宝也不会缺乏营养。随着年龄的增长，宝宝吃的食物越来越丰富，家长更无须担心出现营养不良的问题。

因此，有精力、有条件的妈妈完全可以选择顺其自然，等待宝宝自然离乳，这样不仅减少了对宝宝心理上的影响，也能避免不少因为强行断母乳带来的后续问题。

断母乳的注意事项

母乳喂养是妈妈和宝宝进行交流的一种方式，断母乳也应是二人互相理解的过程，不能像执行任务那样有生硬刻板的要求。妈妈要从自己和宝宝的需求出发，在断母乳的过程中，既要注意以下几个方面，也要注意继续和宝宝保持互动，以引导宝宝顺利离乳。

第一，坚持做到健康回奶。断母乳时，应注意关注乳房健康，避免患乳腺炎。通常回奶有两种方法：自然回奶和人工回奶。自然回奶所需的时间比较长，但不会对妈妈的乳房造成不良影响；人工回奶虽然耗时很短，但操作不当可能会给乳房带来损害。因此，如果没有紧急情况，必须在短时间内快速回奶，建议妈妈尽量选择自然回奶。具体方法是：逐渐减少哺乳或吸奶次数，延长两次哺乳或吸奶的间隔时间；每次哺乳或吸奶时有意识地缩短时长，对乳房的刺激越少，泌乳量也会随之减少。此外，妈妈可以穿稍紧身的内衣，对乳房适度挤压，这对抑制乳汁分泌也有一定的效果，但注意内衣的松紧度不应影响舒适度。

如果妈妈因为某些原因需要快速回奶，或尝试自然回奶后效果甚微，可以咨询医生，在医生指导下进行人工回奶。需要注意的是，不要因回奶心切而使用激素类药物或注射回奶针，以免导致乳房萎缩或引起乳腺分泌的问题，甚至影响再次生产后顺利泌乳。

第二，坚定自己的选择。断母乳期间，妈妈要意志坚定，坚持到底，不要反反复复重新哺乳，以免最终宝宝非但无法成功离乳，还给心理带来严重的伤害。需要注意的是，断母乳期间，如果遇到宝宝生病等特殊情况，妈妈也要尽量用陪伴的方式安慰宝宝，不能因为一时心软而用哺乳安抚。

第三，给宝宝更多的陪伴和爱护。妈妈既要坚持原则，也要照顾宝宝的情绪。在断母乳的过程中，宝宝容易缺乏安全感，这需要父母花更多的时间陪伴，让宝宝时刻感受到父母的爱。

第四，寻求家人的配合。如果宝宝一看到妈妈就想吃母乳，不妨请爸爸多和宝宝互动，陪宝宝看书、玩玩具、讲故事等。对因依赖母乳而不吃辅食的宝宝，可以暂时让其他家人来喂，帮助宝宝顺利进食，并逐渐接受其他喂养方式而放弃母乳。

崔医生特别提醒：

妈妈不要使用极端的方式断母乳，比如在乳房上涂辣椒水、黄连素水，贴创口贴等，以免对宝宝造成心理创伤。

如何让宝宝顺利度过断乳期

离乳对宝宝来说，不管是饮食方式、生活习惯还是心理接受，都是不小的挑战。家长应采取措施，帮助宝宝顺利度过这个时期。

断乳期宝宝的饮食安排

离乳后，宝宝仍需奶制品提供营养。满 1 岁的宝宝如果牛奶不过敏，可以开始接触牛奶及各种牛奶制品，并应保证足够的奶量直至 1 岁半，然后逐渐将辅食过渡为主食。

原则上来讲，对仍处于辅食添加阶段的宝宝，不管是否断母乳，每天都要保证 600 ~ 800 毫升的奶量，以满足其生长发育所需。1 岁以内的宝宝断母乳后，应以配方粉作为替代，满 1 岁的宝宝也可以考虑鲜牛奶。

如果宝宝之前从未接触过配方粉，家长一定要在断母乳前确认宝宝是否牛奶过敏。如果确实过敏，妈妈有必要考虑适当延长母乳喂养的时间，或使用部分水解配方粉，之后再视情况逐渐过渡到普通配方粉。

断乳期宝宝的分离焦虑

在断母乳的过程中，许多宝宝会出现分离焦虑的情况，变得烦躁、易怒，对妈妈产生更加严重的依恋。面对这种情况，家长可以试试下面这些方法。

第一，认真对待宝宝的焦虑。家长要用宽容的态度应对宝宝的焦虑。比如，早晨离家前面对哭闹的宝宝，妈妈应冷静耐心地解释："妈妈要去上班，晚上就回来陪你玩。"如果宝宝还是一直哭闹，妈妈可以抱一抱宝宝，表示理解他的情绪，但不要因此而动摇断母乳的决心。

第二，陪伴时给宝宝足够的安全感。断母乳切断了宝宝与妈妈之间最紧密的联系，这就要求妈妈在日常生活中给宝宝更多的关爱和陪伴（宝宝一见到妈妈就强烈想吃母乳的除外，这种情况应尽量换其他家人陪伴宝宝），以让他更好地面对离乳，并顺利接受成长带来的各种变化。

第三，离开时正式和宝宝说再见。妈妈趁宝宝不备悄悄离开虽然能避免宝宝一时间的哭闹，却会给他带来更加严重的心理恐慌和不安全感，使断母乳变得更加困难。所以，妈妈不妨在离开前告诉宝宝自己要出门，并说明什么时候回来，与宝宝达成“离开”的协议，有助于缓解分离焦虑。

断乳期宝宝睡眠不佳

断母乳带来的失落感很可能影响到宝宝的睡眠，家长可尝试两种方法，以在一定程度上帮助宝宝调整状态，重新建立良好的睡眠习惯。

第一，用新的安抚方式替代睡前奶。宝宝的睡前奶，最初是作为主要的饮食出现的，随着辅食量的增加，便逐渐具有了安抚的作用。因此，断母乳后需要从饮食和安抚两方面填补。比如，适当给宝宝磨牙棒、小饼干之类的食物，注意吃完之后要刷牙，并要随着时间的推移逐渐减少供给量。另外，家长可以用睡前故事等作为新的安抚形式。

第二，请家人陪伴宝宝入睡。减轻宝宝的不安全感，最重要的是家人的陪伴，爸爸妈妈的陪伴、温柔的安抚，对宝宝来说是非常重要的。因此不管有多么重要的事情，在断乳期，家长最好在宝宝入睡后再做。妈妈应尽量先断白天的母乳，然后再断睡前或夜间的母乳。在断夜奶初期，可以让宝宝和其他家人一起睡，妈妈在夜间按规律哺乳，给宝宝安全感，让他知道饿的时候仍然能按时吃到母乳。等宝宝习惯之后，就可以逐渐延长夜间哺乳的间隔时间，直到整夜不吃夜奶，妈妈再和宝宝睡在同一个房间。

宝宝突然食欲下降

食欲一向很好的宝宝，突然变得不爱吃饭了。事实上，只要宝宝没有任何生病或异常的迹象，如感冒发热、烦躁哭闹、无精打采、体重下降等，这可能是生长发育过程中阶段性的正常情况。

造成这种情况大致有三种原因：第一，增加对周围事物的兴趣。这个阶段的宝宝将大部分注意力集中在爬行、练习行走和探索其他新鲜事物上，自然无暇顾及每天都在重复的吃饭。而且，他们开始意识到“即使这顿不吃，稍微晚点还能吃到”，更加不会因吃饭而停下手上正在做的事情。第二，独立意识的萌芽。自主意识的增强使宝宝的胃口出现极大的波动，他开始想要成为自己饮食的决定者，而非服从者，因此家长想要控制宝宝的饮食也就越来越困难。不妨尊重宝宝的意愿，在一定范围内让宝宝自己决定吃什么、吃多少。第三，出牙等因素。宝宝出牙时也会出现食欲下降的情况，特别是第一颗臼齿萌出时，疼痛直接影响了宝宝的胃口。当这种不适减轻后，食欲自然会恢复正常。

因此，当宝宝食欲下降时，家长不必过于紧张，要结合宝宝的生长发育情况综合判断，千万不要因为进食没有以往多而强迫宝宝，以免引发厌食、偏食等问题。但一旦发现宝宝体重下降、精神不振、易怒、皮肤干燥等异常身体反应，则应及时就医，请医生帮助排查引起问题的原因。

宝宝拒绝自己进食

前一段时间喜欢抢勺子尝试自己吃饭的宝宝，突然变得“懒”了起来，一定要家长喂才肯吃。出现这种情况，相较于家长的困惑，宝宝内心的思想斗争更加激烈：既想快快长大，又想继续享受小宝宝的待遇。虽然他总要学会自己照顾自己，可是现阶段，他还不能确定独立是不是自己真正想要的；而且相较于长大，他更难以放弃自己是小宝宝时，家长给予的安全感和轻松的生活，因此内心十分矛盾。

面对宝宝因为矛盾而表现出的这种行为退化的反常反应，家长要给予足够的宽容，而非一味强迫宝宝成长。当宝宝想要家长喂饭时，家长应满足他的需求。随着年龄增长和自主意识增强，宝宝自然会化解这个矛盾，顺利进入独立进食的阶段。

当然，在这个过程中，家长仍应尽量为宝宝提供自己吃饭的机会，比如把餐具放在触手可及的地方，多提供手指食物，不要指责宝宝弄脏了餐桌和衣服，等等。除此之外，家长在宝宝尝试自己吃饭时应及时给予鼓励和表扬，以强化他独立进食的行为，同时让宝宝知道，即使家长不再喂饭，但仍然关注他、爱他。

日常护理

为宝宝选择合适的助步工具

宝宝会走是一件令人欣喜的事，不过要提醒家长，千万不要认为越早会走越好。在不干预宝宝的情况下，那些辅助宝宝练习走路的工具，究竟是有利还是有弊，下面一一加以分析。

学步车

宝宝学步时，不建议使用学步车。因为宝宝坐上学步车后，两腿之间较宽的带子兜住屁股，双腿不能蹬直站立，容易导致O形腿。而且，宝宝使用学步车时，基本上依靠车轮和带子以荡秋千的方式向前移动，而非用腿和脚走路，无法达到学步的目的。另外，使用时一旦控制不好车速，很容易发生冲撞、摔倒等意外事故，非常危险。

助步车

在宝宝能够站立且有想要走路的欲望时，可以使用助步车。助步车速度不快，宝宝推着走时能够跟着车的节奏慢慢学习走路，既能够达到练习走路的目的，也不会对发育产生不良影响。

学步带

事实上，使用学步带并不在于帮助宝宝学步，而是保证学步时的安全。学步带是一个类似背心的装置，后背上有一条带子。宝宝走路时，家长利用带子给宝宝向后或向上的牵引力，帮他维持平衡。而当宝宝走路比较熟练后，学步带还有控制宝宝活动范围的作用，保证安全。

学步鞋

为了肌肉、足弓的健康发育，只要宝宝会站，就可以给他穿袜子，以锻炼脚趾的并拢。当宝宝开始练习走路，可以考虑准备一双供学步穿的鞋。关于选择学步鞋的注意事项，详见第 293 页。

带宝宝远途旅行的注意事项

带着宝宝出门旅行，最重要的莫过于保证宝宝安全健康、精神状态良好。而生活环境的变化可能会使宝宝不适应，家长需密切关注宝宝的一举一动，耐心引导，及时帮助调整。

出发前的准备

- 温度：注意温度变化，随时增减衣物

无论是出发地的天气，还是目的地的天气，无论是出入酒店、上下飞机等室内室外的温度变化，还是一早一晚的温度变化，家长都应该关注。要让宝宝适应温度变化，最关键的是适时给宝宝增减衣物，以免受冻或大量出汗后吹风着凉，出现感冒或上呼吸道感染等疾病。

- 时差：提前根据目的地时差规划睡眠

去比较远的地区或国家旅游会有时差问题，这将直接影响宝宝的睡眠，并因此致其哭闹。为尽量减少时差造成的影响，家长可以根据到达目的地的时间，合理安排宝宝行程期间的睡眠。若是晚间到达目的地，在飞机上尽量别让宝宝睡觉；如果是白天到达，就可以让宝宝在飞机上多睡一会儿。

- 作息规律：不过分干扰宝宝的日常作息

带宝宝外出旅游，很难严格维持原有的生活规律，按时吃奶、吃饭、睡觉。这容易使宝宝出现健康问题，打乱整个旅行计划。所以，家长在计划行程时，应适当照顾宝宝的日常作息规律，尽可能保证出游不过分干扰宝宝的日常作息。

- 看护人：向主要看护人询问生活细节

如果平常主要由家中老人照顾，外出旅游时由父母照看，很容易造成宝宝心理上的不适应。如果父母不熟悉宝宝的生活规律，这种不适应会更严重。因此出发前，父母应尽可能详细地向日常主要看护人询问宝宝的生活细节，提前做好准备。

旅途中的健康

旅途中，家长应密切关注宝宝的健康。除带好常备药外，还应提前了解一些健康护理常识及意外伤害处理方法，以便必要时给宝宝最恰当的护理。

– 食物中毒或食物过敏

发生食物中毒的原因主要有两个：一是没有注意食品卫生，二是保存食物的方式不够合理。为了避免这种情况的发生，家长在旅行中最好准备一次性包装的食品，比如罐装辅食、袋装果泥等。不要将事先在家做好的辅食随意放在容器中，以免出行时间稍长食品发生变质。此外，食物过敏虽然不常见，但也可能出现，因此在旅途中，家长应尽量避免给宝宝尝试从未吃过的食物。

– 腹泻

带宝宝旅行时，家长应提前了解目的地饮用水情况，以免宝宝因水质的变化而出现肠胃不适，引发旅行者腹泻，也就是常说的水土不服。因此，如果目的地与出发地水质差别较大，家长应根据日常饮水习惯，选择宝宝习惯的饮用水品牌。如果宝宝出现腹泻症状，家长首先应预防宝宝脱水，并及时带宝宝就医。

– 蚊虫叮咬

蚊虫叮咬不仅会使宝宝感觉不适，还可能会传播疟疾、登革热、乙型日本脑炎及黄热病等传染性疾病，特别是被某些不知名的虫子叮咬后，还有一定的中毒风险。为了确保宝宝的安全，家长要充分利用各种方法防蚊虫，比如使用防蚊液、防蚊贴、防蚊手环等；晚上外出时尽可能给宝宝穿长衣长裤；睡觉时使用蚊帐、驱蚊液等。

宝宝一旦被可疑的小虫叮咬，家长应使用随身携带的银行卡、房卡等硬质卡片，在被叮咬部位反复轻轻刮擦，把局部皮肤刮破，将毒液尽快挤出。虽然刮擦可能导致局部破溃或轻微感染，但相比蚊虫叮咬可能带来的局部肿胀或传染性疾病，这种损伤给宝宝造成的伤害要小得多。

- 跌打损伤

旅行途中，如果宝宝出现跌打损伤，家长要冷静，及时采取措施妥善处理伤口，尽可能将伤害降到最低。

专题 1：带宝宝乘飞机的注意事项

带宝宝外出旅游，如果目的地较远，可能会选择乘坐飞机。为避免宝宝乘飞机时出现不适而哭闹，家长应提前做好功课。

- 提前规划好飞行行程

带宝宝坐飞机，最好提早订机票，以便有多个时段可以选择；尽量不要选夜间航班，以免宝宝在飞行时哭闹。如果跟随旅行社出行，要提前告知对方带着宝宝，请旅行社予以一定的照顾。登机时要提早换登机牌，尽量让家人的座位挨在一起，方便照顾。

- 尽量不让宝宝食用飞机餐

飞机上即便有儿童餐，可能也不适合宝宝的月龄或口味，家长最好提前准备一些罐装辅食、水果、饼干等小零食。如果没有提前准备，可以给宝宝吃一些飞机餐中的水果。

- 应对耳部不适，准备好安抚奶嘴

在起飞和降落时，宝宝会因内耳受到压力感到不适而哭闹不止。虽然吞咽口水能起到一定的缓解作用，但指导宝宝吞咽比较困难，

因此家长可以为宝宝准备安抚奶嘴，以缓解不适。

-穿衣服要以舒适、安全为主

带宝宝上飞机，衣着要尽量舒适，方便活动。最好穿长衣长裤，既可避免因机舱内温度低着凉，也可减轻因活动空间太小出现磕碰对皮肤的伤害。

-随身带外套，以防温度变化

一般情况下，飞机机舱内比较冷，家长要随身给宝宝带一件外套，避免着凉。另外，建议家长多准备几件宝宝衣物，以便宝宝吐奶时更换。

-安抚情绪，带上宝宝喜欢的玩具或书

在飞行过程中，宝宝很可能因行动受限而哭闹，所以家长最好带上宝宝最喜欢的玩具或书，以转移注意力。家长可以这样安抚："你看，小熊也跟你一起坐飞机了，你们一起坐好，很快就到美丽的海滩一起玩啦！"熟悉的安抚物的存在，能帮宝宝找到安全感。

-注意安全，有问题寻求空乘人员帮助

好奇心会促使宝宝想要在机舱内四处探索，如果飞行平稳，并且得到了空乘人员的允许，家长可以抱着宝宝适当走动，让他观察这个新奇的环境。但机舱内空间有限，且容易遇到气流颠簸，因此不要让宝宝自己在机舱内走动。另外，乘坐飞机时有任何问题或疑问，家长要第一时间向空乘人员寻求帮助。

专题2：带宝宝乘火车的注意事项

火车也是一种常见的交通工具，如今的火车，特别是动车和高铁，无论是环境还是行车速度，都能够带给宝宝舒适的乘坐体验，很多家长带宝宝出行时会选择火车。即便如此，家长仍应注意一些细节。

- 车程时间不宜过长

家长最好选择直达或停靠较少的车次，以大大缩短车程时间。如果条件允许，可选择配有空调的高铁、动车或快车，以使整个旅途更加舒适。

- 避免高峰期乘坐火车出行

人群过于密集会增加宝宝感染疾病的概率，也容易使宝宝受到惊吓。如果必须在高峰时段出行，要注意提前准备好宝宝的专用餐具和食品，避免宝宝与陌生人有肢体接触，不要吃陌生人给的食物。

- 注意保护宝宝的隐私

火车上设施相对简单，私密性较差，因此最好提前准备大围巾等，在给宝宝换衣服或换纸尿裤时遮挡，保护宝宝的隐私。

- 不要让宝宝随意乱跑

火车一直高速行驶，宝宝行走还不够平稳，家长一定要看护好，防止宝宝摔倒或走失。如果乘坐的火车可以开窗，注意不要让宝宝将头或手伸出窗外，以免发生意外。

早教建议

● 为宝宝准备生日会

宝宝马上就要一岁了，许多家长希望为宝宝举办一个难忘又有意义的生日会。为了保证生日会顺利举行，家长需要注意以下事项。

第一，不要邀请太多人。有些父母会邀请自己的朋友一起为宝宝过生日，但即便是父母的朋友，对宝宝来说也是陌生人，可能会让他感到紧张或不适。因此家长要注意控制来宾的人数，最好多以宝宝常见的家人为主；如果宝宝有经常一起玩耍的小伙伴，可以邀请两三个。

第二，适当装饰，注意安全。生日会现场要布置得简单一些，可用宝宝喜欢的主题做装饰。不要准备太多气球、彩带、横幅等，这些装饰物虽然能够很好地烘托喜庆气氛，但对宝宝来说却可能存在安全隐患；另外，环境太凌乱也可能会令宝宝感到不安。

第三，提前安排好时间。生日会的时间要提前安排好，以不打乱宝宝平时的作息时间为原则。不要让宝宝太疲劳，活动时间应尽量简短，最好控制在 1 ~ 1.5 小时之内，以免宝宝因疲惫而哭闹，影响气氛。

第四，确保蛋糕适合宝宝。为宝宝准备蛋糕时，要避免蛋糕中含有巧克力、坚果等不适合宝宝吃的东西，并应尽量少糖。如果宝宝对牛奶蛋白过敏，更应特别注意。另外，准备的零食应适合宝宝，避免发生噎呛等意外。

第五，抓周物品要安全。很多地区有抓周的习俗，也就是在宝宝一周岁生日当天，准备一些有象征意义的物品，比如算盘、食品、笔等，用来预测宝宝的前途，饱含家长对宝宝最真诚的期待和祝福。不过，家长在准备抓周物品时，要避免选择有尖锐边缘、易碎或有细小零件的物品，以免给宝宝带来伤害。另外，抓周时，家长要全程看护，保证宝宝的安全。

第六，不要强迫宝宝当众表演。不要为了展示而强迫宝宝表演自己学会的技能，比如微笑、谢谢、欢迎等动作。如果家长在生日会前教宝宝吹蜡烛，即便他已学会，也不要强迫他配合家长在生日会现场吹灭蜡烛。

帮宝宝更好地认识世界

即将满一周岁的宝宝，对世界的认识逐渐丰富。随着各项能力的发展，他更是迫不及待地想要探索这个多彩的世界，完成人生最初的学习。在这个过程中，家长应给予适当的引导和鼓励，帮宝宝更好地认识这个世界。

第一，适当的陪伴、鼓励和引导。在宝宝认识世界的过程中，只要不涉及安全及原则问题，家长最好不要做过多的干预。当然，不干涉并不意味着放任不管，家长要在宝宝探索的过程中给予关注和陪伴。比如，当宝宝完成一个特别有趣的尝试，家长要及时给予鼓励和表扬，以激发其继续探索的欲望。当宝宝遭到挫折想要放弃时，家长要适时给予帮助，吸引他继续尝试。

第二，允许并鼓励宝宝动用全部感官去认识世界。宝宝对世界的探索是全方位且无固定模式的，当他接触一件新鲜事物时，会以超出成人认知的方式去感受，常是触觉、听觉、视觉、味觉一起上，因此可能会出现啃咬玩具、手捏香蕉等一系列看似淘气的举动，其实这都是宝宝对世界的认知和探索的过程。

在这个过程中，家长一方面要为宝宝提供广阔的空间，让他接触更多的事物，比如带他到公园里，去听鸟声、看花开、触摸绿叶；另一方面，只要不涉及安全问题，即使他用了成人觉得不可思议的方式去做一件事情，也不要制止，不妨让他去摸、去看、去闻、去感受，这些都会在宝宝认知世界的过程中提供积极的帮助。

第三，为宝宝提供适宜的认知素材，帮他正确认知规则。宝宝最初对世界的很多认知依赖于家长提供的信息，因此父母要认真为宝宝挑选认知素材，引导宝宝多接触真实的世界。玩具、图片中的造型，不可避免地具有夸张的色彩，家长在将这些作为帮助宝宝完成初步认知的学习素材后，可以多带宝宝去看看真实的世界，让他在现实世界里完成进一步的认知，将之前看到的内容与实际生活建立联系，区分虚拟和现实。

需要注意的是，在和宝宝玩游戏时，游戏规则必须与社会现实相符，这有利于宝宝形成正确的认知。

第14章　12～14个月的宝宝

宝宝满一岁了！这个月龄段的宝宝基本上都开始尝试学走，还会跟着家长咿咿呀呀学说话。这一章着重讲解宝宝在学走路过程中遇到的问题，以及如何创造语言环境引导宝宝多说话。此外，本章还详细讲述与一岁宝宝的相处之道，对宝宝情绪、认知方面的引导，给宝宝制定规矩，以及培养其社交技能。

了解宝宝

宝宝12个月会做什么

12个月时，宝宝应该会：

- 扶着家具走。
- 咿咿呀呀学说话。

· 用拇指和食指捏东西。

· 用积木块等物品对敲。

· 玩拍手游戏，或者跟别人挥手再见。

12 个月时，宝宝很可能会：

· 有所指向地发出 dadamama 的音。

· 不扶东西站立一瞬间。

12 个月时，宝宝也许会：

· 不借助任何辅助，独自站立。

· 以声音或者身体动作传递自己的需求。

12 个月时，宝宝甚至会：

· 弯腰再站起来。

· 搭两层积木。

· 拿笔乱涂乱画。

· 模仿做简单的家务。

· 用水杯喝水。

12 ~ 14 个月，宝宝应该会：

· 从能站瞬息到独站，再到弯腰再站起来。

· 逐渐走得好。

· 有所指向地发出 dadamama 的音。

· 以声音或者身体动作传递自己的需求。

12 ~ 14 个月，宝宝可能会：

· 手脚并用跨台阶。

· 退着走路。

· 说出除爸爸妈妈之外的三个词。

· 把两个词组合起来。

· 指出一个说出名称的身体部位。

· 搭两层积木。

· 拿着笔乱涂乱画。

· 帮着做简单的事。

· 用水杯喝水。

崔医生特别提醒：

宝宝 1 岁以后各年龄段的相关章节中，“应该会”指的是 90% 的宝宝能够做到，“可能会”指的是 90% 以下的宝宝能够做到。

如果宝宝发育迟缓，远远落后于同龄宝宝，应及时跟医生沟通，以便医生评估后有针对性地介入干预。

宝宝 1 岁体检

体检能够帮助家长及时发现宝宝生长发育过程中出现的问题，并进行纠正；同时，医生会结合宝宝的情况进行下一阶段的养育指导。因此，家长一定要对体检给予高度重视。

准备工作

体检之前，家长应做好以下准备工作：

- 准备前几次的体检结果，以便医生全面了解和评估宝宝的发育情况。
- 总结宝宝的运动（包括大运动、精细运动）、语言、情绪、认知、社交等发育情况。
- 整理宝宝自上次体检以来的饮食、出牙、作息情况。
- 给宝宝准备易于穿脱的衣服，尤其不要穿连体衣，方便医生查体。
- 提前和宝宝沟通，即使宝宝的理解能力有限。
- 梳理在养育过程中碰到的各种疑惑，以免咨询时遗漏。

体检项目

不同的地区及儿保机构设置的体检项目会有所不同，家长要根据自己选择医院的要求给宝宝体检。大多数情况下，1 岁宝宝的体检包括以下项目：

- 一般情况：身体发育情况，比如身长、体重、头围等。医生会对这些指标进行评估，并给出科学的育儿建议。
- 喂养及作息情况：询问宝宝的日常饮食、排便性状及规律、作息时间及规律等，并给出具体指导意见。
- 身体及智力发育：询问宝宝的健康情况，通过观察、谈话、游戏等方式对宝宝进行视听觉、智力、身体发育的简单评估。
- 心肺检查：检查宝宝的心肺功能是否正常。
- 血常规：可能会验手指血，检查宝宝是否贫血。
- 外科检查：查看宝宝的眼睛、耳朵、颈部、外生殖器、囟门等。
- 口腔检查：查看宝宝乳牙萌出情况，以及牙齿发育是否正常，比如是否有龋齿等。
- 视力检查：查看宝宝是否有斜视等问题。

体检过程中，医生要了解的信息涉及宝宝生活的各个方面，需要直接养育人给医生提供全面真实的情况，因此建议直接养育人陪同宝宝体检。

关于走路的若干问题

大部分宝宝开始蹒跚学步，然而关于走路，除了奇怪的步态，还有很多令人困惑的问题，比如走路爱摔跤、走路东跌西撞、踮脚走路等。一般情况下，这些问题是宝宝生长发育过程中的正常现象，无须担心。

走路爱摔跤

宝宝学会走路已经有一段时间了，迈步时动作也很娴熟，却不时摔跤。出现这种情况有以下两个原因：第一，掌控平衡的能力不够好。宝宝从站立到开始迈步走是一个非常大的跨越，需要时间适应这个过程。就像成年人刚刚学会滑冰，即便已经掌握了技巧，穿上冰鞋也要经过较长一段时间的适应，才能做到行动自如。因此，家长不要着急，多给宝宝一些时间发展平衡能力。第二，注意力不集中。很多事情对宝宝来说都是非常新鲜且充满吸引力的，尤其是当他以站立的视角重新认识这个世界的时候，会有更多大人难以理解的特殊体验。所以，当行走技能还不熟练的宝宝被周围的新鲜事物吸引时，很可能就会忘记自己正在走路，一分神就摔倒在地了。

走路东跌西撞

面前明明有沙发、椅子，可宝宝居然径直撞了上去。这种情况可能与以下三个方面有关：第一，视力问题。宝宝的视力并非出生就能达到成人的标准，而是随着生长发育逐渐发展到正常水平。1 岁的宝宝仍然是远视眼，因此尽管沙发就在眼前，对他来讲却可能“并不存在”，或者仅仅是一个能轻易跨过去的小玩具。对此家长不必担心，宝宝的视力会逐渐发育正常，这个问题也会越来越少。第二，注意力的问题。宝宝的注意力不能同时放在几件事情上，当有外界干扰或吸引时，很可能忘记要检查眼前是否有障碍，不知不觉就撞了上去。第三，掌控身体协调的能力不够。宝宝刚学会走路，还不能自如地掌控身体，即使意识到了眼前的危险，也不能自如地做到转弯、停下脚步等。

踮脚走路

对刚开始学会走路的宝宝来说，踮着脚站立或走路是很正常的事情。这与宝宝足跟腱的发育有关。腿前后的两条肌肉分别是伸肌和屈肌，腿部前面的肌肉是伸肌，后面的是屈肌。走路时，伸肌和屈肌相互配合，且张力不同。用脚跟着地时，伸肌相对紧，屈肌相对松；脚尖着地时，伸肌相对松，屈肌相对紧。宝宝足跟腱还没有发育完全，伸肌相对松，屈肌相对紧，

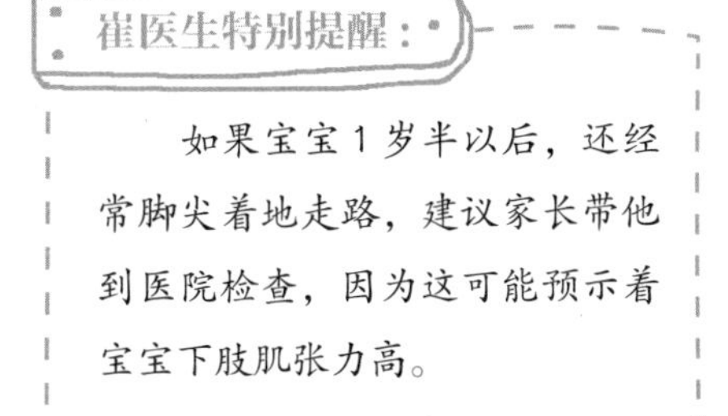
崔医生特别提醒：

如果宝宝 1 岁半以后，还经常脚尖着地走路，建议家长带他到医院检查，因为这可能预示着宝宝下肢肌张力高。

而且对如何控制腿脚保持身体平衡还不熟练，所以喜欢脚尖着地，保持相对舒服的步态。因此，踮脚走路并非病态。这种情况会随着大运动的发展慢慢减少，直至恢复正常，家长无须太紧张。

● 宝宝恢复爬行的问题

宝宝的发育过程通常是前进一大步、后退一小步，明明会走却又恢复爬行的现象，正好印证了这一点。家长可以从以下几个方面寻找原因。

第一，为了避免摔跤。刚学会走路的宝宝不能很好地控制身体平衡，摔跤不可避免。但是，摔跤带来的疼痛可能会让宝宝对走路充满恐惧和焦虑，同时行动缓慢、不能自如转弯而撞墙给他带来的深深挫败感，也导致宝宝不喜欢走路，而选择更为熟练的爬行移动身体。第二，学习新技能。宝宝可能无法将精力同时集中在两项技能的习得上，尤其是在他还不能平稳走路时，又要学习其他新技能，比如学说话，导致他暂时把练习走路抛之脑后。第三，生病的征兆。宝宝在生病前，往往会情绪低落、容易疲劳，不愿意尝试走路这种需要消耗更多体力和精力的技能，转而采取相对轻松的爬行。第四，身体疲惫。如果宝宝在一段时间内活动较多、运动量过大，耗尽精力，身体比较疲劳，也会削弱练习走路的热情。

需要注意的是，如果宝宝根本不想走路，或经常表现得非常急躁，甚至完全不能站直，家长要带宝宝就医检查，排查是否存在健康问题。

● 宝宝总是注意力涣散

宝宝专注在一件事情上的时间只有几分钟，甚至更短，总是注意力涣散。对这个阶段的宝宝来说，注意时间比较短暂是很正常的，几分钟已算是很长时间了。为了看清周围的一切，宝宝的视线总会扫来扫去，不停地从一件事物转移到另一件事物上。想让宝宝专注地玩一个玩具、读一本书，或者在剧场看一场演出，基本上是不可能的。当然也有例外，宝宝偶尔可能会特别专注于眼前的某件事，这时家长一定不要打扰他。

这种注意力涣散的现象可能会持续几个月，之后注意时间才会慢慢变长。但是，把注意力长时间集中在一件事上要到6岁左右，还要没有外界刺激和吸引。需要提醒的是，注意力的培养是一个缓慢、循序渐进的过程，家长要慢慢引导。

宝宝的否定意识

这个阶段的宝宝特别爱用“不”或“不要”这类否定词，宝宝有“不”的意识，是他成长过程中进步的体现，说明他有了自己的想法，并且想通过挑战权威显示自己的独立。但是，宝宝说“不”并非都在表达否定的意思，比如他可能在妈妈递过来饼干时刚刚说了“不”，却又马上拿起来要吃。

家长要明白，宝宝对事物包括对语言的认知，都要经历一个逐渐加深理解的过程，当他嘴上说着“不”的时候，可能心里并没有完全明白“不”所代表的意思。因此，宝宝在说这个字的时候，除了有时候真的是在表达自己拒绝的意思，还可能仅仅是将它当作了回应的一种方式。

在这种情况下，家长需要做的就是给宝宝正确的引导，让他既能正确认识并表达自己的想法，又能合理地拒绝，而不是执拗地反抗。具体的引导方式，详见第339页。

喂养常识

晚上不要给宝宝加餐

有些家长习惯睡前为宝宝准备一顿夜宵，这种做法不利于生长发育。因为宝宝吃过夜宵短时间内就要进入睡眠状态，导致夜宵提供的能量无法消耗，容易出现营养过剩，造成肥胖。而且，胃肠由于要消化食物，入睡后一段时间内仍处于工作状态，影响宝宝睡眠质量。

因此，建议家长不要给宝宝准备夜宵，如果已经形成了这样的习惯，家长可以采取措施引导宝宝戒掉。第一，准备热量低的食物作为夜宵，同时讲睡前故事转移宝宝的注意力，帮助他慢慢戒掉夜宵。第二，将晚餐时间安排得稍晚，宝宝睡前没有饥饿感，夜宵的吸引力就会减小。要注意，晚餐时间不能太晚，以免晚餐等同于夜宵。宝宝坚持几天不吃夜宵后，再将晚餐逐渐调回正常时间。第三，家长要以身作则，戒掉吃夜宵的习惯。因为各种原因不得不加餐时，不要让宝宝看见食物或者闻到味道。家长创造一个良好的饮食环境，才能帮宝宝形成健康的饮食规律。

● 鼓励宝宝自己吃饭

大部分宝宝都有自己尝试吃饭的强烈欲望，不过由于控制能力有限，可能会把餐椅搞得一团糟。必须承认，宝宝不可能马上学会自己吃饭，并保持餐桌干净和整洁，而是需要长时间地、一次又一次地练习。对于宝宝练习过程中造成的混乱局面，家长除了耐心帮忙清理，还要给予足够的宽容。

至于要忍耐多久，没有一个标准答案。每个宝宝情况不同，学会吃饭需要的时间也不一样，家长只能尽可能地耐心指导，并给宝宝提供一切能够提供的帮助。事实上，在练习吃饭的过程中，每一次的涂、压、铲、甩都是有价值的，能够让宝宝更快地掌握独立进食的技能。

为了缓解进食脏乱的情况，家长可以多准备一些不容易造成混乱、便于清理的食物，比如饺子、包子、面条等；对于比较松软的食物，如香蕉、面包、蛋糕等，不妨切成小块让宝宝直接用手拿着吃。平时可以跟宝宝玩一玩需要动手的游戏，比如手指画、沙子、黏土、手指玩偶等，这有助于锻炼手部精细运动，也能避免把食物当作玩具。

日常护理

● 关注宝宝的睡眠规律

大多数 1 岁多的宝宝，白天睡眠时间明显减少，通常睡上两觉，上午一觉，下午一觉，每次 1 个小时左右；也有些宝宝每天只睡一觉，时长 2 ~ 3 个小时。这样的睡眠习惯能够保证宝宝获得足够的休息，满足其生长发育的需要。但也有些宝宝不遵循这样的睡眠规律，像猫咪打盹儿一样，白天总是处于小睡的状态。睡眠质量不佳导致宝宝情绪暴躁、缺乏耐心。这很可能是睡眠规律紊乱造成的，家长要培养宝宝规律的作息习惯，早上按时起床，晚上按时入睡。白天，家长不要把宝宝禁锢在婴儿车或婴儿床上，应让他自由活动，适当增加运动量，体验疲劳感。一旦宝宝出现明显的疲劳信号，如打哈欠、揉眼睛、目光呆滞无神，家长应及时哄睡，以逐渐养成固定时间睡觉的习惯。

除此之外，如果宝宝频繁夜醒，家长首先要考虑是否身体不适，排除生病原因后，再从环境因素进行排查，包括温度、穿盖、光线、噪声等。需要提醒的是，宝宝半夜醒来，家长最好不要改变原有的灯光环境，比如马上开灯察看宝宝的情况，也不要立即跟宝宝说话或者哄逗，尽量让他再次主动入睡，也可轻拍帮他重新入睡。

让宝宝习惯使用杯子

宝宝乳牙陆续萌出，如果仍然长时间使用奶瓶，可能会影响牙齿的健康发育，因此家长要引导宝宝逐渐放弃奶瓶，使用杯子。

首先，在理解的基础上引导。面对宝宝的一次次失败，家长要有耐心不要训斥，指责训斥会让宝宝产生排斥心理，更不容易接受杯子。其次，带宝宝一起去买杯子，给他充分的自主权选择自己喜欢的杯子。用心仪的杯子进行练习，能有效提高宝宝的积极性。再次，注重榜样的作用。宝宝有很强的模仿能力，爸爸妈妈可以多示范如何用杯子喝水；带宝宝外出时，看到其他小朋友正在使用杯子，家长可以借助这个机会，让宝宝向别人学习，强化使用杯子的决心。最后，让宝宝使用杯子，并不意味着马上将奶瓶彻底带离他的世界。家长可以将奶瓶作为玩具，以另一种方式满足他对奶瓶的依恋。

早教建议

适合 1 岁宝宝的玩具

玩具对精细运动、大运动、认知、情感等各项能力的发展有很好的促进作用。给宝宝挑选玩具时，在保证安全和适合月龄的前提下，要注意两点：一是重种类而非数量，每个种类可选择一两件；二是考虑耐用性，即尽量选购多用途的玩具，即使宝宝再大一些，也可以继续玩。

有助于练习运动技巧的玩具

简单的拼图、形状配对玩具、捡拾玩具（可以让宝宝倒东西和装东西的容器和小物品）、钓鱼玩具等，能够锻炼宝宝的精细运动发育；不同大小的球、推拉玩具（如小推车）、可以骑或爬的玩具（如摇马、秋千、滑梯）可以锻炼各项大运动能力。

能够开发想象力和创造力的玩具

娃娃玩具（包括服装和配饰）能够激发宝宝的想象力；积木、叠叠乐、串珠等嵌套或堆叠玩具，蜡笔和纸张，橡皮泥、手指画等对促进创造力很有帮助。

可以满足宝宝敲打欲望的玩具

这个阶段的宝宝喜欢敲打各种物品，不同的声音让他非常快乐。小鼓、沙锤、喇叭、玩具琴等各种可以拍打或敲击发声的物品，都是不错的选择。当然，有时一个旧罐子和一把木勺也能让宝宝玩得不亦乐乎。

帮助宝宝了解生活的玩具

各种汽车模型（警车、消防车、急救车、铲车等）、厨房玩具（电炉、铲子、勺子、盘子、冰箱及食物模型）、清洁工具（扫帚、簸箕、抹布、刷子等）和其他生活类玩具

（收音机、购物推车等），都能帮助宝宝了解生活。

鼓励宝宝涂鸦

涂鸦可以锻炼宝宝的精细运动，培养手眼协调性，对激发创造力和想象力也有着不可忽视的作用。

如果宝宝已经过了口欲期，不再见到什么都想放进嘴里尝一尝，家长可以提供一些手指画颜料、易抓握的蜡笔等画具，注意不要选择彩色铅笔、水彩笔等，以免纤细的笔尖戳伤宝宝。另外，在宝宝涂鸦的过程中要注意看护，以免他把蜡笔或颜料放进嘴里。即使宝宝的涂鸦作品惨不忍睹，也不要忘记肯定和鼓励，这对宝宝保持涂鸦、绘画的兴趣及热情有十分积极的作用。

另外，宝宝可能不满足于家长提供的纸张，而热衷于更大、更有趣的空间，比如纸张的边缘、桌子上、墙上等。面对这种情况，家长千万别急着批评，可以给宝宝提供更大的纸张，如果条件允许，甚至可以专门辟出一面便于擦洗的墙，让他自由发挥。

鼓励宝宝玩耍

对宝宝来说，玩耍是为了学习，是一项重要的任务，可以说，玩耍就是宝宝的工作，在玩耍中宝宝才能得以成长。

玩耍的好处体现在五个方面：第一，认识世界。当宝宝玩耍时，能够借助听觉、视觉、味觉、触觉感知一切，从而认识声音、形状、颜色、味道，懂得空间感、逻辑性等。第二，发展运动能力及手眼协调能力。宝宝玩玩具、做游戏时，需要用眼去看、动手去拿，甚至爬过去、走过去够取。玩耍具有的吸引力，可以促使宝宝快速高效地练习这些技能。第三，锻炼语言能力。对宝宝来说，玩耍是学习语言的好时机。这不仅包括对玩具本身的语言称谓认知，还包括在玩耍过程中，对语言规则的理解和掌握。第四，培养创造力和想象力。对宝宝来说，玩具不仅仅是个物件，他能够在没有所谓“对”与“错”的玩法中随性发挥。在他的世界里，色彩可以随意搭配，造型可以随便搭建，在这种不加约束的玩耍中，宝宝常常会展现出令人意想不到的想象力和创造力，并使其持续得到锻炼和强化。第五，收获自信和成就感。当宝宝实现一个小目标，比如用颜料将一张白纸涂抹得五颜六色，或者成功搭起几块积木，内心会得到极大的满足，并从中收获对于人生非常重要的自信及成就感。

创造引导宝宝说话的语言环境

在这个阶段，宝宝一般都开始咿咿呀呀地学说话了。宝宝想说话的欲望可能很强，只是还没有学会怎样说，所以会发出各种奇怪的音，并把这些音串联在一起，形成自己独特的语言。这对宝宝来说就是在说话，可以满足他的心理需求。家长应积极理解宝宝想要表达的意思，并对其学习说话进行相应的引导。

与大运动发育不同，语言发展并不是水到渠成的，而是需要不间断地、反复地进行语言刺激。家长的示范和重复，对宝宝语言能力的发展起到至关重要的作用；并且，准确的示范还能逐渐帮助宝宝建立语言与环境、动作、情绪之间的联系，比如，给宝宝洗澡时，将洗澡的每个步骤讲解清楚。另外，家长要尽量多地创造让宝宝开口的机会，避免成为“超级翻译师”。当宝宝用眼神、手势或表情提出需求时，不要马上满足。家长可以故意“犯错”，引导宝宝用语言表达出自己的需求。多次之后，宝宝就会明白，说话是满足自己需求最简单直接的方式。

通常，宝宝要经过很长一段时间的练习才能熟练运用语言，而现阶段他可能正忙着练习其他新发现、新学会的，通过短期练习就能操作得很熟练的技能，所以可能会暂时忽略练习说话。另外，有些运动能力发育比较提前的宝宝，语言发育滞后的可能性相对更大，因为在提高身体活动能力时，可能会把语言能力上的进步摆到次要的位置。因此，家长在坚持进行引导、帮宝宝练习时，不妨多些耐心，多给他些时间，让他按照自己的节奏完成语言的学习。但是，如果家长发现宝宝根本没有说话的欲望，或者好像注意不到、听不懂家长在说什么，提示宝宝可能存在听力缺陷或其他问题，家长要及时带宝宝就医检查。

理解宝宝不断丰富的情绪

随着认知水平的逐渐提高，内心情感的不断丰富，宝宝已经拥有了越来越复杂的情绪，且会通过表情、语言、动作等表达出来。家长只有理解宝宝，才能更好地关注他的心理需求。

这个年龄段的宝宝具有以下情绪特点：第一，丰富的同情心。这个阶段的宝宝情绪感知能力很强，容易受身边人情绪的影响，比如当妈妈情绪低落伤心流泪时，宝宝很可能也烦躁不安甚至撇撇小嘴哭起来。这不是坏事，同情心可以在一定程度上促进宝宝社交能力的发展。第二，害羞或焦虑。有的宝宝表现出明显的陌生人焦虑状态，比如见到陌生人就躲在妈妈身后或害怕得大哭；有的宝宝会畏惧新环境或新鲜事物，这种反应有时也会被理解为害羞。第三，依赖父母。除了因害羞表现出的依赖外，有的宝宝会时刻希望父母陪在身边，一旦父母离开自己的视线，就会大哭大闹，直到父母再次出现为止。虽然一岁多的宝宝自我意识越来越强烈，但他仍会在独立与依赖两种情绪中摇摆。宝宝知道自己的世界在不断扩展，但父母仍旧是他的中心。第四，非常执拗。大部分宝宝想要什么东西就一定要得到，无法容忍“等一等”“过一会儿”“不能做”这样的要求。宝宝可能无法理解为什么父母不能马上满足自己的需求，更不能接受父母的拒绝。第五，喜欢拒绝。随着独立意识的萌芽，宝宝喜欢把“不”字挂在嘴边。但很多时候，宝宝显得口是心非，口中说着“不”，本意却并非想拒绝。

随着宝宝年龄的增长，他终将学会如何控制自己的情绪，也会逐渐脱离父母的保护，独自去尝试和探索。但是，这将是一个长期的学习和适应过程，家长需要在这个过渡阶段，给予宝宝更多的理解、关爱和鼓励，同时也要避免对宝宝过度保护，而阻碍他的成长。

怎样应对宝宝的否定

面对宝宝说“不”，家长首先要给予理解，然后放平心态，平和应对。第一，家长自己要少说“不”。家长要以身作则，跟宝宝或其他人交流时，少说甚至不说“不”，以免影响宝宝。第二，多给宝宝选择的机会。和宝宝说话时，尽量不用可能得到宝宝否定回答的表达。比如问他吃不吃草莓，不要说：“宝宝要不要吃草莓？”而要说：“你是吃香蕉还是吃草莓？” 第三，如果没有商量的余地，就不要问宝宝意见。对于没有商量余地的事情，要坚决地说清楚。比如在开车出发前必须让宝宝坐进安全座椅里，如果家长问：“你想坐安全座椅吗？”宝宝很可能会说“不”。不如直接把宝宝抱到安全座椅里，并对他说：“请坐！”第四，不要因宝宝说“不”发火。家长在宝宝叛逆时要冷静，不要态度强硬，也不要惩罚。对宝宝做出解释的时候，应尊重他说“不”的权利，倾听他的意见，耐心跟他沟通，解释这件事情为什么能做，那件事情为什么不能做。第五，在宝宝强烈反抗时，带他换个环境。有时宝宝知道自己的行为是错误的，只是不知道如何收场。家长可以带他换个环境，给他一个台阶。第六，家长要偶尔妥协。家长不要总是一副强势的姿态，遇到无关紧要的事情，或不涉及安全及其他原则性问题时，不妨尊重宝宝的意愿，给宝宝更多自己做决定的机会，减少他否定的次数。第七，强化宝宝对“不”的认识。当宝宝给予“不”的回应后，却做出“是”的举动，家长应及时跟他解释，他说的“不”是拒绝的意思，而现在的行为与表达的内容不相符，并示范应怎么用语言做出回应。

为宝宝建立规则意识

人生活在社会中，都要遵守一定的社会规范，只有这样才能与人和谐共处。宝宝并不是长大后的某一天突然拥有规则意识的，而是依靠从小潜移默化的熏陶及家长有意识的引导。给宝宝建立规则意识，不会让他感到束缚，虽然有的限制有些“残忍”，但恰恰正是这些限制，才能保证宝宝的安全，帮他更好地适应社会，体现出父母的爱。

为宝宝建立规则意识时，家长可以先从宝宝熟知的生活场景入手，比如告诉他在超市要付款后才能把商品拿走；想要玩别的小朋友的玩具时，要征得对方的同意；想玩滑梯时，要等前一个小朋友滑下来才可以去玩，等等。

为宝宝建立规则意识要注意循序渐进，如果每天的生活都充斥着大量的限制，宝宝可能会产生抵触情绪。并且，无论何时何地，家长都要保证规则的统一，不要在家是一套规矩，在公众场合是另一套，以免宝宝产生混乱；家庭成员之间，对于规则的执行标准也应统一，针对同一件事情，不要爸爸允许但妈妈禁止，更不要今天限制，明天放开约束，以免宝宝对规则产生怀疑，无法形成正确的认知。

怎样应对宝宝的自我意识

宝宝已经有了比较清晰的自我意识，他会认为周围人就该无条件地满足自己的要求。家长要在理解这一点的基础上，适度满足宝宝的合理需求，针对不合理的要求，也要用适当的方式进行引导。

第一，家长要尊重自己的感受与权利。有些家长面对宝宝的需求会失去限度，认为宝宝还小，只要不是十分过分的要求，理应全部满足。这种无条件的溺爱，可能会带来让人失望的结果：宝宝变得任性和自我，家长变得失去立场，筋疲力尽。因此，建议家长在满足宝宝合理的需求时，也要顾及自身的需求，比如留出时间和机会放松、提升自己，这种做法也能让宝宝知道，他并不是家庭的中心，每个人都有自己的生活。

第二，和宝宝像朋友一样交流沟通。宝宝已经具备一定的语言理解能力，因此遇到有意见分歧的事情，家长可以尝试和宝宝讲道理，或者以平等的身份与宝宝沟通商量。虽然对于复杂的道理宝宝可能只是一知半解，也不能靠语言清晰地表达自己的意愿，但是通过这种交流可以让宝宝明白，任何人都有自己的想法，他应尝试站在别人的立场上想问题。

第三，将宝宝当成朋友一样尊重。有时家长与宝宝起冲突，并非由于宝宝的需求不合理，而是家长忽略了宝宝的感受。比如，将宝宝的玩具送给来做客的小朋友，面对宝宝的抗议，家长可能会责怪他不懂分享。宝宝的反抗，一方面可能是因为失去了玩具，另一方面可能是对家长不尊重自己的感受而感到不满。因此，家长要意识到，尊重宝宝并非只是一句口号，而应真正将宝宝视为朋友与伙伴，发自内心地尊重。

怎样应对宝宝的社交问题

随着户外活动机会逐渐增多，大部分宝宝都开始了社交活动，面临一些社交问题。有些宝宝拒绝社交，有些宝宝不能和别的小朋友和平相处，针对不同的情况，家长应以不同的方式区别应对。

拒绝社交

宝宝并非生来就会社交，现阶段的宝宝不会把一起玩的小朋友视为同伴，如果很多个同龄宝宝在一起，一般都是各自玩耍、拒绝合作。但是，这不代表现在开始学习社交为时太早，家长可以创造机会让宝宝学习。

首先，让宝宝尝试与父母以外的家人互动，之后再与相熟的小朋友组成小小社交圈，经常接触。起初宝宝之间可能没有交流，但长久看来，利于社交的环境终究会对培养宝宝的社交能力产生积极的影响。其次，家长应成为宝宝的榜样，展示如何与人交往，并引导他尝试与小朋友互动。当然，如果宝宝仍然表现出对社交的抗拒，家长不要操之过急。在陌生的人和环境面前，家长的关爱与支持对宝宝来说最重要。

不能与别人和平相处

在这个阶段，宝宝的攻击行为都是没有预谋和恶意的，很多推、打等动作的出现，都是因为好奇、不知道正确的情感表达方式，或无法很好地控制自己的动作幅度和力道。因此，如果遇到宝宝有打人的行为，家长要平静地制止，然后弄清打人的原因。如果宝宝并无恶意，只是无心之失，家长可以示范正确的做法。如果宝宝确实在用打人表达愤怒，家长也要弄清原因，帮助宝宝寻找表达愤怒的其他方式，并向他说明“打人是不对的，不要打人”。

需要注意的是，一定不要用暴力制止宝宝对他人的攻击行为，以免让他认为以暴制暴是一种正确的解决办法。在宝宝有攻击行为或被攻击时，家长要妥善控制自己的情绪。

怎样应对宝宝奇怪的探索行为

这个月龄段的宝宝，看到任何东西都想摸一摸、敲一敲、翻一翻。面对这些奇怪的探索行为，家长不要粗暴地制止，以免适得其反。

见到什么摸什么

宝宝需要用手感受不同物品的质感、温度及软硬。对于这种行为，家长不应一味制止，而要尽可能提供安全的环境，限制危险的探索。

第一，严禁宝宝触摸危险物品。这里的“危险品”包括电饭煲、插座、电线、刀具等可能带来人身伤害的物品。家长要跟宝宝明确，这些东西绝对不可碰。这样的警告和制止，家长一定要耐心地不断重复，直到宝宝记牢。第二，教宝宝安全地触摸。瓷器、玉器等易碎物品，正常触摸不会给宝宝带来伤害，家长可以适当满足宝宝。家长要严密看护，并示范如何触摸。在没有看护的情况下，仍要收好这些物品，避免宝宝不慎打碎后弄伤自己。第三，增加宝宝探索的机会。在确保安全的前提下，尽可能给宝宝提供探索的环境和机会，以满足宝宝的求知欲。

见到什么敲什么

宝宝热衷于制造各种有节奏的声音，并乐在其中。家长应在尊重宝宝的基础上给予一定的限制和引导，以免发生意外或声音过大打扰他人。

第一，禁止宝宝敲击危险或易碎的东西。一旦宝宝要敲击电视机、玻璃桌、杯子、窗户等危险或易碎的东西，家长要立即制止，并给他找一个相对安全的物品替代。注意不要斥责，家长的愤怒很可能加剧宝宝继续尝试这种危险行为的好奇心。第二，教导宝宝不要在公共场所敲东西。这是基本的社交礼仪，带宝宝去公共场所时，一旦发现宝宝有敲敲打打的苗头，一定要及时制止并讲清楚原因，避免影响别人。如果宝宝不配合，可以带他换个环境，转移注意力。第三，引导宝宝敲击合适的物品。当宝宝想要敲打时，给他塑料桶、木勺或玩具鼓、玩具锤等，让他尽情地敲打。为了避免影响他人，可以在宝宝经常敲打的物品上铺上一层软布或垫子，降低噪声。

倒东西

通常，宝宝先学会把东西从容器中倒出来，再学会把东西装进去。不管倒什么，对宝宝来说都是重要的学习机会。但家长要注意以下两点：第一，保证安全。把刀具、玻璃制品或清洁剂等可能给宝宝造成伤害的危险物品，锁在柜子里或放在宝宝够不着的地方。在保证安全的前提下，给宝宝提供倒东西的机会。可以在纸盒中放上各种颜色的布条，在收纳箱中装满玩具，或在塑料桶中放很多塑料瓶盖、软勺等，让宝宝倒。第二，教宝宝把东西装进去。和宝宝玩游戏，把篮子里的海洋球全部倒出来，再示范如何把球放回篮子里。在练习的初期，不要指望宝宝能按照指示顺利地将所有的球都装好，毕竟和倒东西相比，装回去要难得多。

扔东西

这个月龄段的宝宝开始频繁地扔东西，甚至能捡起手边的东西再扔掉。这在一定程度上，代表他已经能够熟练地掌控自己的手指了。如果宝宝热衷这个游戏，家长可以试试下面的方法。

第一，让宝宝在地垫上玩耍。这个方法既能让宝宝尽情地扔东西，还免了家长弯腰去捡的麻烦。第二，鼓励宝宝将东西扔到约定的地方。给宝宝做出示范和指导，教宝宝把玩具扔到收纳箱中，把球扔到篮子里，把积木扔到积木袋中，等等。第三，和宝宝玩“捡起来”的游戏。宝宝可能会觉得扔东西比捡东西更有趣，家长不妨和他做游戏，增加捡东西的乐趣。比如，告诉宝宝：“看看我们谁能先把地上的玩具全捡起来。”通过游戏让宝宝对捡东西产生兴趣。

玩脏东西

对于宝宝爱玩脏东西，虽然行为可以理解，但出于卫生的考虑，家长需要通过一些方法打消宝宝对玩脏东西的兴趣。

第一，适当限制宝宝接触脏东西。如果宝宝刚用手摸过脏东西，要避免他再用手摸脸或吃手。家长应立即给宝宝洗手，并清理掉脏东西。第二，给宝宝一个替代品。挤、压、捏的触感，对宝宝来说是一种奇妙的体验。可以给宝宝提供能够带来类似感受的物品，如橡皮泥、手指画等。注意要保证物品安全无毒，以免宝宝误吞发生危险。第三，告诉宝宝应把脏东西扔到哪里或应怎样处理。这是一个向宝宝传授生活经验的好机会，告诉宝宝脏纸尿裤要扔到垃圾桶里，沾满粥的抹布要用清水洗干净，等等。如果宝宝想要尝试自己扔脏纸尿裤，或用小手揉搓抹布，那就让他尝试一下。

第 15 章　15 ~ 17 个月的宝宝

这个阶段的宝宝，不仅能够自己走路，还可能会手脚并用跨台阶、后退走等难度较高的动作，手眼协调能力、自我意识也逐渐增强，会做出一些让人头疼的行为。这一章着重讲述这个阶段的宝宝可能会出现的睡眠问题、不良生活习惯，以及各种负面情绪。

了解宝宝

宝宝 15 ~ 17 个月会做什么

15 ~ 17 个月，宝宝应该会：

- 从不熟练到轻松地搭积木。
- 模仿做家务。
- 用杯子喝水。

15 ~ 17 个月，宝宝可能会：

· 抬手过肩扔球。

· 手脚并用上台阶。

· 退着走路。

· 初步理解方向。

· 说除爸爸妈妈之外的三个词。

· 把两个词组合起来。

· 指出一个说出名称的身体部位。

· 积木搭得更高更稳。

· 拿着笔乱涂乱画。

· 自己吃饭，且餐桌能保持得较干净。

· 自己脱掉外衣、鞋子和裤子。

· 做一些简单的事情。

· 自己洗手并擦干。

· 玩交往互动的游戏。

● 宝宝还是不会走路

根据世界卫生组织发布的大运动发育时间表，大部分宝宝在 11 ~ 14 个月时具备独立行走的能力。有些宝宝发育较晚， 17 个月左右学会走路，也是正常现象。如果宝宝满 18 个月仍不能独立行走，家长应带他就医检查。

若排除了疾病因素，宝宝走路晚很可能与练习机会少、学步装备不合适、性格过于谨慎等有关，家长应在分析原因后，有针对性地进行训练。

专题：帮宝宝练习走路

帮宝宝练习走路时，可以参考以下方法：

第一，先让宝宝扶着沙发、椅子等慢慢走，然后逐渐引导他松开双手。应由一位家长保护宝宝不会摔倒，另一位家长在前面用玩具吸引他抓取，以此带动宝宝向前走路。

第二，家长弯下腰，与宝宝面对面，双手握着他的小手，家长后退走，宝宝向前走，同时家长要注意用语言和表情吸引宝宝的注意力，让他乐于进行这个游戏。

第三，当宝宝能跨出脚步时，家长要及时给予鼓励，夸奖能够激发宝宝学走路的兴趣。家长千万不要急躁，以免影响宝宝练习的情绪。

第四，停止使用学步车，学步车对宝宝学步没有什么作用。建议家长选择阻力比较大的助步车，让宝宝推着走，既能锻炼走路，又能防止摔跤。

第五，保证宝宝学步的环境是安全的，帮他把练习走路的道路清空，地上最好铺上稍微软一点的地毯作为防护，因为有些比较谨慎的宝宝很可能会因为怕摔疼而抵触走路。

第六，给宝宝准备一双合适的鞋子，关于如何选择合适的鞋子，详见第293页。需要提醒的是，穿鞋子不能推进宝宝大运动发展进程，却可能让宝宝更愿意迈步。

喂养常识

● 宝宝吃饭的常见问题

在这个阶段，辅食正渐渐替代奶成为宝宝主要的营养来源，但宝宝吃饭时却暴露出许多问题，影响进食。

不能安静地吃饭

如果宝宝不是因为感冒、发热、腹泻等问题，而是仅仅因为不饿或对吃饭不感兴趣才出现这种情况，家长不妨试试下面几个方法。

第一，给宝宝换个座位。宝宝厌倦坐餐椅，就会在吃饭时扭来扭去。试试将宝宝餐椅前的餐盘取下来，或者在保证安全的前提下，让宝宝坐在成人椅子上，感觉自己被平等对待，可能有助于顺利进食。第二，适当谈论宝宝感兴趣的话题，不要一直强调吃饭。用宝宝感兴趣的话题吸引他的注意力，避免只讨论大人自己的事情，也不要总唠叨或批评宝宝不好好吃饭。第三，合理安排吃饭时间。正餐前吃了太多零食，或者正餐时间太早或太晚，都会影响宝宝进食。家长要了解宝宝的进食规律，逐渐将宝宝的进食时间与大人的吃饭时间靠近。第四，允许宝宝吃完饭就离开餐桌。如果宝宝已经吃了很多，或者开始把玩食物，这说明他吃饱了，就不要再把他束缚在餐椅上，应让他离开去玩耍。只有家长给予宝宝足够的自由，才不会让他对吃饭产生抗拒。

边玩耍边吃饭

为了让宝宝更好地吃饭，家长会使用各种方法诱导或强迫进食，比如给宝宝唱歌、玩玩具、看电视等。虽然在一定程度上宝宝能够配合家长的要求完成进食，但这种做法不但会破坏宝宝的专注力，还会导致他将吃饭与游戏错误地联系到一起，有些聪明的宝宝甚至会将好好吃饭当作与家长讲条件的筹码。

为了避免宝宝养成不良的进食习惯，家长应停止吃饭时逗弄宝宝的行为，了解宝宝的进食规律及进食量，根据实际需求合理喂养；要求宝宝必须在餐桌前进食，不要将进食场所扩展到餐桌之外。另外，家长可以采取其他方式提高宝宝的进食兴趣，比如准备颜色鲜艳的卡通餐具、让食物的造型更加有趣。在宝宝吃饭时，家长及时的鼓励会提高他对吃饭的热情。

如果已经做了上面这些努力，而宝宝边吃边玩的问题却没有明显的改善，不妨让他体验一下饥饿的感觉，承担不好好吃饭的后果，当饥饿战胜了倔强，宝宝自然就会好好吃饭了。

到了吃饭时间不吃饭

排除疾病原因引起的食欲不佳后，宝宝不愿意吃饭最主要的原因就是不饿，比如两餐之间吃了太多零食，饭点时宝宝很可能会不饿，对饭菜没有兴趣。

因此，建议家长先不要强迫宝宝吃饭，同时停止给他零食。如果宝宝一开始难以适应，就带他出去玩，当他专注于游戏而且身边没有零食的诱惑时，就会少吃甚至不吃零食，吃饭时食欲自然会增加。当然，为了让宝宝顺利适应没有零食的生活，截断的过程不能操之过急，要循序渐进，逐渐减少零食直到最终停止。

边吃边吐食物

有些宝宝虽然能够和家长一起坐在餐桌前吃饭，但有时候，饭刚吃进嘴里，马上又吐了出来。首先，根源可能在于宝宝根本不饿，建议家长采用上面提到的方法让宝宝体验饥饿感，并形成进食规律。其次，宝宝很可能把边吃边吐当成了一个游戏。将咀嚼过的食物吐出来，再观察甚至揉捏，会让宝宝获得一种有趣的体验，而家长的阻拦又会促使他乐此不疲地热衷于这个游戏。

因此，大人要耐心地跟宝宝解释：边吃边吐并不是一件好玩的事情，而是一种非常不好的行为。如果宝宝对此无法理解，大人可以减少对这种行为的关注和反应，让他觉得自己的游戏没有人感兴趣，就会渐渐放弃。

边吃边扔餐具

宝宝边吃边扔餐具，很可能还是因为不够饿。如果真的饿了，自然会专注于吃饭，因此让他感到饥饿，仍是解决这个问题的根本。

如果宝宝经常有这种行为，家长也要检讨自己是否做到了吃饭时专心致志，为宝宝做出了良好示范。如果家长有吃饭时看电视、聊天的情况，应从自己做起，马上改正。此外，家长可以为宝宝准备带吸盘的碗，避免宝宝将碗掀翻。也可以适当给宝宝一个小惩戒，当他扔食物扔餐具之后，又要吃东西的时候，告诉他："你的饭已经没有了，现在不能吃了。"通过这种方法让宝宝知道自己的行为带来的后果。

用奶制品为宝宝补钙

有些家长认为，宝宝的前囟已经闭合，牙也已经萌出不少，对钙的需求就不那么强烈了，因此忽略了宝宝钙的摄入。这显然是认识的误区。宝宝仍处在生长发育的关键阶段，对钙的需求并未减少。但是补钙并不意味着要补充营养剂，而应保证从食物中摄入足够的钙。奶制品含有丰富的钙，使它成为补钙的重要选择。

鲜牛奶

宝宝满 1 岁后，胃肠消化功能越发成熟，家长可以给宝宝尝试鲜牛奶。但是鲜牛奶中含有完整的牛奶蛋白，具有极高的致敏风险，所以如果宝宝此前一直是母乳喂养，从未接触过鲜牛奶，在给宝宝喂食前，需要确认是否存在牛奶过敏的情况，如果不过敏，可以尝试添加。每天在不影响宝宝正餐进食量的情况下，应保证饮用 400 ~ 500 毫升鲜牛奶。

奶酪

奶酪是一种发酵过的牛奶制品，相较于鲜牛奶，因经过特殊处理，所含的蛋白质被降解，更容易被人体消化吸收，而且所含的钙和磷有利于骨骼和牙齿的发育。在给宝宝吃奶酪时，家长可以把奶酪碾成粉末，适量加在宝宝的食物中，既能起到调味的作用，还可以让宝宝补充钙和蛋白质。

酸奶

酸奶作为钙质补充的来源，也是一种很不错的选择。酸奶中不仅含有和牛奶相同的营养素，还含有乳酸杆菌，对于乳糖不耐受或者胃肠消化吸收功能较弱的人群，可以替代鲜牛奶饮用。不过，有些酸奶为了照顾口感，会添加较多的糖，家长购买时要注意，尽量为宝宝选择不太甜的酸奶，以免糖分摄入过多，影响牙齿健康。如果条件允许，家长也可以用鲜牛奶做原料，为宝宝自制酸奶。

炼乳

炼乳是一种添加了糖分的浓缩牛奶，虽然 1 岁以后的宝宝可以食用，但由于炼乳所含糖分较高，为了宝宝的牙齿健康，不宜经常食用。

奶油

奶油是一种脂肪含量很高的牛奶制品，经常用于制作蛋糕和面包。为了宝宝的健康，不要经常或大量食用。如果给宝宝食用奶油，建议优先选择动物奶油，相对来说更加天然健康。另外，奶油中糖的含量要尽可能少，最好无糖，以减少宝宝患龋齿的概率。

日常护理

● 现阶段常见睡眠问题

不知从何时起，宝宝不是很早醒来，就是特别晚仍不睡，精力旺盛，令家长担心睡眠不足影响生长发育。

晚上不愿睡

为了减轻宝宝对睡觉的抵触，要尽量规律作息时间，确保白天的小睡不会扰乱晚上的睡眠。家长可以尝试以下方法：第一，避免白天在卧室或宝宝睡觉的床上惩罚宝宝，以免他对床心生抵触。第二，跟宝宝讲道理，让他明白睡眠是健康成长和快乐玩耍的前提，所有人晚上都是要睡觉的。第三，确保宝宝躺在床上时身体舒适，不饿也不撑、不冷也不热、纸尿裤是干爽的、被子是盖好的。第四，如果宝宝确实没有困意，不要强迫，不妨把睡觉时间推迟半小时，让他听听音乐、翻翻绘本，但是尽量让他躺在床上。第五，在宝宝睡觉前半个小时，不要玩耗费精力和时间的玩具。第六，如果宝宝有一件非常依恋的玩具，就每天让这个玩具陪他入睡，家长哄睡后不要充当陪睡的角色。第七，不要因为宝宝哭就轻易把他抱起来，以免让他认为只要哭闹就可以得到安慰，家长可以在一旁陪伴。但如果宝宝哭了若干分钟还没有停下来，家长可以轻拍背以示安慰。

很早就起床

如果宝宝常在清晨很早就醒来，可以尝试以下方法，推迟宝宝醒来的时间：第一，不要在上午过早小睡。如果宝宝清晨 5 点醒来，可能上午 10 点钟就要小睡，从而使得全天睡眠的时间都提前。这种情况下，可以每天上午推迟小睡时间，以调整全天的作息。第二，推迟晚上睡觉的时间。如果宝宝晚上 7 点入睡，试着每天往后推迟 10 分钟，直到推迟到 7 点半至 8 点。家长要注意把握尺度，宝宝过分疲劳时很难睡着，对健康不利。第三，控制宝宝白天的生活节奏。白天安排一些活动，让宝宝适当地消耗体力，但注意不要过于兴奋，为晚上良好的睡眠创造条件。第四，宝宝出声音时多等一会儿。清晨，听到宝宝咿咿呀呀的声音，等 10 ~ 15 分钟再回应。有时宝宝哭闹一会儿，又能再次入睡。第五，用窗帘挡住清晨的光线。有些宝宝对光线特别敏感，太阳升起来稍微有些光线透进屋里就会醒来。家长可以将窗帘换成遮光布料，让清晨室内的光线尽量暗一些。第六，放一两样玩具在宝宝身边。宝宝醒来看到身边有一两样喜欢的玩具，一般可以安静地玩上一会儿，家长可以借机再小睡一会儿。不过家长要注意宝宝的安全，小心坠床。

第七，睡前让宝宝少喝水。如果宝宝在睡前喝很多水，清晨湿漉漉的纸尿裤会让他很早醒来，所以睡前尽量少给宝宝喝水或吃富含水分的食物。第八，不要宝宝一醒来就喂早饭。如果每天宝宝醒来就喂早饭，他逐渐会在还没醒来时感觉到饿，这样的身体反应反而让他更早醒来。所以，可以等宝宝醒来一段时间再准备早饭。

宝宝不良的生活习惯

自我意识逐渐增强的宝宝，越来越有主见，在很多事情上会表现出自己的坚持与放弃。这是宝宝的进步，也是对家长的挑战。

不愿意洗澡

不管是浴盆、浴缸还是淋浴，宝宝排斥一切形式的洗澡，家长可利用以下几种方法安抚宝宝：第一，向宝宝说明这是没有退路的选择，让他明白无论如何都必须接受。第二，耐心倾听宝宝拒绝的理由，也许家长会从中找到答案。提醒家长不要强制，虽然一次强制可能会让宝宝屈服，但会换来下一次更强烈的反抗。第三，增加洗澡的乐趣。家长可以在浴缸里放上玩具，让洗澡跟游戏联系在一起，从而让宝宝更容易接受。第四，在安全范围内，给宝宝更多的自由。洗澡时太多的限制会让宝宝觉得不舒服，自然不愿意洗澡。因此，在安全的范围内，家长应允许宝宝有更多的空间活动。

严重依赖安抚奶嘴

如果宝宝仍过分依赖安抚奶嘴，家长可以参考下面的技巧帮助他戒除，以免长期严重依赖安抚奶嘴，对口腔及牙齿发育产生影响。

第一，给宝宝提前做心理建设。家长要在宝宝情绪比较好的时候告诉他："宝宝长大了，不能一直用安抚奶嘴，不然牙齿不好看。"无论宝宝是否明白，即使有很大的抵触，家长仍要反复说，让他慢慢接受，做好充足的心理准备。

第二，给宝宝接受的时间，按步骤引导。给宝宝充足的时间，慢慢完成过渡。在这个过程中，可以不停地灌输放弃安抚奶嘴的信息，也可以给使用安抚奶嘴设定规则，比如只能在某些时间和某些情况下使用，然后逐渐缩小使用范围、缩短时间。如果宝宝能够完成这样阶段性的小目标，家长要及时给予表扬和鼓励。

第三，转移宝宝对安抚奶嘴的注意力。找到多种方式转移宝宝对安抚奶嘴的注意力，比如跟宝宝唱歌、聊天、玩游戏等。具体采用哪一种，家长可以多尝试，找到最适合的。

第四，利用榜样的作用。看到其他小朋友时，家长可以说："你看，姐姐都不用安抚奶嘴了，宝宝也长大了，也应该不用了，是吧？"看到宝宝喜欢的卡通人物，也可以采取同样的方式。要相信，榜样的作用是非常强大的。

● 现阶段宝宝的奇怪行为

面对宝宝总会出现的一些奇怪的行为，比如往嘴里放东西，一刻不停地爬上爬下，津津有味地吮吸拇指，坚决不肯坐童车，乐此不疲地开关冰箱门、柜门、抽屉等，家长要保持冷静，从容应对。

往嘴里放东西

家长要知道，用嘴感知事物并非坏习惯，特别是在口欲期，宝宝用嘴探索周围的环境是再正常不过的事情。不过每个宝宝持续这个习惯的时间不尽相同，极个别宝宝 1 岁时可改掉，大部分宝宝会一直持续到 2 岁。

对于这一行为，与其阻拦不如顺其自然，以免宝宝因内心叛逆而延长啃咬的时间。家长要做的，是保证宝宝放进嘴里的东西是安全的，避免他将有毒、尖利、细小的东西或垃圾等放入口中。如果家长发现宝宝正在品尝不该入口的东西，应语气坚定地告诉他："不可以放进嘴里，给我。"大多数宝宝已经有能力理解这样的指令并做出回应，但可能表现得并不顺从，家长应平静地把他手里或嘴里的东西拿过来，不要训斥。

日常生活中，家长要经常为宝宝讲解哪些东西可以放进嘴里，哪些不可以，并持续进行监督。如果宝宝正处于出牙期，可能会为了缓解疼痛而咬东西，家长可以准备一些牙胶。

吮吸拇指

宝宝在感到生气、不舒服、疲惫、有压力时，会通过吮吸拇指安慰自己。虽然这一需求值得理解，但手上毕竟细菌较多，长时间吮吸还可能影响乳牙发育。如果对吮吸拇指产生了依赖，还可能造成手指红肿、脱皮等，因此，家长应有意识地帮助其改正。

需要注意的是，家长不应训斥、威胁，以免增加宝宝的心理压力，反而强化这个习惯。家长可以引导宝宝做一些需要双手完成的游戏或活动，比如画画、荡秋千、玩木马等；冬天在室外玩耍时，可以给宝宝戴上手套；另外，给予宝宝足够的关注，保证充足的睡眠，都对减少吮吸频率有帮助。但尝试各种方法后，如果这种情况仍没有改善，建议家长及时咨询医生寻求专业的帮助。

不停爬上爬下

只会爬行的宝宝看到的大多是地面上的东西，一旦学会走路，宝宝的视野就会扩大。宝宝很有可能借助其他物体探索更高的地方，这虽然可以证明技能的提升，但同时危险系数也增加了不少。

单纯地阻止宝宝攀爬并非明智的做法。和其他动作一样，这项技能也需要练习，家长应在保证宝宝安全的前提下，尽可能让他去练习。但要注意，家长应事先设定界限，告诉宝宝哪里可以攀爬，哪里不可以。

不肯坐童车

不肯坐童车与宝宝逐渐萌生的独立意识有关，他希望更多地掌控自己的生活，按照自己的意愿完成一些事情。如果宝宝执意不肯坐，家长应表示理解，不要因此而发火；如果是双向推的车，可以尝试换个方向，给宝宝新鲜感；可以在童车里放小玩具，或者跟宝宝一直说话、唱歌、做游戏转移注意力；也可以索性让宝宝下地走路，走累了再引导他坐上去。

频繁开关冰箱门、柜门、抽屉等

很多宝宝会乐此不疲地开关冰箱门、柜门、抽屉等所有可以开关的地方，因为里面的东西具有十足的吸引力。但这种做法也存在着危险。因此家长需启动冰箱的儿童锁，或把抽屉、柜门上加装安全锁。不过，这些地方突然打不开会让宝宝有挫败感，家长可以在离地面较近的抽屉里专门放一些塑料容器、木勺等安全的东西，供宝宝翻找、探索、玩耍。

- **关注宝宝的各种情绪**

在这个阶段，宝宝可能会明显地表现出黏人、执拗、嫉妒、不耐烦等情绪，而且表达方式十分强烈。面对这些情绪，家长应给予关注并积极应对。

黏人

一岁半的宝宝正处在渴望独立却无法独立的矛盾阶段，有些仍会保持着之前的黏人特点，对父母或某位家庭成员有特殊的偏爱。适度的依恋能帮宝宝建立自信心和对他人的信任感，因此如果只是一定程度上的依恋，不必过多干预；但若依恋较为严重，可能会影响自理能力的培养，应有意识地培养独立性。

宝宝开始尝试独立时，会因能力不足更渴望得到家长的支持和关注，表现得更黏人；有些家长为了锻炼宝宝的胆量和独立能力，会用不辞而别的方式和宝宝分开，这不但会对宝宝造成心理伤害，而且家长回来后反而表现得更加黏人。

面对黏人的情况，家长可以采取循序渐进的方法逐步纠正。首先，给予宝宝足够的关爱和鼓励，激励他大胆独立地探索和尝试自主行动。其次，要在告知宝宝或和宝宝商量后再离开，告诉他你在什么时候回来，并确保自己信守承诺。

需要注意的是，千万不要因宝宝黏人而责骂或惩罚，甚至简单粗暴地强迫他独立，以免削弱安全感，甚至对身心健康发展产生不利影响。

执拗

面对越来越固执，甚至故意挑衅的宝宝如果家长尝试用暴力解决，宝宝可能并不配合，反而不断挑战家长的耐心和底线。另外，家长用强硬的方式制止时，他会接收来自父母的负面情绪，丧失安全感，进行更强烈的反抗。

因此，面对宝宝的偏执，家长首先要降低自己的期望，这样在宝宝有不合作的行为时，便不会产生太多负面情绪，在与宝宝对话时，语气自然会缓和很多。其次，家长要尝试找出宝宝执拗的原因，站在宝宝的角度思考一下，带着理解和尊重的态度交流。

需要安慰

家长要在宝宝有需求时，无条件地给予安慰，即便是因错误行为而受到伤害和惊吓。在宝宝心目中，家长十分强大且值得信任，对宝宝的关爱和安慰有着神奇的安抚作用。

安静地聆听同样能给予心灵的慰藉，尤其是当宝宝情感受伤时。家长要鼓励他把心中的委屈表达出来，帮助宝宝学会释放情绪。要注意，即便宝宝做错了，也不要急于用大道理教育，也不宜过多地流露出焦急与关切，以免宝宝产生过度依赖。

如果宝宝因为情绪不佳做了错事，家长既要安慰，也要让他承担后果。比如宝宝不开心发脾气，将食物丢在了地上，家长要先接纳他的情绪，待情绪平复后，再邀请他一起清理地板，同时告诉他不能乱丢食物。

嫉妒

这个阶段的宝宝会非常明显地表达嫉妒，比如看到妈妈抱别的宝宝，会表达出不满甚至哭闹，严重的还会出现攻击行为；有时爸爸妈妈偶尔的亲密动作也会让宝宝十分恼火。这个年龄段的宝宝对自己与家人之间的关系，尤其是与妈妈之间的关系非常敏感，时刻担心自己不是妈妈唯一的宝贝，并因此紧张和焦虑。

家长要知道，嫉妒是一种很正常的心理活动，也是宝宝正常的情感表达。家长无须责怪，应客观冷静地对待。家长应经常向宝宝表达爱意，同时引导他学会关爱他人，防止嫉妒情绪向极端方向发展。

怎样应对宝宝在公共场所情绪失控

这个阶段的宝宝，还不懂得在不同场合以合适的方式表达情绪，他可能会在餐厅因看到喜欢的食物而兴奋大叫，可能会在商场因得不到想要的玩具而不满哭闹，不仅打扰别人，也让家长尴尬。

那么，如何让宝宝在公共场合表现得得体、安静一些呢？宝宝吵闹时，家长要先耐心示意宝宝安静下来，态度要和缓，不要担心别人责怪而斥责宝宝。如果宝宝仍不能安静，家长可以带着他到室外给他机会发泄，等他安静下来后再回到室内。在整个过程中，家长要尽量避免带着烦躁、不满的情绪。

家长要知道，对语言表达能力有限、不能很好控制情绪的宝宝来说，大喊大叫仅是他的一种游戏或宣泄方式，他不能理解在公共场合大声吵闹带来的尴尬以及给别人带来的困扰。因此，在这种情况下，家长要理解宝宝的情绪、尊重他的需求，然后给他机会和时间适应社会规则。

教宝宝学习基本礼仪

礼貌的态度、优雅的举止、得体的谈吐，是帮助宝宝顺利融入社会的基础，而这些并非一朝一夕可以练成。教宝宝懂礼貌，并非简单地学习“请”和“谢谢”，更重要的是学习如何从心底尊重他人。因此，家长不仅需要做出示范与引导，而且要发自内心地对别人表达自己的感谢或谅解。

首先，家长要做好榜样。榜样的力量是强大的，宝宝时刻都在观察家长的言行举止，并不断进行模仿。家长言行得体且统一是培养宝宝行为礼仪的基础。比如，家长每次购物都会真诚地对收银员说“谢谢”，不小心撞翻宝宝的积木会说“对不起”，要求别人帮忙会说“请”，这些行为无不对宝宝有着潜移默化的影响，终有一天，宝宝也会主动说“请”“谢谢”“对不起”。

其次，家长应适时给予提醒。比如，爷爷帮宝宝修好了断掉的汽车轨道模型，家长可以提醒："是不是忘记跟爷爷说谢谢了？"如果宝宝没有反应，家长不必强迫，可以替他说，几次重复之后宝宝自然会记得。但是，不要时刻提醒宝宝说"对不起""谢谢""请"，不间断地提醒会让宝宝感觉厌烦，甚至产生逆反心理。

任何礼仪的养成，都需要家长持之以恒的引导和不厌其烦的纠正。从宝宝记住说"谢谢"到主动说"谢谢"，可能需要很长时间。只要一直坚持，总有一天，家长会听到朋友说"你的宝宝真有礼貌"。

帮助宝宝正确面对陌生人

宝宝的社交范围越来越大，接触的陌生人也越来越多。面对陌生人时，宝宝的反应各不相同，有的害怕抗拒，有的毫无戒备，无论哪种情况都令家长担忧。

害怕陌生人

宝宝害怕陌生人，是认知能力发展的必然结果，家长要正确看待，耐心引导。关于引导的方式，详见第259页。另外，由于现在宝宝的认知能力有了很大的进步，他的恐惧很大程度上是因为他认为陌生的面孔会对他构成威胁。当他认识到陌生人不等于坏人时，心情就会放松，不再那么恐惧和戒备。因此，建议家长多带宝宝到人多的地方，比如游乐场、博物馆、公园等，多见陌生人。在这个过程中，家长千万不要强迫宝宝和别人打招呼、微笑等，耐心等待宝宝释放信任、安心的信号，就是进步。

经过家长的引导，有的宝宝可能很快就能够与别人打成一片，有的可能需要较长时间才能适应。这在很大程度上由宝宝不同的气质类型所决定，家长要做的只是尊重宝宝的感受和付出足够的耐心。

对陌生人毫无戒备

一部分宝宝天生性格外向，易于与人亲近，即便是父母也不认识的陌生人，他们也毫无畏惧，开心应对。然而，宝宝毫不惧怕陌生人，家长可能也不会十分开心，难免担忧毫无防范之心的宝宝遇到坏人。遇到这种情况，家长要多对宝宝强调安全，告诉他“不要吃陌生人给的食物”“不要随便跟陌生人走”等。

需要注意的是，讲述安全知识时不要使用带有恐吓威胁性质的语言，虽然帮宝宝建立安全意识没有错，但在他开始尝试与人相识相处时就灌输过多的负面信息，对世界观的形成、性格的养成都是非常不利的。

使用电子产品做早教的危害及应对

电子产品的普及率越来越高，人们的工作生活离不开电视、手机等产品的辅助。但使用电子产品做早教，可能会给宝宝带来一些负面影响。

电子产品对宝宝的危害

使用电子产品做早教给宝宝带来的危害，主要表现在以下几个方面。

第一，影响视力。宝宝的视力随着生长发育逐渐发展成熟，5～6岁时视力水平才接近成人。在这个阶段让宝宝看电子产品，就是让他挑战自己的视力。屏幕越小，对宝宝视力的挑战就越大。想要看清楚屏幕，需要专注地盯着屏幕，容易造成视觉疲劳，对眼睛的发育很不好。

另外，无论是电视节目还是其他视频，画面都是在不断移动的，要跟上这个速度，宝宝的眼肌也会因此一直处在紧张状态。因此，有些早教产品会根据宝宝的年龄段和发育水平来给动画片设置不同的颜色、动作速度、场景元素等，以此配合宝宝眼肌的运动能力差异，但可能大部分节目都无法满足这样的需求。

第二，影响宝宝的眼睛对色彩的感知能力。对宝宝来说，太多、太小的东西挤在一起很难分辨，并且由于辨识颜色的能力较差，在成人眼中色彩丰富、有层次感的画面，在宝宝眼里却并非如此。年龄越小的宝宝，越喜欢看单一色彩的东西，以有效引起注意，发展色彩感知能力。而对家长来说，很难判断什么样的电子产品节目适合这个阶段的宝宝，盲目接受对宝宝并无助益，甚至影响色彩认知。

第三，对宝宝的身体发育存在隐患。过度看电子产品，会让宝宝一直处于安静的状态，无法消耗体内摄取的热量，增加肥胖的风险。

第四，限制宝宝社交能力的发展。听节目里的人物对话与和家长聊天的差别是：是否存在有效互动。宝宝看电视、看视频等，属于被动地接收信息，其中的人物、卡通形象等，没有办法和宝宝交流，而和家长之间的游戏，却有很丰富的互动。而宝宝的一个重要学习方式，就是在和人互动的过程中，通过语言交流、观察学习新东西。因此，从社交能力的发展来讲，看电子产品存在限制。

第五，减少主动思考的机会。看视频节目时，宝宝对其中的内容只是被动地接受，不能促使大脑主动思考，降低思考的积极性。宝宝一旦习惯了被动思考，会影响日后学习的热情，限制创造力及想象力的发展。长此以往，对智力的发育也是不利的。

第六，导致认知混乱。视频节目虽然源于现实，但需经过艺术处理，尤其是宝宝爱看的动画片。虚拟和现实总是存在或多或少的差别，如果宝宝发现从节目里看到的内容与现实不一致，就会产生认知上的混乱。

应对方法

虽然电子产品对宝宝的不利影响甚多，但从现实来看一味禁止是不现实的。因此，家长要做好表率，合理地进行引导，让宝宝能够用相对健康的方式去看电子产品。

相对而言，从对眼睛的损伤最小这个角度出发，如果想让宝宝看节目，以屏幕较大的电视最符合条件，并且应注意观看时的距离，通常来讲，宝宝与电子设备间的距离，以屏幕对角线的5倍以上为佳；另外，每天最好将时间

崔医生特别提醒：

对于“宝宝多大可以看电视、手机”，与其机械地画出一条年龄线，让家长严格管理，宝宝严格遵守，还不如掌握好正确使用电子产品的方式，把握好使用的度，进行合理的引导，让它们成为可被利用的娱乐调剂品，而不是让宝宝被电子产品操控，才是家长最应该做的。

控制在 15 ~ 30 分钟内。

要记得，父母是宝宝最好的老师，如果父母整日电子产品不离手，宝宝自然也会充满好奇；如果家长多陪伴宝宝，多带他走出家门亲近大自然，多进行有趣的亲子活动，即使宝宝接触了电子产品，也不会沉迷其中，影响身心发展。

鼓励宝宝学习与探索

在生命的最初几年，宝宝要学习的东西很多，天生的好奇心是最初学习的动力，家长要帮宝宝保持好奇心，培养探索能力。具有探索能力的宝宝，可以通过自主学习获取知识，并在不断的实践甚至犯错的过程中总结出处理问题的方法，使之成为极其宝贵的学习经历。激发宝宝的探索兴趣，家长可以尝试从以下几个方面入手。

第一，激发宝宝的学习兴趣。兴趣是最好的老师，家长平时要注意观察宝宝的兴趣点，引导他进行深入探索。需要注意的是，宝宝的一些兴趣可能容易被忽视，甚至当作不良行为加以制止。比如扔东西，这是宝宝出于好奇的一种探索，应加以引导，可以让宝宝在游戏区尝试扔各种不同材质的物品。慢慢地，宝宝会发现这些物品握在手中手感不同，落地时发出的声响存在差异等，扔东西就成了一种自然的学习过程。

第二，允许宝宝犯错。很多时候，犯错也是一种学习方式，家长不要急于为宝宝指出寻找正确答案的途径，以免过多的干预限制宝宝的思维。家长要给宝宝探索的空间，让他体会发现的乐趣，保持学习的热情。

第三，适当地让自己变得“无能”。过于强大的父母会让宝宝产生依赖，很可能不知不觉间成为宝宝解决问题最便捷有力的后盾，导致他轻易放弃思考，影响学习的积极性。家长可以适当地让自己变得“无能”，“逼迫”宝宝思考，尝试解决问题。

第四，多给宝宝提供机会，让他体验和经历。家长可以带宝宝去博物馆、超市、游乐园等各种场所，体验各种游戏或活动，比如荡秋千、滑滑梯、种花、画画等，让宝宝通过观察进行学习。在适当的时候，家长可以让宝宝独自去体验，以对学到的知识加深印象。在玩中学的方式，效果比说教要好很多。

● 让宝宝享受阅读的快乐

读书，不仅可以认识图形、字母、文字，而且可以享受阅读带来的快乐。对这个年龄段的宝宝来说，阅读的目的是通过不断的引导和示范，让他逐渐养成阅读的习惯，并从中得到乐趣。在这个月龄段，宝宝破坏书的行为只是探索的一种方式，家长不必过度制止，可以选择一些比较结实的书，满足他的探索欲。

为了培养宝宝对书的热爱，将注意力转移到书的内容上，在为宝宝选书和讲书时，应注意做到以下几点。

第一，选择合适宝宝的书。宝宝还没有摆脱生理性远视眼，对近处的东西看得仍然没那么清楚，因此家长要尽量选择颜色鲜艳、图案鲜明的书。如果书中插画和文字的比例得当，对增加宝宝的阅读兴趣会很有帮助。

第二，给宝宝朗读时要声情并茂。为宝宝朗读时，如果从头到尾保持相同的语调，很容易使他失去聆听的兴趣。对刚刚学会区分语言差异的宝宝来说，丰富的表情、抑扬顿挫的语调，会让整个故事听起来更加有趣，理解起来也更加容易。另外，家长在朗读时可以有意增加与宝宝的互动，鼓励宝宝指出小狗在哪里，猜猜篮子里有什么等，让宝宝产生更加浓厚的阅读兴趣。

第三，坚持与重复很重要。刚开始进行亲子阅读时，宝宝不会完全配合，可能只会安静几分钟，就扭来扭去想要离开。这是正常现象，家长无须强迫宝宝坚持听完，也不必责怪，只需每天坚持在固定时间和宝宝一起阅读，慢慢就会养成习惯。除此之外，连续数日重复听一个故事，对宝宝来说是极大的满足。因此，家长不妨反复讲宝宝喜欢的故事，不久之后，宝宝也许可以复述出故事中的几个词或者几句话。

第四，给宝宝做榜样。要想宝宝养成阅读的习惯，家长要以身作则。家长热爱阅读，宝宝就会潜移默化地受到影响，喜欢上阅读。

第16章　18～20个月的宝宝

这个阶段的宝宝，大运动技能已掌握得游刃有余，因此会将更多精力放在生活技能的学习上。这一章重点讲述如何训练宝宝如厕、培养刷牙习惯、学习正确洗手等，以帮助宝宝获得更多的生活技能，提升自理能力。

了解宝宝

宝宝18～20个月会做什么

18～20个月，宝宝应该会：

· 自如地跨上台阶。

· 熟练地退着走路。

· 清晰地叫爸爸妈妈外，较准确地说出其他几个词。

· 拿着笔乱涂乱画。

18 ~ 20 个月，宝宝可能会：

· 抬手过肩扔球。

· 踢球。

· 深入理解方向。

· 把两个词组合起来。

· 熟练地指出至少一个说出名称的身体部位。

· 积木搭得更高更稳。

· 自己吃饭，餐桌保持得更整洁。

· 自己脱外衣、鞋子和裤子。

· 更熟练地帮忙做一些简单的事。

· 较易接受与日常看护人短暂分开。

· 更熟练地自己洗手并擦干。

· 乐于玩需要交往互动的游戏。

宝宝好动与多动症

多动症全称是注意力缺陷多动障碍（ADHD，Attention Deficit Hyperactivity Disorder），主要表现为宝宝经常做出一些自己无法控制的、没有任何意义的动作，而且对任何事情都提不起兴趣，注意力也无法集中，不能安静下来。如果宝宝确实存在上述表现，可以带宝宝到医院进行专业测评，请医生给予诊断和治疗。如果宝宝只是喜欢动，自己能控制动作、能够集中注意力，而且大人能够描述他在做什么，就不要妄下结论说宝宝有多动症。

好动与多动症存在本质差异，好动是宝宝的天性，不要轻易给宝宝贴上多动症的标签。绝大多数宝宝并不是多动症，只是非常好动而已，与宝宝的气质类型有很大关系。因此，只要宝宝的行为看上去比较合理，符合当前的年龄特点，家长不用过于担心。

另外，家长的教养方式可能分散了宝宝的专注力，导致宝宝好动。比如宝宝正在认真地玩游戏，成年人却认为这个游戏没什么意义，就会打断宝宝，让他做“有意义”的事情。这无疑破坏了宝宝的专注力。因此，家长要给宝宝自主时间，不要打扰他，这对宝宝变得沉稳有帮助。

如果排除了以上两种原因，家长要警惕是宝宝听力有问题引起的好动。宝宝一刻不停地动，而且动作比较暴力，摔玩具、敲东西等，制造出很大的声响，家长就要考虑，这些在别人听来是噪声的声音，在他自己听来很可能只是正常的音量。如果宝宝受到听力的影响，和其他人的交流存在障碍，为了排解郁闷的情绪，就会用一刻不停的活动来发泄。

面对活泼好动的宝宝，家长首先应冷静地区分，究竟宝宝只是过于活跃，还是存在其他问题。对于只是特别活跃的宝宝，排除生理上的问题后，家长不用过于担心，可以尝试改变沟通方式，不要总是苛责和制止，可以找一些宝宝感兴趣的事情，尝试让他集中注意力。

需要注意的是，宝宝的学习总是在不经意间完成的，在成年人看来毫无意义的摸摸、碰碰，对宝宝来说就是认真探索世界的过程。很多时候，家长觉得宝宝没有认真听，事实上他却没有错过一个字；或者家长觉得宝宝没有好好观察，但详细交流却发现他其实注意到了很多细节。所以不要再纠结形式上的“认真”与“沉稳”，尊重宝宝的特点才是第一位的。从另一个角度来讲，宝宝注意力集中的时间本来就有限，不要以成年人的标准去衡量。

通常，宝宝入园后，好动的问题能够得到很大改善，因为在一个讲秩序的环境里，具有权威性的老师说的话，对他会产生震慑力；此外，幼儿园的小朋友们一起遵守规定，也会对他产生很好的约束效果。

了解不活跃的宝宝

一般来说，这个年龄段的宝宝大运动水平有了明显提高，喜欢四处奔跑、爬上爬下。

但不是所有的宝宝都这样，有些宝宝性格沉稳，更喜欢安静。每个宝宝都有自己独特的个性，性格的形成与遗传因素、成长环境等有很大关系，只要各项能力发育，比如大运动、精细运动、语言、认知等没有出现明显的滞后，宝宝不够活泼，大多与自身的性格和习惯有关。而且，宝宝的技能不会同时全面发展，有的宝宝在这个阶段大运动发育比较突出，语言发育则稍微滞后；有的宝宝正好相反，语言能力发育很快，大运动能力却相对迟缓。这些都是生长发育过程中的正常现象，家长没必要紧张。另外，有些宝宝在家比较活跃，一到公众场所就躲躲闪闪，非常安静，这可能与平时较少外出有关。这种情况下，家长要多带宝宝外出，鼓励他与其他小朋友互动，参与集体活动。

需要注意的是，不要强迫宝宝参与其他小朋友的活动，也不要一直挑剔宝宝安静的性格，更不要和其他活泼的宝宝进行比较，否则非但不能改变宝宝的性格，反而会伤害他的自尊，使他变得更加内向。但如果宝宝长期拒绝各种社交活动，家长就要带宝宝就医，确认是否存在身体不适或心理疾病等。

宝宝发音不清

有些家长可能会发现，宝宝最近变得特别爱说话，然而很多字的发音却不太标准，其实，这个月龄段的宝宝说话时吐字不清晰是十分正常的，只有极少数的宝宝会在 1 岁半左右清楚地说话。宝宝的语言能力随着年龄的增长和认知经历的增加而不断发展，通常到 3 岁左右，说出的话才能让大多数人听明白。现阶段的宝宝说出的话，一般只有父母或其他看护人才能听懂。

宝宝之所以出现发音不清楚的情况，主要是因为这个年龄段的宝宝大多还不能灵活地运用舌头和口周肌肉，需要长期多次练习才能吐字清晰。有些宝宝分不清 l 和 n，很容易将“漂亮”说成“漂酿”；有些宝宝还会将“花”说成“哈”，“树”说成“素”，吞音和错音的情况也经常出现；还有一些宝宝会随便用熟悉的读音替代发不出来的音，即使父母听了也时常摸不着头脑。这个过程可能会持续到三四岁，有些甚至到开始上学才能顺利度过，但不管怎样，这些问题最终都会随着宝宝的成长而得到改善。

因此，家长不必因此时宝宝发音含糊不清而不断地纠正，否则很容易削弱宝宝想要开口说话的欲望和热情，限制语言能力的发展。家长应鼓励宝宝勇敢地表达，支持宝宝与他人进行语言交流，即使宝宝说得并不清楚，家长也要给予积极回应和赞赏，比如宝宝对你说“我耐你”，你要回应“我也爱你”。

喂养常识

宝宝饮食的转变

从 1 岁半开始，宝宝的日常饮食进入“饭菜为主、奶类为辅”的阶段，“辅食”这个概念就要慢慢退出了。这个年龄段的宝宝正处在身长、体重快速增长的阶段，对食物的需求大大增加。虽然宝宝还在喝奶，但也仅是作为一日三餐外的营养补充。

家长可准备多样化的食物，以引起宝宝进食的兴趣。同时，每顿正餐准备的食物要尽可能富含多种营养，确保足够的营养摄入。除此之外，可以在两餐之间为宝宝提供一次点心。另外，家长应避免宝宝过多地吃零食，以免影响吃正餐，导致营养摄入不足，或出现挑食偏食的问题。家长应以身作则，要知道，健康饮食不仅仅是宝宝一个人的事，全家共同执行才能更好地引导宝宝远离零食。

日常护理

宝宝的睡眠新问题

随着宝宝年龄增长，落地醒、肠绞痛、频繁夜奶等影响睡眠的问题逐渐成了过去，但很多新的睡眠问题又出现了。

夜间醒来玩耍

许多宝宝半夜醒来便清醒了，无法在短时间内再度入睡，家长能做的就是陪着他玩要，并尽可能快地让他再度有困意。

宝宝刚刚醒来时，可能精神比较饱满，此时家长可以陪他一起探索各个房间，待他的好奇心和探索欲得到满足，再和他玩一会儿积木；积木玩累了，再去床上躺一会儿，读一读故事书，唱一唱摇篮曲。总之，活动原则就是从动到静、从地下到床上，逐渐转移，让宝宝慢慢安静下来，尽快进入睡眠状态。家长要明白，训斥强制是无法让宝宝产生睡意的，反而会让他更加兴奋。

不再习惯小床

随着宝宝不断长大，原本宽大的婴儿床小了很多，护栏也显得矮了不少，减弱了阻拦的作用。变窄的环境带给宝宝的已经不是安全感，而是束缚感，容易使宝宝夜间醒来产生翻越的冲动，干扰睡眠。

为了保证睡眠质量，要考虑为宝宝换一张床。为了让他更快地适应新床，可以继续使用之前常用的床单、被子，帮他找回熟悉感和安全感。

开始如厕训练

一般来说，宝宝 2 岁左右就能自主控制排便，可以进行如厕训练了。这个时间并不是绝对的，有的宝宝 20 个月时就可以开始训练，有的则需要等到 27 个月，而且男孩可能比女孩要晚。家长不必严格遵循推荐的时间，而应尊重宝宝的发展规律，等他准备好了再开始。研究发现，如厕训练开始的时间较晚，宝宝反而能更快地自主如厕。

家长应注意捕捉宝宝能够自主排便的信号，包括：

- 宝宝穿着纸尿裤排便后，会因感觉不舒服而向家长寻求帮助。
- 宝宝开始对家长如厕表现出兴趣。
- 宝宝有自己拉下或提上裤子的能力。
- 宝宝清醒时，纸尿裤能保持 1 ~ 2 个小时的干爽。

当宝宝出现了可以开始接受如厕训练的信号，家长可以通过以下步骤进行引导。

1. 告诉宝宝自己上厕所是长大了的表现，以引起他对独立如厕的兴趣。

2. 带宝宝去买儿童坐便器，不要选择功能太多、过于花哨的坐便器，以免如厕时分散注意力。

3. 让宝宝熟悉坐便器。家长可以将脏纸尿裤扔进坐便器中，帮宝宝将坐便器与排便建立联系；也可以和宝宝一起阅读关于如厕训练的绘本。

4. 让宝宝坐在坐便器上排便，不必脱纸尿裤，以让他了解如何使用坐便器。

5. 宝宝知道如何使用坐便器后，就可以脱掉纸尿裤排大便。家长要告诉宝宝，双脚应牢牢踩在地上，这对日后宝宝掌握自主如厕非常重要。

6. 让宝宝习惯使用坐便器，从每天一次增加到每天几次，并提醒他小便时也使用坐便器。

7. 宝宝习惯坐便器后，白天可以将纸尿裤换成小内裤。

8. 完成日间训练后，逐渐开始午睡及夜间的训练，鼓励宝宝入睡前或睡醒后及时使用坐便器。

9. 同性家长去厕所时，如果宝宝愿意，让他一同跟随，现身说法比单纯的言语表达要有效。

大多数宝宝能够比较顺利地完成日间如厕训练，但要完成午睡及夜间训练，可能需要半年甚至更长的时间。如厕训练是一个循序渐进的过程，家长要保持轻松的心态，耐心等待，正确对待宝宝训练过程中出现的失误。如厕训练开始前，不建议宝宝坐在坐便器上阅读、玩耍，以免影响对坐便器的认知，排便时分散注意力影响排便；另外，不要强迫宝宝使用坐便器，以免他产生抗拒，拉长学习的过程。

教宝宝刷牙

随着宝宝的牙齿出得越来越多，精细运动发育得越来越成熟，家长就要教宝宝刷牙了。在这件事上，家长要起到表率作用。父母每天认真刷牙，宝宝就会认识到这是每个人必须做的事情，就会慢慢接受每天刷牙。

和宝宝一起选购一把牙刷，让他模仿家长的动作尝试自己刷牙，体会这个过程。家长做示范时，要认真示范细节，注意节奏，以免宝宝因为跟不上而对刷牙失去兴趣。动作要尽量夸张一些，并且要表现得很愉快，用欢快的气氛吸引他加入。为了保证清洁的效果，每次宝宝自己刷完后，家长应再帮忙进行一次彻底的清洁。通常，到宝宝2岁半左右时，就基本能熟练掌握刷牙的动作了。

如果之前宝宝接触过牙刷，可能不会那么抗拒刷牙；如果没有，突然接触牙刷，就容易表现得抗拒，甚至哭闹。如果宝宝确实不喜欢刷牙，哭闹得很严重，可以先暂停几天，并坚持在宝宝面前愉快、夸张地刷牙，也许过几天宝宝就会愿意尝试了。切勿强迫宝宝刷牙，以免他产生严重的抵触情绪。

学习七步洗手法

勤洗手，教会宝宝正确的洗手方法，实现双手的有效清洁，对培养宝宝良好的健康习惯、减少患病概率非常重要。

洗手时，家长可在洗手池前放一张矮凳，让宝宝站在上面，家长站在后面保护，用流动的自来水清洗。洗手可采用七步洗手法，步骤如下：

1. 洗手掌。用流动的清水冲洗双手，涂抹不含消毒成分的洗手液，掌心相对，轻轻揉搓。

2. 洗背侧指缝。手心对手背沿指缝揉搓，双手交换进行。

3. 洗掌侧指缝。掌心相对，双手交叉沿指缝相互揉搓。

4. 洗指背。弯曲各手指关节呈半握拳状，放在另一手掌心旋转揉搓指背，双手交换进行。

5. 洗拇指。一手握着另一手大拇指旋转揉搓，双手交换进行。

6. 洗指尖。弯曲各手指关节，把指尖合拢在另一手掌心旋转揉搓，双手交换进行。

7. 洗手腕、手臂。轻轻揉搓手腕、手臂，双手交换进行。

家长需要注意，手心、指尖、指缝一定要洗到，多搓一搓，宝宝玩泡泡会爱上洗手。

宝宝拒绝剪指甲

宝宝拒绝剪指甲，原因大致有两个：一是剪指甲时，行动受到限制；二是宝宝认为指甲是身体的一部分，剪掉就没了，而且会疼。然而，宝宝的指甲非常薄，又不能很好地控制双手，很容易划伤皮肤；如果指甲过长，脏东西和细菌藏在指甲缝中，宝宝吮吸手指时会被吃进去；另外，宝宝如果啃咬过长的指甲，不仅会撕破手指表皮，还会养成咬指甲的不良习惯。因此，定期为宝宝修剪指甲是家长必做的功课。

如果宝宝不愿意剪指甲，可趁他睡觉时进行，避免宝宝挣扎乱动不配合。但为了培养良好的卫生习惯，家长有必要让宝宝适应并喜欢剪指甲。可以让宝宝选择一个喜欢的安全剪，这样宝宝可能会配合。如果宝宝不喜欢束缚，家长可以在为宝宝洗澡时剪指甲，他可能会因洗澡有意思而更加配合；而且温水能够软化指甲，更容易剪。此外，这个阶段的宝宝特别喜欢模仿家长的行为，家长不妨在宝宝面前给自己剪指甲，引起宝宝的兴趣，再趁机给他剪。

外出看护注意事项

家长带着宝宝去商场、超市等人群密集的场所时，为防止宝宝走失，要注意做到以下几点。

第一，挑选商品时不要和宝宝分开。购物场所开放式的大货架对宝宝充满了吸引力，因为可以随意拿取自己喜欢的商品。宝宝可能会在一个区域停留很久，有些家长就会利用这段时间先去其他区域购物，而将宝宝单独留下。很多走失的案例往往就是在这短暂的分开时发生的，因此带着宝宝去购物时，家长一定要保持耐心，提高警惕，保证宝宝一直在自己的视线范围内。

第二，不要把宝宝单独留在试衣间外。独自带宝宝去商场时，如果遇到喜欢的衣服，应将宝宝一起带进试衣间。如果条件不允许，还是放弃试装为妙，毕竟宝宝的安全才是最重要的。

第三，不要单独去洗手间。在商场去洗手间时，应始终让宝宝处在自己的视线范围内，不要将宝宝留在隔门外。如果隔间内空间实在太小，家长可以不关隔门。另外，爸爸带着女儿、妈妈带着儿子外出时，建议尽量选择有亲子盥洗室的商场。

早教建议

怎样应对宝宝没完没了的“为什么”

面对宝宝每天都不停地问“为什么”，很多家长不知该如何作答。而且，更令人不解的是，有时候宝宝明明知道答案，却仍然会不断发问。宝宝之所以总问“为什么”，最主要的一个原因是对这个新奇的世界充满了好奇与疑问，他需要一个解释，满足自己强烈的求知欲。宝宝能够从提问和得到回答的过程中获得极大的满足感，尤其是答案由自己说出时。另外，这种方式更容易引起家长的重视，所以很多时候，即使他已经知道了答案，仍会重复地提问。而且，随着时间的推移，宝宝会逐渐将问“为什么”发展成一种习惯。

虽然家长会因宝宝不停地提问不胜其扰，但置之不理并非好的解决办法。这会使宝宝产生挫败感，削弱高涨的学习热情，对于保持好奇心和增强沟通能力也会产生阻碍。因此家长应对宝宝保持耐心，在他提出疑问时尽量及时给出答案，或者反问宝宝“为什么会这么认为”等，鼓励他独立思考，而这对宝宝语言能力和沟通技巧的提升也有很大帮助。

怎样应对宝宝的不友善行为

在这个年龄段，部分宝宝会经历一个好斗期，表现出攻击性行为，如报复、暴力对待玩具、咬人、打人等。很多家长担心这些行为会影响性格形成与发展，其实宝宝脾气坏的原因多种多样，并非完全由性格所致。对这些不友善的行为，家长需做出合理引导，这对宝宝日后形成良好的性格和规范的行为很有帮助。家长要知道，面对宝宝的各种坏脾气，强烈制止的效果远不如引导和示范有效。家长平时要注意给宝宝灌输友好相处的意识，鼓励宝宝多与性格温和的小朋友玩耍，培养友善的性情。

拉扯别人头发

原本还在好好地玩耍，转眼却扯住其他小朋友的头发不放。出现这种情况，与很多原因有关。第一，挫败感。宝宝的需求没有得到满足，就会选择用行动发泄自己的挫败感，比如拉头发、打人、咬人等攻击性行为。第二，语言能力无法满足需求。很多成年人发泄情绪会首选语言，但对不满 2 岁的宝宝来说，最基本的语言还没有完全掌握，语言的限制使他不得不转移渠道，使用拉头发等暴力行为。第三，不具备考虑后果的能力。宝宝伸手抓头发或者打人时，更多的是表达自己的情绪，并非想给别人造成伤害。而在伤害发生前，以他的经验是很难预见后果的。第四，出于好玩的心态。宝宝第一次抓人头发时，可能仅仅是因为好奇对方头上长长的细丝状东西是什么。如果家长反应过度，会让他们更加热衷于做这件事情，因为一手抓下去，就会有人大声喊疼、有人急忙制止，像是游戏一样，让他觉得很好玩。

当然，不管宝宝拉别人头发是有意还是无意，出于什么样的目的，都可能会给自己或他人造成伤害，有必要及时制止和纠正。家长可以参考下面的方法约束宝宝。

第一，如果宝宝拉头发成了一种习惯，可以给他准备一个长发的洋娃娃，适当满足他的需求，之后再慢慢减少拉扯洋娃娃头发的次数和时间。第二，家长要及时疏导宝宝的情绪，当他表现出难过时，可以抱抱他或用温柔的语言安抚，让宝宝知道自己的挫败与委屈能够被父母理解。宝宝情绪缓和后，家长可以用问答的形式引导他说出自己的委屈，但要告诉他不能以拉头发的方式回击，这不能解决问题，而是可以寻求大人的帮助。第三，让他知道被拉头发会疼痛。在他拉别人的头发时，家长应先让他松开，但记住不要强硬，让他放松手上力度的同时，耐心安抚开解他。随后告诉宝宝，拉别人头发会让人很疼。批评宝宝时，家长可以给宝宝演示，轻拉他的头发，让他感到疼痛，以此让宝宝产生同理心，减少甚至停止这种行为。

爱咬人

宝宝爱咬人，除了与上面提到的“拉别人头发”一样的原因外，还有成年人的不当演示，比如有的家长会以啃咬宝宝小手小脚的方式，表达爱和当作亲子游戏。家长做这些举动，宝宝会模仿学习，但因不懂得掌控力度，只学到了啃咬这个动作。

帮助宝宝改掉爱咬人的行为，家长可以参考下面的方法，针对具体情况予以引导：第一，用需要咀嚼动作多的食物满足需求。第二，及时疏导挫败情绪，以轻柔的身体接触及温柔的语言安抚，并引导他用语言或其他方式发泄，让他明白咬人不能解决问题。第三，以感同身受的方式让宝宝明白咬人会很疼，会造成伤害，让他理解咬人不是好玩有趣的游戏。第四，家长要注意跟宝宝互动的形式，以正确的方式表达爱，给宝宝做出良好的行为示范。

使用武力

在社交开始初期，宝宝不能通过语言进行交流，交流方式是肢体接触，有的宝宝只是想摸摸别人、拉一拉别的宝宝的小手；有些宝宝则会通过推搡、打人或咬人的方式来表达自己想要交朋友的欲望。这类宝宝就是“喜欢使用武力的宝宝”。

宝宝总是出现使用武力的行为，很可能与成长环境有关。家长需要反思自己是否曾对宝宝使用武力，或在宝宝面前对其他人使用过。比如，当宝宝不听话时，家长是否用力拉过他的胳膊或拧过他的耳朵。另外，宝宝偶尔出现使用武力的情况，家长如果不立即制止，很可能会给宝宝一种纵容继续这种行为的暗示。家长一定要教会宝宝正确的社交方式，以免将这种行为一直延续到成年。

好斗

宝宝的性格虽然与遗传因素有关，但仅仅因为宝宝好斗，而简单地认定其性格遗传自父母未免有些草率。宝宝好斗很大方面是其个性的原因。如果经常看到家长或者其他小朋友有类似的行为，他也会模仿。另外，这个年龄段宝宝的情感发育特征也驱使他产生好斗行为，如以自我为中心、缺乏同情心、情绪压抑导致焦虑、强烈的控制欲望等。另外，饥饿、缺觉、疾病等生理因素也会对宝宝的行为产生影响。

虽然目前宝宝好斗的行为与性格本身关联不大，但如果不及时引导和纠正，很可能会成为性格的一部分。所以，家长要做好宝宝的榜样，尽量避免使用打骂的方式管教宝宝；鼓励宝宝用平和的方式表达自己的愿望和需求，比如用手指指出，或者说出想要什么或想做什么；了解宝宝出现这种行为的原因，如果是某些负面情绪积累所致，家长要注意帮他们疏导并将情绪发泄出来；另外，家长温柔的话语和动作也能感染宝宝。需要注意的是，在日常与宝宝的游戏互动中，应避免选择可能会加剧宝宝攻击性行为的项目。

不讲理

这个阶段的宝宝正在努力尝试独立，他们想要自己做决定，即使这个决定是错的。这样的行为让他看起来十分不讲理。这时家长用讲道理的方式让宝宝改变自己的决定，显然是行不通的。如果宝宝不是因为饥饿、疲惫或身体不适等无理取闹，家长可以试试下面两种方法。

第一，让宝宝为自己的决定买单。有时不管家长如何制止，宝宝仍坚持自己错误的决定。此时不妨让宝宝体验错误决定带来的后果。比如，无论如何不愿在餐椅中乖乖吃饭，那就把他放在安全的地方玩耍，并坚持下一餐前不提供任何食物，让宝宝明白不按时吃饭就要挨饿。第二，用别的游戏或活动转移宝宝的注意力。家长可以选择更符合规范并能够引起宝宝兴趣的活动吸引他的注意力，有时可以适当利用逆反心理。比如，宝宝坚持要把玩具箱里的东西倒出来，家长可以先让他把玩具倒出来，宝宝可能就会把玩具再装回去。

需要提醒的是，面对宝宝的无理取闹，不要用粗暴的语言或行为去解决，否则非但不会取得理想的效果，还会给宝宝的心理带来伤害。家长要运用一些技巧，既能达到引导的目的，还能维护宝宝的自尊。但是，如果宝宝无理取闹触犯了基本的规则，家长一定要立即做出反应，以免发生危险。

过分敏感

每个宝宝都有自己独特的性情，有的比较粗犷，有的比较细腻，有的则极为敏感。宝宝性情不同，引导的方式也不同。如果家长面对的是一个过分敏感的宝宝，方式要更加温和。

很多家长担心敏感的宝宝会因家长的约束而内心受到伤害，可是如果因此不去引导，非但不会给心理发育带来好处，反而会纵容不合理的行为举止。家长要掌握引导敏感宝宝的分寸，随和不等于纵容。在引导敏感的宝宝时，家长一定要在坚持原则的基础上，注意说话的态度和语气，尽可能温柔，避免使用粗暴的方式，以免伤害宝宝的自尊心。

过分敏感的宝宝能够在第一时间感受到父母的情绪和态度上的改变，所以家长引导时要及时向他表达爱，比如蹲着和宝宝平视、拉着他们的双手等，让他感觉自己被平等对待，而且适当的身体接触也有助于宝宝快速接受家长的意见。

对玩具不友善

有的宝宝喜欢摔打玩具，主要是在寻找发泄焦虑情绪的渠道。相较于把情绪发泄到其他小朋友或家人身上，用摔打玩具的方式自我疏导更容易被接受，也更让宝宝满足。

当然，虽然这种方式对宝宝有一定的帮助，但不建议家长用这样的方式引导宝宝。当宝宝出现这样的行为时，适当地告诉他，玩具和实物是有区别的，你摔打毛绒熊，它没有感觉，而真的小熊会感觉到痛。注意不要频繁制止，以免强化宝宝的不友善行为。一旦摔打行为上升为对玩具的破坏性，甚至对人的攻击性行为，家长就有必要进行干预。

如何避免性格温顺的宝宝受欺负

温顺的宝宝即使手上的玩具被别的宝宝抢走，可能也没有任何反应，只是转身去玩别的玩具。家长很可能担心宝宝这种性格是否太软弱而被欺负。在保护自己物权方面，并不是所有宝宝都会大喊大叫或使用武力。如果宝宝没有因为别人抢走了玩具而焦虑或烦恼，还能够转移注意力，家长就没必要担心。

如果宝宝被激怒了，又不知道如何保护自己时，家长就要出面帮忙。若对方是喜欢使用武力的宝宝，家长要立即阻止，并告诉他："这是某某的玩具，他玩一会儿再借给你玩，好吗？"若玩具已经被抢走，家长不要立即带宝宝抢回玩具，可以稍等片刻再带宝宝走过去，对抢玩具的宝宝说："这是某某的玩具，现在他想玩了，请你还给他，好吗？"家长要注意把握分寸，更要注意自己的态度，避免让宝宝认为只要依靠家长的力量，就可以用暴力和强势解决问题。

帮宝宝树立是非观念

这个月龄段的宝宝还没有十分清晰的是非观，而是非观对宝宝适应社会生活，是一堂重要的必修课，因此，家长应引导宝宝树立是非观念。

第一，告诉宝宝什么是对与错。当家长意识到宝宝面临对与错、是与非的选择时，可以帮他分析这件事这么做之后会产生什么效果，那样做之后又会发生什么。让他明白这两种方法会产生的结果，并给他选择的自由。如果宝宝仍坚持选择错误的做法，在不涉及原则及安全的前提下，家长不妨让他体验一下。

第二，重视榜样的作用。榜样的作用是非常大的。家长陪宝宝看绘本、动画片时，可以借助动画形象给宝宝做示范，借助情节告诉他怎样做是对的、怎样做是错的。当然，对宝宝来说，最好的榜样是父母，因此家长首先要有正确的是非观，并保证有得体的行为，才能为宝宝做出表率。

第三，切忌唠叨与说教。如果宝宝能够做出正确的选择，家长应及时给予鼓励，以强化这种行为；如果做出了错误的选择，家长不要不停说教，以免引起反感和抵触。家长要根据情况心平气和地分析，让他心服口服，才能达到教育的目的。

怎样恰当地安慰宝宝

恰到好处的安慰，不仅能够在宝宝情感脆弱时安抚情绪，还能帮助他建立安全感，有助于养成良好的人格。

第一，适时给予宝宝温暖的拥抱与温柔的语言安慰。当宝宝受到打击，心中充满失落和挫败感时，家人温暖的拥抱和温柔的语言安慰，无疑是最具安全感的，这让宝宝知道自己感到委屈时始终有人理解。

第二，家长要把握好尺度，注意安慰的方式，避免为了安慰宝宝而寻找责怪的对象，以免宝宝无法从挫折中找到原因，不能对应做什么、怎么做形成正确的认知。比如，宝宝碰到桌子摔倒了，家长要做的不是责怪或拍打桌子，而是鼓励宝宝自己站起来，并告诉他以后走路要小心，就不会再碰到桌子摔倒了。

第三，当宝宝有倾诉的欲望时，家长要学会倾听、理解和引导。有的宝宝遇到挫折，无论是由于意外还是自身的错误所致，都会急切地想要诉说，向父母寻求安慰。家长要尊重他的需求，倾听他内心的想法，设身处地站在他的立场上表示理解，再委婉地给出应对挫折的建议或避免再次犯错的方法。

第四，不能以过度补偿的方式给予安慰。适当的安慰，从情感上来讲，是让宝宝不再伤心难过；从理智上来讲，是让宝宝在同一事情上有所进步。但如果安慰过度，可能会适得其反，两种目的都无法达到。比如，宝宝弄丢一件玩具，家长以“不哭，再给你买两件玩具”做回应，宝宝的情感仅仅是目前得到了安抚，之后很可能会以受挫后的伤心哭闹作为争取更多玩具的手段，这样的安慰反而起了反作用。

● 怎样面对宝宝乱涂鸦

宝宝握笔的能力越来越娴熟，涂鸦成了一种乐事，相对于“作品”，他更喜欢乱涂乱抹的感觉。面对这种情况，家长可以试试以下方法。

第一，给宝宝准备的纸再大一些，让他在纸上有发挥的空间，那么他对转移“战场”的兴趣就会小。第二，看到宝宝正在墙上肆意发挥，家长应冷静，告诉自己：“崩溃发怒不是解决问题的办法，宝宝不是故意搞破坏，只是在创作。”然后跟宝宝耐心沟通，首先肯定宝宝的绘画能力，再指出他把墙面弄脏了，建议他到小画板或者大纸上去画。

如果条件允许，可以给宝宝开辟一面专门用于画画的墙。第三，家长做善后事宜时，要求宝宝一起做，并告诉他："你不小心画在桌子上，我们来擦干净吧。"通过这样的方式让他认识到不该画在桌子上。家长要注意，不要时刻指责宝宝，以免引起叛逆心理。第四，把宝宝在纸上完成的作品贴在家里显眼的地方，并给予真诚的表扬。强化优点，是对错误行为最好的规避。

总之，家长要有策略地引导，如果宝宝仍习惯于随处涂鸦，不要训斥、强行制止，以免引起宝宝反抗，扼杀绘画的热情，限制想象力和创造力的发展。

引导宝宝进一步建立性别意识

这个月龄段的宝宝，已经能够区分男孩和女孩。家长要强化宝宝的性别意识，以便日后宝宝更好地融入和适应社会。家长应让宝宝知道，男孩该做什么、女孩该做什么。父母的示范和榜样很重要，爸爸妈妈在孩子面前应尽量展示各自的性别特征，夫妻之间要互相尊重，不要给宝宝造成性别有优劣之分的印象。

另外，在穿着打扮、日常用品上，仍可坚持从发型、服装款式和颜色等方面强调性别差异，向宝宝潜移默化地传递性别特征。最重要的一点，是应尽早回避异性家长的裸体，男宝宝由爸爸带着洗澡，女宝宝由妈妈带着洗澡。这能让宝宝从小就知道，男孩的身体和爸爸一样，女孩的身体和妈妈一样。如厕训练时也要秉承这个原则。

当然，凡事均有度，帮助宝宝建立正确的性别意识固然重要，严格而刻板地定义男孩该做什么、女孩该做什么同样有弊端，很可能会限制宝宝的行为。家长也应鼓励宝宝了解异性的特点，学习异性的某些优良特质。比如男孩可以多学女孩的细心、善于表达和善解人意；女孩要多学学男孩的刚毅、坚强和开朗。

专题：男宝宝对生殖器的关注

随着认知水平的不断提高，许多宝宝会在意识自己性别的同时，针对私处产生各种疑问，男宝宝在这方面的困惑尤其明显。

男宝宝之前对自己的生殖器官可能没有过多关注，也没有觉得自己和女宝宝有什么不同，但当某天无意看到刚出生的妹妹跟自己不一样时，疑惑就随之而来，甚至担心跟妹妹一样，丢掉自己的“小鸡鸡”，因而心生恐惧。

为了消除男宝宝的困惑，家长应及时进行性启蒙教育，比如利用相关绘本，让他明白自己是男孩，所以有“小鸡鸡”，而且不会消失；妹妹是女孩，所以没有“小鸡鸡”。如果宝宝没有进一步追问，家长不用过分纠结、解释得过于清楚。

家长要明白，对生殖器产生疑问，是宝宝认识自己、认识世界不可回避的，只要他产生了疑惑，家长就要耐心讲解，千万不要因为不好意思而回避或训斥宝宝。

理解宝宝的恐惧

随着认知能力、记忆力的不断完善，宝宝年龄越大害怕的事情越多，害怕发声的玩具，害怕独自待在黑暗中，害怕曾碰伤自己的家具等。宝宝的这种恐惧在某种意义上来讲是件好事，家长可以借机适当地培养他的安全意识。不过需要注意的是，虽然恐惧能够让宝宝在面对危险时更加谨慎，但过度、持久的恐惧却对身心发育产生不良影响。因此，家长引导时应注意适度，先理解恐惧因何而起，再加以正向引导，最终克服恐惧。

宝宝会恐惧，与日益增强的行动力和记忆力有很大关系。各项运动能力的完善，使他们遭到伤害的概率大大增加，而较强的记忆力则让他们对这些伤害或痛苦印象深刻，长时间对引起疼痛的物品心存恐惧。另外，这个年龄段的宝宝只能掌握简单的概念和因果关系，对没有接触过的事物就会进行不好的联想，比如，“浴缸的排水口能让水流走，会不会也把我冲走？”此外，宝宝还不能准确区分现实与虚幻，所以，不管是宝宝想象出来的恐怖情境，还是他人通过语言或动作等做出的暗示，都会加剧宝宝的恐惧。

针对这种情况，家长可以使用下面的方法帮助宝宝缓解恐惧心理：第一，让宝宝知道每个人都会感到恐惧。即便是成年人也无法完全避免对某些事物的恐惧，让他认识到产生这种情绪不是错误的或丢脸的，给宝宝足够的支持和安全感。第二，不要试图让他直面恐惧，以减少恐惧感。对宝宝来说，很难在和恐惧感的斗争中增加勇气。家长应在宝宝感觉害怕时给予身体接触和轻松安抚，让他感受到父母的保护，获得足够的安全感应对恐惧。第三，不要对宝宝的恐惧做出过度反应。如果父母表现得惊慌失措或对宝宝过度关注和保护，反倒让宝宝确信事物的危险性，从而表现得更紧张、恐惧。第四，要鼓励不要嘲笑被一些小东西吓到的宝宝。嘲笑会滋生宝宝的恐惧心理，有时他会为了不被嘲笑而将恐惧藏在内心深处，反倒对心理健康发展不利。第五，面对可怕的事情时，家长要做应对恐惧的正面示范。父母首先要克制恐惧感，让宝宝看到家长是如何鼓起勇气面对恐惧、克服恐惧的。

第 17 章　21 ~ 23 个月的宝宝

这个阶段的宝宝，认知能力逐渐增强，比如能够认识身体部位，能够更准确地理解语言。与此同时，他们逐渐有越来越多的想法。这一章重点讲述如何面对总是拒绝刷牙、拒绝穿衣服的宝宝，引导宝宝养成健康的生活习惯。

了解宝宝

宝宝 21 ~ 23 个月会做什么

21 ~ 23 个月，宝宝应该会：

- 较熟练地踢球。
- 准确地把两个不同的词组合起来。
- 熟练地指出至少一个说出名称的身体部位。

· 搭积木平衡高和稳。

· 帮忙做一些简单的事。

21 ~ 23 个月，宝宝可能会：

· 单腿站瞬间。

· 较熟练地抬手过肩扔球。

· 双脚跳。

· 更深入理解方向。

· 积木搭得更高更稳。

· 模仿画直线。

· 自己吃饭时，餐桌保持得越来越整洁。

· 更熟练地脱外衣、鞋子和裤子。

· 易于接受与日常看护人短暂分开。

· 尝试穿袜子、鞋子和裤子。

· 更好地洗手并擦干。

· 更乐于玩更多需要交往互动的游戏。

● 宝宝拒绝一切变化

在宝宝成长的过程中，存在一个对秩序极其敏感的阶段。在这段时期，宝宝关心的事情上发生任何一点变化，比如换了新的安全座椅、新的桌布，甚至是妈妈穿了一件新衣服，都会让他感到对周围的环境失去了控制，于是产生焦虑、不安以及深深的挫败感。

面对对秩序敏感的宝宝，家长一定要理解，想要一成不变的生活是正常的，但完全一成不变是不现实的，家长要理解宝宝对陌生事物表现出的警惕性，并采取措施让他更轻松地适应变化。对于可以适当延后的变化，如换新窗帘、换新安全座椅等，可以暂时保持现状，给予宝宝更加充足的安全感，避免矛盾的产生。对于不能等待且变化较大的事情，比如参加新的早教课，家长要更加耐心，提前和宝宝沟通，让宝宝做好心理准备。

注意，千万不要因为宝宝对变化的反应而责备他，应给予更多的包容和理解，帮他顺利度过这个时期。

探索私处的行为

对宝宝摸自己私处的行为，家长应以平静的心态面对，首先跟医生及时沟通，排除因尿道感染等疾病问题导致的不适。排除疾病问题后，家长仍需先冷静，给宝宝多一点理解。宝宝这样做，可能仅仅因为好奇，觉得这是个探索游戏，和爱抠手指、摸头发等行为并无二致，并没有大人观念中的不好意思与羞耻。因此，家长不应反应过激，可以转移宝宝的注意力，以减少这种行为。

喂养常识

对食物喜新厌旧

有些宝宝开始偏爱以前没吃过的食物，常吃的蔬菜、水果却很少再吃。家长要清楚，“喜新厌旧”是宝宝成长过程中普遍存在的一种现象，而且不仅仅体现在对食物的态度上，对玩具同样如此，家长完全没必要因宝宝对新食物的偏爱而担心营养不良。

通常，宝宝接触某种新食物后，会对常吃的食物暂时失去兴趣，这种情况说明宝宝拥有迅速适应变化的能力，对未来的发展有很大帮助。另外，食物太单调，宝宝会厌烦，自然对偶尔出现的新食物表现出明显的喜爱。当然，一味追求新食物是不现实的，为了保证日常营养，维持对原有食物的兴趣，家长可以在准备食物时，将新食物与旧食物合理搭配，并在食物造型上多花心思，比如将食物摆成不同的动物造型，吸引宝宝的注意力，增加进食的兴趣。

需要提醒的是，面对宝宝对食物“喜新厌旧”的表现，家长切勿过多斥责，以免强化这种行为，无益于改善饮食习惯。

帮助宝宝养成健康的饮食习惯

让宝宝一直杜绝不良的饮食诱惑是不现实的，身边小伙伴的影响、电视广告的宣传、超市货架的吸引，都可能让宝宝对垃圾食品念念不忘。在宝宝面对众多诱惑时，家长应帮助宝宝养成健康的饮食习惯，要做到这点，可从以下几方面着手。

第一，给宝宝准备美味又好看的食物。宝宝不能理解营养健康的食物意味着什么，也不能依靠这个薄弱的信念形成强大的自制力。他们总是喜欢看起来漂亮，闻起来香气扑鼻，吃起来可口美味的食物，不健康食物往往就是凭借这些吸引宝宝的。健康食物要得到宝宝的青睐，必须在色香味上多下功夫。

第二，借助家庭饮食习惯的榜样作用。一起就餐时，爸爸一边喝着碳酸饮料，一边吃着炸薯条，却让宝宝多喝牛奶多吃青菜，显然是强人所难，何况宝宝自控力很弱。如果家长不能以身作则，宣扬的健康与垃圾食品的概念，自然无法让人信服。因此，想要宝宝形成良好的饮食习惯，家长必须做好榜样。

第三，家人要意见统一。家人对宝宝的饮食标准要意见统一，如果只有妈妈对宝宝的饮食严格要求，而当宝宝哭闹想要其他食物时，爸爸做老好人满足了他的需求，宝宝以后仍会以相同方式获得不健康的食物。所以，当宝宝的饮食发生变化之初和在养育过程中，家人一定要提前统一意见，给宝宝同一个标准。

第四，允许宝宝偶尔品尝一次不健康的食品。如果家长仅仅以不健康的说辞拒绝宝宝，当他看到其他人吃就会有强烈的好奇心与逆反心理去尝试。因此，家长不妨偶尔让宝宝吃一次，但注意不要说“悄悄吃一次，不要告诉妈妈”这样的话，以免宝宝对“违禁”食物更感兴趣。偶尔品尝一次，不会影响正常的饮食，也能让宝宝少一些好奇，在家里健康食物色香味兼具的吸引下，慢慢减少对垃圾食品的兴趣。

日常护理

宝宝频繁夜醒

通常，造成宝宝频繁夜醒的原因包括身体不适、生活环境的变化、看护人的更换等。另外，受到惊吓或承受压力而做噩梦、夜惊或梦游等，也会导致宝宝频繁夜醒，家长要根据具体情况具体应对。

与压力有关的夜醒

一般来说，2 岁左右的宝宝已经形成了规律的生活作息，这种作息一旦被打破，宝宝很容易出现频繁夜醒。这种情况经常出现在父母外出一段时间（如出差）回家之后。如果是有计划的外出，最好在离开前几天，告诉宝宝自己要离开几天、何时会回来、离开的这段时间他由谁照顾，以免突然的变化让宝宝措手不及。家长回家后，要多花时间陪伴宝宝，让宝宝知道父母是可以依靠的安全的港湾，这对缓解因心理压力而产生的各种问题都很有帮助。

噩梦

通常情况下，睡眠不足、身心疲惫、睡前过度兴奋是宝宝做噩梦的常见原因；白天不愉快的经历，或者遭遇了某些事情给宝宝带来较重的精神压力，也有可能通过做梦的形式将这些负面情绪宣泄出来；某个吓人的故事或不喜欢的场景给宝宝留下深刻的印象，梦境也会将其具体化。

被噩梦惊醒时，宝宝不一定是清醒的，家长不要立即把宝宝叫醒或摇醒，正确的做法是及时给宝宝回应，轻声告诉他“爸爸妈妈就在身边，不要害怕”，并拥抱和抚摸他，直到宝宝彻底平静下来。不要轻易否认噩梦的真实性，毕竟噩梦带来的影响是不可忽视的，而且宝宝无法明确分辨梦境与现实；当宝宝很害怕时，家长要给他充足的安全感，这对缓解焦虑紧张的情绪有一定的帮助。

夜惊

夜惊一般出现在宝宝入睡后的最初几个小时，表现为突然尖叫、大哭、说梦话、挥舞双手，有的宝宝可能会睁开眼睛坐起来，极少数甚至会梦游。针对这种情况，不要立即叫醒宝宝，以免人为延长夜惊持续的时间。夜惊一般会持续 10 ~ 30 分钟。有的宝宝会在夜惊后再次入睡，有的可能会醒过来，需要家长重新引导入睡。

宝宝出现夜惊现象，通常与白天过度疲劳有很大关系。所以，应让宝宝劳逸结合，即使白天玩得再兴奋，也要保证有一定的休息时间。如果宝宝经常夜惊，一年内至少有 3 次以上，家长就要带宝宝请医生进行检查和治疗。

梦游

梦游具有一定的遗传倾向。客观上来讲，梦游本身并不会对宝宝造成危害，给宝宝带来伤害的是梦游过程中可能发生的意外，如摔下楼梯、跌倒、撞到尖锐的桌角、被划伤等。为了避免意外发生，应在临睡前做好安全防护工作，比如将厨房、卫生间的门关好，清空浴缸里的水；如果家里有楼梯，记得给楼梯装上安全围栏。另外，家长要和宝宝同睡一个房间，便于及时发现宝宝梦游的情况，并紧紧跟随。

在做好安全防护的基础上，对待梦游中的宝宝，家长不要叫醒，以免惊扰他，而应温柔地引导他重新回到床上，再次进入睡眠状态。家长不要跟宝宝提起梦游的事情，以免给宝宝造成心理压力，对心理健康产生不利的影响。

● 面对日常生活中宝宝的拒绝

这个月龄段的宝宝自我意识增强，他们会拒绝刷牙、拒绝梳头发、拒绝穿衣服，什么事情都不愿意配合。面对宝宝在日常生活中提出的挑战，家长应积极应对。

拒绝刷牙

宝宝突然拒绝刷牙，很可能是感觉刷牙没意思，或有过不舒服或痛苦的感受，或用拒绝表达自主独立的意愿，家长应结合宝宝的表现采取相应措施。

第一，吸引宝宝的注意。相较于每天两次的例行公事，宝宝肯定更愿意尝试新鲜事物，因此要让他对刷牙感兴趣，就要让刷牙的过程变得更加有趣。家长可以给宝宝选购两三支颜色各异、造型可爱的牙刷，每次刷牙时让他挑选自己喜欢的牙刷，再挑选一名陪同的家人，以此满足他自主独立的愿望，增加刷牙的兴趣。

第二，让宝宝安全舒适地刷牙。刷牙时吞咽了牙膏沫、呛了漱口水、戳疼了牙龈或喉咙等，不舒服的经历会让宝宝抵触刷牙。家长首先要让宝宝忘记这些不愉快的感受和经历，比如在宝宝刷牙时哼歌以转移他的注意力，或重新用指套牙刷代替幼童专用牙刷，让他忘记不好的感受后再重新尝试使用牙刷。

第三，让宝宝自己刷牙。如果宝宝通过拒绝刷牙的方式宣示控制权，家长不妨放手让他自己刷牙，或者让他面对镜子"监督"家长帮他刷牙，不管用什么方式，家长都要不停地鼓励宝宝做出的努力，在完成后称赞宝宝的牙齿刷得漂亮洁白。

第四，让宝宝信服的人讲刷牙知识。如果宝宝信医生的话，那就让医生亲口和宝宝讲刷牙的重要性。总之宝宝信服谁，就让谁给宝宝讲刷牙知识。这样家长可以在宝宝拒绝刷牙时说："医生曾经说过，一定要刷牙，这样牙齿才能健康。"一般宝宝就会照做。

第五，刷牙时和宝宝互动。如果宝宝不抗拒家长帮他刷牙，家长可以让宝宝对着镜子，看家长帮他刷牙的过程，让宝宝更有参与感。家长也可以握着宝宝的手帮他刷牙，这样能让他更快地学会刷牙的动作和力度。在给宝宝刷过牙之后，也可以让宝宝给家长刷牙，之后互相检查刷牙成果。这样的互动会让孩子享受亲子时光，在愉快的气氛里完成刷牙。

拒绝穿衣服

宝宝除了考虑自己的喜好和舒适性，也可能是在用拒绝穿衣服反抗家长的限制。当家长遇到宝宝抗拒穿衣服时，不妨尝试一下下面这些办法。

第一，给宝宝穿衣服前转移他的注意力。家长可以在给宝宝穿衣服前抱抱他，和他玩一会儿，然后用聊天的方式转移他的注意力，一边给他穿衣服一边说说今天出门要做什么、天气如何等。第二，让宝宝自己选择穿什么衣服。给宝宝一些选择权，让他感觉自己在这件事上能做决定，他会更乐意配合。家长每次最好只提供两三种选择，以免宝宝选择不合适的衣服，或因选择太多无所适从而生出挫败感。第三，适当地称赞和鼓励宝宝。家长帮宝宝穿好衣服后，要对他的品位和配合及时给予肯定和表扬。当然，家长也可以带宝宝照镜子，让他对自己的选择有直观的感受。第四，给宝宝选择舒适的衣服。有时宝宝拒绝穿衣服，只是因为衣服质地和设计不好、穿着不舒服，比如穿毛料衣服皮肤刺痒、穿棉织物不柔软、脖领处商标扎人、尺码不合适等，家长要注意排除这些因素。第五，和宝宝耐心解释为什么要穿衣服。要跟宝宝说明，每个人都要穿衣服。经过家长反复的讲解，宝宝就会逐渐明白这件事，并顺从配合。

拒绝梳头发

宝宝的头发乱糟糟，可他却拒绝梳理。究其原因，可能是宝宝以前有过不愉快的梳头体验。剪短头发是解决这个问题的最佳办法，却不是一劳永逸的，如果是女宝宝，可能会对此非常抗拒。

要让宝宝安静地配合梳头发，家长可采取以下方法：洗头时，可以偶尔使用能让宝宝头发顺滑的安全洗护用品，这样梳理起来可以避免拉疼宝宝，也不会损伤宝宝的头皮；梳头发时，要先梳理发梢，再一点点从上向下梳，另一只手要压住发根，以免拽疼宝宝；在宝宝面前放一面镜子，让他看看梳头的过程，以引起他的兴趣；让宝宝给妈妈梳头发，让他体验梳头发的过程，以减轻抵触情绪；如果是女宝宝，梳好头发后，可以让她选择一个喜欢的发饰戴上，再欣赏欣赏自己的发型。

● 如厕训练倒退现象

如厕训练有时会出现倒退的现象，前几个月，宝宝已经顺利地在儿童坐便器里排便，可突然有一天非常排斥使用坐便器。出现这种情况，如果不是因为身体不适或其他健康问题，很可能是宝宝想要拥有自主权或控制权的表现。通常，大多数宝宝在这个阶段会想要拥有自主权或控制权，迫切地想要自己做决定，抵制家长做的决定。拒绝使用坐便器，随地大小便，就是这种心理的表现之一。

为了避免宝宝出现如厕训练倒退的现象，有的家长刻意延后如厕训练的时间，等到宝宝2岁甚至更晚再开始，不失为一个好方法。排除宝宝因为尿路感染、便秘、臀部或大腿根部疼痛而拒绝使用坐便器，家长可以通过下面的方法帮助宝宝顺利度过这个阶段：首先，做些调整，重新引起宝宝学习如厕的兴趣。比如，给宝宝准备容易穿脱的衣服，以方便使用坐便器；或者换一款新的坐便器，吸引宝宝的注意力。其次，在其他方面给宝宝更多的控制权和自主权，让他决定吃什么、穿什么、玩什么等。当他能够从其他方面获得自主权或控制权，对如厕学习的抗拒可能会有所缓解。

如果通过这些努力，宝宝仍然非常抗拒，家长也不要焦虑，不妨顺其自然，随着宝宝逐渐成长，最终会度过这个阶段。

早教建议

帮宝宝养成运动的习惯

每天精力充沛、活泼好动的宝宝，如果不加以引导，可能会逐渐变成一个蜷缩在沙发角落吃着零食看电视的小朋友。家长要知道，宝宝的体质很容易被不健康的生活方式耗损，因此，运动的习惯需要从小养成。

首先，家长要热爱运动。研究表明，如果父母都喜欢运动，宝宝的活跃程度将明显高于那些父母不喜欢运动的宝宝。所以，如果家长希望宝宝增强体质，享受运动的乐趣，自己首先要热爱运动。宝宝对运动不感兴趣，家长不妨带他一起出去跑跑跳跳，最好从小就养成每天出门运动的习惯。

其次，宝宝和同龄人在一起，可能会表现得更有运动积极性。家长可以帮宝宝选择合适的早教班，每周固定参加一些宝宝感兴趣的运动项目。需要注意的是，这些课程的选择应建立在充分考虑宝宝年龄、能力和兴趣的基础上，如果他对此有所排斥，家长注意不要强迫。

如何应对过于自我的宝宝

原来慷慨大方的宝宝，变得自私霸道，什么都是“我的”。学会用“我”这个代词，是宝宝的自我意识萌芽的重要标志。自我意识是宝宝认识客观事物的前提，也是以后形成自控力进行自我规范的前提。在自我意识的萌芽期，宝宝会表现得不爱分享，家长不要轻易给宝宝贴上自私的标签，而应在理解宝宝的基础上，做出一些引导。

第一，在家里灌输轮流的概念。家长可以在日常生活中灌输轮流的概念，让宝宝认识到并不是所有的人都以自己为中心，所有的事情也不是都能随他所愿的。比如，大家都要喝果汁的时候，不要每次都先给宝宝倒，如果他着急吵闹先要，家长可以借此告诉他任何人都没有特权，让他明白轮流的概念。

第二，让轮流变得有趣。在宝宝能够接触到的需要轮流做的事情中，往往都是在比较短的时间内就能完成的，很少会出现超过一天甚至更长时间的情况。因此家长可以采取定闹钟、定时器的方式，跟宝宝说：“等小闹钟丁零零一响，宝宝就要让爸爸妈妈玩一下你的积木哟。”让宝宝对轮流产生兴趣。

第三，让等待的过程不枯燥。宝宝很多时候等不及排队，是因为觉得等待太无聊。如果家长能够在等待的时间里，给宝宝安排一个小任务，让他先去做别的游戏，或者吸引他观察别人玩耍的过程，会让他觉得其实等待并不是那么煎熬的事情。

第四，让宝宝感受分享的快乐。家长可以主动和宝宝分享零食、玩具等，并表现出快乐的情绪感染宝宝，让他体会到分享是一件快乐的事。要注意不要强迫宝宝“模仿”家长分享。

理解宝宝发脾气的行为

发脾气是成长过程中很常见的一种行为，宝宝需要通过发脾气释放不会做某些事情的挫败感，表达自己的需求和愿望，或者获得家长重视，给自己足够的自主权。当然，宝宝感到身体不适时也会发脾气，比如饥饿、疲劳、无聊等。

如果宝宝发脾气的频率很频繁，就要考虑是否还有其他原因。比如，宝宝天生就很敏感；家长管教过于宽松或严格，在偏激的环境中成长；患有慢性疾病，被疾病折磨，且受家长过多特殊照顾；存在听力缺陷；个性倔强，与家长发生冲突时，用发脾气的方式反抗。除此以外，生活环境恶劣、父母关系不和或离婚、家长生活压力过大、行为习惯不良都会导致孩子频繁发脾气。无论原因如何，如果宝宝发脾气的次数越来越多，家长应采取一定的措施。

怎样帮宝宝变得平和

家长可以花一两周记录宝宝发脾气的时间、原因、过程，以及发脾气之前的情绪变化等，从中摸到宝宝的脾气，减少诱因，从源头上减少宝宝发脾气。

要想摸准宝宝的脾气，家长应关注宝宝的生活作息规律，关心宝宝的身体状态，并教他尝试用其他方法排解挫败感、愤怒等。比如引导宝宝将负面情绪说出来，如果语言能力达不到，家长可以试着猜测他的感受，帮助表达。

另外，不要过分控制宝宝，要给他一些选择的机会，比如早晨拿出两三件衣服让宝宝自己选择穿什么，感受自己掌握生活的感觉。面对宝宝不过分的需求，尽可能少用否定的词语回答，以保证其情绪稳定。但家长要注意坚持原则，宝宝发脾气时如果轻易做出让步，就等于纵容。不要让宝宝做超出能力范围的事情，减少挫败感。如果一段时间内宝宝表现很好，家长要及时夸奖和鼓励。最重要的是，家长要做好榜样，处事要冷静、理性，宝宝自然也会有一副好脾气。

怎样应对正在发脾气的宝宝

如果宝宝控制不住开始发脾气，家长首先要保持冷静，以免激起宝宝更坏的情绪。然后蹲下身平视宝宝，轻柔地说话，表达理解和同情，不要急于解释或争吵。如果宝宝仍然难以平静，可以抱抱他，用其他事情转移他的注意力。即使仍无法安抚宝宝，家长也不要体罚，要给他发泄的机会，但要保证宝宝处在安全的环境里，不会发生坠床或磕碰意外。

宝宝发完脾气后，通常希望得到家长的安抚。家长可以尝试用宝宝平时喜欢做的事情转移他的注意力，多抱抱他，让他感受到父母不变的爱，这会让他的情绪很快恢复正常，之后家长再适时地进行引导，弄清宝宝发脾气的原因，尽量加以解决，但要注意不能无原则地满足，以免让宝宝认为“发脾气是达到目的的捷径”。

不过，如果宝宝一天多次大发脾气，同时经常表现出气愤、沮丧、无助、好斗等行为，甚至严重到出现睡眠障碍、拒绝进食、极其抵触分离等情况，家长要及时带宝宝看心理医生。

注意和宝宝交流的方式

随着宝宝情感世界变得丰富，在与人互动的过程中会变得更加敏感，因此家长要特别注意与宝宝交流的方法，帮助宝宝建立更充足的安全感，也为他做出良好的社交示范。

第一，把握开玩笑的尺度。同一个玩笑，不同的宝宝反应各异。如果宝宝很敏感，家长就要小心把握开玩笑的分寸，以免宝宝不愉快或委屈。另外，一些在成人听来很明显是开玩笑的说法，宝宝可能会当真。比如对宝宝说：“快睡觉吧，不然小老鼠可能会来咬鼻子呢！”他很可能真的会认为老鼠要把自己的鼻子咬掉，从而感到恐慌无比。

第二，和宝宝说话时尽量使用肢体语言，并注意语气。这个月龄段的宝宝对语言的理解有限，家长应尽量使用肢体语言帮助宝宝理解。比如，跟宝宝说“过来，妈妈抱抱你”，说话的同时，家长应伸出胳膊，蹲下来看着宝宝，他可能会给出相应的反馈。因为家长做动作时，宝宝可以通过具体的信息，更加准确地理解家长的意图。

第三，尽量用简单的词语，表达单一的意思。宝宝理解能力有限，家长在与宝宝沟通时，可以借鉴幼儿园老师说话的方式，比如“小朋友，我们出去玩啦”“大家拉拉手”“跟老师走”，每句话表达一个意思，且语句简短，以便于宝宝理解。

第四，家长融入宝宝所在的情境再交流。在和宝宝说话前，家长应先观察宝宝正在做的事情是否和自己要说的话有关。如果关联不大，宝宝的思维很难马上转换过来。这就要求家长考虑与宝宝当下所在的情境相衔接，再逐渐将话题引导到要交流的内容上。

第五，和宝宝说话时，要恰当地表扬和鼓励。恰当的表扬和鼓励会让宝宝充满自信，也让亲子关系更加和谐。但在表扬时，家长要注意就事论事，以免适得其反。

第 18 章　2 ~ 2.5 岁的宝宝

宝宝 2 岁啦！接下来的半年里，宝宝的认知、生活自理能力会有很大的提升，这确实让人非常欣慰。然而“可怕的 2 岁”的到来，令宝宝展现出叛逆的一面。这一章着重讲述家长应如何面对宝宝的各种奇怪行为，怎样引导宝宝的负面情绪。

了解宝宝

宝宝 2 ~ 2.5 岁会做什么

2 ~ 2.5 岁，宝宝应该会：

· 对方向有较深入的认识。

· 自己吃饭时，餐桌上能够保持得比较干净。

· 自己脱掉外衣、鞋子和裤子。

2～2.5岁，宝宝可能会：

· 尝试跳远。

· 单脚站瞬间。

· 熟练扔球。

· 双脚跳。

· 积木搭得更高更稳。

· 模仿画圆形。

· 模仿画直线。

· 有长短的概念，比如能挑出两条线段中较长或较短的那条。

· 扣扣子。

· 在家长的帮助下穿上衣。

· 较易接受与日常看护人短暂分开。

· 自己穿袜子、鞋子和裤子。

· 洗手并擦干。

· 更乐于玩更多需要交往互动的游戏。

宝宝口吃

宝宝出现口吃大多只是语言能力发展过程中的一个现象，不一定会延续到成年。与成年人类似，当宝宝急于表达自己，或感到恐惧、压力、紧张时，就会出现说话结结巴巴的情况。如果宝宝只是偶尔口吃，而其余时间的表达能力都还不错，家长无须过多担心。

家长一定要注意不要催促或逼迫宝宝，而是给他时间慢慢说，直到他说完。如果宝宝说错了，家长不要重复宝宝的话，应该语气平静、吐字清楚地告诉宝宝正确的说法，让他慢慢了解该如何正确地表达。

不过，如果到3岁后，宝宝仍经常出现口吃，就需要家长予以关注，这可能预示宝宝存在语言障碍，需要请医生进行评估，再有针对性地进行矫正。在此之前，家长不要擅自下结论，或自行在家强行对宝宝进行纠正，这很有可能会让宝宝产生心理阴影和抗拒心理，使口吃变得更加严重。

“可怕的 2 岁”

如果宝宝现在刚刚满 2 岁，离“可怕的 2 岁”可能还有一定的时间，在接下来的半年里，日子会慢慢变得“可怕”。

从 1 岁半到 2 岁，宝宝已经完成了一次从“熊宝宝”向“乖宝宝”的转变。当宝宝 2 岁时，那个让家长头疼不已的阶段已经暂时过去了，情况有了极大的改善。大多数 2 岁的宝宝正处在乖巧的阶段，运动技能提高得非常明显，大动作和精细运动都获得了很大发展，会走、跑、跳，还会拧瓶盖等；语言能力也在快速发展，已经很会说话，能和家长进行有效的沟通；在情绪情感方面，宝宝变得相对平静稳定，需求没有以前多，可以通过自己的努力达到目的。

不过，这个平静的阶段通常不会持续很久。在未来的半年里，宝宝的性情又将经历一次大的波动。家长不必对此过于忧虑，在成长过程中，必然会呈现一种好“坏”交替、螺旋上升的局面，在“稳定—突破—再稳定—再突破”中循环，最终达到稳定状态，这是宝宝成长的必经之路。

宝宝的奇怪行为

在这个年龄段，宝宝又会出现一些怪异又固执的行为，比如喜欢脱得光溜溜、讨厌被家长抱、喜欢拍打人的脸等，出乎家长意料。

喜欢脱得光溜溜

有些宝宝热衷于脱脱脱模式，觉得赤身裸体才舒服。家长不要将这件事想得太严重。2 岁左右的宝宝乐于这样做的情况并不少见。具体说来，有以下几个原因：宝宝刚学会自己穿脱衣服，觉得很好玩；家长的制止让他觉得反抗是很有趣的事情；觉得家里比较热，喜欢光溜溜凉爽的感觉。这个阶段终会过去，家长不必大惊小怪，要平静地告诉宝宝裸露是不文明的，并为宝宝准备喜欢的衣服。

讨厌被家长抱

将宝宝抱在怀里，是很多家长都很喜欢且享受的亲子互动方式。然而，随着宝宝长大，他可能会拒绝这样的接触。这种拒绝并不表示宝宝不再爱父母，他拒绝的只是拥抱的方式。拒绝拥抱是宝宝成长过程中的必经阶段，随着大运动能力发育完善，他对束缚越来越难以接受，不再迷恋父母的怀抱。家长可以试着改变表达爱的方式，比如用拍肩膀、击掌等代替拥抱，或者用轻轻的拥抱代替之前热烈的拥抱，避免使宝宝有被束缚的感觉。

喜欢拍打别人的脸

和宝宝聊天、做游戏、讲故事时，没有任何原因和预兆，宝宝就把小手伸过来拍在了家长的脸上。先不要感到恼火，这很可能是因为宝宝还没能把握正确的情感表达方式。这个年龄段的宝宝能够理解很多情绪，但并不具备恰当应对这些情绪的能力，所以表达时会发生混淆，出现令人尴尬的情况。家长无须因此斥责宝宝，因为他并不知道自己做错了什么。当然，这不是提倡家长纵容宝宝的行为，最符合实际且有效的，是让宝宝尽快学会恰当合理的情绪表达方法，而家长平和的引导和示范十分重要。

喂养常识

宝宝的饮食特点与营养需求

《中国居民膳食指南（2016）》指出：“2 ~ 5 岁是儿童生长发育的关键时期，也是饮食良好习惯培养的关键时期。”在这一阶段的初始阶段，家长应了解宝宝的饮食特点和营养需求。

在这个阶段，宝宝的饮食具有以下几个特点：第一，已基本形成三正餐、两加餐的进食模式。宝宝的三顿正餐要和家长同步，两餐间隔最好多于 4 个小时。加餐离前后两次正餐的时间应大致相同，不要紧挨正餐，以免影响正餐的正常进食。第二，饮食应均衡。饮食均衡是给宝宝提供饮食的重要要求。这个阶段的宝宝，营养摄入要均衡，每天的饮食应包括谷物、蔬菜、肉、蛋、鱼、大豆、乳制品等。要注意少盐少油、口味清淡，培养健康的饮食习惯。一般来讲，宝宝每天食用油摄入量约为 15 克，食盐少于 2 克；避免食用腌制、膨化、油炸食品、奶油等。第三，食物仍应单独烹调。在这一阶段，宝宝可以跟家人一起进食，但仍建议单独给宝宝烹饪食物，方式应以蒸煮为主，不要油炸、煎烤等。食物制作也应精细，以便于咀嚼、吞咽。需要提醒的是，宝宝还不能剔除鱼刺、骨头，家长应将其挑出后再给宝宝食用，以免发生噎呛。第四，每天应饮用足量的奶和白开水。《中国居民膳食指南（2016）》推荐："每天饮用 300 ~ 400 毫升奶或相当量的奶制品，可以保证 2 ~ 5 岁儿童钙摄入量达到适宜水平。"如果宝宝喝奶后，出现胃肠不适，应及时就医，请医生诊断是否乳糖不耐受或牛奶过敏。家长应保证宝宝每天饮用足量的水。饮水多少需通过宝宝尿液的颜色判断。除晨尿外，如果尿液发黄，则建议补充水分。一般来讲，两餐之间排尿 2 ~ 3 次为宜。要注意，水分的补充不能依靠果汁等，而应是白开水。

对于宝宝是否需要额外补充营养素，通常来讲，如果饮食多样，就不需要额外补充。在这个阶段，建议给宝宝每天补充 600 国际单位的维生素 D；多提供红肉、绿叶菜等富含铁的食物，预防缺铁性贫血。

带宝宝外出就餐

2 岁多宝宝的饮食已经接近成人，家长可以带上宝宝外出就餐。可对宝宝来说，餐厅是一个相对嘈杂和混乱的陌生环境，家长要注意事先了解餐厅环境、设施、等待时间、服务态度等事项，并在就餐过程中随时关注宝宝的反应和情绪，以宝宝的感受为主。

环境：餐厅的环境直接影响就餐体验。环境是否嘈杂、卫生条件是否达标、油烟刺激是否过大等，家长都应提前考虑。嘈杂的环境易让宝宝紧张不安，卫生条件不好容易造成肠胃不适，油烟太大则会刺激呼吸道。

基础设施：主要应考虑餐厅是否配备儿童餐椅、餐椅的舒适度、座位的密集度等。如果没有儿童餐椅，建议不要选择。如果餐椅太小，束缚感明显，可能会导致宝宝哭闹，甚至拒绝使用；如果餐椅太大，宝宝可能会在餐椅上动来动去，不好好吃饭；如果座位安排得比较密集，餐椅可能无处放，或容易打扰邻桌。

等待时间：要考虑餐厅的火热程度，提前安排时间，尽量在高峰时段之前到达，以免长时间等待；如果对餐厅比较熟悉，可以提前点菜；如果不能提前点菜，应避免点耗时较长的饭菜，以免增加等待时间。

服务态度：最好带宝宝去以前体验过的、服务态度良好的餐厅；如果想要体验新的餐厅，要提前了解餐厅的整体环境、服务态度，再考虑是否适合。

关注宝宝的反应和情绪：带宝宝外出就餐时，要随时关注宝宝，照顾他的感受。即使与朋友聊天，也要经常看看宝宝，跟他说说话，让他知道父母没有忽略自己。

带宝宝外出就餐时，要以宝宝的感受为主。如果宝宝出现不适应、烦躁、哭闹等情况，可以先行带宝宝离开，不要强迫他留下。

日常护理

让睡眠变得更有规律

在这个阶段，宝宝白天睡眠时间明显减少，但午睡是十分必要的。充足的睡眠是宝宝健康成长的保证，只有休息得好，才能缓解疲劳，再精力充沛地跑跑跳跳、做游戏、玩玩具，所以引导宝宝养成午睡的习惯非常重要。

每天吃过午饭后，先让宝宝玩一会儿玩具，再引导他午睡。如果起初宝宝不接受，家长不要逼迫，应慢慢引导，坚持几周就能养成按时午睡的习惯。另外，要让宝宝养成晚上按时睡觉、早晨按时起床的习惯。这也有利于午睡习惯的养成，不然早晨迟迟不肯起床，很难养成午睡的习惯。

这个阶段的宝宝还不能自己入睡，往往需要一些“睡眠仪式”。有的宝宝会抱着玩具或被子安抚自己，有的宝宝需要家长参与才能入睡，比如搂抱、轻摇、拍背、唱歌或讲故事。这些方式没有好坏之分，家长要根据宝宝的习惯决定采用哪种方式。不过，如果宝宝仍需要靠吮吸乳房入睡，妈妈应有意识地减少宝宝吮吸次数，尤其夜里不要用喂奶帮助宝宝再次入睡，以免宝宝形成心理依赖。

早教建议

● 培养宝宝做家务的习惯

让宝宝适当地参与家务劳动，不仅有助于提高动手能力，还能培养责任意识。更重要的是，宝宝看到自己可以和爸爸妈妈一样做家务，对自信心的建立也非常有好处。那么，应如何培养宝宝做家务的习惯呢？以下几点建议供家长参考。

第一，给宝宝布置力所能及的任务。要求宝宝专门负责一项家务显然不太现实，但让他参与完成某个环节是可行的。可以为宝宝布置一些力所能及的任务，比如擦桌子、丢垃圾、整理玩具等。在给宝宝分配家务时，不要强迫他去做那些超过能力范围或不愿意做的事情，以免产生抵触情绪。

第二，让做家务充满乐趣。为了引起宝宝的兴趣，家长可以把做家务变得有趣。比如，让宝宝帮忙擦桌子时，用他喜欢的抹布；让宝宝收拾玩具时，在玩具箱外面贴上他喜欢的卡通人物；也可以一边做家务，一边播放宝宝喜欢的音乐。

第三，全家一起做家务。做家务时，最好全家人都参与进来，这样不仅能够打扫得更加干净，还能让劳动变得更快乐。将家务合理分配，每个人去做自己最擅长的部分，这种共同协作给宝宝的信号是：做家务是全家人的事情。这对宝宝长大后主动承担家务非常有利。

第四，家长不要抱怨做家务辛苦。如果家长每次做家务都充满怨气，就会给宝宝一种印象：做家务是件痛苦的事情。长此以往，宝宝对做家务的热情就会逐渐减退。

怎样应对宝宝性格中的小问题

做事拖拉，遇到困难畏缩退却，面对困难拒绝帮助，对建议置若罔闻，面对越来越“有个性”的宝宝，家长首先应冷静下来，再根据宝宝的性格特点，寻找相应的解决办法。

做事拖拉

2 岁多的宝宝无法独自完成大多数的事情，如自己穿衣服、自己吃饭；注意力也容易分散，路边的一朵小花，飘过的一只气球等，都会拖住他们的脚步。而且，这个年龄段的宝宝没有时间观念，不知道“还有 5 分钟就迟到了”是什么意思，也不明白迟到有什么后果。所以，家长应在了解宝宝特点的基础上，有针对性地应对。

第一，不要一味地催促。催促或许一开始有效果，多次重复之后效果就会大打折扣。因此不要频繁催促，以免宝宝产生逆反心理，行动更加缓慢。对那些不紧急的事情，应允许宝宝慢慢去做。比如，去公园的路上，宝宝一边走，一边观察路上的蚂蚁，家长应给宝宝足够的时间，满足他探索的欲望。

第二，提前做好安排。要宝宝做事情时，家长要提前做好安排。比如，计划早上 8 点带宝宝出门办事，家长应至少提前一个小时叫宝宝起床、洗漱、吃饭，让他有充足的时间慢慢完成每件事情，也不会影响原本的计划。另外，在宝宝起床前，家长提前整理好自己的东西，可以有效缓解时间紧迫。

第三，降低对宝宝的期望。期望宝宝 3 分钟穿好衣服、10 分钟吃完饭，甚至短时间内改掉慢吞吞的毛病，这些都是不现实的。这个年龄段的宝宝做事情慢吞吞是正常的，强迫他们只会适得其反。因此，家长要有意识地降低自己对宝宝做事速度的期望。

第四，让宝宝体验拖拉的后果。让宝宝承受一次按照自己的方式做事的后果，可能比家长催促数遍更有效。比如，在带宝宝去参加派对的路上，如果他总是边走边玩，那就干脆不再催促，迟到后因发现自己错过了有趣的活动而感到遗憾，下次他很可能会主动加快速度。

害怕尝试

当宝宝发现自己无法完成某项任务时，有的会坦然接受，转而尝试其他事情；有的会选择向大人求助，让爸爸妈妈代替自己完成；也有的会崩溃大哭，情绪失控。不管宝宝的表现是哪种情况，都没有对错之分，家长要理解他们，想办法引导宝宝再次尝试。

第一，帮宝宝拆解任务。在宝宝遇到问题时，家长可以将任务拆解。通常任务拆解后，就会降低完成每一步的难度，宝宝做起来会比较容易。家长可以视情况提供适当的帮助，和宝宝一起解决问题。

第二，给宝宝有针对的指导。有时候宝宝会因为不知道怎么做惧怕尝试，所以当家长发现宝宝遇到困难时，应适时给他一些实用的、有针对性的指导。比如，宝宝不知道如何画圆，是因为没有掌握用笔技巧，或是不懂得借助圆形的工具，那不妨提醒他调整用笔的方法，或给他一个工具。

第三，对宝宝做到的事情给予表扬。和宝宝一起面对问题时，应恰当地表扬宝宝做到的那些事，让他获得成就感，继而坚定继续面对问题的信心。

拒绝接受帮助

拒绝接受帮助，是宝宝想要独立的一个信号，是宝宝成长的一种表现。当宝宝拒绝家长帮忙穿衣服、喂饭、洗手，明确表示“我想自己来”时，家长应在确保安全的基础上，尊重他的要求，保持耐心，多给他机会尝试，这既能减轻家长的负担，也有助于宝宝更好地掌握技能。

如果宝宝坚持完成超出能力范围的事情，家长可以适时提供指导。比如，宝宝尝试自己穿外套，家长可以跟宝宝说：“我知道一种穿外套的方法很棒，你要不要看？”然后做出示范。如果宝宝拒绝看示范，家长可以给宝宝口头指导，并简单辅助，帮助宝宝顺利完成。

● 怎样应对宝宝复杂的情绪

即便没有十分叛逆，但宝宝的情绪却更为复杂，再加上他还不懂得如何自我控制，可能会导致突然情绪高涨，又突然低落，面对挫折容易沮丧，脾气暴躁易怒，令人捉摸不透。

情绪高昂难克制

面对在家长看来根本不值得大惊小怪的事情时，宝宝会表现出极度的兴奋，甚至高声喊叫、欢呼。如果这种情绪在郊外、游乐场等比较嘈杂的场所爆发，倒无伤大雅。但若发生在安静的场所，比如绘本馆、图书馆等，则需要家长进行引导。

第一，提前向宝宝说明要去的地方需要保持安静。如果太吵闹，会影响别人。如果宝宝太开心、太兴奋想分享，可以悄悄告诉家长。第二，如果宝宝没能控制住，不要批评指责，可以暂时把他带离，找一个能够宣泄的地方，等他情绪平复后再回来。第三，带着宝宝进入易于兴奋的环境前，可以先给他释放的机会，以免他在需要安静的场所失控。第四，给宝宝学习控制情绪的时间，并耐心给予引导。不要威胁或以其他条件诱惑，要相信耐心的力量。

面对挫败时的负面情绪

宝宝调节情绪的能力较差，在遇到挫折时，很可能会表现出失落、沮丧甚至愤怒等情绪。因此，需要家长积极进行引导，帮宝宝学会面对挫折。

第一，家长要做好榜样，积极和宝宝一起面对挫折。第二，和宝宝沟通，让他勇于表达自己的感受。诚恳的沟通不仅能够让宝宝说出自己面临的情况，还能帮他认识自己的情绪，学会正确表达，恰当处理面临的挫折。第三，耐心地帮宝宝分析遭遇挫折的原因，让宝宝明白怎样做才正确，不再次陷入失败的境地。第四，多给宝宝一些鼓励，让他明白失败是正常的，多加练习和勇敢面对就会离成功更近一步。让宝宝尽快从挫败中走出来，把精力专注在解决问题上。当宝宝遇到了困难，家长要适当提供帮助，帮他完成超出能力范围的部分。第五，拒绝逼迫，接纳放弃。不要在困难、挫折面前逼迫宝宝，而应给予理解、支持和鼓励。即便宝宝决定放弃努力，家长也要保持冷静，用轻松的语气再次鼓励宝宝，如果他仍然拒绝，请尊重他的选择。当宝宝暂时无法解决困难时，放弃也是一种选择。

需要注意的是，不要刻意给宝宝制造困难。这不是宝宝发展某种能力所需的，设置得不恰当，很可能会导致宝宝对自我能力有不良的认知，产生自卑感和挫败感。想让宝宝拥有抗挫折的能力，最好的办法是顺其自然。在宝宝成长的过程中，自然地遭遇挫折，自然地克服，必要时可以适当借助家长的帮助。要记住，这个发展是循序渐进的，不应有太多外力的干预。

暴躁易怒

宝宝动不动就发脾气，是因为宝宝有了明确的喜好和强烈的情绪，却还没能掌握及时排遣的方法。因此，面对不合自己心意的事情就容易暴躁。那么，怎样让宝宝尽快恢复平静呢？

第一，耐心沟通，找到宝宝暴躁的原因。家长首先要冷静，弄明白宝宝暴躁的原因，多一些理解。比如，他想玩自己很喜欢的玩具时，却发现被家长送给别人了，他无法控制自己想起它却无法拥有的失落，就会产生暴躁的情绪。当明白这一点，家长应理解宝宝的情绪，并尽量弥补，比如给他补偿一个相同的玩具。

第二，以静制动，冷处理。如果宝宝糟糕的情绪爆发没有任何缘由，就是无理取闹，家长不妨以静制动，冷处理，让他自己冷静一会儿。当宝宝发现没人回应自己时，可能会停止哭闹，转移注意力去做别的事情。

第三，给予宝宝足够的关心。有些宝宝暴躁哭闹只是想寻求家长的关心，因此，家长要反思自己对待宝宝的态度，在他情绪不佳时给予足够的关心。当宝宝平静后，家长应耐心地跟他分析刚才发生的事情，告诉他：“如果刚才你能够平静些，事情就不会变糟。暴躁不能解决问题，反而搞得大家都不开心。”要知道，家长是宝宝最好的榜样，家长的行为对宝宝有着很大的影响，如果爸爸妈妈平时易怒，宝宝在面对事情的时候也容易暴躁。

引导宝宝守规矩

“没有规矩，不成方圆。”规矩和规范约束着人的行为，让孩子学会守规矩，是有序展开学习、生活的保证，也会为日后孩子进入社会打下基础。在引导宝宝的过程中，家长应注意以下几点。

第一，清楚明确地说出规矩。这是对家长表达能力的一种考验，将规矩用简单明了可执行的语言表述出来，有助于宝宝理解。比如，家长要求宝宝“保持房间整洁”，不如详细地告诉他“玩完玩具要放回原处”。这是因为宝宝对“房间整洁”并没有明确的概念，不知道该如何遵守。所以家长在讲规矩时，一定要用宝宝能够听懂的语言。

第二，解释制定规矩的原因。相比简单粗暴地给宝宝下命令，跟宝宝说明“为什么要这么做、为什么不要这么做”会更有效。比如，家长不想让宝宝在房间里乱跑，就应详细说明这样做可能出现的危险，不应只是单纯制止。

第三，保持规矩的一致性。不论什么情况，所有的规矩，家人都应保持一致，否则很容易造成宝宝认知混乱。比如，当妈妈心情好时，允许宝宝在沙发上蹦跳打闹；当妈妈疲惫烦躁时，则予以制止。即便家长给出了制定这个规矩的原因，但因曾经被允许过，宝宝就会不断试探家长的底线。

第四，不要急于求成。这个年龄段的宝宝将更多的精力放在学习新技能和探索新事物上，自然不会那么守规矩。家长切不可急躁，应多些耐心，坚持重复和强调，加深宝宝对规矩的印象，逐渐养成习惯。

第五，不要制定太多规矩。适当的规矩可以让生活和社交轻松愉快，而被太多的规矩束缚会让人厌烦，想挣脱。因此，在给宝宝制定规矩时，一定要掌握好尺度，避免宝宝被太多的规则限制，产生逆反心理，从而抗拒所有的规矩。即便现在家长可以靠“武力”压制宝宝的反抗，可总有一天，他会打破这些规矩。

第六，不要期待宝宝遵守所有的规矩。宝宝会因为各种各样的原因违反规矩，比如心情不好时在沙发上蹦跳；或者就是单纯地淘气，挑战家长的权威。不管什么原因，家长都要用宽容的态度去处理，接纳宝宝破坏规矩的事实，平复宝宝的情绪，再坚定地向他重申规矩。

培养宝宝的想象力和创造力

丰富的想象力可以让宝宝保持对事物强烈的好奇心，激发创造力和创新能力。因此，家长不仅要保护宝宝的想象力，也要采取适当的方式来激发。总的来说，家长应注意做好以下几点。

第一，允许宝宝自由畅想，不要纠正和嘲弄。宝宝在玩游戏时，会一边玩一边畅想各种场景，比如鱼儿飞到天空中跟小鸟一起玩，家长不要因为觉得宝宝的想法不合常理就斥责嘲笑，这会伤害他的自尊心。家长应该进入宝宝设置的场景，问他：“呀，小鱼和小鸟一起做了什么游戏？它们在天上看到了什么？”这一方面可以开发宝宝的想象力，另一方面可以让宝宝认识更广阔的世界。

第二，肯定宝宝的成果。宝宝的想象力和创造力，可体现在各类“艺术作品”里，比如涂鸦、手指画、泥塑等。即便这些作品看上去只是胡乱涂抹，或是材料的堆砌，家长仍应对宝宝的成果予以肯定，并请他分享自己的“创作灵感”。在这样的互动中，宝宝更能体会到家长的认可。

第三，和宝宝一起创作。和宝宝一起创作，不仅有助于增进亲子关系，还能把宝宝的想象力付诸实践，培养创造力。如果宝宝想要制作翅膀，跟鸟一起飞翔，不妨满足他的要求，和他一起搜集材料，做出想象中的翅膀。在创作的过程中，鼓励宝宝自由发挥，说不定他会给你带来惊喜。

第 19 章　2.5 ~ 3 岁的宝宝

“可怕的 2 岁”真的来了，2 岁半的宝宝将会展现出较之前更强烈的叛逆。这一章重点阐述如何应对爱搞破坏、说脏话的宝宝，此外还详细介绍了如何帮宝宝做入园前的准备，以便让他顺利地适应幼儿园生活。

了解宝宝

宝宝 2.5 ~ 3 岁会做什么

2.5 ~ 3 岁，宝宝应该会：

· 熟练跳远。

· 单脚站立，且时间有所延长。

· 越来越熟练地扔球。

· 熟练双脚跳。

· 模仿画直线。

· 容易接受与日常看护人短暂分离。

· 会穿袜子、鞋子或裤子。

· 会洗手、擦手。

· 熟练参与需要互动交往的游戏。

2.5 ~ 3 岁，宝宝可能会：

· 单脚站立，且站立的时间更长。

· 单脚跳。

· 理解冷、累、饿等概念。

· 积木搭得更高更稳。

· 模仿画圆形。

· 模仿画十字。

· 明白长短的概念，比如能够准确快速地挑出较长的线段。

· 会自己穿简单好穿的衣服，会扣扣子。

宝宝的叛逆期

一般情况下，在宝宝 2 岁半左右，会经历一个叛逆期。这个时间点并非绝对，有的宝宝可能早些，有的可能晚些。至于叛逆的程度，有的较严重些，有的较轻。对于这一阶段，没有一个万全之策，最好的方法是耐心地陪伴、有针对性地引导。家长应做好心理准备，了解宝宝可能会有的表现，以使自己从容面对。

第一，“不”字随时冒出口。无论家长提什么要求，宝宝都以“不”回应，尽管他并非真的排斥，很快就会主动去做。其实，宝宝反抗的并不是家长的话，而是家长企图掌控他的行为。他不喜欢别人的指挥，哪怕是最亲密的爸爸妈妈，他开始想要更多的自主。

第二，需求频繁变化。前一分钟要吃面包，而当家长把面包递给他，他又会扔掉，转而抓起苹果。其实，宝宝可能自己都没想好自己想要什么，才会出现频繁的变化。这样的变化，正是他认识自己需求的过程。

第三，犹豫不决，优柔寡断。正因为宝宝不清楚自己真正想要什么，才在面临抉择的时候不知所措，拿拿这个，又看看那个，左右为难，难以决断。

第四，情绪躁动不安。宝宝常常会因为家长的指挥而生气、反抗，也会因为自己没能达到自己的要求而生自己的气，甚至做出摔积木、踢皮球等失控的举动。这是这个阶段的宝宝可能出现的正常情绪。

宝宝说话口齿不清楚

如果宝宝发音不清并非因为舌系带（舌系带是连接舌背和口腔底部的一根细长的黏膜索带，舌系带长度正常，宝宝的舌头能够伸出口外，且能自如活动）过短，就不用过于担心。通常，宝宝语言清晰度的差别并不是智力原因造成的，而是与能否自如地控制舌头和口腔肌肉有很大关系。咀嚼能力较弱，长时间频繁吃手，使用安抚奶嘴、奶瓶等，都会导致口齿不清。

严重的口齿不清会对宝宝语言的发展产生不良影响，造成学习上的障碍，或招来其他小朋友的嘲笑，伤害他的自尊。因此，如果宝宝发音不清，家长可以采取方法加以引导，比如，通过咀嚼练习促进口腔发育，每天让宝宝嚼一些耐嚼的食物，如胡萝卜、芹菜、面包圈等。同时要帮宝宝改掉不良的吮吸习惯。

纠正宝宝发音时，家长不要反应过于强烈，更不要强迫宝宝必须说清楚，频繁说教和过分纠正只会给宝宝带来更大的心理压力。如果宝宝已满 3 岁，语言发展仍滞后，比如陌生人很难听懂宝宝说的话，家长就要引起重视，及时带宝宝到医院检查，排查是否存在听力障碍等问题。

想象中的朋友

有的家长发现，宝宝的生活中多了一个朋友，只是这个朋友看不见、摸不着，只存在于宝宝的想象中。虽然宝宝会参加社交活动，也有经常一起玩的朋友，但他似乎与这个想象中的朋友更合得来。

当宝宝面对家长管束和同龄朋友的攻击行为时，更希望拥有一个能够被自己控制的、特别的朋友。这个朋友不会反驳他，也不会威胁他，更不会侵犯他的财产，而且除了陪伴，还可以充当很多角色，比如替罪羊、出气筒、保护神等，可谓是一个“完美的朋友”。

大多数的宝宝都会有想象中的朋友，在宝宝2岁半到3岁期间出现，一直持续到4～5岁甚至更大，想象中的朋友才会消失。拥有想象中的朋友，并不会对宝宝的正常社交造成不良影响，他同样会有很多真实的朋友。对这个想象中的朋友，宝宝会通过自己的想象，赋予他名字、外貌、性格、生活习惯等。但是宝宝能够区分真实的朋友和想象中的朋友，只是他更喜欢和想象中的朋友一起玩。关于家长应如何对待这个宝宝想象中的朋友，详见第422页。

喂养常识

不要将食物当作安慰剂

宝宝说饿时，家长首先应判断宝宝真正的需求。如果是真的饿了，家长应给他食物；如果不是真的饿了，只是为了打发时间、消除紧张，想通过吃东西排解，家长就要拒绝给他食物，而是采用适当的方式帮他排解。如果因为无聊，可以带宝宝做游戏、讲故事、看绘本，或去游乐场，转移他对食物的依赖；如果因为紧张焦虑，可以通过身体接触、语言安抚等手段让宝宝平静下来，然后再通过各种游戏引起他的兴趣，转移注意力。

为了避免宝宝把食物当作非饥饿时的一种选择，家长需规避一些错误的教育方式。比如，不能把食物当作奖励，不能跟宝宝说：“你只要乖乖把玩具收起来，就给你好吃的东西。”同理，也不能将不给食物吃当成惩罚。否则，宝宝会认为食物是一种“玩具”，而不是用来填饱肚子的。

宝宝将食物当作一种安慰，家长也需要反思自己的行为，是不是周末或者晚上休息的时候，经常一边吃着零食一边看电视，或者一边吃着零食一边陪宝宝游戏。这些行为都会不自觉地影响宝宝。因此，家长应规范自己的饮食习惯，让宝宝明白饥饿与食物的关系，帮助宝宝形成正确的饮食认知。需要提醒的是，如果发现宝宝持续胃口增大且伴随大小便次数增多、经常口干舌燥，但体重反而减轻，应及时带宝宝到医院就诊检查。

宝宝吃饭慢吞吞

3 岁左右的宝宝已经能独立吃饭，但手的灵活度还不及成人，在用勺或叉子吃东西时会耗费很多时间和精力，这就是宝宝吃饭慢的原因之一。如果宝宝属于这种情况，家长不宜干涉太多，可以给予适当引导，比如告诉他“这样用勺子舀汤会更省力，还不会洒”。宝宝吃饭慢的另一个原因是，他习惯细嚼慢咽。这是个不错的习惯，家长不要过多干预。给宝宝充足的时间吃饭，有助于形成健康的饮食态度。如果是其他原因拖慢了宝宝吃饭的速度，比如玩具、电视节目、小伙伴或其他吸引注意力的事物，家长应消除这些因素的影响，以加快宝宝的吃饭速度。

总的来讲，面对吃饭慢吞吞的宝宝，家长要先分清引起问题的原因再区别对待。但无论哪种情况，都不要在宝宝吃饭时对他施加压力，不要逼迫他狼吞虎咽，更不要对他喋喋不休，甚至威胁或讲条件诱惑，以免适得其反。

日常护理

让宝宝尝试自己洗澡

对于宝宝什么时候可以尝试自己洗澡，并没有一个明确的年龄界定，因为每个宝宝的生长发育速度不同，掌握各项能力的程度也不一样。一般来说，当宝宝 3 岁左右，家长就可以鼓励宝宝尝试自己洗澡。当然，尝试自己洗并不是要求他独立完成，家长应陪伴宝宝（爸爸带男宝宝，妈妈带女宝宝），并给予指导和帮助。

第一，用简单的指令指导。3 岁左右的宝宝不仅能够听懂家长的指令，也基本熟悉身体的各个部位。家长陪宝宝洗澡时，可以用清楚的语句对宝宝发出指令，比如“抬起头”“伸开胳膊”“站起来”，让他对怎样洗澡有个大致的了解。

第二，引起宝宝的兴趣。可以在宝宝洗澡时唱洗澡歌，或者在澡盆中放一些他喜欢的洗澡玩具；每当宝宝洗完一个部位，要对宝宝提出表扬，告诉他“脖子洗得很干净”，激发宝宝自己洗澡的欲望。

第三，为宝宝提供帮助。从尝试自己洗澡到能完全自己洗，是一个长期的过程。这期间离不开家长的帮助，比如，家长帮忙洗头发，帮他把浴液挤在海绵上，帮他冲干净身上的泡泡等。提醒宝宝小心使用沐浴液和洗发水，比如洗头发的时候紧紧闭上眼睛。告诉宝宝，一旦沐浴液或洗发水进入眼睛，要及时用清水冲洗，或者使用湿毛巾蘸取清水轻轻擦。

除此之外，可以根据宝宝的作息习惯安排洗澡时间，帮助宝宝逐渐养成按时洗澡的习惯。

宝宝大小便排到裤子里

对这个阶段的宝宝来说，大小便排到裤子里是很正常的。一般来讲，以下原因会导致宝宝出现这种情况。第一，生活环境或看护人发生改变。生活环境发生改变，或更换看护人，都可能对宝宝造成压力。宝宝在适应这些变化的过程中，自然会减少对如厕这件事的关注，因为以宝宝目前的能力，无法同时应对太多的事情。第二，专注于游戏或其他事情。如果宝宝玩游戏太投入，很可能会忍着便意，然后就会发生大小便排到裤子里的情况。第三，情绪失控。如果宝宝过于兴奋或紧张，就会将关注点集中在令他情绪失控的事情上，把如厕置之脑后，尿到或拉到裤子里。第四，疾病。腹泻、便秘等可能会导致宝宝将大小便排在裤子里。如果家长发现宝宝大小便带血，或者大便稀溏，需及时带他去医院就诊。

无论是哪种原因引起的，家长都应保持冷静。夸张的语言、夸张的反应，甚至责骂，不但起不到提示警醒的作用，反而会加重宝宝的心理负担，无益于解决问题。如果家长能够平静地说："哦，裤子脏了呀，那我们一起换上干净的吧。下一次记得去厕所或者跟妈妈说，好吗？"这样反而让宝宝有注意的意识，避免尴尬的情况发生。

为了避免宝宝将大小便排到裤子里引发尴尬，家长要注意做好以下几点：

第一，及时提醒宝宝去厕所。家长可以根据掌握的宝宝大小便的规律，及时提醒他去厕所。出门前，可以带他上次厕所，以免在外着急找不到厕所。需要提醒的是，不要反复不断询问宝宝，过度的关注会给他带来心理压力，让问题变得更严重。

第二，关注宝宝的情绪及心理状态。宝宝生活环境变化前，家长需提前为宝宝做好心理建设，让他有个适应的过程。变化发生后，应多关注他，耐心安抚他，及时疏导心理压力、负面情绪，发现宝宝的排便需求，避免尴尬的事情发生。

第三，肯定宝宝的进步。如果上一次宝宝尿或拉在裤子里，而现在知道及时去厕所了，家长应适时给予宝宝肯定和鼓励，这对宝宝来说不仅是激励，更是对正确如厕行为的强化。

宝宝尿床问题

尿床的情况同样无法避免。通常，宝宝尿床的问题会持续到学龄前，有些宝宝即便到了 5 ~ 6 岁，也不可能完全避免尿床。宝宝尿床后，批评指责并不会明显改善问题，反而会给宝宝造成沉重的心理压力，伤害他的自尊心，甚至增加尿床的频率。宝宝尿床是因为身体机能发育还不够成熟，无法控制小便，这不是家长威胁、批评就能起作用的。宝宝尿床后，家长可以平和地邀请他一起晾晒尿湿的被褥，这有助于帮助宝宝建立责任意识，并在一定程度上缓解心理上的负担。另外，可以给他提供一些帮助，比如晚上睡觉时给宝宝穿纸尿裤或训练裤。

随着宝宝年龄的增长，身体机能发育成熟，自然就会停止尿床。当有以下表现时，就说明宝宝已经做好了准备，即将告别尿床：晚上排尿次数减少，晨起纸尿裤中仅有少量甚至没有尿液；白天可以 3 ~ 4 个小时不上厕所；晚上能够被尿意唤醒，自己起床上厕所；小睡时不尿床，夜晚睡觉时偶尔会尿床。

早教建议

怎样看待宝宝想象中的朋友

这个年龄段的宝宝很多都有想象中的朋友，对宝宝的这个朋友，家长不要大惊小怪，应正确看待，以下四个建议供参考。

第一，要尊重宝宝的这个朋友。不管家长认为宝宝的行为多么幼稚，比如和想象中的朋友过家家、聊天，都不要去制止或者表示轻蔑，甚至嘲笑。毕竟，这个朋友对宝宝来说是非常重要的。家长应该做的，是接纳他，欢迎他。如果宝宝提出要求，家长可以为这个朋友准备一套餐具，或者留一个枕头。

第二，不要利用这个朋友。一定要记住，接纳宝宝的这个朋友后，千万不要利用他。比如，告诉宝宝“你的朋友已经睡觉了，你也睡觉吧”，这很可能会适得其反，让宝宝觉得自己对这个朋友失去了控制，从而抗拒家长的要求。

第三，不要让宝宝利用这个朋友承担后果。让宝宝和想象中的朋友做游戏、过家家都可以，但是宝宝犯错之后，将责任推到这个朋友身上，这种行为要严厉制止，切不可一笑置之。如果出现这种情况，应告诉宝宝：“你应该公平地对待你的好朋友，你做错了事，却让他替你承受惩罚，是不公平的。”

第四，不要让宝宝以这个朋友为生活主导。如果这个想象中的朋友占据了宝宝大量与真实朋友交往的时间，或者有替代父母关注的征兆时，就要引起重视。家长应尽量给宝宝提供缺失的东西，比如父母的陪伴或者更多的真实朋友，等等。当宝宝对这个朋友太着迷、太依赖，影响了现实生活中的正常交流，在公共场所总是表现得畏畏缩缩、情绪消沉，家长就要带宝宝向医生咨询。

怎样引导爱搞破坏的宝宝

宝宝的破坏行为往往有因可循。通常，宝宝在生气、愤怒、无聊、嫉妒或者想要获得更多关注时，才会故意搞破坏，比如把桌上的牛奶打翻、用玩具砸向窗户。针对这种情况，家长应及时对宝宝进行心理疏导，并给予宝宝足够的关注和爱护，同时向他明确表示，这种故意破坏的行为是不被允许的。

有时候，宝宝的破坏行为只是好奇心驱使下的一种探索行为，但因为能力有限或者缺乏经验，导致结果出现偏差。比如，宝宝想看看小汽车的里面是什么样子的，于是就把车拆开，结果却装不回去了；想帮妈妈刷碗，结果却将碗打碎了。另外，把经验错误地用到其他事情上，也会导致破坏性的后果。比如，看到皮球扔到地上会弹起来，就认为把玻璃球扔到地上也会弹起来。

面对这种情况，可以准备一些拆装玩具，或者其他安全用品，满足宝宝的探索欲；也可以通过小游戏或玩偶激发宝宝的爱心，减少破坏行为。比如，引导宝宝模仿家长给玩具小熊喂水、喂饭，抱着小熊哄它睡觉，当宝宝有破坏小熊的行为时要立刻制止，并引导他温柔地对待玩偶。

做好入园准备

虽然各地幼儿园对入园年龄要求各不相同，但大多数地区要求孩子在3岁左右入园。对于入园前的准备，总的来说包括生活准备和心理准备两大方面。

生活准备

除了物品上的准备，最主要的是教给宝宝一些生活技能，帮他从容地应对入园后的生活环境、生活习惯和作息。

第一，分清左脚和右脚。这项技能可以帮助宝宝正确穿鞋。在幼儿园，午睡时、在室内活动时都要脱鞋，如果宝宝分不清左右，穿鞋就会比较麻烦。如果穿反了，不仅感觉不舒服，走路时也容易摔倒，存在安全隐患。因此，家长可以找一双宝宝喜欢的鞋，教他区分左脚和右脚，然后通过反复地穿脱、辨识加以强化。

第二，自觉上厕所。在幼儿园，老师会定时带小朋友们如厕，但也有必要教宝宝自觉上厕所，告诉宝宝有了尿意或便意，要大胆、主动地举手告诉老师。训练时，家长应每天晚上和宝宝一起总结当天的如厕情况，如果表现得好，就奖励一枚小贴纸。这样坚持 1 ~ 2 个月，可以有效减少白天尿裤子的频率。

第三，学习擦屁股。宝宝如厕后，教他用卫生纸擦屁股也是一项重要的事。入园后，如果老师一时照顾不过来，宝宝在小便或大便后，就需要等较长的时间，等老师帮忙做清洁，这样非常被动。训练时，可以先利用玩偶练习，教宝宝将纸叠成一定的厚度，擦一次将脏的一面对折起来，用干净的面再擦一次。如果没擦干净，可以另取一张纸再擦。当宝宝亲身练习时，家长起初要检查是否擦干净，并要教他从前向后擦，特别是女宝宝更应注意。

第四，学习自己吃饭。在幼儿园，老师不可能逐个喂宝宝吃饭。如果宝宝不会自己吃饭，总是吃不饱，不仅影响身体发育，还影响心理健康。所以，家长要教会宝宝自己吃饭，不要因为怕脏而过多干预，以免打消宝宝学习的热情，阻碍学习的进展。

第五，学习自己喝水。家长应杜绝追着喂水的做法，让宝宝主动喝水。可以选择颜色鲜艳、图案可爱的水杯，引起宝宝对喝水的兴趣，并让他明白，喝水对身体有好处，这有助于宝宝养成自觉喝水的习惯。

第六，练习穿脱衣服。学会自己穿脱衣服，是宝宝入园前要掌握的基本技能之一。室外活动前后、如厕时、午睡前后等，老师很可能没有精力帮助每个宝宝穿脱衣服。因此，家长需教给宝宝穿脱衣服的要领，让他学会扣扣子、拉拉链。训练时，可以先利用能穿脱衣服的玩偶练习，待宝宝练得比较熟练后，再让他用自己的衣服反复尝试。

第七，学习独自入睡。幼儿园午休时，宝宝需要独立入睡。如果宝宝仍习惯哄睡，需家长进行训练。开始训练时，睡前先让宝宝独处 2 分钟，告诉他："你先自己躺 2 分钟，过会儿妈妈就来陪你。" 2 分钟后，如约回来陪他。坚持几天，当宝宝习惯后，再逐渐将他独处的时间延长到 5 分钟、10 分钟，直到能够独立入睡。

第八，学习表达自己的需求。入园后，如果宝宝不懂开口表达自己的需求，就会面临重重困难。因此，家长需在入园前教会宝宝。家长平时要与宝宝多沟通，必要时可以采取场景模拟的方式来引导。比如，宝宝想大小便时，模拟跟老师提出去厕所的要求，教宝宝用语言表达自己的需求。

心理准备

入园前，家长可从以下三个方面着手，给宝宝做好心理建设，让他从内心里向往幼儿园的生活。

第一，接纳幼儿园。在日常生活中多和宝宝互动，了解宝宝对幼儿园的想法；给他读读描述幼儿园生活的书；时常和宝宝聊聊上幼儿园的小哥哥小姐姐，讲讲他们在幼儿园的趣事；带他去幼儿园看小朋友做游戏，近距离接触幼儿园，使其对即将到来的幼儿园生活抱有热情。要告诉宝宝，无论他在哪里，爸爸妈妈会永远在他身边，这会给予他安全感。不过，不要过分宣扬幼儿园的生活，以免不真实的期待给宝宝带来比较大的心理落差，因失望更难适应幼儿园的环境。

第二，帮宝宝调整作息，控制情绪。为避免宝宝入园后因改变作息而情绪失控，家长应提前调整宝宝的作息时间。对喜欢赖床或有起床气的宝宝，要确保每天有充足的时间起床。没睡醒的宝宝一般都很黏人，情绪糟糕，对幼儿园更抗拒，因此务必在早晨留出充足的时间。作息时间的调整是一个比较长期的过程，应循序渐进，不要焦急，给宝宝适应的时间。

第三，准备安抚物，给宝宝心理上的安慰。给宝宝准备一个安抚物，无论是他最喜欢的小毯子，还是最喜欢的玩偶或小汽车，都能给他带来心理上的安慰，在一定程度上减轻他对幼儿园的抗拒。不过，很多幼儿园不允许从家里带玩具，所以可以选择宝宝最喜欢的一件衣服、一条手帕，或一双袜子作为安抚物。如果宝宝特别依恋家长，也可以准备一些爸爸妈妈的物品，比如一条丝巾、由家长亲手画的卡片等。需要注意的是，家长应心理上放松，不要焦虑，不要有负疚感，以免把这种情绪传递给宝宝。

教宝宝自己做决定

宝宝想“控制自己生活”的欲望越来越强烈，不喜欢按父母的规定做事，而是渴望有不同的选择。对于自己做主选择的东西，哪怕只是一张小小的卡片也会特别珍惜，对自己感兴趣的事会不厌其烦地花精力去做。这种选择，能够帮助家长了解宝宝的需要和喜好。

很多家长都没有意识到宝宝的这种需求，觉得帮助宝宝安排好一切才是“合格的父母”。这种做法于宝宝无益，甚至长大后宝宝会因没有进行过做决定训练，面对大事时优柔寡断。在一些非原则的事情上，比如画小猫还是小狗，穿红色的裙子还是黄色的裙子，看关于春天的绘本还是关于刷牙的绘本，都要放开手让宝宝去选择，不要总是认为家长的选择和安排才是恰当的。不过，让宝宝自由选择并不意味着任由他做任何想做的事，家长要给予引导。在一件事上，可以给宝宝 2 ~ 3 个选择，选择范围不要太宽泛，更不要所有事情都由他做决定；不要把宝宝不应该做的、危险的事情列在问题选项里，比如“要不要坐安全座椅”。

当宝宝坚持自己做决定的事情给他带来教训的时候，不要责备他，要先给予理解和安慰，然后帮他分析，让他学习，并想想下次应如何做。

怎样应对宝宝说脏话

学语阶段的宝宝，时刻在观察家长的言行举止，了解语言的使用情境，并在认为适合的场合下说出来，但他对语言没有判断和选择的能力，无法区分哪些是文明用语，哪些是脏话。对宝宝来说，这些骂人的话与“香蕉”“餐盘”这些词并没有什么不同，他只是单纯地模仿。因此，父母在宝宝面前一定要注意自己的言行，切勿把不文明的话语当口头禅，然后反过来因为宝宝说脏话而责备他。此外，宝宝接触的环境也可能会给他造成不良的影响，比如身边有说脏话的小朋友，或者电视中出现的不良信息等。

当宝宝偶尔说脏话时，家长不要当场制止。宝宝最初说脏话大多没有实际目的，只是单纯地模仿，如果家长总是制止，而且反应非常激烈，往往会适得其反，反而强化宝宝说脏话的行为。正确的做法是，在宝宝说脏话时，家长不做任何反应，事后也不跟宝宝谈论，宝宝很快就会忘记这些词语。

如果宝宝总是将脏话挂在嘴上，就需要加以制止和纠正了。在宝宝说脏话时，家长要平静且坚定地制止，告诉他“爸爸妈妈不喜欢你这样说话”，然后用一些好玩的词引导他，比如“真糟糕”“哎哟”“嗨”等，让他慢慢忘记之前说过的脏话。注意，家长要约束自己的言行，为宝宝做好学习榜样，这对纠正宝宝说脏话有很大帮助。

怎样应对宝宝说谎

在宝宝成长过程中，不可避免地会因为各种原因说谎。这个年龄段的宝宝大多意识不到自己在说谎，而且分不清事实和想象，会把自己的想象当成事实。比如，小明刚得到一个新的玩具车，豆豆很可能也会毫不犹豫地说“我也有”（虽然他并没有类似的玩具车）。宝宝还会根据家长的许诺决定自己怎么说话。比如，带宝宝打疫苗，为了让他更好地配合，妈妈告诉他：“打针不疼。你不哭，妈妈就给你买汉堡。”为了得到汉堡，宝宝就会在打完后说“不疼”。当宝宝期望得到夸奖、犯错时为了逃避惩罚或者不想让家长失望时，也可能会说谎。另外，家长的一些做法也会诱导宝宝说谎。比如，姥姥偷偷给宝宝吃了块糖，并要他“不要跟妈妈说”，这就很容易误导宝宝。

一般来说，宝宝的谎言并没有恶意。但即便如此，家长仍应加以引导，让宝宝学会诚实。对于宝宝的引导，家长可从以下几个方面入手。

第一，让宝宝分清真话和谎话。符合事情真实情况的话是真话，不符合事情真实情况而说出来的话是谎话。要鼓励宝宝畅所欲言，引导他真实地表达自己。在宝宝不受干扰地表达自己的过程中，家长才能知道事情的前因后果，了解他的真实想法，进而做出判断，并给予合理的处理方法。如果宝宝可以不加修饰地表达自己，并且能够获得家长积极的回应，自然没必要说谎。

第二，对宝宝说的真话给予鼓励。当宝宝承认是自己做了错事时，比如用蜡笔把客厅的墙壁画得乱七八糟，如果家长勃然大怒，下次再犯错，为了逃避惩罚，他很可能不会再说真话。针对这种情况，不妨告诉宝宝，将自己做错的事情如实告诉父母，这种做法值得表扬，但是在墙壁上乱涂乱画是不对的，然后和宝宝一起将墙壁擦干净。这样既可以避免宝宝因为害怕而不说真话，也不会给宝宝一种只要承认错误，就可以为所欲为的提醒。

第三，冷静应对宝宝的谎话 。如果宝宝确实做错了事，却一直说“这不是我做的”，家长应保持冷静，不要愤怒，不要争执，以免宝宝更加想要逃避，更加不敢说真话。可以暂时搁置“是谁做的”这个问题，但要让他知道这件事情是错误的，并且告诉他应该怎么做，或和他一起承担后果。比如，宝宝打翻了水杯却不承认，家长可以先不管水杯究竟是不是他打翻的，只告诉他，无论谁打翻水杯都是不对的，然后可以要求他把地板擦干净，也可以和他一起擦地板。问题解决后，首先要针对宝宝做的善后工作提出表扬，并要再给他一个说真话的机会。比如问宝宝：“刚才你和妈妈一起擦干净了地板，做得很好。不过，妈妈想知道，水怎么会洒到地上呢？”

第四，以身作则，信任宝宝。家长必须以身作则，不对宝宝说谎、信守承诺。如果家长没有兑现承诺，要及时跟宝宝道歉，并说明食言的原因。另外，家长要给予宝宝足够的信任，要牢记诚实和信任是相辅相成的，让宝宝形成这样的逻辑：说真话，就会得到信任；想得到信任，就要说真话。当宝宝感觉自己被信任，就会自觉做对得起这份信任的事情。

如何引导宝宝分享

分享能够带来快乐，能够让宝宝更好地融入集体。但在这个年龄段，宝宝不愿意与人分享是很正常的，不能和成年人观念中的自私画等号。家长应理解宝宝具有的物权意识，正确看待分享，妥善进行引导，以下四项原则可供参考。

原则一：分享的前提是先满足宝宝。分享是和别人共同享受，只有先满足自己，才能谈分享。满足自己是分享的前提。比如，宝宝只有一块饼干，要求他与他人分享，他一定会非常抵触；可如果宝宝有一罐饼干，很可能就会愿意分享给别的小朋友。所以，引导宝宝分享的前提，是先满足他自己。

原则二：要求宝宝分享时，不要用假话引逗。要求宝宝分享时，用假话引逗他，这种情况在很多家庭的亲子互动中非常常见。比如，妈妈问宝宝："把你的蛋糕给妈妈吃一口吧？"当宝宝将蛋糕递给妈妈时，妈妈却说："宝宝真乖。你吃吧，妈妈不吃。"这看上去是在教宝宝分享，实际上却适得其反。久而久之，宝宝不仅不会去分享，还可能学会了说谎。

原则三：不要单纯地说教，行为榜样更重要。父母是宝宝最好的老师，父母的行为往往比语言更有说服力。所以，想让宝宝学会分享，家长首先要做一个乐于分享的人。平时可以邀请宝宝加入家长的分享行动中，比如，一起做好吃的小点心送给邻居或其他小朋友，让宝宝切身感受分享的快乐。

如果其他小朋友主动分享了自己的玩具，可以借机告诉宝宝："妹妹把自己的玩具分享给你，你是不是很高兴？如果你把自己的玩具也分享给妹妹，她也会很开心。"当宝宝体验到分享带来的快乐时，自然就会乐于和他人分享。

原则四：不要强迫宝宝分享。宝宝拒绝分享时，不要责怪宝宝小气或自私。宝宝不愿意分享，原因有很多，比如和对方不熟悉。家长无须强求，应了解原因后再有针对性地解决。一味地强迫宝宝分享，很容易引起抵触心理，使宝宝越来越不喜欢分享，甚至讨厌被迫分享的对象。

● 参与宝宝的角色扮演游戏

在这个阶段，宝宝的认知能力获得了很大的提升，对成人世界的一切都充满好奇，尤其想要体验大人做的事情，而角色扮演是满足宝宝体验欲望的最好的方法。比如，模仿妈妈给自己喂饭的动作给小熊喂饭，戴上爸爸的听诊器假装给布娃娃看病。

宝宝会将自己观察到的生活中家人或他人的举动，结合自己的想象，利用掌握的技能，重现在角色扮演游戏中。在这个过程中，宝宝会根据游戏需要构建人物关系，并使各个角色互相进行社交活动，这对提高宝宝的社交能力有很大帮助。

为了帮助宝宝更好地利用角色扮演游戏，提高人际交往技能，家长要适当地参与游戏，并进行适当的引导。可以为宝宝创造不同的生活情境，由宝宝选择自己喜欢的角色，然后配合宝宝开始游戏。比如，由爸爸妈妈扮顾客，宝宝扮收银员，开始一场超市购物的情景演绎。在游戏中，要引导宝宝根据角色需要做出符合角色特点的行为。另外，家长应鼓励宝宝加入其他小朋友的扮演游戏，这不仅有利于扩大宝宝的社交圈，还能培养宝宝的集体意识和合作能力。

第 20 章　3 ~ 4 岁的孩子

在这个阶段，孩子将迎来成长的重大变化，离开家进入幼儿园。从这一章起不再使用“宝宝”这个亲昵的称呼，而是使用“孩子”。这一章重点讲述了如何更好地帮助孩子适应幼儿园生活，同时建议家长借助孩子上幼儿园的契机，做一些生活上的改变，比如尝试和孩子分房睡。

了解孩子

孩子 3 ~ 4 岁会做什么

3 ~ 4 岁，孩子应该会：

· 积木搭得更高更稳。

· 模仿画圆形。

· 明白长短的概念，比如能更快更准地挑出较长的线段。

· 扣扣子。

3 ~ 4 岁，孩子可能会：

· 单脚站立，且时间渐长。

· 后退走。

· 单脚跳。

· 理解冷、累、饿的概念。

· 说出东西是什么做的。

· 认识几种常见的颜色。

· 知道反义词是什么意思，并能说出几对。

· 用线条画人物。

· 模仿别人说话的口形。

· 模仿画十字。

· 自己尝试穿衣服。

喂养常识

尊重孩子的饮食习惯

这个年龄段的孩子虽然对很多食物都会感兴趣，但也有自己的口味偏好，而且每天喜爱的食物大不相同，今天爱吃牛肉，明天却完全拒绝；连续几天要吃番茄，过几天却说再也不想吃了。这对 3 岁多的孩子来说十分正常。

当孩子出现类似的情况时，家长可以让孩子吃其他食物，或者准备他喜欢的食物，但要保证孩子挑选的不是过甜、过咸或过于油腻的不健康食物。还可以鼓励孩子尝试新食物，但不要强迫他一次接受太多。家长应保证孩子每日营养充足且均衡。也就是说，只要孩子自己挑选的食物是健康的，就无须过多干涉；如果孩子挑食，可以尝试改变烹饪方法和食物的造型等，勾起孩子的食欲，同时坚持提供被拒绝的营养食物。时间久了，孩子可能会接受这些以前不喜欢的食物。

另外，这个年龄段的孩子，很容易受糖果等零食广告的诱惑，尤其是品尝过零食的味道之后。所以，家长要注意控制孩子看电视的时间和次数，避免不健康的饮食习惯导致孩子过度肥胖，影响身体健康。

和孩子一起制作食物

每个孩子都有自己的口味偏好，且自主性越来越强，所以会出现喜欢这种食物、不喜欢那种食物的情况，这是很正常的。孩子只喜欢固定的几种食物，这可能和他不喜欢变化的性格有关，也有可能是因为他的味觉极其敏感，对添加的任何一点新食物都感觉不舒服。针对这种情况，家长要努力帮助孩子尽可能多地接受食物，毕竟多样的食物对营养均衡和健康成长很重要。

不过，让孩子吃不喜欢的食物，不能依靠强制和欺骗，可以改变烹饪方法，改变食物的造型，还可以尝试和孩子一起制作食物。孩子看着家长制作食物，或参与制作过程，会更有参与感；而且在等待的过程中看着食物出锅、闻到香喷喷的气味，易于勾起食欲。

家长在做饭时，可以给孩子安排简单的帮厨工作，比如洗菜、将切好的食材放进盆里备用等，让他参与进来。等食物做好后，无论是出于对自己参与制作的食物味道的好奇，还是珍惜自己的劳动成果，孩子一般都愿意尝试一下。不过要注意，不要让帮厨的孩子接近刀具或灶火，以免造成意外伤害。

日常护理

尝试和孩子分房睡

3 岁后，孩子能够自己上下床、表达意愿、上厕所等，就可以考虑和孩子分房睡了。分房的时间越晚，孩子睡觉时就越依赖，分开的过程也越痛苦。因此，如果家中条件允许，可以借助孩子入园这个契机，进行分房睡训练。尝试和孩子分房睡时，要注意关注孩子的心理状态，多和孩子沟通，并适当采用一些措施，以便事半功倍。

第一，给孩子做好心理建设。借助上幼儿园的契机，给孩子做关于长大的心理建设，经常向他说："真快呀，你都长大了，可以上幼儿园了。上幼儿园的孩子可以自己睡一个房间，有自己的世界，多棒呀。"不断输入这样的信息，可以起到强化的作用。即使一开始会排斥，这种激励会让孩子意识到自己"长大了"，生出一种自豪感，促使他有勇气面对独立的挑战。

需要提醒的是，这一时机应选在孩子上幼儿园并熟悉之后，而不应选在刚上幼儿园分离焦虑严重时，否则可能导致孩子更加焦虑，既影响入园适应，也扰乱分房训练。

第二，给孩子一个具有仪式感的开端。仪式感可以促进人对一件事情的认同，激发坚持的毅力。关于分房睡，可以给孩子举办一个小仪式。可以在孩子将要独自睡的前一天，为他做一个漂亮的蛋糕，送他一件能陪他一起睡的玩具，庆祝他"新生活"即将开始。在仪式上，可以讲几句对孩子成长感到开心欣慰的话，也请孩子讲一讲，然后为孩子鼓掌加油。经过这种隆重的、具有仪式感的活动，孩子会对分房睡感到自豪。

第三，让孩子主导新房间的布置。给孩子住的房间最好由他自己主导。不管是床、衣柜，还是壁纸，选购时可以让孩子做主，讲明这是给他准备的，他有权选择自己喜欢的；布置房间时，也要征求孩子的意见，鼓励他动手参与贴纸等简单的装饰工作。参与得越深入，参与感就会越强，孩子对分房睡的接受度也会越高。

第四，让孩子继续使用以前的物品。即使爸爸妈妈的房间就在隔壁，即使这个房间以前就是他的玩具房，当他独自睡在这里的时候，仍会觉得很害怕、很陌生。家长可以给孩子使用以前的物品，比如床单、被罩、枕头、玩具等，这会让他感到熟悉，消除不安全感。

第五，陪孩子入睡。与孩子分房睡，并不是一开始就让他独自一人在自己的房间里入睡。入睡前，可以陪孩子度过温馨的睡前时光，给他读绘本，讲故事，让他放松下来。事前要跟孩子商量："爸爸给你讲完这个绘本，你就睡觉好不好？晚上有什么事情可以叫爸爸。”这样的过渡是必不可少的。

第六，多和孩子沟通。开始分房睡时，家长要多跟孩子沟通，问问他：“昨晚睡得怎么样？”“还有什么需要妈妈给你准备的？”并对他的表现给予肯定和表扬。另外，也要跟老师做好沟通，请老师帮忙观察孩子在幼儿园是否有变化。

继续训练孩子独立如厕

在这个阶段，大部分孩子都能够很好地控制大小便，能够自主上厕所，午睡时不会再尿裤子，有的孩子甚至一整晚都不会尿床，只有极少数的孩子直到3岁半左右才学会控制小便。不过，孩子在如厕时仍会遇到各种问题。比如，有些孩子上厕所前，会请家长帮忙脱裤子；上完厕所后，要求家长帮忙清理。有些孩子偶尔会有尿床的情况。

在孩子如厕遇到困难时，不要批评或嘲笑，以免增加他的心理压力，而且批评于解决问题没有任何帮助。导致孩子遭遇独立如厕困难的原因很多，比如家里有小宝宝降生，孩子就很可能会出现一系列的行为倒退，其中一个表现就是，放弃自己上厕所、频繁尿湿裤子。家长千万不要训斥，而应给予孩子更多的关注和理解，这种情况会很快改善。

当然，有的孩子故意捉弄家长，在家长最忙的时候说要大便，或者干脆直接告诉家长“不小心把大便拉到了裤子里”，以此博取家长的关注。针对这种情况，家长可以偶尔让孩子自己清理沾有大便的裤子，这对淘气的男孩有一定的约束作用。

帮孩子融入幼儿园生活

孩子开始了幼儿园生活，却因严重的分离焦虑或其他原因，每天早上都要哄劝才肯去幼儿园。送孩子去幼儿园成了一项艰巨的任务，面对这种情况，家长应调整自己的心态，做好孩子的安抚工作，帮助他融入幼儿园的生活。

第一，做好安抚工作。上幼儿园意味着要面临巨大的变化，应对未知的挑战。在入园最初的一段时间，家长要多花时间和精力陪孩子，做好安抚工作，让他尽快适应幼儿园生活。刚去幼儿园时，给孩子带上熟悉和喜爱的安抚物，可以帮他缓解紧张情绪，在新的环境勇敢地接触陌生人。一段时间后，孩子就能够自在放松地玩游戏，而不再躲起来；他会慢慢地熟悉环境，和小伙伴熟络，融入集体生活。

第二，掌握分离的技巧。上幼儿园初期，孩子因不愿受约束、不愿意和家长分开，每天早上都是又哭又闹。面对这样的场景，家长必然心焦，但这种焦虑不但不会缓解孩子的情绪，还会加剧他的哭闹。建议家长把孩子送到幼儿园后，马上果断地离开，相信在老师的疏导下，他很快就能适应。如果不忍心，可以换其他家人送孩子，在家中和孩子道再见。在熟悉的环境里，孩子更容易接受分离。

不过，这个方法并不适合所有的孩子。对那些心思细腻的孩子，家长可以每天提早把他送到幼儿园，陪他在教室里走走，讨论一下他的座位在哪里，挂在墙上的作品哪幅是他画的，问问他今天会做什么活动，等等。给孩子一个缓冲，可以避免他因家长突然离开而情绪崩溃。一旦准备离开，家长可以蹲下身，看着他的眼睛，告诉他："妈妈要走了，让我们愉快地说再见吧。"同时约定好放学来接他的时间，像对待成年朋友那样和孩子道别。记得按时去接孩子回家，如果可以，最好提前一会儿到幼儿园门口等候。孩子越早见到家长，那种"爸爸妈妈可能不会再出现"的担心就会越快消失。

如果孩子偶尔不愿去幼儿园，比如生病了、在幼儿园遇到了压力，或者突然情绪不好，家长要多关注，查找原因，如果感觉有什么不对劲，要及时和老师交流。

第三，要调整心态。不要因孩子上幼儿园在家时间少了，或去幼儿园时总是情绪低落，而有负疚、补偿的心态，在周末没有原则地满足孩子所有的要求，打乱作息，导致周一上幼儿园时孩子不配合、不适应。家长应以平和的心态面对孩子入园，周末带孩子适当放松，尽量与幼儿园的作息时间保持一致，这样孩子才能尽快适应幼儿园生活。

崔医生特别提醒：

在幼儿园第一年，孩子很容易生病，这是由于之前没有接触过这么多的小朋友，没有接触过这么多的细菌、病毒。家长要告诉孩子做好个人卫生，锻炼身体，增强体质，防范易感疾病。

第四，培养孩子的自理能力。虽然刚入园时，老师一般都会帮忙，但终归孩子要自理才能适应幼儿园，因此家长应教给孩子必要的生活技能，以使孩子尽快融入幼儿园生活，包括教孩子自己吃饭、喝水，独自午睡，自觉上厕所，等等。一定要教会孩子向老师说明自己的需求和困难，比如身体不舒服，想要大小便，想要喝水，等等。对自己的正常需求，孩子不仅要会说，还要敢说。

早教建议

● 帮助孩子理解时间、方位和数量概念

在这个阶段，孩子已经进入幼儿园，具备相应的认知能力。家长可引导孩子了解时间概念，初步建立守时意识，通过游戏学习方位的概念，并帮助孩子将数量与实物建立联系。

第一，了解时间概念，初步建立守时意识。时间是一个抽象的概念，家长可以结合实际让孩子了解时间概念。比如，告诉孩子："昨天晚上你吃了面条，今天早上吃了鸡蛋羹，一会儿中午你想吃什么？"在教孩子了解日期的概念时，也可以把它具体化，将看不见、摸不着的抽象概念通过看得见的具象的实物来理解。比如，买一本日历，每过一天让孩子撕掉一页。对于守时意识，家长可以通过制定作息时间表，初步帮助孩子建立起来。比如，早上家长可以这样叫醒孩子："宝宝，7 点了，到起床时间啦。"另外，也可以借助"时间到了""老狼老狼几点了"等游戏强化守时意识。

第二，学习方位的概念。这个年龄段的孩子，已经初步了解方位的概念，会使用"上""下""里""外"等表示方位的词语。比如，皮球在桌子上，积木在袋子里，小鸟在窗外，等等。有的孩子还能够说出家在什么地方。帮助孩子学习方位，可以多和他做做游戏。比如，在纸上画一张桌子，在桌子下画一个皮球，让宝宝用语言表述皮球的位置；也可以玩藏玩具的游戏，家长藏好一件玩具后，用语言描述玩具所在的位置，比如"皮球在床头柜上面"，让宝宝按照线索去寻找。

第三，建立数量与实物之间的关系。孩子会数数，却不会用实物数数，说明他还没

有将数量和它代表的实物联系起来，还不明白数量与实物之间的关系。家长可在日常生活中教给孩子，既便利又易于引起孩子的兴趣。比如，给孩子穿衣服时，可以一边给他扣扣子，一边说："一个扣子，两个扣子，三个扣子，四个扣子。好啦，一共四个扣子，全都扣好啦！"也可以利用游戏来进行。比如，和孩子一起搭积木，边搭边说："一块、两块、三块、四块……呀，好多积木。我们数一数，一共几块积木？"

从会数数到理解数量可以和实物相对应，对孩子来说是一个质的飞跃，不是一次两次就能明白的，需要一个长期的过程。即便孩子一时不明白，家长也不要着急，切不可急功近利，必须掌握好度，尊重他的发展规律，让孩子慢慢来。

● 用更多方式培养创造力

创造力对孩子的未来发展意义重大，所以家长一定要抓住创造力的萌芽时期开始对孩子进行引导。家长可以让孩子自己画画、捏橡皮泥。他一边创作，家长可以在一边提问，跟他交流他在创作的是什么，但千万不要干预指责，即使他的作品不符合大众审美，不符合所谓的常识，也记得别打击他，要保护他的想象力和创作自由。

家长还可以尝试让孩子自己编故事，或者要求孩子复述之前喜欢听的故事，比如问他："你的故事里有什么人呀？"他可能会说出一个他比较熟悉的角色，比如"小熊"或者"小公主"，接下来很可能就沉默了，家长可以继续引导："小公主去做什么了？"孩子也许会很配合地说下去，他很可能说得和原版故事完全不一样，但家长不必苛求，反而应该意识到孩子有丰富的想象力是好事。如果他一直保持沉默，家长也不要着急催促，可以反复讲故事，再尝试让他复述，总有一天孩子会讲出一个完整的、更有创意的故事。家长还可以在讲故事的时候故意不讲结尾，让孩子自己来编；或者把杂志上好玩的图片剪下来，让孩子看图说话，这些方法都有助于孩子积极主动地思考，进而激发想象力，增强逻辑思维。

除此之外，家长可以引导孩子做出假想。比如问他要是长了翅膀会怎样；让他表演一些动作，比如骑自行车、做饭、洗衣服等；把不同手感、不同味道的东西放进一个不透明的容器，让孩子去摸、去闻，并说出是什么。家长还可以多带孩子体验生活，郊游、种花草、观察小动物、接触大自然都能很好地启发孩子的想象力、增强创造力。

理解 3 岁孩子的无厘头

3 岁左右的孩子经常会不按常理出牌，做出一些不符合常理的事情，并乐在其中，比如在衣柜里睡觉，倒着骑摇摇马，故意反穿衣服，故意把苹果说成桃子等。他还会搞一些恶作剧：友好地递给别人食物，邀请对方一起享用，却在对方张开嘴巴时迅速收回来自己吃掉，然后哈哈大笑。或者制造一些小小的意外：故意从沙发上滑下来，把自己困在被子里，弄翻自己的滑板车，故意摔倒等。他还会为自己跳跃的思维而笑：玩过家家时，先说自己在街上，然后马上说自己到家了。一些在成年人看来很无趣的事情，如果突然发生了，也可能招来孩子哈哈大笑，比如玩具掉了，杯子倒了，牛奶洒了一地等。有时候他还会假哭、模仿小宝宝不清晰的发音，这让他觉得很好玩。此外，当他听到成年人说的一些有趣的语言，尽管不明白其中的含义，也会尽力跟着学，然后重复地说。

总的来讲，3 岁多的孩子搞怪的方式有这样几种：做不符合常理的行为、故意搞怪、发出古怪的声音、模仿大人说话。也许在家长看来，孩子的这些行为很是无厘头甚至无聊，但这恰恰是孩子自娱自乐、发现生活乐趣的方式，所以不妨尝试理解他，不要嘲讽，不要觉得不可理喻，要知道，家长的态度对孩子自信心的培养非常重要。此外，家长要注意拓展孩子的兴趣，为他创造更多与人接触的环境、更多认知社会的情景。

帮助孩子建立合作意识

这个年龄段的孩子对合作已有一定的认识，但总的来说仍以自己为中心。即使孩子有合作意识的萌芽，也不见得有合作的能力，因为他仍无法应对太复杂的游戏和交流。因此，家长要主动为孩子创造条件，给予适当的引导，帮助他学习社交。可以鼓励孩子参与需要和小伙伴一起完成的游戏，像跷跷板、过家家等游戏；鼓励孩子邀请其他小朋友参与自己的游戏，也是一个不错的办法。

当孩子开始合作互动的时候，家长一定要把握参与的度，可以布置需要合作才能完成的游戏场景，鼓励他加入互动，不要试图手把手地教导他如何进行合作。涉及安全问题时应恰当介入，但绝不能干涉过多。要相信孩子，让他在实践活动中自己去感悟，才能收获更多。

怎样和 3 岁的孩子相处

每个孩子都有自己独特的个性，在与孩子相处的过程中，要懂得对待不同性格的孩子使用不同的技巧，给孩子适宜的引导。和孩子相处，家长需保持耐心，并掌握一些技巧，以使亲子关系更加和谐。

第一，温柔地进行引导。孩子天生会对很多东西感到恐惧，比如黑暗、某些动物或者陌生人，还会对不完整、有残缺或破损的物品感到不安。家长没必要对孩子的这些反应太敏感。对于那些让他害怕的东西，没必要为了让孩子变得勇敢而强迫他面对，应耐心地告诉他，人人都会感到恐惧，这是一种正常的情绪，然后有针对性地给予引导。对于因物品残缺而感到不安，建议家长在给孩子选择物品时，买那些质量好、可拆卸的。一旦物品出现损坏，要及时更换或修理，以免引起孩子心理上的不适，而且要选择时机告诉孩子，没有什么是完美无缺的，破损、不完整都很正常，让他逐渐适应和接受。

第二，灵活应对孩子的退化行为。很多孩子在这个年龄段都会出现各种退化行为，比如，要求父母抱着，抗拒使用坐便器，让家长喂饭，等等。这些都是孩子成长过程中的正常现象，家长不要指责，应给予理解，灵活应对。比如，外出时带好童车，在孩子要求父母抱时让他坐一会儿；激发孩子对如厕学习的兴趣，并保持耐心；给孩子换一套他喜欢的餐具，等等。恰当的鼓励和变化有助于应对孩子的退化行为。

第三，让孩子做好心理准备再离开。这个年龄段的孩子内心很敏感，对家长尤其是妈妈很依赖。只要看到妈妈有出门的动作，如穿鞋子、化妆等，往往会哭闹不止。家长应注意安抚孩子的情绪，但不应因孩子的眼泪而无限度、无原则地妥协。因此家长外出时，一定要提前如实告诉孩子自己要去做什么，何时会回来，让他做好心理准备。

第四，注重亲子交流的高效。高效的陪伴是亲子交流的基础。家长可以在孩子专注于游戏时在一旁静静观察，在他遇到困难时询问是否需要帮助；也可以加入孩子的游戏，拉近与孩子的距离。这个阶段的孩子大多敏感，且有很强的独立意识，家长能够做到“有质量的陪伴”，孩子会很乐意接受家长提出的要求。另外，经常向孩子表达爱意，让孩子感受到关爱，也有利于促进亲子交流。

怎样回应“我从哪里来”

随着孩子长大，不免对“我从哪里来”感兴趣。对于这个问题，家长应摒弃传统教育观念，不应遮遮掩掩、敷衍塞责，甚至回避，以免造成性启蒙教育缺失。而且，家长越是回避，孩子就越是好奇。因此，当孩子提出这个问题时，家长应在他能接受的范围，自然、直白地告诉他“你是妈妈生的”，而不要用“你是在外面捡来的”这类荒唐的说法敷衍。如果孩子继续问，那就按照他的理解能力继续讲，孩子问什么，家长答什么，不必说得太深。如果家长觉得为难，可以和孩子一起看看关于生命孕育的绘本，也可以借助动植物的图片、动漫等方式间接讲解。另外，父母要一起商量如何对孩子说更好，要统一说法，避免矛盾，以免给孩子造成困扰。

这个年龄段的孩子，只是对人类如何繁衍后代感兴趣，关注点并不在“性”上，比起那些令大人遮遮掩掩的问题，孩子更关心小宝宝在妈妈肚子里吃什么，怎么呼吸，怎么睡觉，怎么玩耍，等等。家长可以给孩子看妈妈怀着他时拍的 B 超片、他小时候的照片，以帮助理解。如果孩子发现自己的生殖器和异性不一样，问为什么会有这种差别，家长可以告诉孩子“因为你是男孩 / 女孩，那个小朋友是女孩 / 男孩”。这样简单的回答很可能会解答他心中的疑惑。实际上，孩子提问往往只是出于好奇，随意问出口，因此家长不要有心理负担，回答得过于深入。

性启蒙教育对孩子的身心健康发展和人格的形成都有着极为重要的作用，理应是早教过程中的重要一环。家长给予孩子正确的性教育引导，既能帮助孩子区分性别，也有利于良好、亲密的亲子关系的建立。

关注孩子的性格差异

任何人的性格，都受遗传因素与环境因素的双重影响。在日常生活中，家长要根据孩子的自身特点有针对性地予以引导。

第一，性格安静的孩子，要多激励。有的孩子对各种游戏、互动都积极参与，他们充满活力，不知疲累；有的孩子却恰恰相反，他们不喜欢人多热闹，更愿意自己安安静静地玩。对于这类孩子，要多激励，鼓励他参与互动。家长平日应多观察孩子，从他的兴趣点入手，用热情感召他，慢慢地吸引他加入。家长要知道，孩子性格安静、平和、较被动并不是缺点，这样的孩子做事反而更有条不紊。家长要做的只是激发他的活跃性，不应过度干预他的性格。

第二，专注力差的孩子，要多关注。有的孩子做事情特别专注，不管外界如何嘈杂，他都能静下心来做自己的事情；而有的孩子做事情时却无法投入，任何风吹草动都会打断他。如果孩子不是每件事情都无法专注，家长就没必要太担忧，因为这可能是他处在这个年龄段对世界好奇的表现。适当地多关注孩子，陪他一起探索，能够帮助他提高专注力。

第三，独立性差的孩子，要多引导。有些孩子不能自主做事，吃饭要爸爸喂，如厕要妈妈帮忙脱裤子，玩过的玩具从来不自己收拾。这个阶段的孩子无法自主地完成这些事情是正常的，家长要不断提醒、耐心引导，才能让他慢慢形成独立意识，养成好的习惯。因此，如果家长觉得孩子独立性差，不要着急抱怨，而应多提供具体的行动指导。

第四，适应能力差的孩子，多给安全感。来到一个新环境，有的孩子会马上融入其中，乐于尝试周围新的事物；有的孩子却胆怯畏惧，难以适应。适应能力差的孩子内心一般比较敏感细腻，容易缺乏安全感。因此，家长需要帮他慢慢建立安全感。可以在孩子进入新环境时，带几件他习惯且喜欢的玩具，让这些熟悉的东西陪他一起适应环境，孩子就不会觉得孤独、害怕。同时，家长应给孩子更多的肯定、陪伴和关爱，这对安全感的建立非常有帮助。

怎样引导大宝顺利接受二宝

在孩子三四岁时，如果家里多了一个弟弟或妹妹，大宝可能对二宝非常抵触。要解决这个问题，最好的办法是让大宝觉得二宝对他很重要，让他从心底里想要个弟弟或妹妹。要做到这一点，家长应在怀二胎之前就做好铺垫。这里说的铺垫，并不是单纯地告诉孩子："爸爸妈妈准备给你生一个小弟弟或小妹妹。"这可能并不能收到很好的效果。比较简单的方法是，多多鼓励大宝和别的小朋友玩，让他体会和小朋友一起玩的乐趣；也可以让他看看其他有两个孩子的家庭，兄弟姐妹之间相处得多么融洽，家长再借机询问："既然你这么喜欢和小朋友玩，羡慕人家有弟弟妹妹，那你想要一个弟弟或妹妹吗？"

如果妈妈已经怀孕，可以多和孩子聊聊肚子里的宝宝，经常让他摸摸妈妈的肚子，并告诉他"你也这样在妈妈肚子里住过"；如果有可能，带着孩子去产检，借助医疗手段让他看看肚子里的小宝宝；还可以和孩子一起，想象一下和弟弟或妹妹玩耍的场景，让他对将来的生活充满期待。需要注意的是，千万不要在没有任何铺垫的情况下，就突然把新生宝宝抱回家。对孩子来说，突然闯入他生活的弟弟或妹妹是不受欢迎的，自然很难让他接受。

二宝出生后，要让大宝参与养育二宝的过程。比如，告诉他："这件衣服是你小时候穿的，现在你长大了，就把它给妹妹穿吧。"或者让大宝帮忙做一些力所能及的事情，比如，邀请大宝一起给二宝穿纸尿裤，让他帮忙丢脏纸尿裤，等等。这种做法不仅能够拉近大宝和二宝的关系，还会让大宝感到自豪，觉得自己能够和父母一起照顾弟弟或妹妹。但是，参与并不意味着孩子每次都要做到位，即使做得不好，也要给予鼓励；如果孩子不想做，千万不要强求，以免给两个孩子制造矛盾。

有些家长不敢让大宝和二宝过多相处，担心影响二宝休息，或者不小心伤到二宝。这些做法不仅会伤害大宝，还会破坏两个孩子之间的感情，最直接的后果，就是大宝把对父母的怒气发泄到二宝身上，对大宝、二宝都有害无益。

需要注意的是，家长对两个孩子不要区别对待。不管年龄相差多大，在父母跟前，他们都是需要关心和呵护的孩子，千万不要强行灌输"哥哥姐姐就要让着弟弟妹妹"的观念，以免大宝出现逆反心理。

第 21 章　4 ~ 5 岁的孩子

这个年龄段的孩子，运动、认知、语言能力都有很大的提升，他们比以前好奇心更强，更敢于尝试，社交范围更广。这一章重点讲述家长要引导孩子参与家务活动，以满足他的热情，培养自理能力；同时，本章也给家长提供了教孩子与人交往的技巧。

了解孩子

孩子 4 ~ 5 岁会做什么

4 ~ 5 岁，孩子应该会：

· 脚跟对着脚尖向前走。

· 单脚站立，持续 5 秒钟。

· 单脚跳。

· 准确理解并表达出冷、累和饿的意思。

· 了解反义词的意思，并能说出几对。

· 模仿画十字。

· 自己穿衣服。

4～5岁，孩子可能会：

· 抓住正在弹跳的球。

· 单脚站立，持续10秒钟。

· 能理解一些词语的含义。

· 说出东西是由什么做的。

· 认识更多的常见颜色。

· 形象地用线条画人物。

· 较好地模仿口形。

● 现阶段孩子的特点

在这个年龄段，孩子精力充沛、不喜受拘束，时刻准备去做他想要做的事，即使被严令禁止，也勇于尝试。除了敢于尝试，他可能做什么都比较过度。他会在各种场合下拳打脚踢，有时甚至对他人吐口水。如果某件事情不顺意，甚至会“离家出走”。不管开心还是愤怒，总是会毫无节制地折腾一番，横冲直撞。

在情绪表达方面，孩子往往会非常极端。如果满足了他的要求，他便会狂笑不止；如遭到了拒绝，他就会哭闹不停。在语言表达上，他喜欢夸大其词，比如，使用“我比天还高”“我爸爸比你爸爸强一万倍”“我做得比你好一百倍”等之类的表达。

对待小伙伴积极主动也是这个年龄段孩子的特点。他更加喜欢参加集体活动，能熟练地和其他小朋友做游戏，几乎不需要家长的指导和帮助。但家长仍需要随时关注孩子，当他和伙伴发生矛盾或纠纷时，要及时进行调解，平息争吵。另外，当两个孩子一起游戏时，可能会排斥其他小朋友加入，只是这种排斥的行为会比较缓和。

总体来说，这个阶段的孩子更喜欢尝试新事物，敢于冒险，面对事情会有相当夸张的反应。他变得爱“吹牛”，也容易愤怒，却更加开朗，能够很容易地加入其他小朋友的游戏，也会呼朋唤友一起做游戏，进入了一个能够毫无顾忌展现自我的阶段。

现阶段孩子的爱好

在这个阶段，孩子几乎对任何事都充满兴趣，几乎所有的玩具和物品都能吸引他。他喜欢户外运动、无尽的想象、角色扮演、画画、读有趣的故事等。虽然孩子已经不再像小时候那样依赖家长，时刻要求陪着玩耍，但专注时间仍然持续不长，一会儿在这里玩积木，一会儿又去拍皮球，一会儿又拿起笔画两下。针对这种情况，父母应多准备几样玩具，让他有更多的选择。故事书仍深得孩子喜爱。大多数孩子都有自己喜欢的书，会要求家长反复读或是自己看，且专注的时间越来越长。

到户外玩也是一件吸引孩子的事情。他有用不完的精力、丰富的想象、活泼好动的天性，所以不用刻意规划、安排，只要带孩子到室外去，他就会很开心。无论男孩还是女孩，都喜欢大运动量的体能活动，可以带孩子玩攀爬架、滑梯、蹦床等，或者骑小三轮车、滑滑板车，也可以尝试滑轮滑、滑冰、滑雪等。如果有机会，可以带孩子到大自然中，让他感受自然。

他喜欢想象，可以和小伙伴躲在角落里叽喳讨论，说一些充满神奇想象的话题；或者玩过家家，假装自己是爸爸、妈妈、医生、警察、售货员等角色。无论男孩女孩，都喜欢穿大人的衣服，男孩喜欢爸爸的皮鞋和棒球帽，女孩喜欢妈妈的长裙、围巾、手包等。他还喜欢用蜡笔或水彩笔画画，或者剪纸画、捏橡皮泥等，之前钟爱的积木类、拼插类玩具仍然很受喜爱。除此以外，他还喜欢帮大人做家务，比如擦地、擦窗户、洗碗等，虽然经常帮倒忙。

在艺术方面，4 岁的孩子已经能享受音乐的美，不仅可以打出相当有韵律的节奏，还能拿着指挥棒“指挥”合唱、边唱边跳。另外，孩子还喜欢在家里养小动物和植物，增加对生命的观察和感受，培养爱心和责任感。

掌握更多生活技能

孩子需要通过不断的练习以掌握各项生活技能，并通过家长的提醒内化成自己的习惯。在这个阶段，孩子掌握的生活技能越来越多，运用得也越来越熟练。这对孩子来说是非常重要的进步和成长。家长要肯定孩子的进步，多给他自己动手的机会，学习生活自理，并养成良好的生活习惯。

第一，尝试用筷子吃饭。孩子已经能够比较熟练地用勺子舀粥、米饭等食物，可以开始尝试使用筷子。虽然使用普通的筷子时会遇到困难，但使用专用的训练筷子吃饭已得心应手。借助训练筷子，他可以熟练地夹起块状、条状的食物，不会轻易将饭菜撒在餐桌上或者地上。

第二，独立如厕。这个阶段的孩子不仅能够独立上厕所，还会自己做清洁，并且在家长的引导下养成了便后洗手的习惯。

第三，独自睡觉，不需要陪伴。孩子已经熟悉并适应独自睡觉，基本上形成了比较规律的作息时间。通常不会再吵着要求陪睡，晚上去厕所也能够自己解决。但是很多孩子还会要求睡前读故事。

第四，自己穿脱衣服和鞋子。穿脱衣服是这个阶段的孩子基本都能掌握的技能。不过，如果拉链或者扣子设计在后背部位，家长仍需提供帮助。此外，不管有无粘扣，孩子都能自己穿脱鞋。

第五，自己刷牙、漱口。这个阶段的孩子能够自己刷牙，甚至没有家长提醒和督促，也能够按时刷牙。有些孩子养成了进食后漱口的习惯。不过，家长仍应检查刷牙情况，必要时予以帮忙，以彻底清洁牙齿。

喂养常识

控制甜食摄入，引导均衡饮食

这个阶段的孩子基本上可以吃与成人一样的食物，有着几乎和成人相同的接受能力，但还是会出现进食量不均、饮食偏好变化比较大等情况。只要这种情况不持续出现，孩子体重、精神状况等没有明显的异常，也没有发热、恶心呕吐等情况，就不要过于担心，这可能是孩子饮食的自我调整。另外，孩子不具备对食物的判断和自制能力，面对电视上、超市里各种颜色漂亮、气味诱人，但是高热量、低营养的垃圾食品的诱惑，孩子就会难以控制自己，需要家长的引导。

孩子处于生长发育快速发展的阶段，对饮食结构有较高的要求。家长应培养孩子健康的饮食习惯，给孩子准备的食物应包括新鲜蔬果、瘦肉、谷物、奶制品等。要注意少给孩子吃太多甜食及过咸的食物。当然，让孩子完全不吃糖果、奶油蛋糕等甜品并不现实，但应严格控制进食次数及进食量。可以每周设立一个甜食日，和孩子约定，在这一天可以尽情地吃甜食，但是吃过后一定要认真刷牙。需要注意的是，食物应是饥饿时的需求，不管什么样的食物，都应避免成为奖励或惩罚孩子的筹码。

4 ~ 5 岁的孩子，对待不喜欢的食物会表现出比之前更强硬的拒绝态度。如果孩子坚决不吃某种食物，家长不要强求，可以将其打成泥拌在他爱吃的食物里。提供其他营养丰富、搭配合理的食物，也是可行的方法。

早教建议

安排更丰富的家务活动

随着孩子年龄的增长，到了 4 ~ 5 岁这个阶段，他对家务活的热情会持续高涨，希望可以承担更多的家务活。家长要根据孩子这一阶段的能力选择合适的家务，并陪他一起做。孩子的学习都是从模仿开始的，许多技能在不断的模仿与练习中获得提升。模仿离不开家长的正确示范。

家长可以给孩子安排丰富的家务活，鼓励他去做，比如，定期整理自己的玩具柜，淘汰不要的玩具；把脏衣服放进洗衣篮，并帮忙把深色和浅色的衣服分开；用笤帚扫地，倒垃圾，用抹布擦桌子；自己清洗手帕、内衣等小件衣物；餐前帮忙摆放餐具，注意不要让孩子接触刀、叉等有一定风险的餐具；帮忙把盘子、碗、勺子、杯子等擦干放回碗柜；清理桌子上不易破碎的物品；帮忙搅拌放好沙拉的凉菜；烘焙时，帮忙搅拌面糊，用模具扣出形状；用圆头的塑料餐刀帮助切蛋糕等较软的食物；用水壶给植物浇水。

家长可在前几次提供技术性的指导，必要时可进行示范。当孩子掌握要领后，在确保安全的情况下，家长最好不要再插手，否则父母喋喋不休的指导和干涉，很可能会让孩子产生挫败感，认为自己什么都做不好。当孩子完成后，不论结果如何，都要记得表扬他。

怎样和 4 岁的孩子相处

孩子的语言表达能力、交流能力、思维水平都发展到了一个新的高度，家长在与他相处的过程中，只有调整策略，才能很好地互动、沟通。具体来讲，需要做到以下几点。

第一，适当满足孩子的要求。对于这个年龄段的孩子，想要扭转僵局，些许退让要比强硬的坚持有效。也就是说，适当给孩子点甜头，会让他更容易转变想法，配合家长的要求，甚至可能回报给家长意想不到的良性反应。当然，家长需要把握好满足的尺度，不要变成对孩子没有底线的退让。

第二，用新奇的事情吸引孩子。这个年龄段的孩子喜欢用各种新奇的方式来做事情，所以如果家长遇到孩子走路慢吞吞，不要指责，试着轻松愉快地邀请他做游戏或者比赛。用这样的方式朝目的地前进，可能会吸引孩子快速前行。如果他不愿意配合，家长可以描述接下来要做的事情多么有趣，这可能也会提起他的兴趣。

第三，控制自己的负面情绪或反应。暴跳如雷对纠正孩子错误的行为作用不大，而冷处理对孩子的故意挑衅会有用得多。如果孩子的行为过激，涉及安全、原则问题，或者打扰了别人，家长应平静地加以制止，要知道，平静而坚定的约束很多时候比咆哮、吼叫更有效。

第四，讲求交流的方法，少用否定句。相较于直接否定，孩子更愿意接受家长的建议式要求，比如“你可以试试这么做”“你这样做可能会更好”等，而不是“你不能这样，不能那样”等否定式的要求。当然，如果孩子做了触及原则的事情，比如安全问题，家长要严肃明确地以“不可以”“不行”制止，以此让孩子明白哪些原则是绝对不能碰触的。

怎样正面引导孩子

面对调皮的孩子，家长会疲于一次次耐心的安抚，于是开始使用武力解决问题。这种方法当然不可取，同样，置之不理、放任不管也不可取。相较于管教，家长更应侧重于引导，以下几条原则可以参考执行。

第一，适当介入，灵活掌控。这一原则实施的基础是，家长采取的一切措施必须要符合孩子理解、接受的程度和社会规范。采取措施时也要注意强度及介入方式，既要避免孩子因压力过大而出现抵触情绪，也要避免家长因严厉不足而威信全无。这个度确实很难把握，但又是一门必修课，需要家长根据孩子犯错的程度及他的性格特质具体分析、灵活掌握。

第二，强化优点，淡化缺点。如果孩子犯的错误只是习惯性的小问题，家长最好在日常生活中让孩子有所感悟，并最终改正。这种做法在于潜移默化，以强化优点、淡化缺点。比如，孩子习惯自己的东西从不给别人，当他有一次将玩具给小朋友玩的时候，可以跟他说：“宝宝做得很好，跟小朋友分享了玩具。”这样的方式会让孩子体会到分享带来的快乐，远比孩子不想分享时，反复唠叨督促他把玩具给别的小朋友玩要有效。

第三，原则性的错误必须严厉批评、监督改正。即便是孩子，如果碰触了底线，犯了原则性错误，也要严厉批评，并敦促改正，比如安全问题，或者给别人造成直接伤害的行为或语言。家长应表明严肃的态度，甚至施以惩罚，让他明白事情的严重性。

第四，统一标准，统一执行。在向孩子传递信息时，所有家人都必须要认同和接受。因为多个人多个标准，会让孩子感到茫然不知所以，之后就会对家长的威严产生怀疑，执行也将大打折扣。此外，标准不要轻易改变，否则孩子会对家长和标准都产生怀疑和不信任。

第五，以身作则，做好榜样。家长是孩子的第一任老师。如果想要孩子养成良好的行为习惯，家长必须严格要求自己，给孩子做好榜样。不过，不能要求孩子事事都听家长的话。过度严苛的要求，只会培养出压抑沉闷、缺乏主见的孩子，这是每个家长都不乐意见到的。

● 鼓励孩子积极社交

4 ~ 5 岁的孩子交往的小伙伴会越来越多，这是他在学习与人相处的技巧，亦即与这个世界相处的技巧。在这个过程中，家长应有策略地引导孩子。

第一，让孩子多参与集体游戏。这个阶段的孩子，相较于之前热衷一人或两个人的游戏，会更积极地参与集体游戏，和大家一起玩。集体活动让他感到更开心。因此，应给孩子提供更多的机会，和更多的人接触，融洽地交往，而这也可以锻炼孩子的合作能力。

第二，让孩子学习有爱沟通、融洽相处。对孩子来说，跟小伙伴一起玩耍是一种乐趣，因此他会主动邀请小朋友一起玩，还会在想玩某件玩具时，跟对方商量是否可以轮流玩，而不是像之前那样“喜欢就要，不给就抢”。对于孩子友善的行为，家长应给予肯定和鼓励，但不必时时盯着马上回应，可以在游戏结束回家的路上或者晚上睡前聊天时，跟他沟通交流。

第三，教孩子尊重对方的隐私。这个年龄的孩子开始对身体器官产生兴趣，在表达对其他小伙伴的喜欢时，可能会做出比较夸张的举动，比如亲亲、抱抱等。因此，家长应对孩子进行隐私教育，告诉他自己的身体被内衣遮住的地方，不能被别人看到和触摸，当然也不能摸别的小朋友这些地方，要尊重对方的隐私。类似的安全教育可以通过绘本、动画片进行，生硬地要求和制止会让孩子感到茫然，反而会更加好奇，适得其反。

第 22 章　5 ~ 6 岁的孩子

孩子已经满 5 岁了，语言、认知能力都有明显的发展，而且随着自我意识的增强，他会有更多的主见和需求。这一章讲述如何培养孩子良好的行为礼仪，以及如何引导孩子展示表达欲。

了解孩子

孩子 5 ~ 6 岁会做什么

5 ~ 6 岁，孩子应该会：

· 抓住正在弹跳的球。

· 单脚站立，持续 10 秒钟。

· 能理解一些词语的含义。

· 比较准确地理解并说出物品是由什么做的。

· 认识更多常见的颜色。

· 更形象地画人物。

· 比较准确地模仿别人的口形。

现阶段孩子的特点

5 ~ 6 岁之间，孩子会先经历温顺期，然后进入叛逆期。家长要知道，在孩子的成长过程中，温顺期和叛逆期一直都是相互交替的。有些孩子会偏早一些进入下一时期，但这不代表他比别的孩子更叛逆，而是代表他已经具备了更高的成熟度。

5 ~ 5.5 岁：平静的温顺期

5 岁的孩子具有很强的包容心，能够接受身边的任何变化，性格平静且内敛，拥有良好的心态，任何事情在他看来都是美好的。绝大多数 5 岁孩子都会让家长感受到一段美好的时光，他不但想要成为乖孩子，还愿意一直做个乖孩子。他时时刻刻都在享受生活的快乐，乐观地看待一切，就算没有什么值得开心的事，也常常满怀热情。孩子表达出的语言都是正面的，甚至还会对家长表达“我要做个好孩子，不招你生气”的诚意。他真心想把每件事都做好，也会小心翼翼地不越雷区，守在家长替他预设的界限之内，把父母的话奉为“圣旨”，家长不让做的事情就不去做，想要做的事情会诚恳地请示。

5 岁的孩子之所以这么乖巧，是因为在这个年龄段，他认为父母特别是妈妈就是自己的全部。于是他不断地向妈妈示好，和妈妈说话，一刻不停地黏着妈妈。他开始有强烈的家庭观念，非常满意自己家庭现在的样子，而且满足于家庭带给他的安全感。绝大多数的 5 岁孩子坚信，只要自己回家就会看到妈妈，自己会永远和父母在一起。

孩子不但更愿意亲近自己的家人，还热爱、在乎自己生活的环境，大到整个小区、幼儿园，小到自己的家、房间。他不会再像 4 岁时那样对任何事都充满好奇心，总想去探索新鲜事物，5 岁的孩子更关注此时此地。以上这些表现都会让父母觉得这个阶段的孩子格外贴心、省心。

在智力和动作能力上，5 岁的孩子也已经发展到一定程度，各项能力不断增强，使得他可以承担一些生活中的任务。在这个阶段，孩子有强烈的求知欲望，会主动要求家长陪他读书、说话，学习更多的知识。除此之外，他还喜欢向家长展示自己最近学会的新本领，比如会从 1 写到 5，指出自己刚认识的字。

5 岁的孩子非常欣赏自己，能做到一件事就会让他自我欣赏很长时间（即便这件事大多数同龄孩子都会做），他甚至还自豪地认为自己能做得和大人一样好。

5.5 ~ 6 岁：充满困惑的叛逆期

过了风平浪静的半年，原本乖巧的孩子突然变得有点叛逆，情绪、行为不定，有时候会磨蹭犹豫、优柔寡断，有时候则会固执己见、脾气暴躁。他开始走两个极端，这有点像 2 岁半时的情形，前一刻孩子还文静、可爱，下一秒就鲁莽、焦躁起来。

如果孩子不敢反抗家长的指令，就会跟家长一直僵持；如果孩子没有足够的勇气当面驳斥家长的要求，就会用“拒不合作”的行动代替强硬的态度。不过，不管孩子采取哪种反抗的方式，都不会对家长的要求做出及时的反应。

在情绪方面，5 岁半的孩子经常会陷入一种紧张的状态中，尤其是在家时，一旦因为某种原因而大发脾气，通常会很难收场。到了 5 岁半，一些孩子又开始需要通过某些方式释放自己紧张的情绪，比如吃手、咬衣服、敲东西等。他还容易把数字或字母看反，或者分不清左右。孩子的精力变得越来越充沛，喜欢动来动去，做些新的尝试。此外，一部分快 6 岁的孩子开始进入换牙期。

喂养常识

成人化饮食与个人偏好

5 岁多的孩子，饮食已经和成人基本一致，但家长仍有必要鼓励孩子摄入多种食物，保证营养均衡。通常，5 岁多的孩子进食量都有所增加，只是还是会出现每餐进食量不均的情况。而且，想让他每天都乖乖按时吃完饭，仍然有些难度。可即便如此，因为这个年龄段的孩子做事“有始有终”的特性，加之良好的持续力，他往往最终能够将餐盘中的食物吃完，尽管可能会耗费较多的时间。

吃完的前提是食物都是孩子喜欢的，对于不喜欢的食物很可能一口都不吃。当然，如果是去别人家做客或者是去餐厅就餐，他有时也会尝试那些在家里不会吃的食物。家长需要引导孩子纠正挑食、偏食的不良饮食习惯，以免因营养摄入不均衡影响正常的身体发育。

另外，家长要注意不要让孩子食用过多含有人工色素、香精的食物、饮料等，也要控制孩子对糖果、甜品的摄入，否则很容易导致孩子出现龋齿、肠胃不适等不良的身体反应。

● 培养良好的餐桌礼仪

在孩子五六岁的时候，就要开始尝试培养餐桌礼仪。这需要一个过程，需要家长不断地强化引导，多一些耐心，孩子终会成为一个举止得体、餐桌礼仪到位的小绅士或小淑女。

第一，吃饭时不要边吃边说。这一阶段的孩子，嘴巴总是会说个不停，即使是在吃饭时，也会持续不断地发表“演讲”，不管是与吃饭有关的还是无关的，话匣子一打开就会一刻不停歇。说话太多，自然会使他无法专心吃饭。对于这一点，家长首先需要明确的是，要尊重孩子表达的欲望，不能单纯地采取“堵”的方式不让他讲话，可以将这些话引导到别的时间和场所，比如让孩子将这些话放在放学回家的路上、和爸爸妈妈一起玩游戏时或是睡前说。总之，尽量让孩子将想说的话在适宜的场合讲，而饭桌上的事情只是吃饭。其次，家长要以身作则，吃饭的时候尽量不要天南海北地聊天。少说话，将重点放在吃饭上，这对孩子也会起到积极的引导作用。

第二，避免一桌狼藉。虽然孩子已经能够比较熟练地使用勺子、筷子，但仍会不小心将饭菜撒到身上或餐桌上。随着手部精细运动越来越熟练，这种失误会越来越少。不过，要想改善这种情况，还需家长的引导，比如吃饭前给孩子铺上餐垫，或者戴上围兜，一旦饭菜撒出来，家长应平静地和孩子一起清理，不要责备，不要急躁，要相信孩子也正在努力避免这一情况。

第三，吃饭不要拖拉。这个阶段的孩子十分容易在餐桌上分心，一顿饭往往要吃上很久，如果耐心提醒无效，家长不妨先自己吃饭，吃完就走开去做自己的事情。这样孩子可能会按捺不住一个人吃饭的冷清，匆匆结束自己的一餐，如果两餐中间感到饥饿，那么下顿饭吃饭时，或许就能改善很多。另外，如果不是特殊情况，家长尽量不要在两餐之间给孩子零食，否则会助长他的坏习惯。家长可以提前和孩子约定每顿饭进食的时间，时间一到就收拾碗筷，不让他继续吃；也可以用游戏的形式督促孩子。

早教建议

珍视孩子的表达欲

这个年龄段的孩子，总是叽叽喳喳说个不停。家长对此应珍视，不要批评、制止，因为这不仅仅是孩子语言能力发育的一大进步，也是理解能力的进一步提升。

5 岁多的孩子热衷于学习新词或难词，只要遇到，就会问应该怎么念。他总是缠着家长读书，有时甚至尝试自己读。通过掌握的拼读技巧，他可以拼出一些简单的字，并猜测这些字是什么意思。孩子强烈的求知欲所激发的，不只是想要认识更多的字，还想问家长各种各样的问题。和 4 岁的孩子相比，他不仅要问“为什么”，而且加入了自己的理解。比如，他知道自己伤心了就会流眼泪，于是在下雨时会询问“云是不是也伤心了”。对于孩子的“十万个为什么”，家长可以先这样回答：“是啊，云彩伤心了。”或者，“看，这就是魔法的力量啊。”因为在这个年龄段，孩子仍分不清什么是真实的，什么是虚构的，这些答案可以保护孩子的想象力。接下来，家长可以给孩子解释相关的知识，或与孩子一起查阅书籍寻找答案。

需要提醒的是，面对孩子的滔滔不绝和各种稀奇古怪的问题，家长应克制自己，保持耐心。这是孩子成长过程中必不可少的阶段，而家长的忍耐和经过思考后给出的回答，对孩子的语言、认知等各项能力的发展，都有积极的促进作用。

对孩子要有合理的预期

不管孩子处于哪个年龄段，对孩子有合理的预期，都是家长应秉持的一种养育理念。在成长过程中，孩子会经历温顺期和叛逆期，这两个时期交替出现。孩子 5 岁到 5 岁半大多处于温顺期，过了 5 岁半，就会进入问题不断的叛逆期，这是针对大多数孩子而言的。也就是说，有些孩子会不同程度地打破这个规律，温顺期只维持了 1 个月就进入叛逆期，总是和家长作对，甚至和自己过不去，这种状态会一直持续到 6 岁；也有的孩子几乎没有出现叛逆期，他对身边的人充满耐心，生活一片平静祥和。

家长了解孩子的发育规律，并不是为了发现孩子的心理或行为出现偏差，担心孩子出现了异常，并立即干预和纠正，而是要给予孩子足够的自由和理解，对那些没有达到自己预期的孩子，家长无须太焦虑和紧张，只要没有原则性的错误，适当引导、给予宽容，往往能让孩子更快地度过叛逆期。

因此，家长不要总以大多数孩子的标准来期待自己的孩子，比如总觉得为什么叛逆期还不过去，这样不仅会让自己焦虑不安，还会影响亲子关系，使原本已经有些紧张的关系更难缓和。了解孩子成长的基本规律，尊重孩子的个体化差异，依情况给予引导，对他有科学合理的预期，才是恰当的。

第 23 章　关于早产宝宝

还没足月（胎龄满 37 周）就降生的宝宝，除了要应对早期身体机能的发育问题，还要在生长发育过程中付出更多的努力去追赶，这要求早产宝宝的父母拥有更多的知识储备。这一章详细讲述与早产宝宝相关的问题，包括早产宝宝可能会遇到的各种身体问题和护理建议，并就喂养、疫苗接种等给出指导，以帮助早产宝宝尽快适应环境，健康生长。

早产儿出院回家后需特别关注六大方面：慢性肺部疾患、早产儿贫血、视网膜病变、听力发育情况、早产儿佝偻病、大脑和神经系统发育情况。

给早产宝宝父母的特别提示

早产宝宝出院回家后，父母需特别关注六大方面问题，包括**慢性肺部疾患、早产儿贫血、视网膜病变、听力发育情况、早产儿佝偻病、大脑和神经系统发育情况**。关注的方式除自身加强一定的知识储备外，也要坚持定期带宝宝到医院复查，请医生进行专业评估，如果宝宝某一方面出现了问题，可以做到早发现、早干预、早治疗。

▲ 图 2-23-1 早产儿出院回家后需特别关注的六方面问题

了解早产宝宝

● 什么是早产儿

很多人将早产儿理解为还未到预产期就出生的婴儿，这种认知是错误的。在医学上，早产儿是指胎龄小于 37 周出生的婴儿，胎龄满 37 周的是足月儿。目前，早产的原因尚不明确。如果准妈妈患有高血压、糖尿病、心脏病、肾病等慢性疾病，有早产史，孕期经常出现阴道出血的症状，可能会增加早产的风险。

早产给婴儿的健康造成极大的威胁，一出生就会被送进保温箱，并给予特殊且细致的照顾。即便如此，早产依然是造成新生儿残障或死亡的一个很重要的原因。不过，随着医疗水平的提高，早产儿死亡率逐渐降低，甚至胎龄小至 24 周左右的早产儿也能够存活。

早产儿在身体各个器官还未发育成熟时就离开了妈妈的子宫，因此与足月儿相比，不管是外貌还是体重都有很大的不同。早产儿看起来更加瘦小，体重通常在2500克以下，而且出生胎龄越小，体重越轻；身体比例十分不协调，头部占身长较大比例。

总体上来讲，早产儿胎龄和出生体重越小，身体发育成熟度越低。也就是说，胎龄26周和胎龄32周的早产儿身体状况大不一样，这直接决定了住院时间的长短、并发症或后遗症的多少和严重程度。因此，出生胎龄越小的早产儿，往往越需要更加密切的护理和关注。

● 早产儿的特征

早产儿出生胎龄不同，身体状况也有很大差异。根据出生胎龄的不同，早产儿可分为极度早产儿、中度早产儿和轻度早产儿。

极度早产儿：胎龄24 ~ 28周

极度早产儿看起来非常瘦弱，体重可能只有足月儿的1/3 ~ 1/2，即450 ~ 1600克，身长只有25 ~ 33厘米，一天80%的时间处于睡眠状态。

宝宝的头看起来很大，几乎占身长的一半；身体表面覆盖一层淡淡的茸毛，即胎毛；皮肤通常呈暗红色，因为皮下脂肪太少，皮肤薄而透明，甚至能够看到皮肤下面的血管；身上胎脂很多，使他的皮肤表面看起来好像涂了一层蜡，不过随着宝宝的生长，胎脂会自然脱落；皮肤上可能会有擦伤，因为宝宝的皮肤非常脆弱和敏感，即使轻微的触摸都可能造成皮肤瘀伤。

这个胎龄段的宝宝出生后，眼睛很可能是紧闭的，一般胎龄满26周后，身体机能逐渐成熟，就会慢慢睁开眼睛；耳朵软骨没有发育成熟，耳朵十分柔软，如果向内或向后弯折，大多无法自行恢复，需要家长用手牵拉助其恢复；手指和脚趾的指甲可能还没有长出来或者刚刚萌出，脚底皮肤非常光滑，没有任何褶皱。

极度早产的女宝宝可能会有阴蒂突出、阴唇发育不良的情况，男宝宝则会出现睾丸未降的现象，不过家长不用太紧张，一般几个月后，这些问题会自行消失；而且，不管是男宝宝还是女宝宝，可能都看不到乳头。此外，极度早产的宝宝无法自如呼吸、吮吸和调节体温，因此出生后需住进保温箱，利用医疗设备帮助维持生存。

中度早产儿：胎龄 29 ~ 34 周

中度早产儿体重可以达到 1000 ~ 2500 克，身长 30 ~ 35 厘米，看起来依然很瘦，头所占身长的比例还是很大；与极度早产儿相比，皮下脂肪较多，但透过皮肤仍然可以看到下面的血管；身上同样有一层胎毛，背部尤其明显；耳朵的发育情况与极度早产儿一样。

女宝宝的阴蒂和小阴唇比较突出，男宝宝的阴囊较足月宝宝更加光滑；与极度早产儿不同的是，不管是男宝宝还是女宝宝，都可以在胸部看到颜色比较淡的乳头。另外，身体各部位的力量明显增强，甚至可以自行转头，也可以牢牢抓住妈妈的手指；有些宝宝可以含住乳头吮吸，妈妈可以尝试开始母乳喂养。当然，大多数宝宝还无法自如呼吸和吮吸，需要专业设备给予帮助。

轻度早产儿：胎龄 35 ~ 37 周

在这个胎龄段出生的宝宝，体重 1600 ~ 3400 克，身长 38 ~ 45 厘米。身体状况接近足月儿，但还是会有一些差距。宝宝的头上可能会有一些柔软的头发，在脸上及身体其他部位还会看到淡淡的茸毛，不过这些茸毛很快就会消失；和足月儿相比，很多这个胎龄段出生的宝宝较瘦；手指和脚趾的指甲可能还没有长全；女宝宝很可能会出现大阴唇不能完全覆盖小阴唇的情况，男宝宝的一个或两个睾丸可能还没有下降到阴囊中，也就是所谓的隐睾。

除此之外，如果早产宝宝的身体状况比较稳定，很多足月宝宝可以做到的事情，他也可以完成，比如握住妈妈的手指、抬起头部几秒钟、有力地活动四肢等。不过，在呼吸、吮吸、调节体温方面，可能会需要额外的帮助。

早产宝宝的新生儿筛查

与足月宝宝一样，早产宝宝出生后同样要进行新生儿筛查，且筛查项目更多，筛查要求更严格。早产宝宝与足月宝宝的新生儿筛查时间一致，都是在宝宝出生后 72 小时，通过采集足跟血，筛查是否存在严重的遗传性疾病。如果由于某种原因，没能及时进行筛查，最迟不宜超过出生后 20 天，以便早筛查、早诊断、早治疗。

针对早产宝宝，采集足跟血，除了可以检测 54 种疾病风险，包括目前较为普及的苯丙酮尿症和先天性甲状腺功能减退症，医生可能会建议家长为宝宝做更多的疾病筛查，主要包括先天性肾上腺素皮质增生症、囊性纤维化和高胱氨酸尿症。

先天性肾上腺素皮质增生症：患这种病是因为体内缺乏某种激素，主要表现为昏睡、呕吐、肌肉乏力、脱水等。症状较轻的宝宝会出现生长发育方面的障碍；症状严重的，则会造成肾功能障碍，甚至死亡。一旦宝宝确诊，需要终身服用激素控制病情。

囊性纤维化：这种疾病会导致肺部或消化系统的分泌功能出现紊乱，造成分泌液渗入身体的其他器官或组织，于是就会出现皮肤有咸味、体重增长缓慢、长期咳嗽、呼吸急促等症状，新生宝宝会因此更容易发生肺部感染或消化道阻塞，进而威胁生命。如果能够及早诊断，及时进行干预，控制呼吸道感染，并且注意饮食等，可以有效降低新生儿死亡率，提高生存质量。

高胱氨酸尿症：这是由于宝宝体内缺乏某种酶导致的。这种疾病对宝宝的眼睛、骨骼、智力发育会产生严重的不良影响，而且宝宝的凝血功能也会因此出现异常。一旦宝宝被诊断为高胱氨酸尿症，家长要遵从医生的建议，科学护理宝宝，以在一定程度上提高生存质量。

新生的早产宝宝需要接受听力检查，可以在宝宝入睡的时候进行。听力筛查主要有两个检查项目：一个是检查宝宝大脑对声音的反应。医生会用专用耳机给宝宝播放简短的声音，通过粘贴在宝宝头部的电极来观察大脑是否会对声音做出反应。另一个则是检测宝宝对进入耳中声波的反应，医生会将专门的探头麦克风放进宝宝的耳中进行检测。

早产宝宝发生视网膜病变的概率很高，为最大限度地降低宝宝视力出现问题，医生会要求家长为早产宝宝，特别是孕周不足 30 周，出生体重低于 1500 克的宝宝，进行视网膜筛查。筛查时间在宝宝出生后 4 ~ 6 周。

需要说明的是，因为各种原因导致初次检查结果不理想，医生会通知家长 1 个月后带宝宝复查，只有经过复查，才能确认宝宝是否患有某种遗传性疾病。

● 早产宝宝疫苗接种和体检

评估早产宝宝的生长发育情况需要用到矫正月龄，疫苗接种却不受矫正月龄的限制，而应依据出生时的体重。如果出生体重达到 2000 克，可以按照实际出生年龄接种疫苗，接种程序与正常程序相同；如果体重不足 2000 克，需要等到体重增长至 2000 克后再开始接种。一旦接种程序开始，就可以按照常规接种计划和时间间隔要求，在医生的指导下依次接种疫苗。

早产宝宝的体检时间通常也不用矫正月龄，只需带宝宝定期体检。不过体检时，建议家长告知医生宝宝是早产儿及其出生胎龄，以便医生更加清楚地了解宝宝的生长发育情况，并根据实际情况给出合理的建议。

● 早产宝宝在新生儿重症监护病房（NICU）的生活

早产宝宝因为出生时身体的各项机能还未发育成熟，出生后要立即送往新生儿重症监护病房进行专业的护理。在这里，医生对早产儿等高危新生儿进行生命支持、生命体征检测、疾病防治和处理等。另外，这里相对安静，不仅交谈时要轻声细语，拿取物品、开关门也要尽可能动作放轻，以免噪声惊吓到宝宝或伤害宝宝的听力。对早产宝宝来说，它的作用主要集中在保持温暖、保证呼吸和营养供给三个方面。

第一个方面，保持温暖。早产宝宝的体温中枢系统发育不完善，无法自行控制和调节体温，因此出生后通常要立即住进保温箱。保温箱会根据宝宝出生时的胎龄和体重调节温度，用来保证早产宝宝的体温处于基本恒定的水平。随着宝宝的生长发育，当他逐渐能够调节体温时，医生会根据宝宝的具体情况将他转移到普通病房。

第二个方面，保证呼吸。早产宝宝因为肺部发育不成熟，很可能会出现不同程度的呼吸问题，比如呼吸急促、喘息，甚至会出现呼吸暂停的情况。为了能够随时了解宝宝的呼吸状况，帮助宝宝更加顺畅地呼吸，医生通常会使用心肺监护仪来监测宝宝的心率和呼吸频率。一旦宝宝的呼吸出现异常，心肺监护仪就会发出警报，医生会做出快速反应。此外，医生会同时监测宝宝的血氧饱和度和血压，以便更加全面地了解宝宝的身体情况，及时地予以治疗和护理。

第三个方面，营养供给。早产宝宝的胃肠功能发育不成熟，吮吸和吞咽能力不足，且胃容量较小，因此不能用喂养足月宝宝的方式哺喂早产宝宝，尤其是还在新生儿重症监护病房的宝宝。通常，医生会根据早产宝宝的身体状况，选择适宜的喂养方式：对于在胎龄 28 周内出生的早产宝宝，往往需要通过静脉输营养液来喂养；在胎龄 28 ~ 34 周出生的宝宝可能已经不需要静脉喂食，可以使用饲管来获取营养，也就是将软管从宝宝的嘴巴或鼻子插入胃部；而胎龄在 30 ~ 36 周的早产宝宝，如果经过医生检查允许直接乳头喂养，妈妈就可以尝试给宝宝进行哺乳了。

需要说明的是，早产宝宝进行母乳喂养较足月宝宝要艰难得多，家长一定要有耐心，不断尝试，千万不要轻易放弃。

早产宝宝住院时，家长可以做些什么

早产宝宝通常要等到胎龄满 37 ~ 40 周或者是体重达到 2500 克，且身体状况稳定时才能出院回家，特别是那些还存在身体方面挑战的早产儿，通常要在医院待更长时间。在此期间，爸爸妈妈并非无事可做，其实除了紧张焦虑，可以把时间和精力用在更有意义的事情上。

第一，学习医护知识。向医生询问有关宝宝的情况，学习相关医疗术语，以更详尽地了解宝宝的恢复程度。不要认为自己没有医护人员懂得多，就不用管宝宝，护理宝宝的责任最终在家长身上，应提前学习护理技巧，避免日后手足无措。

第二，保持母乳供应。母乳是早产宝宝的最佳营养来源，家长千万不要认为婴儿配

方粉更有营养。如果早产宝宝与妈妈分离，没有条件哺乳，妈妈可用吸奶器吸出母乳，让家人送到医院给宝宝吃。一些病情特殊的早产宝宝，即使按照医生的要求无须进食母乳，妈妈也要在家定时吸出母乳，以防乳腺管堵塞、泌乳量下降，可以将吸出的母乳冷冻保存。

第三，调整心态，置办物品。宝宝提前降生，一般都会让家长感到措手不及，可以趁着早产宝宝住院的这段时间好好调整一下心态，适应为人父母的状态。还没来得及准备婴儿用品的家长也可以趁这段时间准备，以便宝宝出院回家后使用。

第四，多陪伴、接触宝宝。家长在宝宝住院期间可能会被拒绝探视或接触，但即便无法进入病房，家人也应尽量多在医院陪伴他，这样不仅能在第一时间了解宝宝的病情变化，还能给自己心理安慰，不让自己那么焦虑。如果条件允许，可以麻烦医护人员拍几张宝宝的照片，这种直观感受更能让人感觉放心。当然，妈妈还是应该在家休养，至于到医院探视的任务，让爸爸或其他家人来做更合适。

早产宝宝出院时的注意事项

正常来讲，当早产宝宝身体恢复到一定程度，比如体重超过 2500 克，没有并发症，医生会为宝宝做全面的身体检查，确认是否达到出院标准。若一切正常，且宝宝情况良好，就可以为宝宝办理出院手续了。早产宝宝出院，家长应就以下几个方面做好准备。

第一，了解照顾早产宝宝的相关事宜，包括如何哺喂、护理，如果宝宝还需要某些药物或仪器辅助，家长也要一并问清楚，以免护理不当危及宝宝的生命。

第二，确认复查时间。如果早产宝宝有某

崔医生特别提醒：

半躺姿势的座椅可能会使一些早产宝宝出现呼吸困难，甚至导致宝宝短暂呼吸暂停，所以如无特别需要，尽量不要带小月龄的早产宝宝乘坐汽车。如果不可避免，比如从医院回家的路上，则要时刻观察宝宝坐在座椅内的情况，随时监测宝宝呼吸，若发现呼吸受影响，应立即把宝宝从中抱出，帮助宝宝调整呼吸直到恢复正常。

些新生儿筛查项目未通过，需向医生确认复筛的时间。另外，早产宝宝出生 4 ~ 6 周后要做视网膜检查，家长也要了解具体的检查时间。

第三，做好出行安排。乘车回家时，要给宝宝选择合适的安全座椅。对早产宝宝来说，交叉背带不超过 14 厘米，且最低安全带位置距座位不超过 25 厘米的安全座椅，可有效防止宝宝滑落而又夹不住他的耳朵。

写给早产宝宝的父母

小家伙迫不及待地来到这个世界，让原本满心欢喜的父母，心中多了一丝忧虑，甚至是内疚。特别是妈妈，一旦出现早产的情况，很容易将责任归结到自己身上，认为可能是因为自己才造成宝宝早产。实际上，早产的原因由多种因素决定，大部分原因都不能准确判断，因此妈妈千万不要因宝宝早产而陷入深深的自责。事实证明，随着现代医疗手段的发展，早产宝宝的存活率有了大幅提高。

在宝宝的情况稳定后，很多家长担心宝宝是否会落下残疾或出现永久性问题。不可否认，相比足月儿，早产宝宝出现学习问题、动作发育问题、神经肌肉发育缓慢等问题的风险会更高，在养育的过程中，需要付出更大努力去追赶同龄宝宝，特别是那些经历过严重并发症的早产宝宝，更是面临巨大的挑战。但是统计数据表明，有超过 2/3 的早产宝宝经过精心的护理，生长发育水平会完全达标，而那些生长发育相对落后的早产宝宝，大多也只会发生轻度或中度的障碍，因此父母不用过于担心。

有些早产宝宝出生后即便经过一段时间的生长，已经达到了相应的矫正月龄，但可能仍然没有出现新生儿反射，或者存在肌肉异常紧张的情况，比如没有强握反射、防御反射，或双腿僵硬、头部过度下垂等。这些情况在早产宝宝群体中较为常见，如果有需要，可以在医生的指导下开始物理治疗。

当发现早产宝宝存在某些发育问题时，应尽早诊断、尽早治疗、尽早训练，以最大限度地纠正早产对宝宝造成的不良影响。如果早产宝宝出现了生长发育迟缓的迹象，家长应将相关情况告知医生，在医生的指导下调整养育方式。

在家护理早产宝宝

● 在家照顾早产宝宝的注意事项

早产宝宝的机体功能、营养储备、适应能力和身体抵抗力较足月宝宝来说普遍较弱，所以回到家需要更加科学合理、细致谨慎的护理。家庭环境与医院不同，爸爸妈妈既要注意一些细节问题，也要给宝宝营造舒适的生活环境。

第一，注意喂营养剂或药物的方式。早产宝宝出生时体内铁元素通常储备不足，出院后可能仍需服用补铁剂及其他一些药物，家长要遵医嘱给宝宝服用。给早产宝宝喂药并不容易，如果想把药物加入奶中一起喂，需要向药剂师或医生确认。

第二，注意奶的哺喂量。早产宝宝回家最初几天，家长应该维持宝宝住院期间的哺喂量，直到他接受了新环境，且身体没有出现任何异常反应，再慢慢增加。早产宝宝吮吸和吞咽能力较弱，所以每次哺喂的时间可能较长，妈妈一定要有耐心，另外，最好少量多次地哺喂宝宝，待宝宝吮吸 3 ~ 5 分钟后，试着将乳头或奶嘴从宝宝嘴里拿出来，稍微休息下再接着喂。

第三，注意保暖。早产宝宝对温度变化较为敏感，且抵抗力较弱，大大增加了患病的风险。因此一定要注意保暖，保证稳定的温度，室内温度宜保持在 26℃左右，且房间要经常开窗通风。体重超过 3000 克的宝宝如果身体状况良好，可在适宜的环境中短时间洗澡。

第四，定期检查。考虑到早产宝宝身体状况的特殊性，家长要按照医生的建议，定期带宝宝到医院进行检查，包括视听觉、黄疸指数、心肺功能、消化功能等。如果发现宝宝存在健康问题，家长要积极配合医生为宝宝治疗。另外，家长有必要了解一些新生宝宝急救常识，以便紧急情况下做好应急处理。

第五，谢绝访客或减少接触。除了看护宝宝的人，应尽量避免外人探视或接触早产宝宝，尤其在其免疫系统尚未发育完善时；如果谢绝不了，则要保证访客在探视期间未患流感等传染性疾病，且应穿干净整洁的衣服，进门要清洗双手。如非特别需要，家长应尽量婉拒外人直接接触宝宝的要求，以减少感染的发生。

第六，避免惊吓。虽然不必轻声细语说话，但最好不要在房间内喧哗或弄出刺耳的声音，以免吓到宝宝；如果宝宝不适应夜晚的黑暗和安静，可在角落里放一台小夜灯，以便随时观察宝宝的情况。

● 早产宝宝的喂养方式

早产宝宝的消化系统发育不完善，胃容量、吮吸和吞咽能力有限，所以更应注意喂养方式，以使其更好地吸收营养。早产宝宝应喂食母乳或早产儿特殊配方粉等，根据提早出生的时间，通常可供选择的喂养方式有静脉喂养、饲管喂养和乳头喂养三种。

第一种，静脉喂养。胎龄 28 周前出生的早产宝宝需通过静脉，喂给混合了蛋白质、脂肪、糖、维生素、矿物质的注射液，以促成肠外营养吸收，也就是不需要经过肠道，就可以为宝宝补充营养。

第二种，饲管喂养。胎龄在 28 ~ 34 周出生的宝宝，或已不再需要静脉喂养而又无法自主吮吸的宝宝，可采用饲管喂养，即将小软管从宝宝的嘴或鼻子里插入胃部，每隔数小时通过饲管喂食，喂食后可保留饲管，必要时也可以移除。

第三种，乳头喂养。早产宝宝从饲管喂养过渡到乳头喂养有很大的个体差异。胎龄为 30 ~ 36 周的早产宝宝，经过医生诊断或能够吮吸乳头后就可以开始乳头喂养了。乳头喂养对早产宝宝来说十分困难，起初要和饲管喂养交替进行，也可以使用早产儿专用奶嘴帮助强化吮吸反射，练习吞咽动作。

● 早产宝宝的喂养重点

早产宝宝的机体功能、适应能力和抗病能力较足月儿来说相对较弱，需要给予特殊的照顾，所以正确的喂养显得尤为关键。早产宝宝出生后前 3 个月普遍存在营养缺失的问题，为了补偿不足，在出院后通常需要加强营养以追赶生长。

值得一提的是，早产妈妈母乳中的成分比例与足月妈妈的不同，其营养价值和生物学功能更适合早产宝宝的需求，比如蛋白质含量更高、脂肪和乳糖含量更高、钠含量更低等。更重要的是，早产妈妈母乳中含有的各种活性蛋白质、抗体等免疫因子更为丰富，其调节免疫、抗感染、促进肠胃功能成熟的作用更大，所以母乳是早产宝宝最为理想的食物和健康保障。

不过，早产宝宝虽然对营养的需求比较高，吸收能力却相对较差。所以即便出院后，哺喂量也应由少到多逐步增加，并以少量多次为喂养原则。早产宝宝可能因吞咽功能不完善，不能吮吸乳头或奶嘴，也很容易出现吐奶或呛咳等情况，所以家长要耐心地引导宝宝正确地含乳，并给宝宝足够的时间学习和适应。必要时，可以用早产儿专用奶瓶或浅口小匙进行喂养。

如果妈妈确实母乳不足，应在医生或营养师的指导下，选择早产宝宝专用的特殊配方粉进行喂养。需要提醒的是，切忌擅用足月宝宝配方粉，以免其营养成分搭配、能量密度等不适合早产宝宝，对早产宝宝的功能性器官造成过大负荷，不利于生长发育。

专题：母乳强化剂对早产宝宝的重要性

对出生时胎龄小于34周，或者出生体重低于2000克的高危早产宝宝来说，虽然母乳喂养具有无可比拟的营养优势和保护作用，但仍不能完全满足其生长所需，因此对这些宝宝母乳喂养的同时，往往还要补充母乳强化剂来满足营养需求，否则只单纯地母乳喂养，很有可能会让宝宝出现生长缓慢、骨骼发育不良等健康问题。

我国《早产/低出生体重儿喂养建议》中指出，凡是出生时胎龄<34周、出生体重<2000克的早产儿，都应该在母乳喂养的同时摄入母乳强化剂，也称为强化母乳喂养。母乳强化剂能够给早产宝宝提供丰富的蛋白质、矿物质及维生素等营养物质，并促进各种营养的吸收，使早产宝宝在母乳喂养的基础上，实现快速追赶生长。但需要注意的是，母乳强化剂的补充需要根据宝宝的实际情况，在医生的指导下进行，以免造成营养过剩或营养摄入不足。

早产宝宝的辅食添加

在考虑给早产宝宝添加辅食时，家长一定要注意添加的时间要以矫正月龄满6个月为准。比如宝宝是在胎龄32周出生的，按照矫正月龄计算公式，家长要在宝宝出生后8个月时尝试添加辅食。

在考虑矫正月龄的同时，如果出现以下两种情况，也可给宝宝添加辅食：第一，宝宝对大人吃饭有反应，包括眼睛盯着食物，或者出现吞咽动作等；第二，在保证奶量充足且没有消耗性疾病的基础上，宝宝的生长速度开始变缓。

需要提醒的是，宝宝的第一口辅食建议选择高铁的婴儿营养米粉，添加时要遵循由稀到稠、由少到多、由细到粗的原则，且在给宝宝尝试任何一种新食材时，都要先单独喂食3天，确定宝宝没有出现任何异常反应，再继续添加其他食材。

怎样衡量早产宝宝的发育情况

宝宝出生后，要根据月龄评估生长发育情况。早产宝宝的月龄有两种算法：实际月龄和矫正月龄。实际月龄，顾名思义，就是根据宝宝实际出生的日期计算出的月龄。矫正月龄则需要根据宝宝出生时的实际孕周进行计算。比如，宝宝的实际月龄是5个月，但他是在妈妈孕32周时出生的，相当于早产2个月，矫正月龄就是3个月。计算公式为：矫正月龄 = 实际月龄 -（40 - 出生时孕周）/4。

之所以强调早产宝宝的月龄计算方法，是因为矫正月龄是科学判断宝宝生长发育情况的基础。不管是体检还是生病就医，医生在评估早产宝宝时，都会以矫正月龄的生长发育情况作为参考指标。当宝宝各项指标跟足月宝宝差不多，基本上到2岁时，再根据实际月龄进行评估。因此，家长在判断宝宝的发育情况时，应以矫正月龄为基准。

此外，宝宝的大运动和精细运动发育，只是一个大概的平均情况，即使是足月的健康宝宝，也并非都是按照这个规律发育的。因此如果早产宝宝运动发育稍微落后，家长不要过于担心。但是，如果按照矫正月龄计算，宝宝仍出现了明显的发育迟缓现象，家长要及时带宝宝就医检查。

监测早产宝宝的体重变化

早产宝宝出生时，体重相对较低，通常在2500克以下。和足月宝宝一样，早产宝宝出生后的最初几天，也会出现正常的生理性体重减轻。一般来说，早产宝宝体重下降的范围也在出生体重的7%左右，大概5天之后，体重就会慢慢增长，逐渐恢复到出生体重。如果体重下降超过出生体重的7%，或者很长一段时间内没有增长，家长要及时带宝宝就医咨询。

对早产宝宝来说，维持体重非常重要。这是因为早产宝宝吮吸能力较弱，且胃容量较小，家长不能像喂养足月宝宝那样，通过宝宝的表现判断奶量是否足够。早产宝宝的体重变化，就成为判断喂养是否得当的一个很重要的指标。所以，家长要重视初期喂养，以免宝宝出现病理性的体重下降。要经常给宝宝称量体重，并绘制体重生长曲线，以判断喂养是否得当。

需要提醒的是，与足月宝宝不同，早产宝宝有专用的生长曲线图，但是只能使用到胎龄50周，之后即应改用足月宝宝使用的生长曲线。

早产宝宝生长曲线使用方法与正常宝宝的不同。以体重曲线为例，每次记录时，需将测量值分别标注在宝宝实际胎龄和矫正周龄两处，并用虚线连接两点。评估宝宝的生长发育情况时，分别连接所有虚线左侧的点和右侧的点，这样不但可以了解矫正周龄下早产宝宝的生长发育情况，还可以知道早产宝宝出生后追赶生长的效果，以便更加准确地监测宝宝的生长情况。

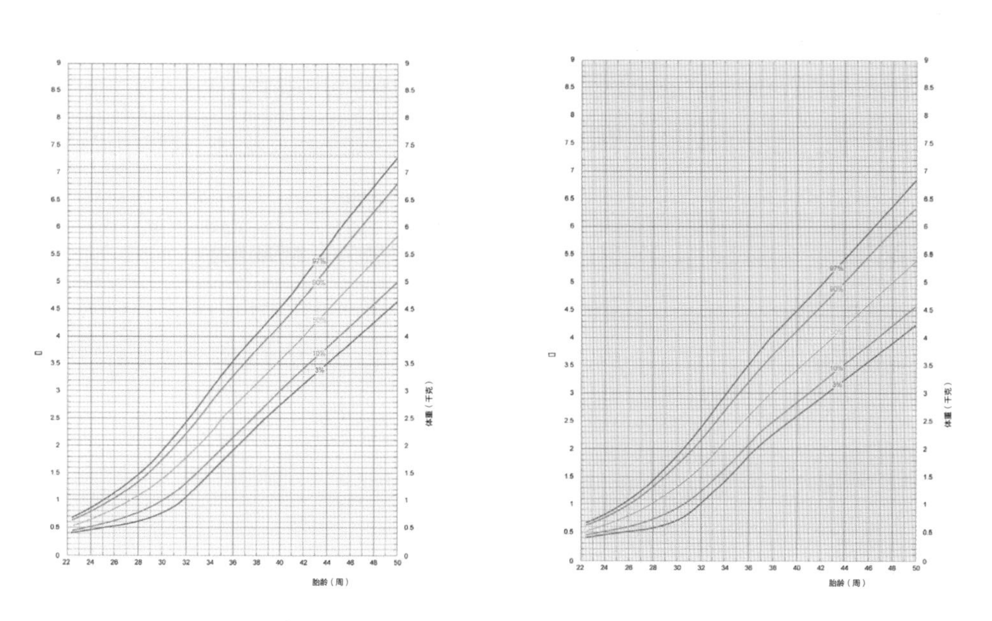

▲ 图 2-23-2　22～50 周早产男宝宝体重曲线图　▲ 图 2-23-3　22～50 周早产女宝宝体重曲线图

早产宝宝生长迟缓

早产宝宝生长迟缓主要是指宝宝出生后的身长、体重或头围低于矫正月龄后同月龄宝宝生长平均水平的 10%。而导致早产宝宝出现生长迟缓很重要的一个原因，是出生后早期营养摄入不足。

早产宝宝生长迟缓，不仅对他的外貌有直接的不良影响，还可能对宝宝的发育产生阻碍，如神经系统发育迟缓、认知和学习能力低下等。虽然大多数的早产宝宝在医生和家长的精心护理下，身长、体重等与生长有关的指标可以在 1 ～ 2 年内追赶上正常宝宝的生长水平，但是在发育方面，家长要特别注意，尤其是在日常生活中细心观察孩子的言行举止，来判断他是否存在发育迟缓的表现，以便早发现早干预，将早产给宝宝带来的负面影响降到最低。

家长可以参考下面的标准，自行评估早产宝宝是否存在发育迟缓的情况（涉及月龄均为矫正月龄）：

3 个月：无法很好地抬头，且四肢僵硬，不能自如活动。

6 个月：拉坐仍无法抬头；不会伸手够东西；双腿支撑力较弱。

9 个月：爬行时发生倾斜，仅身体一侧会用力，另一侧呈拖行状态；双腿仍很难用力。

12 个月：不会独自站立；坐时需要用手支撑保持稳定。

18 个月：不会走路；虽会走路，但身体摇摇晃晃或一直踮脚走路。

需要提醒的是，虽然每个宝宝的发育速度有所差别，但是家长仍要细心观察，一旦发现宝宝在某种能力上明显滞后矫正月龄后其他同龄宝宝的发育水平，要及时带宝宝去医院，由医生检查和评估，并配合医生进行相应的康复训练。

早产宝宝的健康问题

早产宝宝的心脏问题

很多早产宝宝都存在不同程度的心脏问题，其中最为常见的是动脉导管未完全闭合。如果宝宝在妈妈孕 30 周之前出生，那么出现这种情况的风险更大。动脉导管连接了由心脏运送血液的两条主要动脉，一条为肺部运送血液，一条为全身运送血液。宝宝未出生时，因为不需要通过肺呼吸，所以这条导管会将心脏泵出的血液由肺动脉直接流入主动脉；当宝宝出生后，肺部开始进入空气，并行使呼吸功能，因此这条原可避免血液输入到肺部的导管便失去了作用。按照常理，动脉导管会在宝宝出生后的两三天内闭合，但是由于早产宝宝生理机能发育不成熟，动脉导管就可能无法按期闭合，导致血液过多地流过肺部，可能会引发心力衰竭等问题。

一般来说，如果动脉导管开口较小，大多数宝宝的心脏功能会随着发育逐渐完善，最终自行恢复正常。所以，针对早产宝宝的先天性心脏病，家长无须过于紧张，但应注意定期复查。如果经诊断动脉导管开口较大，或者最晚出生后1年，动脉导管还未闭合，医生就会采取药物或者手术方式帮助闭合。

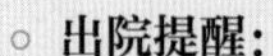

○ **出院提醒：**

家长要按照医生建议，定期带宝宝复查，了解心脏的发育情况。除此之外，家长应多关注宝宝其他方面的问题，比如肺部疾病、贫血、视力或听力损伤。

● **早产宝宝的呼吸问题**

因为提前降生，早产宝宝肺部没有发育成熟，缺乏可以使肺泡保持不萎缩的活性物质，所以有的宝宝可能无法像正常人一样顺畅地呼吸，甚至出现呼吸暂停，尤其是刚刚出生时，医生往往会为其提供呼吸辅助。

更严重的情况是，宝宝可能会出现呼吸过快、喘息、咳嗽、嘴唇和指甲发青等症状，这是支气管和肺发育不良的典型特征。针对这种情况，医生会根据宝宝的具体情况，决定是否需要长时间进行辅助呼吸，必要时会采取药物治疗。不过，家长不要过于焦虑，通常，经过一段时间的专业治疗及家长细致入微的照顾，绝大多数的宝宝是能够恢复正常的。要注意的是，不管是哪种呼吸问题，家长都要积极配合医生，以便医生根据宝宝的情况予以治疗。

○ **出院提醒：**

宝宝出院回家后，家长要密切关注宝宝的呼吸情况和日常进食情况，一旦出现异常，要立即做出反应，以免延误救治的最佳时机。另外，早产宝宝长大后患哮喘的可能性更高，因此家长要注意宝宝的生活环境。

● 早产宝宝的脑部和神经系统问题

如果宝宝出生时胎龄不足 28 周，或体重低于 1200 克，很可能会存在颅内出血的风险，大部分出血不是很严重，也很少会带来其他严重的问题。有的宝宝会出现脑积水，医生经过评估通常会建议手术治疗。早产宝宝也非常容易出现脑部发育问题，比如脑瘫，尤其是胎龄 28 ~ 34 周的早产宝宝，发生脑瘫的风险更高。

另外，早产宝宝还可能因脑部问题引发神经系统功能障碍，主要表现为运动发育落后、肌张力高、语言及认知发育落后。与足月同龄的健康宝宝相比，早产宝宝在运动发育上可能会出现明显的落后，不仅大运动，在精细运动发育上，很多早产宝宝也存在一定程度的滞后，抓、握能力远不及同龄的足月宝宝。肌张力是指肌肉在静止松弛状态下的紧张度，肌张力高会使宝宝表现出异常的姿势，比如仰卧时头一直向后背，胳膊一直保持弯曲，大拇指内扣且双手握拳很难张开，双脚长期处于伸直状态、足尖着地，更加严重的甚至全身僵硬、肢体运动很少。早产对宝宝以后的语言和认知能力也有一定程度的影响，如果家长没有及早干预，很可能会出现语言及认知发育滞后的情况。因此，家长应根据医生的建议和指导进行治疗，积极做康复训练，尽可能减少早产给宝宝脑部及神经系统发育带来的不良影响。

○ **出院提醒：**

- 早产宝宝出院时，医生通常会根据宝宝的情况给出具体的护理建议，包括运动功能的训练及认知、语言能力的早期干预。
- 家长要按照医生制定的功能训练方案，积极给宝宝进行康复训练，包括小月龄早产宝宝的趴卧训练及锻炼手部精细运动的抓握训练。对于语言和认知能力训练，应坚持长期引导，尽可能多地与宝宝进行语言交流，促进宝宝语言和认知能力的发展。注重口腔功能的训练，尤其是当宝宝矫正月龄

到 6 个月时，及时添加辅食，并根据宝宝牙齿萌出情况，适当调整食物性状，给宝宝尝试一些较粗的食物，并示范如何咀嚼，锻炼宝宝的口周肌肉，为宝宝日后准确吐字发音打下基础。不过，一旦发现宝宝在某方面明显滞后矫正月龄后同龄宝宝的平均发育水平，要及时寻求医生帮助。

- 再次强调，出院后，家长一定要带宝宝按时复诊，以尽可能将出现各种生长发育问题的风险降到最低。

早产宝宝的视力问题

早产宝宝有很大的风险发生视网膜病变，其中胎龄不足 30 周的宝宝风险更高。这是因为宝宝早产后，视网膜血管尚未发育完全，如果长时间吸入高浓度的氧，可能会对视网膜造成威胁，导致不可逆的视力损害，甚至会有失明的风险。

不过家长不要过于担心。轻度视网膜病变，绝大多数宝宝能够自行好转，也不会有其他后续影响。病情比较严重的，需经医生诊断后，采取激光治疗。此外，早产宝宝出现斜视、近视的可能性也比较大。因此，早产宝宝出生后，医生会检查宝宝的眼睛，尤其是进行眼底筛查，家长一定要积极配合，以便早发现早治疗。

出院提醒：

- 一般情况下，早产宝宝需要定期进行眼睛检查，直到视网膜发育完全。当矫正月龄到满月后，可以每天用颜色对比强烈的玩具吸引宝宝的注意；如果宝宝对颜色有反应，可以用图片进行目光追随能力的训练。

• 当宝宝平躺时，将卡片置于宝宝面部正上方 20 ~ 40 厘米的位置，上、下、左、右缓慢地移动卡片，鼓励宝宝追随画面看，以促进视力发育。但要注意，训练一开始以每次几分钟为宜，一天 1 ~ 2 次，不宜太多、太久，以免对宝宝的视力造成不良的影响。

早产宝宝的听力问题

早产宝宝同样面临很高的听力损失风险，而且出生胎龄越小，风险越高。据统计，出生胎龄小于 32 周的早产宝宝，发生听力损失的概率高达 2% ~ 4%。宝宝过早出生，体内各器官及系统未发育成熟，听觉中枢神经和耳部组织等对缺氧、缺血、药物刺激非常敏感，再加上宝宝免疫力较低，很容易并发各种感染性疾病，导致不同程度的听力损失。

因此，家长必须重视宝宝的听力筛查，应积极与医生沟通，确定合适的筛查时间，以便及早排查。如果有问题，越早治疗对其以后语言发育产生的影响就越小。

出院提醒：

• 一般来说，存在听力损失高危因素的婴幼儿，尤其是早产儿，即使通过了最初的听力筛查，至少在 3 岁前，也要每 6 个月进行 1 次听力随访，以便早发现、早干预、早治疗。

• 要关注宝宝听力训练。妈妈的声音是对宝宝最好的刺激，可以常为宝宝唱唱歌、读读书，听一听舒缓的音乐，或者从房间不同的地方对宝宝说话、摇铃铛，观察宝宝是否有反应，并用眼睛追寻声音的来源。通常到矫正月

龄 4 个月时，大多数宝宝就对声音有所反应了。

- 需要注意的是，如果宝宝在嘈杂环境中总是很安静，或者经常大声吵闹，频繁制造噪声，这很可能是宝宝听力异常的表现，应及时带宝宝就医。

早产宝宝的贫血问题

早产宝宝容易患上贫血症。因为提前离开妈妈的子宫，铁元素含量的储存会受到不同程度的影响，而且，出生时胎龄越小，获得的铁元素就越少，患上缺铁性贫血的可能性就越大。贫血情况较严重的宝宝会出现面色苍白、心率较快、血压低、呼吸困难等表现，需要及时治疗。贫血需要根据医生的专业判断，在检测血液的基础上进行诊断。一旦确诊，医生可能会根据宝宝的实际情况，采取相应措施比如输血、开补铁剂等进行对症治疗。

注意事项：

- 如果经医生检查，宝宝出院后仍需口服补铁剂纠正贫血，家长要谨遵医嘱按时给宝宝服用，并定期带他复查，了解宝宝的贫血是否改善，以便及时调整治疗方案。
- 当宝宝开始添加辅食时，家长要特别注意通过辅食给宝宝补铁，比如宝宝吃的第一口辅食，建议选择高铁的营养米粉；随着宝宝月龄的增加，可以在保证营养均衡的基础上，给他多吃一些含铁量高的绿叶菜和红肉。

早产宝宝的黄疸问题

与足月宝宝相比，早产宝宝更容易出现黄疸，且黄疸的程度更加严重。这是因为早产宝宝肝脏发育不成熟，无法将体内产生的胆红素全部排出体外。胆红素是一种黄色色素样物质，胆红素过高会体现在宝宝的眼睛及皮肤上。

对早产宝宝来说，如果同时存在溶血、感染等危险因素，在胆红素水平低于健康足月宝宝相应参考值时，就要接受光疗。比如，同样是监测宝宝出生后48小时的胆红素水平，根据宝宝出生孕周和出生时身体状况的差异，大致可以分成以下三种情况：存在高危因素、孕周35～38周内出生的早产宝宝，胆红素达到11mg/dl就需要进行光疗。存在高危因素、大于38周出生的足月宝宝，或是30～38周出生的健康早产儿，胆红素达到13mg/dl时再进行光疗就可以。如果是大于38周出生的足月健康宝宝，胆红素达到15mg/dl时才需要进行光疗。

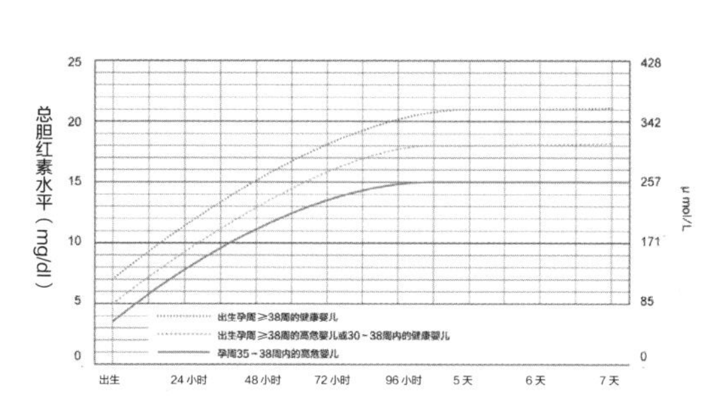

▲ 图2-23-4 新生儿黄疸光疗标准图

早产宝宝的胃食管反流

胃食管反流在新生儿中比较常见，这是因为新生宝宝的胃肠发育还不健全。相较于足月出生的宝宝，早产宝宝发生胃食管反流的比例更高。

胃食管反流会使宝宝一天内多次呕吐，影响体重的增长，但这种情况在早产宝宝长到原来预产期的时候，会有明显的改善，且在矫正月龄12个月以后，反流的问题会逐渐消失。

不过，如果家长发现宝宝有明显的进食困难，发生反流后哭闹甚至呼吸暂停，严重时甚至出现

崔医生特别提醒：

有些早产宝宝出现呕吐可能不是胃食管反流导致的，而是与坏死性小肠结肠炎有关。这是一种非常严重的肠道病变，甚至有肠道出血、坏死等风险。早产宝宝患有坏死性小肠结肠炎，吃奶后会出现呕吐、腹胀等情况。腹泻的大便可能会从水样便发展到带血便或者黑便，呕吐物中也会有血丝。同时，宝宝还会出现呼吸不规则、心率不正常、面色及精神状况差的情况。家长一旦发现这些症状，要带宝宝及时就医。医生会采取抗生素、静脉补充能量，甚至手术等方式治疗。

哮喘的症状，就要考虑宝宝患有胃食管反流病，要及时带宝宝就医。

○ **出院提醒：**

- 对胃食管反流的宝宝，家长应在医生指导下给予宝宝更多关注。哺喂宝宝时，尽可能少量多次喂食，以在一定程度上减少呕吐的次数，保证每天的奶量。
- 每次吃完奶后，家长要帮助宝宝打出奶嗝，以有效缓解反流现象。如果发生呛奶，要避免竖抱，正确做法是让宝宝侧卧，轻拍他的后背，帮助液体排出。
- 如果上面的方法无法改善宝宝胃食管反流的现象，且出现体重持续不增长、精神状况不好、吐奶呈喷射状、呕吐物里有黄绿色的液体、呕吐物或大便带血等情况，家长要带宝宝及时就医治疗。

早产宝宝的肠绞痛问题

肠绞痛是很多新生宝宝经常会遇到的一个问题，在早产宝宝身上更容易发生。早产宝宝肠绞痛的高峰通常出现在矫正月龄 6 周左右。一般在晚上 6 ~ 8 点发作，也有部分宝宝在半夜或清晨发作。发作时，宝宝可能会没有征兆地大哭，也可能在吃奶时突然用力，有时甚至会停下吃奶哭闹，同时还可能伴有腹胀、排气增多的问题，将气或大便排出后，哭闹会有所缓解。

宝宝出现肠绞痛的症状，家长不必过于担心，因为肠绞痛不是疾病，只是宝宝发育过程中的一种正常现象，随着消化系统的成熟，通常会在早产宝宝达到矫正月龄 3 ~ 4 个月的时候逐渐消失。

- **出院提醒：**

目前没有治疗肠绞痛的特效药，大多药物只能在一定程度上缓解症状。最积极的应对方法，是为宝宝提供妥善的护理。关于缓解肠绞痛的方法，详见第 141 页。

早产宝宝的佝偻病问题

早产宝宝维生素 D 储备不足，很容易出现佝偻病，主要表现为头围异常增大、肋串珠、脊柱畸形，甚至会影响以后的走路姿势。人体内维生素 D 的含量不多，但它却能够促进和推动人体重要的化学反应，比如使钙元素通过血液到达并沉积在骨骼内，促进骨骼的生长。因此，如果早产宝宝体内维生素 D 含量低于标准水平，或者出生后维生素 D 摄入不足，最直接的影响就是无法使充足的钙进入骨骼，导致佝偻病。

通常医生会通过采取手指末梢血的方式，检测宝宝体内维生素 D 的水平。如果水平较低，医生会建议给宝宝服用维生素 D，预防佝偻病。每天维生素 D 摄入多少，需要按照医生的建议进行补充。一般来说，早产宝宝出生后 1 周到 3 个月，每天要补充 800 国际单位（IU）的维生素 D；3 个月后，补充量与足月宝宝相同，减至每天 400 国际单位（IU）。

- **出院提醒：**

- 早产宝宝出院后，要继续按照医嘱每天补充维生素 D，以免因为维生素 D 摄入不足而导致佝偻病。要注意不要补充过量，以免维生素 D 中毒。
- 对于母乳喂养的早产宝宝，由于母乳中维生素 D 含量较少，需每天遵医嘱补充；对于配方粉喂养的宝宝，则要根据配方粉中的维生素 D 含量及每天的喂养量，计算需要额外补充的维生素 D。

- 很多配方粉或补充剂标注的维生素D剂量是以微克（μg）为单位的，这与国际单位（IU）有本质的不同。要牢记：1μg=40IU，即早产宝宝出生后前3个月每天要补充800国际单位（IU），也就是20微克（μg）。
- 在阳光充足的时候要多带宝宝晒太阳，以使身体合成维生素D，虽然量比较少，但对宝宝有一定的帮助作用。

早产宝宝的牙齿问题

相较于足月的正常宝宝，早产宝宝更容易出现各种牙齿问题，比如出牙晚、牙齿排列不整齐、牙齿变色、龋齿等。在妈妈怀孕的第2个月，胎儿乳牙的牙胚就开始发育了，而恒牙大概在第4个月时开始发育。如果宝宝早产，乳牙和恒牙牙胚的正常发育就会受到影响，再加上早产宝宝大多营养不良、矿物质缺乏及代谢压力过大，很可能就会出现出牙晚、牙齿排列不整齐、牙齿变色、龋齿等牙齿问题。

不过，家长也不用过于担心，只要在日后护理中注意营养均衡、口腔清洁，这些问题都可以很好地避免。

出院提醒：

- 早产宝宝出现牙齿问题的风险远高于正常宝宝，所以家长要定期带宝宝体检，并向医生说明宝宝早产的情况，以便医生着重检查牙齿发育情况，并根据检查结果给出科学的护理建议。

- 在日常护理中，要注意牙齿清洁。乳牙萌出前，就要培养宝宝漱口的习惯，也可以用指套牙刷按摩宝宝的牙龈；乳牙萌出后，要循序渐进地引导宝宝刷牙，并适当给予帮助，给宝宝做好口腔清洁。

早产宝宝的疝气问题

疝气是指宝宝体内的某个脏器离开原本的位置转移到了其他位置。早产宝宝因为身体各器官及机能尚未发育完善，发生疝气的概率会更高，其中以脐疝和腹股沟疝气较为常见。

脐疝表现为在肚脐部位有包块状凸起，主要是由于早产宝宝腹部肌肉发育不完全，又频繁出现肠胀气所致。总体来说，脐疝不会对宝宝的身体造成损害，家长不用担心。

腹股沟疝气则是因为宝宝发育不健全及腹腔负压过大，导致小肠或盲肠等钻入腹股沟及其周围并向表面凸起形成的包块。这种疝气更容易发生在男宝宝身上，这是因为男宝宝还在子宫里时，睾丸会在发育过程中，通过一个开放的管状结构即鞘状突下降到阴囊中。正常情况下，在宝宝出生前鞘状突会自行关闭。而早产宝宝很可能会出现鞘状突没有闭合或闭合不全的情况，于是小肠或盲肠等就会从这个缺损进入宝宝的阴囊，形成疝气。

○ **出院提醒：**

- 一般来说，脐疝会自行恢复。大概 1 岁以后，随着宝宝肠胀气的减轻，以及腹部肌肉发育的成熟，脐疝会慢慢消失。如果宝宝 4 岁时，脐疝还没有

消失，家长就要带宝宝就医，医生根据情况可能会建议手术治疗。

- 腹股沟疝气通常不会自行恢复。家长发现宝宝出现腹股沟疝气时，要及时就医。医生会给宝宝进行详细的检查，并制定合理的手术治疗方案。

早产男宝宝睾丸未降

男宝宝还在妈妈子宫里时，睾丸就已经开始发育了。发育之初，睾丸在胎宝宝的腹腔内，通常当胎宝宝 8 个月时，睾丸就会慢慢下降到阴囊里。早产宝宝因为提前离开妈妈的子宫，睾丸很可能还没有完全下降到阴囊中，这种情况有时是单侧睾丸未降，有时是双侧都未降。

出院提醒：

绝大多数存在睾丸未降问题的早产宝宝，在矫正月龄 8 个月左右时睾丸会下降到阴囊中。如果到这个时候睾丸仍未降，则建议家长及时带宝宝就医，医生会根据情况建议家长是继续等待，还是使用激素刺激睾丸下降。家长要遵从医生的建议和治疗方案，这对保证宝宝的身体健康非常重要。

早产女宝宝私处发育不良

很多早产女宝宝都会出现大阴唇不能覆盖小阴唇的情况，这与宝宝提前离开妈妈的子宫，私处未发育完全有关。这是一种正常现象，家长不用过于担心。大多数情况下，宝宝出生后，只要合理喂养，保持体重稳步增长，大阴唇就会逐渐发育完全。

○ **出院提醒：**

- 要注意女宝宝的私处清洁与护理。每天用温水淋洒清洗外阴，冲掉表面的附着物和细菌。在清洁大便时，要从前向后擦，以免大便中的细菌进入宝宝的阴道内造成感染。
- 在给女宝宝清洗外阴时，不要过度清洗分泌物（这些分泌物中的一些物质具有杀菌、抑菌的作用，不仅对宝宝无害，还能保护局部黏膜免受大便中细菌的侵扰），以免造成局部感染，甚至引起黏膜损伤，引发小阴唇粘连。

第3部分

孩子的健康与安全

每个家长都希望呵护孩子健康成长，但在孩子成长过程中，不可避免地要面对突如其来的疾病和意外。了解妥善的处理方式，帮助宝宝尽快摆脱疾病的困扰和意外伤害的威胁，十分有必要。这一部分主要介绍免疫力、疫苗等相关保健知识，一些常见症状和疾病的护理方式、就医注意事项，以及一些常见意外的紧急处理方式等。

第 1 章 保健常识

预防优于治疗。免疫力和疫苗是保护孩子身体健康的两大屏障。这一章主要介绍了免疫力的相关知识、怎样补充益生菌、怎样正确使用抗生素，以及与疫苗有关的知识。

免疫力和抗生素

● 什么是免疫力

免疫力是人体抵抗疾病的能力，它的作用并非让人不得病，而是在人得病后迅速通过自身能力控制病情，并尽快康复。按照获得方式的不同，免疫力可分成先天性免疫和获得性免疫两种。

先天性免疫是与生俱来的，在人类长期进化中逐渐形成，主要通过皮肤黏膜屏障和体内屏障发挥作用。其中，皮肤黏膜屏障是人体阻挡和抗御外来病原体入侵的第一道防线，按照保护人体的方式不同，这道屏障又可以分为物理屏障、化学屏障、微生物屏障。其中，物理屏障是皮肤黏膜本身；化学屏障，即皮肤和黏膜分泌物中含有多种杀菌、抑菌物质，能够抵抗病原体感染，比如皮脂呈弱酸性，可以抑制和杀灭皮肤表面的细菌；微生物屏障，也就是那些集聚在皮肤和黏膜表面的正常菌群——益生菌，能够与有害菌竞争营养物质，分泌杀菌、抑菌物质，抵抗病原体感染。体内屏障是指病原体进入血液循环后，人体内的软脑膜、胶质膜等组织和子宫内膜可以作为第二道屏障，软脑膜等组织可以阻止病原体进入人的中枢神经系统，而子宫内膜则可以防止病原体等进入胎儿体内。

获得性免疫是通过外界刺激形成的，途径有两个，一个是通过感染病菌刺激，也就是生病刺激免疫系统获得免疫力。病菌进入人体后会找到适合侵入的组织，在这个过程中，人体内的吞噬细胞开始工作，一方面阻止病菌，同时刺激免疫细胞，使其进一步分化为记忆细胞和效应细胞。其中，记忆细胞会记住吞噬细胞杀灭病菌的过程，而效应细胞则会产生细胞因子和抗体，它们会协同吞噬细胞一起杀灭病菌。这个较为复杂的过程一般需要 3 天才能完成。当人体已有针对这种病菌的抗体后，下次同种病菌再侵入，免疫系统就会快速工作，控制病菌在人体内滋生泛滥。第二个是预防接种。通过接种疫苗模拟生病的过程，训练身体抵抗疾病的能力，让人体获得抵抗力，免受疾病的困扰。

崔医生特别提醒：

提高孩子的免疫力，一方面，应避免过度清洁皮肤与分泌物，保护皮肤黏膜屏障；另一方面，不要将孩子保护在无菌环境中，不要频繁使用消毒剂和滥用抗生素，以免无法获得足够的益生菌，无法使免疫系统得到锻炼。

专题：肠道菌群与免疫力

微生物是保护人体的屏障之一，最重要的微生物屏障是肠道菌群，它被称为人体的“第二个大脑”，由100万亿个（300～500种）细菌组成。这一数量与人体细胞的数量相比，比例约为100:1。

那么，肠道菌群是如何保护人体的呢？简单来讲，对人体有益的细菌进入肠道后，会停留在肠道中附着在肠黏膜上，促进免疫球蛋白A的分泌。免疫球蛋白A是一种抗体，会和相应的病原微生物，如细菌、病毒或者致敏原相结合，阻止它们黏附到细胞表面，增强肠道免疫屏障的功能。此外，肠道菌群中的益生菌能激活机体的免疫细胞，使其分裂增殖，提高人体免疫功能。按照世界卫生组织的定义，益生菌就是“对人体只有益而无害的活菌”。

益生菌是从哪里来的呢？孩子最早获得益生菌的途径，是妈妈的自然分娩。孩子出生时经过产道，会接触其中的细菌，这些细菌进入孩子的胃肠道，作为益生菌，为他建立起特有的健康屏障。第二个途径是母乳喂养。在母乳喂养的过程中，妈妈皮肤上的需氧菌和乳腺管中的厌氧菌，随着乳汁一起进入孩子的肠道，作为有益细菌定植下来，并继续发展，形成肠道菌群。

要想维持孩子肠道菌群的平衡，日常生活中不要频繁使用消毒剂，也不要滥用抗生素。另外，益生菌的生长需要纤维素作为食物，为了保证给益生菌供给充分的营养，妈妈应坚持母乳喂养，因为母乳中特有的低聚糖就是一种纤维素。

● 不要随便使用消毒剂

不要用消毒湿巾给孩子擦手、擦拭嘴角的食物残渣，也不要用有消毒成分的清洁剂、洗衣液清洗孩子的玩具或衣服等，以免危害他的健康。

人体是在与病菌不断的斗争过程中增强抵抗力的，因此细菌侵入会刺激免疫系统，使其完善成熟。肠道中有 300 ~ 500 种细菌，每种细菌数量之多简直超乎想象，正是如此多的肠道菌群持续刺激人体，才将免疫系统调节到最佳状态。可以说，肠道是人体最大的免疫器官。要想提高孩子的抵抗力，就要注意保护肠道健康，避免破坏肠道菌群。

在日常生活中，不要刻意营造无菌环境，只需保证清洁即可。清洁指的是单位环境中有一定数量的病菌，但其浓度不足以致病；无菌却指的是没有细菌。生活环境不是越干净越好，更不是无菌最好。人体内如果没有细菌，代谢功能会受到影响，免疫功能也会大大减弱。

频繁使用各类消毒用品，如酒精、消毒湿巾等，就是在制造无菌的环境；如果清洗不彻底，消毒成分可能会残留在孩子的手上吃进肚里，杀死肠道内的部分细菌，破坏正常的菌群，继而对免疫系统造成一定损伤，出现腹痛、腹泻等肠道疾病，严重的还可能出现过敏等症状。因此，为了孩子的健康，家长应追求清洁而非无菌，要杜绝滥用消毒剂。

崔医生特别提醒：

消毒剂并不仅指酒精、84 消毒液等，许多清洁产品，如洗碗剂、奶瓶清洗液、香皂、洗衣皂、洗衣液、消毒湿巾等都含有消毒剂成分，另外，消毒柜、消毒锅等也有消毒作用，应特别注意。清洁孩子的物品，“干燥是最好的消毒剂”。

● 怎样给孩子补充益生菌

益生菌对提高孩子免疫力有非常重要的作用，但家长不要将益生菌当作万能药，只有当孩子出现以下症状时，才有必要使用。

- 腹泻：研究发现，腹泻时服用益生菌，可以调节肠道菌群，缓解症状，在一定程度上缩短病程。不过，益生菌的效果并不能立竿见影，千万不要将益生菌当作止泻药物。

- 便秘：便秘时服用益生菌比较有效，但前提是必须和纤维素同时服用。
- 肠绞痛：部分益生菌能缓解母乳喂养出现的肠绞痛，调节孩子肠道的微生态环境，有效抑制产气菌的生长，减轻肠胀气。
- 过敏：临床实践表明，益生菌可以缓解过敏症状。但是，缓解过敏症状，最重要的是回避过敏原。
- 乳糖不耐受：大数据调查显示，孩子乳糖不耐受，服用益生菌有一定的作用。不过，选择益生菌时，要尽量选成分单一的，以免配料中的某些成分，尤其是牛奶成分，加重乳糖不耐受的症状。

选择的益生菌制剂，需同时满足三个要求：有效、持久、安全。有效：益生菌制剂是活菌（关于测定益生菌是否活菌的方法，详见下文），并且数量足够，才能保证发挥效用。持久：服用一段时间后，检测孩子的肠道菌群，益生菌应是肠道中存留的主要细菌。安全：选择成分单一的益生菌制剂，以免孩子对其中添加的某些物质过敏。

喂孩子服益生菌制剂时，家长应注意以下几个方面，以更大限度地发挥益生菌的作用。

第一，冲好的益生菌应尽快服用。益生菌是厌氧菌，未遇水时处于休眠状态，遇水恢复活性，遇到空气很快就会失去活性。因此服用时，一定要随冲随吃，避免长时间暴露在空气中。要注意，切勿给孩子吃半包后，将剩下的用夹子夹上保存，这种方式无法达到真空的环境要求，再服用时对孩子没有效果。

第二，保证每次服用足够的益生菌。每次以服用 50 亿 ~ 150 亿个益生菌为宜。因为孩子体内还没有建立良好的菌群，所以孩子越小，

崔医生特别提醒：

在益生菌制剂中，活菌才能保证有效。选购时，一定要在医生指导下，通过正规渠道购买。

测定益生菌是不是活菌，有个小窍门，那就是用益生菌做引子发酵酸奶。如果能够制作出酸奶，说明益生菌制剂是活菌型；如果方法、温度合适，操作步骤也正确，却做不出酸奶来，则说明益生菌制剂是死菌型。

需要的益生菌也就越多。另外，服用时必然有所消耗，比如冲水时空气对益生菌的消耗，或者胃酸和胆汁对益生菌的消耗等。如果服用的量太少，进入肠道发挥作用的益生菌所剩无几，就起不到作用。

第三，冲益生菌时，水温不宜过高，应控制在 40℃以下。益生菌是活菌，且要保证它在人体内存活。如果冲泡时水温过高，很容易将它杀灭失活，无法发挥作用。

第四，益生菌不能与抗生素、思密达一起服用。抗生素既会杀死致病菌，也会杀死益生菌，影响益生菌的效果。思密达是一种吸附剂，会将肠道内的细菌、病毒等统统吸附走。孩子腹泻时同时服用益生菌和思密达，也会影响益生菌的效果。所以服用益生菌后，应至少间隔 2 个小时再服用抗生素、思密达等药物。

破坏免疫力的杀手：抗生素

免疫力是人体抵抗疾病的能力，在不断与细菌斗争的过程中逐渐增强。抗生素可谓是破坏免疫力的杀手，过早或过度使用，会影响孩子免疫系统的正常工作，削弱免疫功能。

正常情况下，当人体遇到病菌侵袭时，体内的吞噬细胞就会迅速将病菌包围、吞噬。一旦吞噬细胞开始吞噬病菌，人体的免疫系统就开始工作了。如果这是某种病菌的第一次入侵，免疫系统中的记忆细胞就会记住这种病菌的特点，然后由效应细胞产生抗体或者淋巴因子将其消灭，当它再次入侵时，免疫系统就会快速启动进行抵抗。

免疫系统从启动到结束工作一般需要 3 ~ 5 天的时间，如果超过这个期限，病情没有好转或反而加重，说明免疫系统无法自行抵抗，可能需要借助抗生素等外力的帮助。

抗生素是从生物培养或化学合成的，有抑菌或杀菌作用的一类物质。抗生素针对的是细

崔医生特别提醒：

抗生素之所以被称为“盲人杀手”，是因为它无法分辨有害菌和有益菌，会将遇到的所有细菌，包括肠道中的正常菌群，一并抑制或杀死。因此，如果孩子已经使用过抗生素，可能会影响正常的肠道菌群，可以适当补充益生菌，改善肠道菌群失调。

菌，对病毒导致的疾病没有明显的效果。因此，只有确诊是细菌感染引起的疾病，才需要使用抗生素，盲目使用不仅于康复无益，还可能破坏免疫力。即便疾病由细菌引起，如果一出现症状马上使用抗生素，本该由细菌激发的一系列人体自身免疫过程没有机会出现，下次细菌再入侵时，免疫系统仍无法迅速做出反应。如果再次立即使用抗生素，如此往复，免疫系统始终无法得到锻炼，最直接的后果就是抵抗细菌的能力减弱，甚至引起一些较为严重的自身免疫性疾病。

由此可见，给孩子使用抗生素一定要慎重，即便确认疾病是严重的细菌感染引起的，也要严格遵照医嘱。

如何正确使用抗生素

抗生素是能帮助人体对抗细菌的外力，但若使用不当，非但不能帮助治愈疾病，还可能影响健康，因此应正确使用抗生素。经医生诊断，病症确实是细菌感染引起的，而且严重到必须使用抗生素，家长需遵医嘱给孩子使用抗生素治疗。需要提醒的是，使用抗生素时必须用满疗程，切勿见好就收，而且不能中途换药。

这是因为，每种药物进入身体被吸收到血液中都有一定的浓度，即血药浓度，只有这个浓度达到有效浓度时，病情才会有所好转。没有服药时，体内的血药浓度为零；第一次服药后，血药浓度就会上升，但不一定会升到有效浓度；继续服用药物，血药浓度就会再次上升；如此持续，直到血药浓度达到有效水平，药物才能最大限度地发挥效用。如果未按疗程使用抗生素，病情有好转就擅自停药，血药浓度可能未达到有效水平即下降，导致病情反复，迁延不愈。

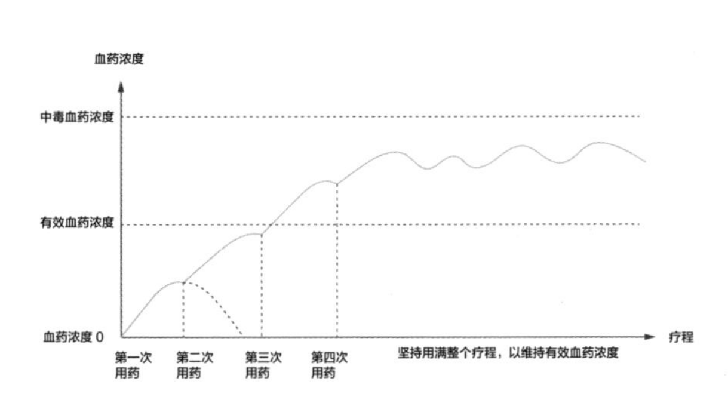

▲ 图 3-1-1　同一种抗生素发挥作用示意图

持续服用同一种抗生素，能够使血药浓度在较长时间内维持在有效水平，消灭体内致病细菌。如果中途换药，因为不同抗生素的抗菌谱（能对抗的细菌种类）有所差别，新使用的药物需要重新达到有效血药浓度才能发挥作用。很多家长认为某种药物没有效果，很可能是因为这种药物还没有达到有效浓度水平。

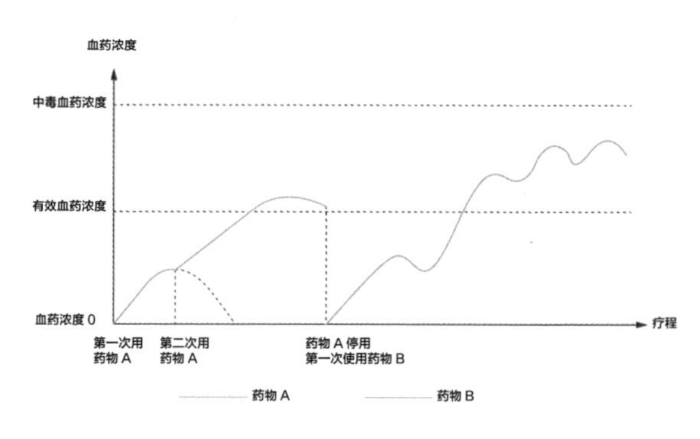

▲ 图 3-1-2 两种抗生素发挥作用示意图

由此可见，家长应严格遵照医嘱，正确给孩子使用抗生素，既不能擅自停药，也不能自行中途换药，否则既会拉长病程，还可能会产生耐药菌，甚至超级细菌，给孩子造成更大的威胁。

崔医生特别提醒：

超级细菌指的不是某种固定的细菌，任何一种细菌都有可能变成超级细菌。当服用抗生素未满疗程而孩子病情好转，体内的致病细菌很可能只是处于休眠状态，如果擅自停用抗生素，致病细菌再次被激活，就会产生耐药性，很难被消灭，甚至变成任何抗生素都不起作用的超级细菌。

疫苗接种

接种疫苗的重要性

疫苗接种是一个模拟疾病的过程。孩子通过接种疫苗，让体内产生针对某种病原的特异性抗体，一旦以后遇到病原，体内的抗体可以迅速起作用，清除病原或者减轻症状。

所以，接种疫苗可以提高人体免疫力，保护孩子免受疾病侵袭。如果没有接种疫苗，孩子没有相应的免疫保护，就会增加患病的风险。

现有的疫苗都经过多年的临床研究，普遍针对一些较严重的，或一旦感染可能会留下后遗症的疾病。家长一定要重视，不要轻易放弃免疫接种，不要心存侥幸，因为有些疾病可能会给孩子留下终生遗憾。

延迟接种是否有害

医生所说的预防接种间隔时间，通常指的是最短间隔或者推荐间隔。比如百白破，可以间隔 1 ~ 3 个月，推荐间隔时间是 1 个月；乙肝第三针，可以在打完第一针后 6 ~ 12 个月内接种，推荐间隔时间是 6 个月。对一种从未接种过的疫苗来说，延迟接种的影响在于孩子没能更早地得到针对性的保护；对同一种疫苗的第二针、第三针来说，延迟接种可能确不如按时接种达到的保护水平高、保护效果好、保护时间长。这是因为，第一针接种后，孩子体内的抗体会在下一次推荐接种时间时达到一个峰值，如果这时接种第二针，接种效果是在峰值的基础上再持续提升到另一个高峰。如果延迟接种下一针，孩子体内的抗体水平已经由峰值开始下降，等于在体内抗体下降的基础上进行提升，必然没有从顶峰的基础上爬升到另一个顶峰的效果好。

所以，家长应尽量按照推荐间隔给孩子接种疫苗，如果由于生病等延迟接种，也不用过于担心，疫苗仍能起保护作用，但应在不能接种的原因消除后及时补种。

接种疫苗后出现的症状

疫苗接种虽然可以看成一次模拟生病的过程，但不同于生病的是，疫苗已将病原的致病力去除或降至最低，因此接种疫苗不会像生病那样危害健康。由于疫苗中保留的免疫原性会调动免疫系统进行工作，因此个别接种者难免会表现出一些不适。

接种疫苗后出现的不适反应分为两类，一类是一般反应，一类是异常反应。常见的一般反应包括发热、注射部位红肿、硬结，或者皮肤起少量疹子等，这些都属于一过性不良反应，不用特别处理。一般来说，注射 24 小时内不可洗澡。如果当天想给孩子洗澡，可以简单冲洗或擦洗，注意要避开针眼部位。如果孩子在接种疫苗后发热，体温超过 38.5℃，可以给孩子服用退热药物；如果局部红肿，可以先冰敷，3 天后热敷。这些反应一般 1 ~ 2 天就可以消失，不用就医，家长无须担心，但需密切观察。

异常反应，是指合格的疫苗在合规的接种过程中或之后造成受种者机体组织器官、功能损害，相关各方均无过错的药品不良反应。严重的异常反应，比如急性过敏反应，通常发生在接种后 20 分钟内。这就是接种疫苗后要求孩子在医院观察 30 分钟的原因。只要观察期内孩子表现正常，回家后再出现严重过敏反应的概率非常低。

● 一类疫苗和二类疫苗

免疫规划疫苗也就是大家常说的“一类疫苗”、免费疫苗，由国家付费，家长可以带孩子到疫苗预防接种机构免费接种；非免疫规划疫苗也就是“二类疫苗”、自费疫苗，可以选择接种。两种疫苗的不同，在于付费方式和接种后发生异常反应获得赔付的途径不同。我国目前还做不到全部疫苗都免费接种，因此会用免疫规划疫苗和非免疫规划疫苗来区分管理。随着国家经济水平和疫苗产能的提高，一些原本在非免疫规划疫苗之列的疫苗会逐渐纳入免疫规划的范畴。

至于非免疫规划疫苗有没有必要接种，从医学角度来说，两类疫苗一样，都非常重要，都应该按时进行接种。目前，非免疫规划疫苗接种率不及免疫规划疫苗，人群免疫屏障亟待完善，因此患病的风险可能更大，更需要接种。但是非免疫规划疫苗需要付费，家长可以根据家庭的实际情况，选择是否接种。

家长可根据儿童免疫接种证中的提示，按时为孩子注射疫苗，并且要妥善保管此证，孩子入托、入园、入学、出国时均需作为重要资料提供给相关单位。

▲ 图 3-1-3 儿童免疫接种证

选择联合疫苗，还是单独疫苗

和单独疫苗相比，联合疫苗有两个优点：第一，联合疫苗可减少添加剂成分。在疫苗制剂中，除了含有疫苗的主要成分外，还含有防腐剂、稳定剂等添加剂成分。而联合疫苗的意义就在于，在疫苗本身不冲突的情况下，减少了添加剂成分。第二，联合疫苗的接种次数少，可以减少多次注射给孩子带来的身体和心理上的痛苦，减少接种后的不良反应等。

如何选择进口疫苗与国产疫苗

无论是进口疫苗还是国产疫苗，其有效性在上市前都经过试验论证。只是有些进口疫苗国内没有，它为家长提供了更多的选择。而有些疫苗只有国产的没有进口的，这是因为，一方面，在不同国家或地区，疾病的流行情况有所不同，有些地区不需要接种某类疫苗；另一方面，我国自主研发生产的疫苗完全能够达到国际标准和认证，比如乙脑疫苗，已达到国际领先水平，且出口多个国家，因此不需要进口。

所以，不能简单评判进口疫苗与国产疫苗孰好孰坏，家长可以根据需要选择。需要说明的是，进口疫苗都是自费疫苗。也就是说，如果家长选择给孩子打进口疫苗，无论这个疫苗属于一类还是二类，都需要自己付费。

第2章　常见症状和疾病

这一章介绍了孩子常见的症状和疾病知识，希望必要时能够给予家长帮助。每一种症状和疾病，都详细介绍了三个方面的内容：如何初步判断，何时需要就医，如何妥善护理。不过，家长毕竟不全是专业医务人员，作为孩子的监护人，面对疾病既要能够对病情做出基本判断，做好护理与记录，也要在需要时及时向专业人士寻求帮助。

孩子生病时，家长要有记录孩子身体状况及用药明细的习惯，以便在就医时为医生了解病史提供参考。

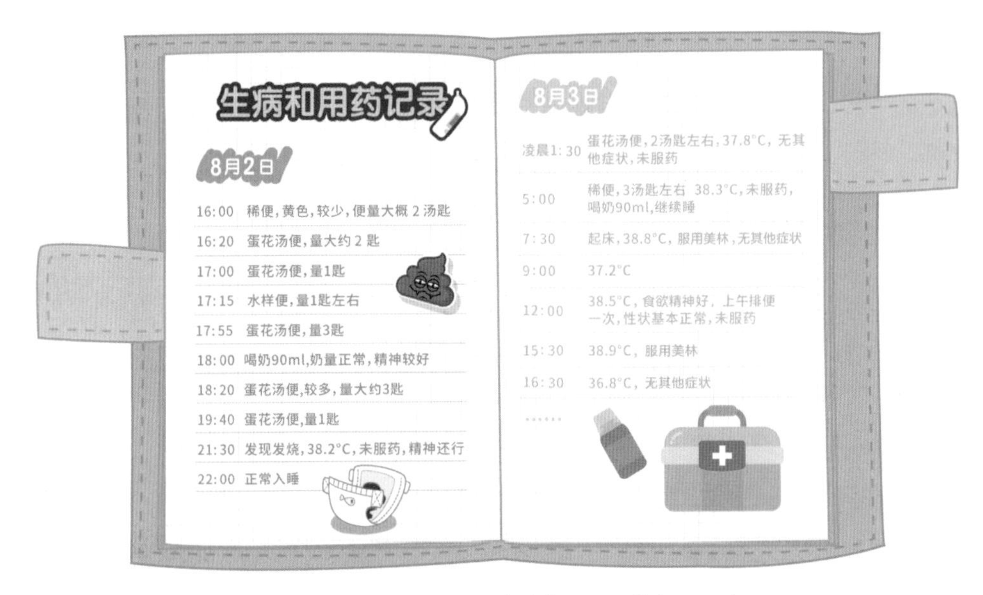

▲ 图 3-2-1 孩子生病时身体情况及用药明细记录

常见症状

● 发热

正常情况下，人体的体温调节中枢会通过增加机体热量或散热，将体表温度调控在 37℃（体内温度则为 37.5℃）左右。而当病毒、细菌、支原体等病菌入侵后，人体会启动防御机制，比如动用白细胞杀灭细菌，动用淋巴细胞杀灭病毒等。在这个过程中，体温调节中枢会上调体温，导致人体发热。

如何初步判断

发热最直接的表现就是体温升高。从医学角度讲，虽然每个孩子基础体温不同，但当体表温度超过 37.5℃时，就可以认定为发热。

之所以强调体表温度，是因为有些方法测量的并非体表温度，而是体内温度。大多数情况下，家长通过测量耳温、额温、腋下温获得的都是孩子的体表温度。针对不同的测量方式，判定孩子是否发热的体温标准也有差异，而平常所说的温度参考值是指体表温度。

崔医生特别提醒：

发热是一种症状而非疾病，是人体遇到病菌或异物侵袭后，对人体的一种保护机制。它可以动用人体免疫功能，消灭侵犯人体导致发热的病菌或异物，促进免疫系统的成熟。从这个意义上讲，发热并非完全是坏事。

何时需要就医

发热并不是需要带孩子就医的唯一依据，家长应结合以下情况进行初步判断。

不满 3 个月的孩子体温超过 38℃，3 个月以上的孩子体温超过 40℃，同时伴有下列情况之一：

- 拒绝喝水。
- 喝水较多但仍有不舒服的表现。
- 排尿少，口干舌燥，哭时眼泪少。
- 大孩子主诉头痛、耳朵痛、颈痛或说不出的不舒服。
- 持续哭闹。
- 表情淡漠。
- 持续腹泻、呕吐。
- 发热超过 72 小时。

崔医生特别提醒：

如果发热是病毒感染引起的，一般不需要使用针对病毒的治疗药物，可帮助孩子缓解症状，等待病毒 5 ～ 7 天后在体内自然衰亡；如果是细菌感染引起的，针对比较严重的细菌感染，应在医生指导下使用抗生素治疗；如果是其他原因引起的，则需由医生寻找原因，有针对地进行治疗。

怎样妥善护理

总体来讲，退热的方法有三个：治疗原发病，护理降温，药物降温。其中，原发病需请医生诊断确认，遵医嘱进行治疗。如果孩子除发热外没有其他不适，可暂时不去就医，家长可在家靠护理或药物为孩子降温。

为孩子降温时，要注意以下两点：

第一，由于退热主要是通过皮肤蒸发水分实现的，因此要保证孩子少量多次饮水或液体。如果体内水分不足，退热效果会受限。

第二，注意不要用捂、盖等方式发汗，而应给孩子少穿衣服，使体内的热量散发出来。

当体温超过 38.5℃时，可以考虑使用退热药物帮助孩子降温。选择时应注意药物成分及剂型。通常，儿科医生会推荐含有对乙酰氨基酚或布洛芬成分的退热药；常见的药物剂型有滴剂和混悬液两种，其中滴剂的药物浓度要高于混悬液，浓度不同，服用的剂量也有差异。

使用药物时，家长要注意以下几点：

第一，退热药均有最小服药间隔要求和单日服用次数限制，如果孩子服一种药后仍持续高热，可考虑服用另一种退热药，服用时应遵医嘱，避免错服。

崔医生特别提醒：

建议不要使用冰敷的方式帮助孩子降温，因为血管接触冰袋后会收缩，皮肤温度看似下降，实际上热量却被困在体内无法散出，达不到理想的退热效果。酒精擦浴道理相同。另外，捂盖的办法更不推荐，因为退热的根本是加快散热，捂盖很容易捂出大汗引发脱水，甚至使热量积于体内诱发热性惊厥。

第二，如果孩子特别排斥某种剂型，可以选择他能接受的其他剂型，比如孩子对口服药物不接受，可以选择直肠内使用的栓剂。

第三，服用退热药后，还需保证孩子饮用足够的水、少穿衣服等，否则退热药效果会大打折扣。

第四，退热药只是针对退热。引起发热的原因有很多，要咨询医生，对症治疗。

崔医生特别提醒：

孩子高热时有可能因为大脑功能不稳定，而表现出异常的活动状态，引发热性惊厥。热性惊厥发生时引发呕吐并引起窒息的情况少有发生，家长不必过于紧张。但为安全起见，建议在孩子发生热性惊厥时使其身体保持侧位，以免发生噎呛、窒息等意外。

咳嗽

同发热一样，咳嗽也是人体的一种自我保护机制。当人体呼吸道受到病菌、过敏原、异物等刺激时，为了应对刺激，就会出现咳嗽的症状。也就是说，咳嗽本身并不是疾病，而是人体受到刺激后的正常反应。孩子的呼吸道最容易受到感染和刺激，因此更加容易出现咳嗽的症状。

如何初步判断

不同原因引起的咳嗽会有不同的表现，总体上来说，孩子咳嗽主要因为感染或过敏。如果孩子经常在半夜或清晨咳嗽，很可能因为上呼吸道如咽喉、鼻腔等受到了刺激；如果总是白天咳嗽得厉害，夜间反而减轻，则基本与下呼吸道受到刺激有关。如果孩子进入某个环境就会咳嗽，往往与过敏有关，如尘螨、霉菌、花粉等。

何时需要就医

2个月以内的孩子出现咳嗽症状需立即就医。

超过2个月的孩子，如果咳嗽时伴有以下症状之一，家长应尽快带孩子去医院：

- 呼吸窘迫。
- 年龄较大的孩子多次诉说咽喉痛、头痛等，同时出现喘鸣、呕吐及皮肤青紫。
- 进食困难，睡眠质量严重下降。
- 突然咳嗽不止，并伴有发热。
- 孩子误吞异物，如食物或体积较小的玩具。

崔医生特别提醒：

很多家长担心孩子长时间咳嗽会转为肺炎，这种说法并不成立。咳嗽和肺炎不能简单地画等号。肺炎是一种疾病，而咳嗽只是这种疾病的症状之一。也就是说，肺炎可能会引起咳嗽，但咳嗽并不意味着就是肺炎导致的。

呼吸道任何部位的炎症都会出现发热、咳嗽的症状。只有医生检查后，才能确认发热、咳嗽是否是肺炎所致。因此，不要认为发热、咳嗽会导致肺炎而过度用药，特别是不要滥用抗生素。

怎样妥善护理

不管是病毒感染还是细菌感染引起的咳嗽，都是由于分泌物的刺激，因此缓解咳嗽最主要的是排出分泌物。

如果是鼻分泌物刺激引起的咳嗽，可以给孩子使用抑制鼻分泌物的药物。如果是下呼吸道受到刺激引起的咳嗽，则需将痰液排出来。针对这种情况，可以督促孩子多喝水，也可以用生理盐水做雾化。雾化操作简单，可在家中进行，对治疗咳嗽有很好的效果。而且，生理盐水与体液极为相似，具有抑菌杀菌的作用，也没有抗生素等药物引发的副作用。如果孩子不接受雾化治疗，家长可在浴室中制造热蒸汽，让蒸汽进入呼吸道，其原理和作用与雾化吸入相同。

崔医生特别提醒：

理论上来讲，孩子咳嗽时无须使用止咳药。这是因为单纯止咳不仅不能解决问题，反而会使异物或分泌物长时间存留在体内，无益于健康。因此，只有找到引起咳嗽的原因，对症治疗，才能从根本上解决问题。

稀释分泌物后，家长可以帮孩子拍背咳出痰液。拍背的正确方法是：家长持空掌，保持胳膊不动，同时手腕用力，轻扣孩子的后背，以震动气管。这样能够刺激孩子咳嗽，将痰液排出。需要提醒的是，不要使用平掌拍背，使用平掌，效果往往不理想。空掌拍背虽然声音很大，但并不会给孩子造成痛苦，家长不用担心。

崔医生特别提醒：

如果稀释分泌物后，孩子并没有排出痰液，很可能是他将分泌物咽了下去。只要分泌物排出气道，就可以有效缓解咳嗽，因此没必要一定要孩子咳出来。

如果是因过敏引起的咳嗽，家长要排查过敏原，在日常生活中尽量让孩子远离过敏原。若无法确认孩子对何种物质过敏，可参考下面的表格记录法查找，并请医生确诊，并避免接触过敏原。

时间段	食物种类	生活环境	是否出现咳喘
8:00-10:00	大米、菠菜	地毯、布艺沙发	无
10:00-12:00	胡萝卜、香蕉	木制家具、挂毯	无
12:00-14:00	大米、鸡蛋、牛肉	地毯、布艺沙发	有
……	……	……	……

▲ 图 3-2-2 表格记录法查找过敏原示例图

流鼻涕、鼻塞

很多原因都会导致孩子流鼻涕、鼻塞，如感冒、过敏等。如果仅仅是流鼻涕、鼻塞，没有咳嗽、发热等症状，通常无须用药，一周左右就可以自愈。不过，如果孩子已经因为流鼻涕、鼻塞出现呼吸不畅，家长应引起重视。

如何初步判断

当孩子流鼻涕、鼻塞时，家长要根据实际情况具体分析，弄清楚是鼻内分泌物堵塞、鼻黏膜水肿、鼻窦炎还是过敏导致的。

如果是鼻分泌物堵塞，用手电照孩子的鼻腔，可以看到鼻腔内充满分泌物。如果是鼻黏膜水肿，用手电照鼻腔，可以清楚地看到肿胀的鼻黏膜。鼻黏膜水肿在感冒时较为常见，除了流鼻涕，还伴有打喷嚏等感冒症状。如果是鼻窦炎，鼻涕呈黄色且黏稠，按压眼眶和颧骨时有明显的疼痛感。如果是过敏，往往来势很急，接触过敏原后，几分钟到两小时就会出现流鼻涕、打喷嚏的症状，严重者甚至会出现喘憋。

何时需要就医

新生儿出现鼻塞症状，要立即就医。这是因为新生儿鼻腔小，容易被分泌物堵塞，孩子吃奶时无法用嘴呼吸，就会甩开乳头哭闹，不肯继续吮吸，久而久之可能会影响孩子的正常发育。

对于年龄较大的孩子，如果出现以下任何一种情况，建议带孩子就医：

- 反复流鼻涕、鼻塞，且持续时间长。
- 伴有咳嗽、发热。
- 年龄较大的孩子主诉头痛。
- 睡觉时打鼾。

怎样妥善护理

针对引起孩子流鼻涕、鼻塞的不同原因，需要采取不同的方式进行处理。

如果是由鼻分泌物堵塞导致的鼻塞，可以给孩子清理鼻腔，要尽量清理干净，但应避免损伤孩子的鼻黏膜。具体清理方法是：对于黏稠的分泌物，可以使用浸满油的棉签涂抹鼻黏膜，同时刺激打喷嚏，排出分泌物。若分泌物非常干，可先滴入少许海盐水，待分泌物软化后，再用上述方法清理，也可以用吸鼻器或小镊子清理。

如果是鼻黏膜水肿引起的鼻塞，单纯使用吸鼻器、棉签等清理鼻腔，很可能会加重水肿，不利于缓解鼻塞。如果肿胀严重，家长应带孩子就医，由医生开一些喷剂缓解鼻塞；如果仅仅是轻微肿胀，可以让孩子吸入少量水，如使用雾化吸入或用温湿毛巾敷鼻，帮助分泌物排出。

> **崔医生特别提醒：**
>
> 不要过分清理孩子的鼻腔。鼻黏膜由具有分泌功能的细胞组成，过度刺激鼻黏膜，分泌物会更多。而鼻分泌物不仅可以黏附灰尘、细菌，防止孩子吸入过多颗粒物，其中含有的酶具有破坏病菌的功能，是预防感染的一道防线。

如果是鼻窦炎引起的流鼻涕、鼻塞，则需要就医检查，按照医嘱口服或注射抗生素，同时在鼻腔内使用黏膜收缩药进行治疗。注意，鼻窦炎一定要及时治疗，如果延误可能需要手术治疗。

如果是过敏所致的打喷嚏、流鼻涕，则应积极排查并回避过敏原。

呕吐

引起呕吐主要有生理和病理两种原因。生理原因通常是指生理性的胃食管反流，胃肠发育不健全的小孩子经常会出现这种情况。病理原因主要包括两方面：一是与胃部受到刺激有关，比如孩子进食某种不易消化、不耐受的食物，或者对某些食物过敏，很可能会引发呕吐；二是病毒感染引起的胃肠炎，导致孩子呕吐。

如何初步判断

家长要根据孩子的表现，初步判断是何种原因引起的呕吐。若孩子在进食某种食物后短时间内出现呕吐，家长首先要考虑是过敏、食物不耐受等胃部受到刺激引起的。而病毒性胃肠炎通常表现为：前期有轻微的感冒症状，比如咳嗽、流鼻涕，然后开始呕吐，进而出现腹泻，严重时还伴有发热。

崔医生特别提醒：

引起病毒性胃肠炎的病毒，常见的有诺如病毒、腺病毒和轮状病毒，从轻到重依次为诺如病毒、腺病毒、轮状病毒。其中，由轮状病毒引起的病毒性胃肠炎就是常说的秋季腹泻。秋季腹泻发病很急，一旦护理不当，短时间内就可能出现脱水。

何时需要就医

不管是何种原因引起的呕吐，只要出现下面任何一种情况，家长就要及时带孩子就医：

- 频繁呕吐。
- 呕吐时伴有发热、腹泻等症状。
- 出现脱水症状。

怎样妥善护理

家长要根据引起孩子呕吐的不同原因，进行针对性的护理，才能有效缓解症状。

如果孩子是因胃部刺激引起的呕吐，家长要积极查找过敏原，或者规避某些不耐受食物，避免继续刺激孩子的肠胃。

如果是因病毒性胃肠炎引起的呕吐，家长要坚持“少刺激、多观察”的护理原则。简单来讲，孩子呕吐后 2 ~ 3 小时内不要进食、喝水，以使胃得到充分的休息，进食、喝水会让孩子更加不适，加重呕吐；若禁食禁水后呕吐有所缓解，可以给孩子少量喂服补液盐；若孩子长时间拒绝进食，家长应带孩子就医，由医生判断是否需要采取输液的方式补充水分和营养。

如果病毒性胃肠炎引起的呕吐比较严重，医生会根据孩子的情况，使用开塞露刺激排便，以排出病毒，缓解呕吐。

腹泻

腹泻在任何季节都可能发生，表现为大便稀薄、排便频率明显增加，是一种常见的症状。当孩子腹泻时，往往伴有食欲及睡眠质量下降、精神萎靡、哭闹等情况。引起腹泻的原因很多，最常见的与喂养相关。一旦孩子对食物某方面的变化不适应，就可能出现腹泻。比如，孩子平时吃温热的食物，突然吃凉的可能就会腹泻；平时吃得比较精细，突然吃粗粮也可能会腹泻。

肠道感染导致孩子腹泻，以病毒感染更多见，如轮状病毒、诺如病毒和腺病毒等，其中以轮状病毒感染居多。轮状病毒是一种呼吸道病毒，症状却表现在胃肠道上。孩子感染轮状病毒后，最初会有明显的感冒症状，紧跟着是呕吐、腹泻，并伴有发热。轮状病毒通过呼吸

崔医生特别提醒：

腹泻是身体对肠道内的病毒、细菌或不耐受的食物排出的过程，是肠道自我保护的表现。所以孩子腹泻时，家长不要紧张。腹泻和咳嗽一样，只是一种症状，而不是疾病，是肠道受损后正常的消化道反应。

道和消化道共同传染，影响范围极广，5 岁以内的孩子很容易被传染，大部分呈显性，少数只是病毒携带者，没有表现出症状。

细菌感染也会导致孩子腹泻，但是因其通常是粪口传染，而现在家庭普遍注意卫生，所以这种情况已经很少发生，细菌感染不再是引发孩子腹泻的主要原因。

如何初步判断

腹泻有两个特点，一是大便性状的改变，二是大便频率的增加。性状改变是指与原来性状相比有所改变，比如正常情况下，孩子大便性状是成形的软便，某一天变成了稀水便；频率增加是指排便次数明显变多，比如孩子通常每天排便 1 次，某一天排便次数增加至 3 ~ 5 次，甚至更多。如果同时具备以上两个特点，就可初步判断孩子出现了腹泻。

孩子腹泻时，家长应留取便样送医化验。腹泻时大便较稀，不易留取便样，可以取一块保鲜膜，长 10 厘米、宽 5 厘米，把它盖在孩子的肛门上。等孩子下次排便时，保鲜膜上就会留有大便。清理时，取下沾有大便的保鲜膜，放进干净的塑料盒，或包在一块更大的保鲜膜中，并及时送检。关于送检时间，有些医院要求在排便后 2 小时内送达，有些医院则要求 1 小时内，因此家长应及时将大便样本送到医院。

崔医生特别提醒：

为了区分纸尿裤上的液体是大便中的液体还是尿液，家长可以在孩子阴部盖一块稍小的纱布，并在上面覆一块较大的保鲜膜，然后穿上纸尿裤。如果孩子排稀水便，因保鲜膜的隔绝作用，只有纱布外周会被浸湿；如果是小便，则纱布中间会比较潮湿。

何时需要就医

当孩子出现以下任何一种情况时，家长应及时带孩子去医院，以免延误病情：

- 伴有发热、呕吐等，疑似感染性腹泻。
- 大便带血或有黏液。

▶ 腹泻严重，且有可能出现脱水。

家长可以通过以下两种方法确认孩子是否脱水：

▶ 观察孩子 4 个小时之内是否排尿，若没有，很可能会出现脱水。

▶ 观察孩子是否口干。如果孩子的舌头上出现毛刺，口干舌燥，很可能就是脱水。

怎样妥善护理

总体来讲，当孩子腹泻时，家长要注意两点：一是预防脱水，二是预防继发乳糖不耐受性腹泻。当孩子腹泻严重或者长时间腹泻，很容易导致脱水。为了避免这种情况，在孩子腹泻初期就要注意补水。补水不是单纯地给孩子喝水，而是少量多次给孩子喝含有糖、盐的水。6 个月以内的孩子，可以使用口服补液盐；6 个月以上且已添加辅食的孩子，还可以喝苹果汁（将纯苹果汁稀释）补水。

不管何种原因引起的腹泻，都会造成小肠黏膜损伤，导致小肠黏膜分泌的内源性乳糖酶减少，影响正常的乳糖消化及吸收，进一步刺激小肠黏膜，出现继发乳糖不耐受性腹泻，延长病程。所以，孩子腹泻时，应在其饮食中添加乳糖酶，以免出现乳糖不耐受性腹泻。

需要注意的是，乳糖酶应在每次进食前至少 15 分钟服用，切勿与饭、奶混合同食；另外，购买时，一定要买不含牛奶成分的乳糖酶，以免引起孩子牛奶蛋白过敏或乳糖不耐受。

当孩子腹泻好转时，体内乳糖酶也正在恢复，所以添加的乳糖酶应逐渐减量，而不是缩减服用次数。比如从每次一整袋减至 3/4 袋，若孩子病情没有反复，再减至半袋。此外，孩子腹泻时，胃肠道的正常菌群会有所流失，因此腹泻好转后，可以给孩子服用至少 1 ~ 2 周的益生菌，作为辅助治疗。

崔医生特别提醒：

孩子腹泻时，不要立即止泻。盲目止泻虽然能够抑制腹泻，却会使病毒和毒素滞留在肠道内再次被吸收，给孩子造成更严重的伤害。另外，快速止泻还会因为药物突然抑制了孩子肠道的快速蠕动，有引起肠套叠的风险。

便血

孩子大便中带血，有时与大便混合，有时覆盖在大便表面，有时与大便分离。因便血原因不同，粪便颜色也不同，可呈鲜红、暗红、紫红，甚至黑色。便血只是一个症状，并非一种疾病。食物过敏和肛裂是导致孩子便血的主要原因。食物过敏尤其是牛奶蛋白过敏，会损伤孩子肠道，表现为便血。肛裂是因为孩子的肛门括约肌还未发育成熟，较为僵硬，排便时用力过大，就可能会撑出裂口；另外，孩子肠道中的气比较多，排气时也会撑出裂口，导致大便带血。

如何初步判断

当家长发现孩子便中有血时，可以通过以下三步进行初步判断：

1. 观察血与便是否混合，初步判断出血位置。如果血液混合在大便中，表示出血来自肠道，很可能与过敏有关；如果血液与大便是分离的，则可能是因为肛裂。

2. 观察血便颜色，进一步判定出血位置。消化道出血，大便一般呈暗红色、暗紫红色，甚至黑色。极少数情况下，比如胃或小肠大量出血时，血便呈红褐色，或血性的类似番茄酱的颜色。肛裂出血，大便一般都是鲜红色。

3. 检查孩子肛门，确认是否出现肛裂。检查时，用手电筒照孩子的肛门，如果有肛裂，可以发现肛门内有一个或多个非常小的锥形的皮肤裂口。有时，撕裂部位会轻微发红，裂口处还可能会见到血迹。

何时需要就医

如果通过前两步自查判断孩子肠道出血，要及时带孩子就医；如果检查孩子肛门后没有找到出血位置，或者已经持续出血数滴，也应立即寻求医生的帮助。

怎样妥善处理

经过诊断，如果是因食物过敏导致的便血，家长应在日常饮食中回避引起孩子过敏的食物。如果是因肛裂所致，家长要分析肛裂的原因，对症治疗。经常肠胀气的孩子，肛裂很可能与排气有关，治疗肛裂时，要同时治疗胀气，可以遵医嘱给孩子服用帮助排气的药物，促进肠道蠕动，缓解胀气；大便少且排便困难的孩子，很可能是便秘引起的，治疗肛裂时，要注意治疗便秘。

对于肛门撕裂的伤口，可以用黄连素水热敷，不要用药物涂抹，因为肛裂伤口纵深较大，热敷能够使伤口吸收药物，效果更加明显；涂抹只能作用于伤口表面，内部可能因无法吸收药物而无法恢复，甚至引起严重的脓肿。

热敷步骤：

1. 准备一片黄连素片，200 ~ 300 毫升温水（约一纸杯）。

2. 用温水将黄连素片化开。

3. 用软布蘸黄连素水热敷肛裂伤口。

4. 一天热敷一次，一次 15 分钟。

注意，温水不宜过多，以免黄连素水过分稀释，影响治疗效果。另外，无论什么原因引起的肛裂，都可以在孩子肛门处涂抹凡士林膏，润滑肛门周围的皮肤，帮助孩子排便。

需要提醒的是，不要用湿纸巾擦裂口处，这不仅不能起到消炎的作用，反而更容易刺激伤口。另外，肛裂如果护理不及时，可能会刺激肛门出现组织增生，长出痔疮。所以家长一旦发现孩子肛裂，一定要早诊断、早治疗。

变色牙

正常情况下，人的牙齿是珍珠白色的。但是，很多孩子的牙齿颜色发生了变化，发黄、发黑或呈灰棕色。导致牙齿变色的原因很多，比如刷牙不彻底、龋齿、牙齿受到外力撞击、使用抗生素、氟中毒或遗传等。

如何初步判断

如果孩子牙齿发黄，可能与进食太多甜食、牙齿清洁不彻底或龋齿有关。牙齿表面形成一层厚厚的牙菌斑，导致牙齿变黄，尤其是牙龈底部出现明显变色。

如果孩子牙齿呈灰棕色，往往是因为牙齿受到外力撞击或磕碰，损伤了牙齿局部神经，导致血液淤积。

如果孩子牙齿上可以看到白色的亮点，这与牙齿接触过量的氟有很大关系。氟能够保护牙齿，过量使用却会给牙齿造成损伤。如果氟中毒还会导致牙釉质受损，进而牙齿发黑，质地粗糙或出现凹痕等。

何时需要就医

一旦发现孩子的牙齿颜色发生变化，即应尽快带孩子看牙医，越早干预，越有利于牙齿发育。

怎样妥善处理

如果仅仅是牙菌斑附着，可以通过专业洗牙去除；如果已经出现龋齿，医生会根据龋齿程度修补；如果因牙齿受伤导致牙齿变色，医生会修补受损的牙神经；如果因接触过量氟而导致牙齿变色，通常需要通过牙齿整形修复。

预防牙齿变色，家长应从小培养孩子养成刷牙的习惯。孩子未出牙时，家长可把手洗干净，用手指给孩子轻轻按摩牙龈。萌出第一颗乳牙后，家长可以用硅胶指套牙刷帮孩子清洁牙齿。之后随着孩子长大，再循序渐进地引导孩子养成自觉刷牙的习惯。

需要注意的是，即使孩子已经掌握刷牙的动作要领，但由于控制能力有待提高，无法做到彻底清洁牙齿，因此家长应在孩子自己刷牙后，再帮他做一次清洁，这种做法最好一直持

崔医生特别提醒：

关于孩子是不是应使用含氟牙膏，美国牙科协会（ADA）建议，只要孩子有牙，就应使用含氟的牙膏刷牙，不过要注意控制用量。一般3岁以下的孩子，牙膏的建议用量为一粒米大小；3～6岁的孩子，用量为一粒豌豆大小。这样的量相对安全，即使孩子把牙膏吞下去，也不至于氟过量。

续到孩子 5 岁左右。

喉咙痛

喉咙痛是婴幼儿十分常见的一种症状，主要有感染性和非感染性两种原因。感染性原因包括病毒感染和细菌感染，其中以病毒感染更为常见，经常发生于换季时期。孩子感染病毒后，会出现喉咙痛，同时伴随其他一些症状。比如，柯萨奇病毒或肠道病毒感染，除了表现为喉咙痛，手、足、口腔等部位还会出现水泡，并伴有发热；腺病毒感染也会导致喉咙痛，伴有眼睛充血或分泌物增多。

与病毒感染相比，因细菌感染引起的喉咙痛较为少见。A 组溶血性链球菌是比较常见的致病菌，当孩子感染这种致病菌时，一般表现为喉咙痛、颈部淋巴结肿大、发热、腹痛、恶心、呕吐、头痛或皮疹等，其中皮疹呈鲜红色，用手指触摸有粗糙感。如果孩子同时出现喉咙痛和皮疹，应警惕猩红热这种急性呼吸道传染性疾病。

非感染性原因主要是指孩子吞食异物或滚烫的食物而造成喉咙痛。另外，空气干燥也会导致孩子喉咙痛，但一般使用空气加湿器后就会有所缓解。

如何初步判断

年龄较大的孩子能够向家长说出喉咙痛；而年龄较小的孩子，则会通过哭闹，甚至拒食拒水等间接表达。

何时需要就医

当孩子出现以下情况之一时，家长应带孩子去医院：

- 年龄较大的孩子主诉喉咙疼痛，且痛感强烈。
- 因严重喉咙痛而拒食拒水。
- 喉咙痛持续几天后仍然没有缓解。
- 喉咙痛，并伴有呕吐、发热、颈部淋巴结肿大、皮疹等症状。

▶ 误吞异物导致喉咙痛。

怎样妥善处理

通常情况下，医生需要针对引起喉咙痛的原因对症治疗。如果是病毒感染所致，一般无须使用抗生素，一段时间内可以自愈。家长可以给孩子吃流食，尤其是比较凉的食物，以缓解喉咙不适。如果是细菌感染，可以使用抗生素治疗。使用抗生素时，一定要遵医嘱，切勿擅自减药或停药，以免影响孩子恢复。如果是误吞异物，家长应带孩子去医院，请医生予以处理，千万不要擅自动手，以免给孩子造成更严重的伤害。

常见疾病

● 感冒

感冒有多种症状，包括流鼻涕、打喷嚏、咳嗽、发热等，主要是由病毒导致的上呼吸道感染。通常来讲，感冒包括两种：普通感冒和流行性感冒。大多数感冒会在 3 ~ 5 天内急性发作，整个病程持续 5 ~ 7 天。

如何初步判断

普通感冒通常是鼻咽部出现炎症，主要表现为流鼻涕、鼻塞、打喷嚏、咳嗽、咽痒或咽痛等，有时还伴有发热。

流行性感冒是由流感病毒引起的呼吸道传染性疾病，高发于秋冬季节。相较于普通感冒，流行性感冒更加严重，且持续时间更长，主要表现为发热、咽喉痛、肌肉痛、疲劳、咳嗽、头痛、流鼻涕和鼻塞等，甚至会引发肺炎。

崔医生特别提醒：

流行性感冒具有很强的传染性，通过飞沫传播。因其对身体损害较大，家长可提前带孩子接种流感疫苗。流感疫苗全称季节性流感疫苗，接种时间为每年 10 月到次年 3 ~ 4 月份，6 个月以上的孩子均建议接种，且每年均需接种。

如果在流感高发期出现感冒症状，家长可以根据发病初期的症状进行初步判断：普通感冒发病初期常常表现为轻微的喉咙痛、流鼻涕；流行性感冒发病初期会出现较为严重的发热和头痛，有时还伴有鼻塞、腹泻等呼吸道和消化道不良反应。

何时需要就医

大多数情况下，感冒无须使用药物，孩子的免疫系统会对抗引起感冒的病毒或细菌，使感冒自行痊愈。但是当孩子出现以下几种情况之一，家长要及时带孩子去医院：

- 反复高热，使用退热药后效果不明显。
- 年龄较大的孩子主诉耳朵痛，怀疑可能继发耳部感染。
- 鼻塞、流黄绿色鼻涕，同时主诉头痛、眼痛。
- 咳嗽时有明显痰音，并伴有喉痛、胸痛。
- 腹泻，并出现疑似脱水症状。
- 咳嗽剧烈、呼吸急促、喘鸣音明显，有时伴有呕吐。

崔医生特别提醒：

为预防孩子感冒，家长要做到以下几点：雾霾天要使用空气净化器，并定时开窗通风，保持空气流通，避免病菌滋生、繁殖；增加孩子户外活动时间，但要避免去人群密集、通风较差的室内场所；家长每天离开工作场所后，保证一定的户外活动时间，以稀释呼吸道中的病菌，回家后要先洗手、换衣服；合理为孩子增减衣服；鼓励孩子多喝水，促进体液循环，帮助排出毒素。

怎样妥善治疗

感冒需要根据相关症状，比如咳嗽、流鼻涕、鼻塞、发热、呕吐、便秘、脱水等，有针对性地进行治疗。

哮喘

哮喘又称支气管哮喘，主要与过敏，特别是吸入物过敏有关，属于慢性炎症。常见的症状为反复发作的喘息、咳嗽、气促、胸闷。有遗传倾向或过敏家族史的孩子，患哮喘的概率会更高，但没有遗传倾向或过敏家族史，也不能保证孩子就不患哮喘。

如何初步判断

哮喘的表现为：通常在晚上、早晨、运动时咳嗽。发作时可以听到吹哨子似的喘息声音，呼吸比较困难，气息急促，严重的患者听不到哨子声，但伴有口唇青紫，锁骨、肋骨凹陷，以及好像有什么东西压在胸口上似的胸闷感。

何时需要就医

如果孩子出现下面任何一种情况，应及时带他就医：

- 咳嗽时，有明显的喘息，或呼吸急促，甚至呼吸困难。
- 突发剧烈咳嗽，并且呼吸困难。
- 咳嗽时痰中带血，或者有黄色、绿色的黏液。
- 咳嗽严重，且影响正常的进食和睡眠。
- 咳嗽伴有发热，且精神状态差。
- 咳嗽剧烈，出现呕吐。
- 咳嗽超过 2 周，且没有好转的迹象。
- 若孩子不满 2 个月，出现较为频繁的咳嗽，也应立即就医。

如果孩子只是咳嗽、打喷嚏、流鼻涕，精神状态良好，一般无须就医，但要保证每日补充足够的液体；如果听到明显的痰音，要帮助孩子排痰。

怎样妥善处理

过敏是诱发哮喘的主要原因，一旦孩子哮喘发作，家长首先应查找疑似过敏原，用以给医生提供诊断信息。推荐使用表格记录法，具体操作方法详见第 507 页。孩子病情稳定后，家长可以帮助其做吸气训练。练习吸气可以增强肺功能，在急性哮喘发作时能够起到一定的积极作用。

吸气训练可以通过小游戏来进行：准备一根吸管、若干个乒乓球、两个容积较大的容器。在其中一个容器中放入乒乓球，让孩子在规定时间内，用吸管将这个容器中的乒乓球吸起，移入另一个容器。可以根据孩子的肺活量改变乒乓球的个数，调整两个容器之间的距离。这个游戏既有趣，又锻炼了孩子的吸气能力。

运动可诱发哮喘，但并非所有哮喘都由运动诱发，因此即便孩子患有哮喘，也不应禁止所有运动。相反，哮喘患者的肺功能比较弱，更应该选择适宜的运动方式，慢慢增加运动量，锻炼肺功能，避免运动性哮喘。

如果哮喘没能及早治疗，肺功能就会受到严重的损伤。而且，虽然过敏会随着生长发育、身体耐受能力提高而减轻甚至消失，但不能保证哮喘也会自然痊愈，因此不能忽视。另外，哮喘是慢性炎症，治疗是场持久战。家长应听从医生的建议，积极配合完成系统治疗。

崔医生特别提醒：

诱发运动性哮喘的不仅仅是运动本身，还可能与运动场所有关。如果孩子对粉尘过敏，就不适合户外跑步；如果对某些霉菌过敏，就不适合雨后去爬山或踏青等。

热性惊厥

惊厥是小儿常见急症，尤其以婴幼儿更加常见。据统计，6 岁以下的孩子发生惊厥的概率为 4% ~ 6%，比成人发生的概率高出 10 ~ 15 倍，而且，孩子年龄越小，惊厥发生的可能性越高。总体来说，出生后 6 个月至 6 岁的孩子发生惊厥，最主要的原因是高热或体温升高过快，这类惊厥称为热性惊厥。

如何初步判断

惊厥通常表现为四肢抽搐，并伴有眼球上翻、凝视或斜视，意识模糊；有时还会出现呕吐、面色青紫、呼吸困难，甚至窒息。大多数惊厥在 2 分钟内结束，极少数持续 5 分钟左右。惊厥一旦停止，孩子就能恢复正常呼吸，但可能会陷入嗜睡状态。

何时需要就医

一旦孩子出现惊厥，家长应立即拨打120或999急救电话。如果孩子有惊厥史，家长对孩子的身体状况及发作原因比较有把握，就无须过于担心，保证孩子在安全的地方平躺，不要限制孩子的肌肉活动，等待惊厥结束。如果惊厥频繁发作或持续发作，都是非常危急的情况，有可能危及生命或留下严重的后遗症，影响智力发育和健康，要立即送医。

怎样妥善处理

惊厥一般不会持续太长时间，很多时候还没把孩子送到医院，惊厥就已经结束，因此家长必须掌握惊厥发生时的应对方法。

一旦孩子发生惊厥，家长可以按照下面的步骤紧急处理：

1. 检查孩子周围的环境，把孩子放在安全的平面上，比如地板上。清除可能会给孩子造成伤害的物品，便于实施急救。

2. 检查孩子的口腔，清除口腔内的所有物品，比如安抚奶嘴、奶瓶、食物等。

3. 解开孩子的上衣，使其头部转向一侧，以防孩子被呕吐物噎呛。

4. 适当保护孩子的身体，以防磕碰或擦伤。

5. 拨打急救电话，请求医生帮助。

如果短时间内孩子恢复平静，但是出现发热，应予以降温处理。如果孩子呼吸暂停，应紧急实施心肺复苏救治。关于心肺复苏的方法，详见第565页。

如果孩子曾经发生过惊厥，家长要给予更多关注，一旦孩子出现发热症状，要及时降温，以免体温过高引起热性惊厥。

● 水痘

水痘多发于冬春两季，是常见的呼吸道传染性疾病，由水痘－带状疱疹病毒引起。水痘具有很强的传染性，传播途径有呼吸道传染和接触传染两种。呼吸道传染是指病毒通过飞沫经呼吸道传播；接触传染则是接触了被水痘病毒污染的餐具、玩具、被褥及毛巾等物品而感染。

通常孩子感染水痘后不会立即发病，而是有 14 ~ 21 天的潜伏期，病程大概会持续 7 天。水痘痊愈后，身体上的结痂基本不会留下疤痕，并且患者会终身免疫，不会再患水痘。

崔医生特别提醒：

虽然感染过水痘病毒的孩子，不会再遭受这种疾病的侵害，但可能会有少量病毒潜伏，给日后埋下健康隐患。当人体抵抗力强时，它们会潜伏在神经节内；一旦人体抵抗力下降，病毒就会沿着神经节向外周扩散，形成带状疱疹，给患者带来剧烈的疼痛感。

如何初步判断

水痘发病初期，常常表现为咳嗽、发热、轻微食欲不振，然后会有三期疹子（三期指疹子从出现到消失，会经过红点、水疱、结痂三个阶段）同时出现，即孩子身上会同时出现红点、水疱和结痂，而且数量众多。

何时需要就医

当孩子出疹子时，伴有以下情况之一，家长应带孩子就医：

- 出现发热症状，使用物理退热及退热药后没有明显效果。
- 疹子红肿、有脓，且痛感强烈。
- 因口腔和咽部疼痛而拒食、拒水。
- 经常咳嗽，且呼吸困难。
- 孩子暴躁易怒、嗜睡或走路摇晃。

崔医生特别提醒：

预防水痘最好的办法是接种疫苗。水痘疫苗是减毒活疫苗，不仅能够保护孩子免受水痘的困扰，还能在孩子成年后让他远离带状疱疹。

水痘疫苗一般在孩子 18 个月时接种第一剂，4 岁时加强一剂。如果 4 岁后才接种第一剂，这一针和加强针之间需要隔一个月。

怎样妥善处理

孩子感染水痘后，可常用温水给他洗澡，清除细菌，降低感染的可能。注意给孩子的日常用品进行消毒，用滚开水将物品烫过、晾干，切勿使用消毒剂。如果孩子感觉非常痒，可以适当使用止痒药物，避免孩子因抓挠导致水疱破溃，引发感染。

● 荨麻疹

荨麻疹是人体皮下组胺快速释放引起的红肿反应。具体来说，人体内的肥大细胞会产生组胺，只要肥大细胞不破溃，组胺就不会对人体造成危害；而一旦肥大细胞破溃，组胺就会释放到组织中引起局部红肿，导致荨麻疹发作。肥大细胞之所以破溃，是因为过敏原刺激人体产生免疫球蛋白 E（IgE），它会破坏肥大细胞。也就是说，荨麻疹的发作是一个过敏的过程。绝大多数的荨麻疹症状比较轻，急性发作后短时间内即可消退，往往不需要就医治疗。但是严重的荨麻疹有可能给孩子带来危险，因此应提高警惕。

如何初步判断

荨麻疹发作后会出现皮肤瘙痒，随即皮肤表面鼓包，进而连片成为风团，再严重的甚至会发展为全身水肿。小儿荨麻疹可发生在身体的任何部位，当牵连到消化道时，可能会出现恶心、呕吐、腹泻，还可引起水肿、胸闷、窒息、气喘等症状。

何时需要就医

当孩子出现以下症状之一时，需及时带孩子就医：

- ▶ 荨麻疹反复发作。
- ▶ 发作持续 2 周以上。
- ▶ 伴有发热、呕吐、腹泻等症状。
- ▶ 手足甚至全身红肿。
- ▶ 呼吸困难、拒食拒水、脸色苍白、头晕目眩。

怎样妥善处理

一般来说，治疗荨麻疹有两种方法：一是使用抗组胺药物，中和释放到组织中的组胺；二是使用激素，稳定肥大细胞膜，修复破溃口。

如果孩子出现严重的荨麻疹，就医前家长要先做以下两件事：第一，用手机拍下症状照片；第二，给孩子服用抗组胺药物帮助缓解病情。如果孩子到医院后疹子已经消退，提前拍下的照片可以给医生提供相关信息，了解荨麻疹发作前后的变化，方便进行相应的治疗和用药。

崔医生特别提醒：

虽然荨麻疹是急性发作，大多数情况下短时间内会自行消退，但不能掉以轻心。家长应坚持做记录，记下导致孩子过敏的过敏原，预防过敏引发荨麻疹。注意，过敏原不仅仅局限于食物，空气、水源、日常接触物都可能导致人体出现过敏反应。

● 麻疹、风疹、猩红热

麻疹、风疹、猩红热都是急性呼吸道传染性疾病，传染性极强，都通过飞沫传播，一年四季都可能发生，但高发于冬春两季。

麻疹和风疹都是病毒感染，通常有 1 ~ 2 周的潜伏期，之后开始发热，并在高热期间全身出疹，大概 1 周后症状会逐渐消失。需要说明的是，麻疹病毒合并肺炎、脑炎的可能性更高；风疹的症状比较轻微，很可能会被忽略。现在绝大多数孩子都会接种麻风二联疫苗或麻风腮三联疫苗，所以麻疹和风疹已经很少见。

猩红热是一种比较少见的细菌感染性疾病，是由 A 组溶血性链球菌引起的。感染猩红热的孩子会在发热的同时出疹，严重者可能会合并脑炎或肺炎。

如何初步判断

因为出疹时间及皮疹的表现不同，家长可以通过观察孩子的出疹情况进行初步判断。

如果感染麻疹病毒，通常会在发热 3 ~ 4 天后出疹，皮疹会先在耳后、颈部出现，24 小时内会沿着面部、躯干、上肢向下蔓延，进而遍布全身。皮疹最初呈亮红色，分布稀疏且不规则，随着病程的进展，严重者皮疹会互相融合，造成皮肤水肿。

如果感染风疹病毒，会在发热 1 ~ 2 天后出疹，皮疹首先出现于面部，2 ~ 3 天后蔓延至身体其他部位。风疹皮疹是淡红色斑丘疹，分布均匀且稀疏，明显高于皮肤表面。

猩红热主要表现为发热的同时出现皮疹。皮疹最先出现在颈部、腋窝、腹股沟等部位，同麻疹一样，24 小时内会遍布全身。猩红热是密密麻麻的鲜红色充血皮疹，用手触摸有摸砂纸的感觉。另外，有的孩子还伴有眼睛红、杨梅舌或草莓舌等症状。

何时需要就医

当孩子出现以下几种情况之一时，应及时带孩子去医院：

- 发热并伴有出疹。
- 年龄较大的孩子主诉喉咙痛，尤其是伴有发热、出疹等症状时。
- 孩子看起来非常不适或状态与平时明显不同。

怎样妥善处理

孩子感染麻疹或风疹病毒后，通常无须使用抗生素，家长需做好隔离，并根据孩子的症状针对性地护理，比如降温、补水、休息等。需要提醒的是，为了避免感染麻疹或风疹，要按时给孩子接种疫苗，具体接种时间及注意事项，可咨询当地疫苗接种机构，由医生制定接种方案。

当孩子感染猩红热后，医生通常会给孩子使用抗生素治疗。一般来说，只要积极配合医生，孩子很快就会恢复健康，家长不要太紧张。

麦粒肿

麦粒肿又叫睑腺炎，主要是因为汗腺或眼睑缘毛囊周围的细胞发生细菌感染引起的，以丘疹的形式出现，一般会很疼痛，但一般不影响视力，也不会导致眼球发炎或病变。如果细菌聚集在睫毛根部沿线的油脂腺内，可能同时患上睑缘炎，也可能先患上睑缘炎，再长出麦粒肿。

如何初步判断

如果在眼睑边缘出现丘疹，并感到疼痛、红肿，就可能是患上了麦粒肿。不过也有可能是睑板腺囊肿。睑板腺囊肿是一种不同于麦粒肿的眼部疾病，一开始症状看起来很像麦粒肿，不过丘疹会慢慢变成疼痛的肿块。

由于麦粒肿可能会与睑缘炎同时出现，所以在丘疹出现之前或出现之时，也有可能会感觉眼睑肿胀、有异物、眼睛痒、眨眼不适、泪液多或睫毛根部堆积黄色异物，这些都是睑缘炎的症状。

何时需要就医

如果家长不知如何处理，应尽快带孩子就医。

如果孩子眼部的丘疹已经露出了白头，但始终不破裂排液，需要就医让眼科医生处理，开抗生素眼膏或滴眼药配合治疗。

怎样妥善处理

一般来说，医生会建议家长先为孩子热敷眼睑，温度以孩子能接受为宜，每天 3 ~ 4 次，每次 20 ~ 40 分钟。热敷是为了促进丘疹成熟，排出其中的液体。热敷几天后，丘疹通常会长出黄色的头，待到成熟后会破裂，内部的液体就会流出。不要试图去挤眼睑上的丘疹，以免造成感染。

只要孩子患过一次麦粒肿，非常容易再次发作。反复发作需要就医，医生会擦洗孩子的眼睑，开放堵塞的腺体和眼睑的毛孔，减少细菌在眼睑处的繁殖，有效抑制麦粒肿频繁发作。

和麦粒肿不同，较小的睑板腺囊肿可能要花几个月的时间才能消失，热敷很有用处，局部外用抗生素却通常没有什么效果。

结膜炎

结膜是人体眼球表面的一层黏膜组织，具有保护眼球的作用。结膜感染后，孩子的眼睛就会红肿并出现分泌物。病毒、细菌和过敏都可能导致结膜炎。感染引起的结膜炎具有很强的传染性，发病时往往伴随其他疾病，比如耳部感染或感冒。

如何初步判断

结膜炎的症状大多表现为眼睛红肿、分泌物增多，家长需要根据细微的差别区分是何种原因引发的结膜炎，以对症治疗。病毒性结膜炎眼睛分泌物比较清亮，可能伴有流鼻涕和轻微的咳嗽。细菌性结膜炎眼睛分泌物呈黄绿色，且比较黏稠，还可能伴有浓稠的黄绿色鼻涕、严重的咳嗽或眼睑肿胀。过敏性结膜炎则表现为眼睛充血、连续地打喷嚏、咳嗽等。

何时需要就医

当孩子出现下列情况之一时，家长应带孩子去医院检查：

- 眼睛长期分泌黄绿色分泌物，并伴有发热、耳朵痛等症状。
- 眼睛红肿，或者眼睛周围的皮肤发红。
- 使用含抗生素的滴眼液后，眼睛分泌物没有明显减少。

崔医生特别提醒：

家长要纠正孩子用手揉眼睛的习惯，以有效预防结膜炎。结膜炎具有很强的传染性，而且大多是接触传染。如果孩子患了病毒性或细菌性结膜炎，用手揉眼睛后，再去触摸其他地方，如嘴巴、玩具、门把手等，感染就会扩散，引发其他部位感染，如耳部感染或呼吸道感染等。

怎样妥善处理

应根据引发结膜炎的不同原因对症治疗。

病毒性结膜炎不需使用抗生素，只要及时帮孩子清理眼睛分泌物，通常 5 ~ 7 天就能自愈。清理分泌物时，可以用湿棉布或湿棉球从内眼角向外眼角轻轻擦拭。如果分泌物比较黏稠，可以将湿棉布放在眼睛上敷几分钟再擦。

细菌性结膜炎，尤其是眼睛已经出现脓血分泌物，则需要使用含抗生素的滴眼液或药膏，或者口服抗生素进行治疗。为了达到最好的治疗效果，家长应正确使用滴眼液，使药液充分作用于眼睛患处。以左眼为例，使用滴眼液的步骤是：家长清洗双手，孩子保持仰卧姿势，头部稍微偏向左侧；用拇指或棉签轻轻扒开孩子的下眼睑，从内眼角滴入滴眼液，让药液顺着眼睛流下来，起到冲洗眼睛的作用。

如果是过敏性结膜炎，家长需要确定过敏原，让孩子远离；如果已经出现严重的结膜炎症状，可以通过局部使用或口服抗组胺药物等缓解。

中耳炎

耳朵由外耳、中耳和内耳三部分组成。可以看见的部分是外耳，包括耳郭和外耳道。外耳道直通鼓膜。鼓膜后面是中耳和内耳。中耳炎发生在中耳部位，冬季和早春是高发期。诱发中耳炎的常见因素有三个：上呼吸道感染、喂奶不当，以及外耳道分泌物蔓延。

上呼吸道感染最容易引发中耳炎，因为人的鼻咽和耳相通，由咽鼓管相连。和成人相比，幼儿的咽鼓管短且平直，加上幼儿躺的时间较多，所以呼吸道受到感染时，咽部的分泌物很容易通过咽鼓管倒流进中耳，引发中耳炎。喂奶不当也会引起中耳炎。如果婴幼儿以平躺姿势吃奶，奶液可顺着咽鼓管呛入中耳，引发中耳炎。外耳道分泌物蔓延是当外耳道黏膜或咽鼓管受到损伤时，耳朵里含有细菌的分泌物会蔓延入中耳，导致中耳发炎。

崔医生特别提醒：

洗澡时孩子耳朵进水一般不会引发中耳炎。外耳道是一个盲端系统，只要方法得当，洗澡水一般不会进到耳道深处。需要注意的是，洗澡后不要用棉签给孩子的耳朵蘸水，以免把水推进耳道深处。可以把松软的棉球放在孩子的耳道内，5分钟后取出来，就可以把水吸干。

如何初步判断

孩子患中耳炎后，常会出现发热、咳嗽、耳痛等症状。年龄较大的孩子能够向家长说明耳朵疼；而年龄较小的孩子因无法用语言描述症状，会用哭闹或者揪拽、摩擦、抓挠耳朵的方式表达耳朵疼，如果发现孩子有类似的异常行为，要及时排查，以免延误病情。

孩子出现上述症状或行为时，家长可以分别给孩子的双耳测量耳温，初步判断是不是患了中耳炎。如果两耳的温度有 0.5 ~ 1℃的温差，就要高度怀疑温度高的那只耳朵患有中耳炎。

何时需要就医

一旦发现孩子疑似患有中耳炎，应迅速带孩子到耳鼻喉科就诊，请医生检查。如果孩子除了发热、哭闹、揪耳朵之外，没有其他明显的症状，患中耳炎的可能比较大，要特别留意。

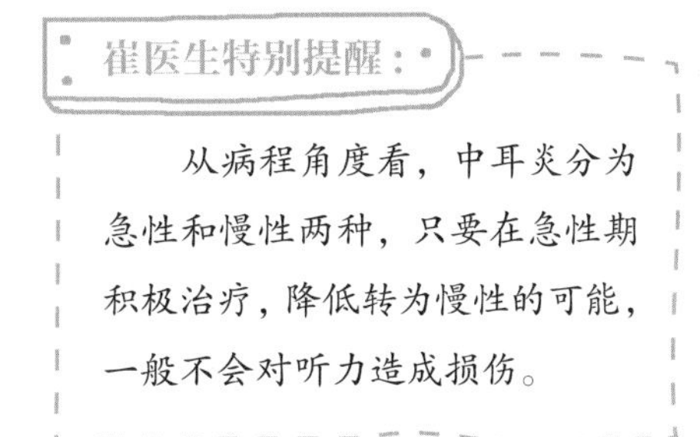

怎样妥善处理

治疗中耳炎，家长需要做到以下几点：

第一，找到原发病。绝大部分中耳炎是上呼吸道感染引起的。孩子在感染之前，往往会接触呼吸道感染患者，比如家长、兄弟姐妹或幼儿园的孩子等。家长要配合医生明确病因，治疗原发病。

第二，注意滴药的方法。滴药是从外耳滴药作用于中耳，家长要掌握正确的滴药方法，以缩短病程，尽快让孩子康复。正确的滴药方法是：让孩子侧躺，将其外耳道牵直，缓缓滴入药液。药液滴入后，让孩子保持侧躺至少 5 分钟，同时用手指反复轻压耳屏，帮助药液流入中耳，并均匀分布于中耳各处。

第三，间断服用退热药以缓解耳痛。中耳神经丰富，患中耳炎后痛感强烈。家长可以根据医嘱，间断地给孩子使用退热药，因为退热药不仅能够退热，还有镇痛的作用。

另外，家长应遵医嘱按时带孩子复诊。虽然一次中耳炎不至于影响听力，但如果没有按时复诊，一旦出现耳部积液、鼓膜穿孔等，很可能会影响听力。

● 鼻窦炎

鼻窦炎是一种常见的上呼吸道感染性疾病，是鼻黏膜和鼻窦发炎，大部分在感冒或过敏性鼻炎加重后出现。鼻窦炎会导致鼻腔和鼻窦内组织红肿，肿胀的组织堵塞鼻窦出口，妨碍鼻窦内的液体回流至鼻腔内，导致鼻窦内积存大量液体。如果鼻腔内的细菌堵塞在鼻窦内，并大量繁殖，很容易引发感染。

如何初步判断

鼻窦炎通常表现为持续较重的上呼吸道感染，流浓涕、鼻堵塞、咳嗽，有时伴有发热、头痛，甚至会蔓延至眼部，导致眼睛肿胀。

何时需要就医

一旦孩子出现以下任何一种情况，家长应及时带孩子就医：

- 流涕、咳嗽持续超过 10 天，且没有明显改善。
- 鼻涕黏稠呈黄色，伴有发热，且已持续至少 3 ~ 4 天。
- 年龄较大的孩子主诉眼周或眼睛后部疼痛，弯腰时更加严重。
- 眼部肿胀，有黑眼圈，尤其早晨更加明显。
- 伴随感冒症状而持续呼吸不畅。

怎样妥善处理

经诊断，如果孩子患有细菌性鼻窦炎，医生会制订相应的治疗方案，比如建议使用抗生素。需要提醒的是，如果遵医嘱使用抗生素 2 ~ 3 天后，孩子的鼻窦炎症状有所缓解或消失，切不可擅自停药，而应继续服用满一个疗程，以免过早停用抗生素导致疾病反复。

舌系带过短

舌系带是连接舌背和口腔底部的一根细长的黏膜索带，主要作用是控制卷舌的程度。舌系带过短是先天性疾病，是孩子出生后舌系带没有退缩到舌根下，而是位于舌背靠近舌尖的位置，致使舌头不能伸出口外，舌尖不能上翘。

舌系带过短会导致孩子吃奶困难，如果已经添加辅食，还会增加咀嚼的难度；也会使舌背与下前牙频繁摩擦，造成舌头破溃或感染。另外，舌系带过短会影响孩子日后发音，尤其是卷舌音。

如何初步判断

舌系带过短通常表现为舌头不能伸出口外，且无法上翘；当孩子伸舌头时，舌尖凹陷，呈 W 形。

何时需要就医

一般来讲，如果孩子进食正常，精神状况良好，往往不需要治疗。如果因孩子舌系带过短，妈妈母乳喂养时感到明显的乳头疼痛，或者孩子进食困难，导致生长缓慢，家长应及时带孩子就医治疗。

怎样妥善处理

治疗舌系带过短，通常会施行系带切开术。这个手术非常简单，几分钟即可完成。医生将舌根局部麻醉后，剪断舌系带，压迫止血，术后经过短时间观察，若没有再次出血，就可以回家了。系带切开术风险很小，也不会给孩子带来术后后遗症。

崔医生特别提醒：

任何年龄段的孩子都可行系带切开术，但以新生儿期手术最佳。孩子术后 15 ~ 20 分钟就可以正常吃奶。如果发现较晚，家长也不用焦虑，发现后随时可以实施手术。需要提醒的是，舌系带过短最好在孩子学说话前治疗，以免影响发音，给他带来心理阴影，或增加纠正发音的难度。

流行性腮腺炎

腮腺是涎液腺中最大的腺体，位于两侧面颊近耳垂处。腮腺炎可分为两种，一种是由腮腺炎病毒引起的急性呼吸道传染性疾病，也就是病毒性腮腺炎，其中最常见的是流行性腮腺炎，简称流腮；另一种是由其他问题导致的腮腺肿大，比如化脓性腮腺炎。

流行性腮腺炎是一种自限性疾病，但是与大多数自限性疾病不同，如果治疗不及时，常会引起脑膜炎、睾丸炎、卵巢炎等并发症。感染年龄越大，引起的并发症越严重。1岁以后的孩子都可能感染流行性腮腺炎，一次感染后即可获得终身免疫。

如何初步判断

如果孩子感染了流行性腮腺炎，通常会腮腺肿胀，并伴有发热。腮腺肿大从一侧开始，以耳垂为中心，向前、后、下方发展，触碰时有疼痛感，咀嚼或吃酸性食物时会加剧疼痛。

何时需要就医

一旦发现孩子的腮腺异常，发红、肿胀、触碰有疼痛感，就要及时带孩子去医院检查，以免延误病情。

怎样妥善处理

目前没有治疗流行性腮腺炎的特效药，无法从根本上杀灭病毒，只能对症治疗，比如退热、冷敷等。

为了避免感染流行性腮腺炎，应按时给孩子接种腮腺炎疫苗，在18个月时接种第一剂，4～6岁时接种第二剂。如果18个月时错过了第一剂接种，可以在4岁时进行补种，共补种2剂，第一剂和第二剂之间需间隔1个月；如果18个月时接种了第一剂，但4～6岁时错过了第二剂，同样需要补种2剂，第一剂和第二剂之间也间隔1个月。

小儿急性喉炎

小儿急性喉炎是一种常见的呼吸道急性感染性疾病，是喉部和声带发生的急性炎症反应。病毒、细菌、过敏、吸入刺激性气体等都会引发急性喉炎，其中以病毒感染最为多见，包括副流感病毒、呼吸道合胞病毒、腺病毒、流感病毒、麻疹病毒等。急性喉炎高发于秋冬季，3 个月到 5 岁的孩子最容易受到感染。

如何初步判断

急性喉炎最常见的表现是声嘶、喉鸣，咳嗽时发出类似犬吠的声音，夜间症状会加重。另外，还会出现喉咙疼痛、咽喉水肿、发热、喘憋甚至呼吸困难的症状。

何时需要就医

一旦孩子出现呼吸急促、喘憋、呼吸困难等疑似小儿急性喉炎的症状，家长应及时带孩子就医。

怎样妥善处理

通常，医生会根据孩子病情的轻重，给出针对性的治疗方案。如果症状较轻，可以采取湿润孩子呼吸道的方法缓解，比如，让孩子在充满蒸汽的浴室里多待一会儿，或者使用加湿器增加室内空气湿度。如果症状较为严重，家长应积极配合医生治疗，严格遵照医嘱，切不可擅自更改治疗方案。

小儿支气管炎

小儿支气管炎是指支气管发生炎症，是小儿常见的一种急性上呼吸道感染。这种疾病常由病毒感染或细菌感染引起，病毒感染和细菌感染引起的小儿支气管炎，在症状上不容易区分，需要请医生做出专业的判断。

如何初步判断

孩子患支气管炎后，会流鼻涕、打喷嚏，有时伴有发热、咳嗽症状，先是以干咳为主，之后咽部出现痰液转变为湿咳，一般在晚上睡觉时咳得比较剧烈。小儿支气管炎的症状与其他很多疾病类似，家长一般无法准确判断，因此最好的办法是带宝宝就医。

何时需要就医

当孩子出现下面一种或多种表现时，家长应及时带孩子去医院：

- 咳嗽日益加重。
- 咳嗽并伴有高热。
- 剧烈咳嗽引起呕吐。
- 呼吸困难。
- 精神状态很差。

怎样妥善处理

治疗小儿支气管炎，需从对因治疗和对症治疗两方面着手。

对因治疗就是先确定引起孩子支气管炎的原因。医生通过询问病史、检查孩子身体状况初步判断病因，并通过咽拭子、痰培养等病原学检测进一步确定。如果是细菌感染或支原体感染，医生通常使用抗生素治疗；如果是病毒感染，抗生素治疗不起作用，所以应予以对症治疗。

对症治疗就是根据孩子的症状表现，有针对性地治疗。小儿支气管炎的主要表现为发热、咳嗽，针对这些主要症状，家长可以给孩子服用退热药退热，或者通过雾化或拍痰的方法帮助孩子缓解咳嗽。

小儿肺炎

肺炎是小儿常见的一种呼吸道疾病，病原有很多种，通过飞沫传播。小儿肺炎常由细菌、病毒等感染所致，高发于秋冬季及早春时节。先天性呼吸道和肺部发育异常的孩子患肺炎的可能性更高。

如何初步判断

肺炎通常会引起发热，并伴有出汗、寒战、头痛、全身肌肉酸软、咳嗽咳痰。另外，孩子会食欲下降，没有活力。年龄较小的孩子看起来面色苍白，哭闹频繁。严重的肺炎除发热外，还有快速且费力地呼吸、肋骨和胸骨之间及周围皮肤内陷、鼻翼翕动、咳嗽或深呼吸时胸部疼痛、喘鸣、嘴唇和甲床青紫等症状。

何时需要就医

只要出现上述症状，家长应立即带孩子就医。

怎样妥善处理

医生会根据孩子的症状、体征，结合仪器检查结果，诊断孩子是否患了肺炎，并评估肺炎的轻重程度，然后进行治疗。

如果确诊肺炎是由病毒引起的，并且孩子没有发热、精神好、咳嗽不影响睡眠，应关注孩子体温变化，通常休息几天病情就会好转，但咳嗽可能会持续几周。对于这种情况，药物治疗不是必需，家长不要自作主张给孩子使用止咳药，因为咳嗽是一种机体自我保护的重要反应，有助于清除气道中由感染引起的过多分泌物。如果诊断是细菌感染性肺炎，医生通常会开抗生素，家长要严格按照医嘱给孩子服用药物，不要病情有好转就擅自停药，应坚持用满整个疗程。

一般来说，只要配合医生积极治疗，绝大多数肺炎都可以很快痊愈，不会留下后遗症。需要提醒的是，接种疫苗可以有效降低感染肺炎的风险。

蛔虫病

蛔虫又称人蛔虫、蛔线虫，是我国感染率最高、分布范围最广的寄生虫，蛔虫病也是婴幼儿最容易感染的一种寄生虫病。蛔虫成虫寄生于小肠，可引起蛔虫病；幼虫则在人体各个器官内游移，损伤脏器。

蛔虫病极具感染性，主要通过粪口传播。当孩子吃了未洗净、未煮熟的感染虫卵的食物，或者经手接触含有虫卵的物品后不注意洗手，都可能感染蛔虫病。感染后，孩子会出现发热、咳嗽、食欲下降、腹痛、磨牙等症状，严重的会引起其他并发症，比如蛔虫性肠梗阻、胆道蛔虫症，或者钻入阑尾或胰管引发炎症。

蛔虫病的感染与卫生环境密切相关，城市发病率远低于农村，而且随着生活水平提高，蛔虫病已明显减少。

如何初步判断

蛔虫病最明显的表现为：食欲下降，营养不良；食量增大，但更容易饥饿；很长一段时间体重增长缓慢，甚至有下降趋势；经常腹痛、精神萎靡、易烦躁。

何时需要就医

只要出现以上症状，家长应及时带孩子去医院，由医生检查后确认是否感染了蛔虫病，并配合医生治疗。

怎样妥善处理

一旦孩子感染了蛔虫病，医生通常会使用驱虫药物，将蛔虫杀灭并使其排出体外。具体使用哪种驱虫药，由医生根据孩子的情况选择。如果孩子出现胆道蛔虫症、蛔虫性肠梗阻等并发症，家长要严格遵照医嘱，积极配合治疗。

需要注意的是，在日常生活中，家长要注意孩子的饮食卫生和个人卫生，食物尤其是肉类、海产品等一定要彻底煮熟，预防蛔虫病。

新生儿脐炎

新生儿脐炎主要是由于孩子出生后脐带残端护理不当，导致细菌入侵并大量滋生所引起的急性炎症。脐炎如果及早干预，可以控制在肚脐或其周围小范围内；如果干预较晚或感染太严重，则会向肚脐周围大面积的皮肤或组织扩散，形成蜂窝组织炎，甚至脓肿；如果感染进入血液，还可能引发败血症等更加严重的疾病。

如何初步判断

并不是脐窝分泌物增多就是脐炎，脐炎表现为脐窝脓血、脐周软组织肿胀。具体来说就是，肚脐周围皮肤通红，触摸时感觉发烫，脐窝出现脓血性分泌物，散发出刺鼻的臭味。

何时需要就医

当孩子出现以下任何一种情况时，家长应及时带孩子去医院检查：

- 肚脐周围皮肤红肿、发烫。
- 肚脐散发出刺鼻的臭味。
- 肚脐出现脓性的白色或红色分泌物，或者尿样的黄色液体。
- 肚脐红肿，并伴有发热、吮吸困难。

怎样妥善处理

治疗脐炎通常需要使用抗生素。医生会根据孩子的情况有针对性地使用。轻微的脐炎可以涂抹抗生素药膏；如果脐炎比较严重，则需要口服抗生素。极个别的脐炎患者，可能需要以静脉给抗生素的方式进行治疗。

此外，家长要注意护理孩子的肚脐，用棉

崔医生特别提醒：

不要用纱布或布条将孩子的肚脐盖住，以免因脐部空气不流通导致细菌滋生，造成感染，甚至引发脐炎。所以，给孩子脐带消毒后，保持脐部干爽才有助于肚脐愈合。

签蘸取碘伏，清理脐带残端、脐带根部和脐窝（不同部位要使用不同的棉签，以免交叉感染），保持肚脐清洁和干燥。

尿路感染

尿路包括尿道、输尿管、膀胱和肾，尿路感染主要是指尿道感染。孩子之所以会尿路感染，有三个原因：第一，孩子的身体尚未发育成熟，容易被病菌侵扰。一般情况下，女孩更容易发生细菌逆行性的尿路感染。第二，尿路先天畸形。这种畸形是身体各部位先天畸形中发生率较高的，比如输尿管、膀胱、下尿道畸形等，都容易并发尿路感染。一般情况下，如果男孩发生了尿路感染，就要注意排查是否有尿路先天畸形问题。第三，不当的护理方式也容易导致孩子尿路感染。

如何初步判断

孩子尿路感染常表现为尿频、尿急、尿痛，但因无法用语言表达，所以常被忽略。尿路感染最明显的症状是发热，但容易误以为是感冒，因此家长应多留心。

何时需要就医

当孩子出现以下任何一种情况时，家长应引起重视，及时带孩子就医：

- 尿液长时间呈黄色或深黄色。
- 尿液散发出难闻的气味。
- 出生 6 周以内的婴儿出现发热症状。
- 6 周以上的孩子发热超过 3 天，且没有其他症状。
- 年龄较大的孩子主诉排尿疼痛，并伴有发热、尿液发黄、气味难闻等症状。

怎样妥善处理

引起尿路感染的原因各不相同，但治疗和护理没有太大差别。如果尿路感染引起发热，可以根据情况进行护理，比如给孩子洗温水澡或温湿敷等。孩子体温超过 38.5℃，应及时喂服退热药。多让孩子喝水或喝奶，补充液体，增加尿量，以冲洗尿道，抑制细菌生长繁殖，并促使细菌毒素和炎性分泌物排出。多数孩子多喝水、多排尿，尿路感染的症状就会逐渐减轻。需要提醒的是，孩子患了尿路感染，排尿时会疼痛，家长切不可因孩子哭闹而让他少喝水。

尿路感染大多是由细菌感染引起的，治疗时可能会使用抗生素。不同种类的抗生素，使用时间会略有差异，家长一定要按医生指导的疗程喂药，切勿擅自骤然停药，一般采取逐渐延长服药时间间隔的方法，缓慢停药。

口服抗生素会使肠道菌群遭到破坏，可以适当配合益生菌给孩子服用。另外，口服抗生素可能会让孩子出现恶心、呕吐、食欲减退等情况，所以最好在饭后服用，以减轻胃肠道副作用。

一般来说，除先天畸形造成的尿路感染外，其他原因引起的尿路感染痊愈后，不会给孩子留下任何后遗症，所以家长不必过于担心。

崔医生特别提醒：

除非孩子有梗阻性的倾向、排尿困难，否则绝不建议插导尿管冲洗尿道。插导尿管很可能会让尿道外的细菌进入尿道，还可能损伤尿道黏膜，黏膜一旦破溃，会使细菌种植在局部，增加尿路感染的可能性。

医生为孩子选择抗生素前，要留尿做尿培养和药物敏感试验。为了减少尿液中的杂质，防止尿液污染，给孩子取尿样时要留中段尿。

一过性髋关节滑膜炎

一过性髋关节滑膜炎又称髋部滑膜炎、暂时性滑膜炎，右侧发病率多于左侧，多发病于2～10岁的孩子。这是髋关节内壁发生的一种炎症，是儿童髋关节疼痛的最常见原因，可能与病毒感染、细菌感染、外伤及过敏反应等因素有关。一过性髋关节滑膜炎通常伴随其他病毒性疾病一起出现，比如上呼吸道感染。和其他病毒性疾病一样，大多数滑膜炎会自愈，骨骼不会病变。如果很严重，发炎的髋关节内部有积液，家长应带孩子就医。

如何初步判断

很多患有一过性髋关节滑膜炎的孩子，都曾在 1 ~ 2 周内患过上呼吸道感染、咽炎、支气管炎、中耳炎等。如果孩子主诉单侧髋关节、腹股沟、大腿中部或膝关节附近疼痛，下蹲困难，或近期没有外伤却走路一瘸一拐，但疼痛的区域没有明显红肿，双腿外形没有明显变化，只是大腿活动受到了限制，就有可能患上了一过性髋关节滑膜炎。

一般来说，如果孩子能自主走路，跛行时会面露痛苦的表情；如果已经拒绝走路，被动活动大腿时会有非常疼痛的表情。

何时需要就医

如果孩子出现以上症状，家长应及时带孩子就医。确诊后，应在发病 2 周时复查，由医生做临床评估。一般来说，孩子会在 3 ~ 14 天后自愈。

怎样妥善处理

如果患有一过性髋关节滑膜炎，孩子应卧床休息，避免下肢负重。如果疼痛严重，可以服用抗炎药物，比如布洛芬，以加快痊愈速度。预防上呼吸道感染和避免剧烈运动是预防此病发病的关键。

● 手足口病

手足口病是一种急性传染性疾病，主要由肠道病毒致病，常见于 5 岁以下幼儿。手足口病不是孩子特有的，任何年龄段的人都有可能受到病毒的侵袭，但因孩子抵抗力较弱，会出现明显的症状，因此 5 岁以下幼儿是这种病的高发人群。手足口病经飞沫传播，因此人群密集区域的发病率较高，如幼儿园、学校、早教机构、医院等候区等。此外，成人可以成为致病病毒的媒介，将病毒传给孩子。患有此病的孩子玩过的玩具、用过的餐具、毛巾、被子、内衣等都有可能沾染上病毒，健康的孩子接触后很可能会让病毒有机可乘。

如何初步判断

手足口病的潜伏期一般在2～10天，开始阶段的外在表现和普通感冒相似，通常伴有38℃左右的发热；随着病情发展，会出现明显的症状，在孩子的手、脚、口腔和肛门周围，出现米粒大小的红色疱疹；口腔内的疹子会疼痛，肛部、手心、脚心的皮疹不痒，疼痛感也不明显。

何时需要就医

如果确定孩子感染了手足口病，通常无须就医，绝大多数孩子会在1～2周内痊愈。但是，当孩子出现以下几种情况之一时，家长应及时带孩子去医院：

- 可能会脱水。
- 服用退热药或其他镇痛药物后，疼痛仍无法缓解。
- 出现明显的呼吸问题及神经系统的问题。

崔医生特别提醒：

疱疹性咽峡炎同样是由肠道病毒引起的急性感染性疾病，与手足口病的主要区别在于：手足口病表现为孩子手心、脚心和口腔内有疱疹，有的甚至出现在肛门周围，而疱疹性咽峡炎仅在咽部出现症状。

疱疹性咽峡炎主要表现为咽部出现小红点，然后形成水疱，后期水疱破溃成为溃疡。溃疡是这种病症的尾声，但孩子会因疼痛拒食拒水。

没有特别的治疗方法和药物对抗病毒，只能等待。家长可以让孩子少量多次喝水，冲洗溃疡面，避免继发感染。

怎样妥善处理

护理患手足口病的孩子，要做好两点：退热和预防脱水。

孩子患手足口病，通常会有发热的症状。如果体温没有超过38.5℃，可以先观察；如果出现38.5℃以上的高热，可以根据孩子的状态评估是否需要服用退热药。

通常口腔水疱破溃后应预防脱水。护理疱疹时，要根据疱疹出现的部位区别对待。

手心和脚心的疱疹一般不会破溃，即使个别发生破溃，因为手脚的皮肤角质层比较厚，一般会自行吸收；肛门周围的疱疹破溃也不会有大问题。家长需重点关注口腔疱疹，口腔疱疹破溃后会剧烈疼痛，导致孩子拒食拒水，影响营养的摄入，严重时可能出现脱水。家长可以给孩子准备凉的流质食物，也可以多喝常温水。

崔医生特别提醒：

一般来说，绝大多数病毒不会引发重症手足口病，但肠道病毒71型（EV71病毒）例外，这种病毒会引发脑膜炎或肺水肿等重症疾病。虽然这种情况发生的概率不高，但仍建议家长为孩子接种专门针对EV71病毒的手足口病疫苗，预防重症手足口病发生。该疫苗在孩子满6个月后接种，是目前最有效、最有力的预防方法。

第 3 章　意外伤害处理常识

保护孩子远离危险，是家长应尽的职责。但意外伤害往往发生在意料之外，猝不及防的一瞬间，意外就危及了孩子的健康与安全。面对这种情况，家长能做的是保持冷静，迅速采取措施，用正确的方法妥善处理，尽可能将伤害降到最低。

这一章介绍了常见的意外伤害情况，并针对何时需要就医、怎样进行处理两个方面对家长予以指导。

常见意外伤害

● 磕碰到头部

孩子出生后，尤其是学会翻身、爬行后，很容易磕碰到头部。大多数情况下，轻微的磕碰不会给孩子造成损伤，家长安抚后，孩子就会安静下来。但是，如果头部受到严重撞击，比如头向下坠床或头重重地磕在桌角上，家长就要引起重视。另外，相较于正面或脑后磕碰，侧面撞击给孩子造成的损伤更大。

何时需要就医

孩子头部受到撞击后，如果出现以下情况之一，家长应及时带孩子去医院：

- ▶ 头皮擦伤，伤口较大，且出血较多。
- ▶ 哭闹严重，难以再次入睡。
- ▶ 出现呕吐，且不止一次。
- ▶ 嗜睡，且很难唤醒。
- ▶ 受到撞击的部位肿胀严重。
- ▶ 能够看到明显的颅骨凹陷或缺口。
- ▶ 四肢活动受限。
- ▶ 眼睛、耳朵、鼻子出现异常，如颜色变化、出血等。
- ▶ 瞳孔不能自如收缩，即用手电照射时瞳孔不能缩小或移开手电后瞳孔不能放大。
- ▶ 行为出现异常，反应迟钝，眼神涣散、迷茫。

怎样妥善处理

孩子磕碰到头部，家长处理时应注意以下几点：

第一，等待 10 秒钟再抱起安抚。在这 10 秒钟内，家长应观察孩子是否有外伤或其他异常情况。注意，千万不要立即抱起孩子，否则一旦孩子骨折或颅内受伤，随意挪动很可能会加重伤情。如果孩子意识清醒，能够大声哭闹，四肢活动如常，可以抱起来安抚。如果孩子意识不清，或无法随意移动肢体，家长应立即拨打急救电话，向医生详细说明孩子受伤的过程及当前情况，在医生指导下采取急救措施。

第二，如果存在出血情况，家长要第一时间使用干净的纱布或纸巾给孩子按压止血。注意，按压止血的时间至少要持续 5 分钟。待血止住后，若伤口非常小，可在家中用清水冲洗；若伤口较大，则需去医院由医生处理。

第三，如果局部出现瘀青，3 天内切忌热敷，可以冷敷。之所以不建议热敷，是因为头皮血管丰富，摔伤后小血管破裂，热敷会使血管扩张，导致出血增多。而冷敷则可以起到收缩血管的作用，受伤部位可以逐渐消肿控制出血。

总体来讲，当孩子头部遭到撞击，家长一定要保持冷静，仔细观察孩子的情况。一旦发现任何异常情况，家长不知如何处理时，要及时带孩子就医，请医生检查和治疗。

眼睛受伤

无论孩子的眼睛受到什么样的伤害，都不要对受伤的眼睛施加压力，也不要用手指触摸眼球，更不要未经就医擅自滴眼药水。正确的做法是，引开孩子的注意力，给他一个玩具拿着，占住他的双手，不要让他揉眼睛。

眼睛进异物

如果孩子眼睛里进了异物，并且能够清晰看到，可以让家人抱住孩子，尝试用干净的湿棉签或棉球清理。但是，这种做法仅限于异物在眼角、下眼睑或眼白部分。如果异物在黑眼球上面或附近，就不要去碰触，尤其是瞳孔，一定要避免碰触，以免划伤角膜。

如果不管用，可以用温水冲洗孩子的眼睛，注意不要让水呛进鼻腔。如果孩子仍感到眼睛里有异物，或者仍觉得不舒服，很可能是异物嵌入或划伤了眼睛，应立即就医。即便家长看到有异物嵌入眼球，也不要尝试自己清理。在送医途中，家长可以用无菌纱布、干净的纸巾或手帕盖住孩子的眼睛，以减轻不适。

尖锐物体刺伤眼睛

如果孩子意外被尖锐物体刺伤眼睛，家长要保持冷静，让孩子保持半卧姿势，同时寻求周围人帮助或拨打急救电话。如果异物仍在眼睛里，千万不要试图将其清除，也不要对眼睛施加压力，可以用纱布、干净的毛巾或纸巾盖住眼睛，送医途中应尽量减少颠簸。

钝器造成眼睛损伤

和尖锐物体刺伤眼睛类似，家长要冷静处理，第一时间让孩子平躺，用冰袋盖住受伤的眼睛冷敷，并尽快送孩子就医，请医生进一步处理。

● 耳朵受伤

孩子耳朵受伤，通常包括两种情况：一是耳朵内进入异物；二是耳部出血、红肿、流脓等。

怎样妥善处理

针对第一种情况，家长要根据不同的异物采取合适的处理方式：如果是小虫，可以打开手电照射小虫进入的那只耳朵，用灯光引诱小虫爬出来。如果是小螺丝等金属物品，可以用磁铁将其吸出。需要注意的是，不要把磁铁放进孩子的耳朵内，以免再次发生意外。小体积的木制或塑料玩具、配件等进入耳朵，如果用肉眼能看到，可以使用回形针将其取出。具体方法是：先将回形针拉直，在一端滴一滴胶水（要选择不会粘到皮肤的胶水），将其轻轻探入孩子耳内，将异物粘出。需要提醒的是，这种方法稍有不慎就会损伤孩子的耳部皮肤，如果孩子不配合，不要轻易使用。如果通过上述方法仍无法取出异物，一定要尽快带孩子去医院。

针对第二种情况，一旦发现，家长要立即带孩子就医。另外，如果孩子主诉耳朵听不清，家长也要引起重视，及时求助医生。

● 鼻子受伤

鼻子受伤包括流鼻血、鼻腔中进入异物、鼻子受到外力击打三种情况。

流鼻血

如果孩子流鼻血，应让孩子保持身体直立或稍微前倾略低头，家长用手指轻压流鼻血侧的鼻翼 10 分钟，让孩子用嘴呼吸。如果孩子因害怕而大声哭闹，家长要注意安抚并让他尽快平静，情绪激动会加快血液循环，导致出血更多。

如果较长时间的按压无法止血，家长应立即带孩子就医，送医途中要让孩子保持上身直立。如果孩子流鼻血时很容易止血，但是频繁流，也要带孩子就医。

崔医生特别提醒：

流鼻血时，仰头无益于止血。因为将头仰起来时，血会留在咽部，看上去似乎出血减轻，实际上容易使孩子发生呛咳，血液积存过多甚至可能引起窒息，是非常不可取的做法。

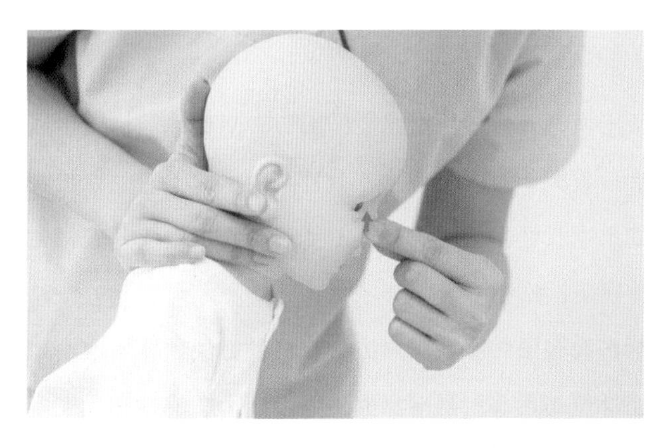

图 3-3-1
孩子流鼻血时的正确处理方法

鼻腔中进入异物

如果孩子的鼻子不通气、鼻腔中有异味、流血或鼻分泌物过多，都可能是鼻腔中进入了异物。如果孩子因此哭闹，家长要安抚孩子的情绪，让他用嘴呼吸。

如果异物很容易看到或有一部分留在鼻腔外，可以尝试用手取出，不要用镊子或其他工具，以免戳伤鼻子或让异物进入鼻腔更深处。

如果孩子会模仿大人，可以教他擤鼻子这个动作，不断用鼻子用力呼气，鼓励他模仿。如果异物还是没有出来，应立即带孩子就医。

鼻子受到外力击打

如果孩子因受外力击打或摔倒等使鼻子受伤出血，要让他保持身体稍前倾，以减少因吞咽血液导致的窒息风险。然后用手指给孩子按压止血，并冷敷伤处，缓解肿胀和疼痛。同时，家长应尽快带孩子前往医院检查骨头有没有受伤。

● 嘴巴受伤

孩子不小心撞到桌角、门槛，坠床时面部朝下等，都可能导致嘴巴受伤，包括嘴唇裂开或者嘴巴出血。大多数情况下，这些磕碰不会给孩子造成严重的伤害。

怎样妥善处理

孩子的嘴唇出现小裂口，且轻微出血，首先要用清水清洗裂口，然后冰敷，既可以缓解疼痛，还可以尽快止血；如果裂口较大，或者 10 ~ 15 分钟后仍出血不止，家长要及时带孩子去医院，由医生处理。如果家长怀疑孩子嘴唇上的伤口与啃咬电线有关，就医时要如实告知医生，以免嘴巴有烫伤延误病情。

如果孩子嘴唇或口腔因磕碰或割伤而轻微肿胀或少量出血，可以让他含冰块或用冰棒缓解疼痛，并及时止血；如果受伤部位是舌头，且有出血，可以用干净的纱布或毛巾捏紧伤口止血；如果是铅笔或细小的木棍等锐利的物品刺伤口腔，并且 10 ~ 15 分钟后依然出血不止，应立即带孩子就医。

● 牙齿损伤

孩子不小心磕到牙齿，如果只是轻微的磕碰，大多数情况下不需看牙医。但是，如果孩子的牙齿磕掉了一部分，留下锋利的边缘或尖锐的尖端，需请牙医将锋利的边缘磨平或进行填充，避免对孩子的口腔造成伤害。如果磕碰后牙龈出血，应请医生检查，确定出血位置和原因。

如果孩子牙齿磕伤几天后仍疼痛，或者牙齿出现了明显的位移并伴有牙龈肿胀，或者在磕伤的牙缝中能够看到粉红色的小点，这可能是牙神经受到损伤的表现，应及时就医治疗，以免影响恒牙的生长。

脱臼

脱臼常见于年龄较大的孩子。当家长拉着孩子的胳膊玩耍或牵拉孩子胳膊时，很容易导致孩子肩部或肘部脱臼。下面提到的牵拉肘，也是脱臼的一种。当孩子发生脱臼后，受伤一侧的手臂无法正常活动，孩子会因疼痛而不停哭闹。

一旦孩子胳膊脱臼，家长要及时带孩子就医，请医生处理。如果孩子疼痛难忍，可以在就医前冷敷患处，并用夹板固定，以缓解疼痛。

牵拉肘（桡骨小头半脱位）

牵拉肘是指位于前臂的桡骨偏离了正常位置。桡骨是前臂两根骨头中的一根，桡骨的一端是桡骨小头，由环状韧带包围并固定联结肘部。当家长为了防止孩子摔倒而拉拽他的手腕或手肘，或和他玩上举、摇摆的游戏时，如果用力过猛或方向有误，就可能会使桡骨小头脱离环状韧带的控制，发生滑脱，导致发生牵拉肘。

孩子只要出现过一次牵拉肘，就极有可能再次复发。但 4 岁后，无论是否有过病史，都很少出现。

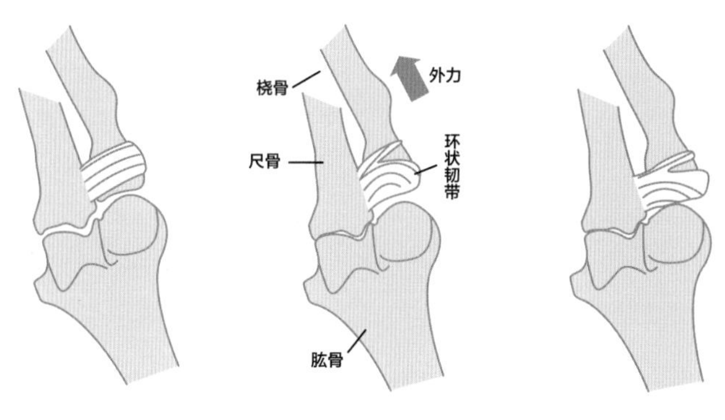

▲ 图 3-3-2 牵拉肘示意图

如何初步判断

当孩子出现牵拉肘后，手臂无法与身体紧密贴合，一直保持悬吊的姿势，肘部会轻微弯曲，手掌与腹部相对。当孩子需要用手拿东西时，会避免使用发生牵拉肘的胳膊。无论是主动还是被动活动，孩子都会因疼痛而大声哭闹。

需要注意的是，与骨折、扭伤不同，出现牵拉肘后手臂从表面上看没有任何异常，也不会出现红肿或青紫。

何时需要就医

家长难以区分是骨折还是牵拉肘，尤其是第一次遇到这种情况时，为稳妥起见，应及时就医。另外，当孩子在家长拉拽或其他动作后，出现拒绝活动手臂或活动手臂时哭闹等情况，如果家长怀疑但不能明确是不是牵拉肘，也应尽快带孩子到医院就诊，确诊前最好什么都不要做，保护好有问题的手臂。

怎样妥善处理

有经验的医生很容易判断孩子的手臂是不是牵拉肘。如果是，就会用复位的方式使脱位的桡骨小头恢复到正常的位置。如果复位成功，患侧手臂很快就可以自由活动。如果医生认为无法准确判断，会借助 X 光线检查明确。

无论孩子是否发生过牵拉肘，家长在牵拉孩子手臂时都不要用力过猛。对有病史的孩子，家长更要注意。

● 骨折

骨折是儿童经常出现的意外伤害。孩子活泼好动，难免磕碰，严重时就会发生骨折。骨折的判断方法简单：一般受伤时会听到断裂的声音，之后局部可能出现形态异常，不能活动或无法承重，并能感觉到非常剧烈的疼痛，孩子会持续哭闹。不过，除了骨折外，以上症状也可能是脱臼导致的。

怎样妥善处理

如果孩子疑似骨折，不要移动孩子，以免造成更大的痛苦、更严重的伤害，应等候急救医生到来。如果必须移动孩子，可以先在骨折部位垫上软布，保护皮肤，确保不会使血液循环受到阻碍，再用尺子、杂志、书籍等物品将受伤部位固定好。如果没有合适的物品固定，家长可以尝试用自己的手臂夹住伤肢。

在先行紧急处理后，家长应尽快带孩子就医。经医生妥善处理，骨折经过一段时间的静养就可以愈合。

手指或脚趾受伤

手指或脚趾受伤通常表现为瘀伤、指（趾）甲内出血、指（趾）甲开裂和指（趾）甲脱落。下面针对不同的情况给出相应的应急处理方法。

瘀伤

瘀伤大多是孩子推拉门窗、抽屉时夹伤所致。当出现这种意外时，要先将孩子受伤的手指或脚趾浸泡在冷水中 15 ~ 30 分钟，为防止手指或脚趾冻伤，应每隔 5 ~ 10 分钟间断 1 次，待手指或脚趾温度恢复正常后再继续浸泡。此外，将肿胀的手指或脚趾部位抬高，有助于消退肿胀。

如果孩子的手指或脚趾在短时间内迅速肿胀，出现畸形或影响正常活动，就要考虑是骨折了，处理方式详见第 550 页。

如果因拧伤或被快速旋转的辐条如车轮辐条、电扇扇叶等打到，导致手指或脚趾瘀伤，家长应立即带孩子就医处理。

指（趾）甲内出血

孩子手指或脚趾严重瘀伤很可能会伴随指（趾）甲内出血，家长可以按压指（趾）

甲加快出血，缓解指（趾）甲内的压力，减轻疼痛。如果孩子无法忍受按压的疼痛，可以将孩子受伤的手指或脚趾浸泡在冰水中。如果出血的症状没有缓解，家长应带孩子去医院，由医生处理。

指（趾）甲开裂

如果指（趾）甲表面出现裂痕，但是未完全开裂，家长可以在孩子裂痕处贴上创口贴，待指（趾）甲长好后加以修剪；如果裂痕贯穿整个指（趾）甲，需将指（趾）甲边缘撕裂部分剪掉并磨平，然后贴上创口贴，直到指（趾）甲长好。

指（趾）甲脱落

不管是指（趾）甲半脱落还是完全脱落，家长都应及时带孩子就医，由医生进行处理，以免自己处理不当造成感染。

需要提醒的是，如果指（趾）甲未完全脱落，切勿刻意将其扯掉，通常情况下，指（趾）甲会自然脱落。另外，当孩子遭遇此种意外时，也不建议采取浸泡冷水的方式进行处理，因为指（趾）甲缺损或缺失使甲床失去保护，容易发生感染。

被猫、狗等动物抓咬伤

一旦孩子被携带狂犬病毒的猫、狗抓咬伤或者舔舐了开放性伤口，都有感染狂犬病毒的风险。被咬后，应及时处理好伤口，并尽快接种狂犬病疫苗。

狂犬病又叫恐水症，潜伏期短则 5 ~ 6 天，通常为 20 ~ 60 天，1 年以内发病率占 99%，个别的可长达数年到数十年。发作后典型的临床表现有怕水、怕风、怕光、躁狂等，目前医学界仍没有办法治疗这种病，致死率几乎高达 100%。

导致狂犬病的动物，主要是狗，其次为猫。被一些野生动物抓咬伤，也有这种风险。我国 2016 年《狂犬病预防控制技术指南》中指出：主要导致狂犬病的动物是狗，约占

90% 左右；其次为猫，占 5% 左右。其他致伤动物包括马、松鼠、猪、蝙蝠、猴和獾等。

怎样妥善处理

如果孩子不小心被猫、狗等动物抓咬伤，要及时用大量清水清洗伤口，如果条件允许，应交替使用肥皂水和自来水冲洗伤口至少 15 分钟，然后在伤口上盖好消毒纱布，不要加压包扎，之后尽快送医，请医生进一步处理伤口，及时接种狂犬病疫苗。如果可以，要及时控制肇事动物带到医院进行检测，看其是否携带狂犬病毒。

狂犬病很可怕，但只要及时妥善清理伤口，迅速就医并按规定接种疫苗，通常不会威胁健康。因此一旦出现类似意外，家长要保持镇静，根据以上指导做好应对措施。

昆虫咬伤

在日常生活中，可以给孩子带来损害的常见昆虫有蚊子、蜜蜂、蚂蚁、蜘蛛、虱子等。和动物咬伤相比，昆虫咬伤大多症状比较轻微，主要表现为皮肤发红、疼痛、发痒、肿胀等，且短时间内就会消失，一般不需要特殊治疗。

不过，有些孩子被昆虫叮咬后，会出现重症。比如，有的孩子对毒液严重过敏，皮肤上出现大面积的皮疹，并伴有发热、红肿等症状；有些昆虫如蚊子、虱子会携带病毒或细菌，一旦被这种昆虫咬伤，可能会感染严重的感染性疾病，比如莱姆病、斑疹热、兔热病等。

怎样妥善处理

家长需根据孩子被叮咬后的症状反应，针对性地进行护理：如果被昆虫叮咬后，仅仅感到轻微的痒和痛，可以冷敷叮咬处，缓解不适。注意，不要直接使用冰块，以免对孩子的皮肤造成额外的刺激。如果被蜜蜂、马蜂、黄蜂等蜇伤后，能够在孩子皮肤上看到蜇针，可以用银行卡等硬卡片把蜇针刮出，然后用肥皂水清洗伤口并冷敷。如果被虱子或蜱虫咬伤，需在孩子的皮肤上找到虱子或蜱虫，并用镊子紧贴皮肤夹住虫子的头部，将其拔出来。千万不要左右拉扯，以免将虫子头部留在皮肤内，引发感染。因为虱子或蜱虫可能携带病毒或细菌，家长应尽快带孩子就医，由医生检查伤口，确认孩子是否感染病毒或细菌。如果被蜘蛛咬伤，无法确认蜘蛛的毒性，家长应及时带孩子就医。如果被昆虫叮咬的伤口出现严重的红肿、感染、过敏，或孩子出现发热、呕吐、行动异常，甚至意识不清等症状，家长应及时带孩子去医院。

● 皮肤擦伤

擦伤、刮伤等伤害常见于孩子的膝盖和肘部，通常表现为皮肤表面出现破损，并有轻微刺痛感，严重的甚至会露出真皮或肌肉，较深的伤口可能出血。

怎样妥善处理

遇到孩子擦伤、刮伤，家长可以做如下处理：用无菌纱布、药棉等蘸清水或肥皂水擦除伤口上的污物。如果伤口出血，用药棉按压止血。如果只是轻微擦伤，可不做包扎处理，让其自行愈合。如果伤口破损出血不严重，可以在止血后用消毒的无黏性绷带松松地包扎。如果孩子不配合处理伤口，一直挣扎，可以让孩子在浴盆里清洗。如果擦伤严重、创面大、污物难以自行清理，家长应先给孩子按压止血，然后尽快带孩子就医，必要时要遵医嘱注射破伤风针。

崔医生特别提醒：

不要用紫药水给孩子的伤口消毒，因为紫药水中龙胆紫的浓度对孩子来说过高，会刺激皮肤黏膜，如果涂抹面积大、次数多，孩子可能会发生过敏反应，如皮肤瘙痒、疱疹等。

● 割伤

割伤会伤及皮肤的真皮和真皮下的肌肉、脂肪等，因真皮内有血管，割伤后就会出血。如果割伤伤及真皮下，还可以看到深红色的肌肉和黄色的脂肪；如果割伤伤口较长，皮肤会出现明显的裂口。

怎样妥善处理

通常来讲，孩子轻微的割伤，家长可以参考以下步骤在家处理：

1. 如果有出血，使用干净的纱布按压出血处 5 ~ 10 分钟止血。

2. 血止住后，使用肥皂水清洗伤口 5 分钟，将脏东西冲洗掉。

3. 冲洗干净后，使用抗生素软膏涂抹伤口，保证伤口湿润，并用纱布包裹。

4. 每天在固定时间，揭开纱布检查伤口。如果没有红肿、渗出脓液，继续涂抹抗生素软膏，更换新的纱布。

5. 伤口一般 2 ~ 3 天愈合，愈合后去除纱布。

6. 如果较小的割伤导致皮肤裂开，可以将皮肤对齐后，使用创口贴将切口固定在一起。

一旦孩子出现以下任何一种情况，家长应及时带孩子去医院，由医生处理：

- 擦伤或者小的切割伤，在家处理后，出现伤口红肿、脓性渗出。
- 出现发热症状。
- 切割伤太深，能看到肌肉和脂肪。
- 切割伤位于手指、腕部等位置，容易损伤神经、韧带，影响功能。
- 切割伤位于面部，结疤后有可能影响外貌。
- 切割伤长度大于 1 厘米，需要去医院缝合或者粘住。
- 出现不规则的撕裂伤。
- 伤口无法冲洗干净，污物残留在伤口容易引起感染。

刺伤

如果孩子的皮肤被尖锐物品刺伤，比如小刀、钉子等，应尽快送医。如果刺伤孩子皮肤的物体比较大，且一直嵌在皮肤内，不要试图拔出，以免大量出血，应把刺入物体露出的部分用干净毛巾或布包裹起来，尽量减少该物体在伤口内移动。

送医途中，尽量避免颠簸导致二次伤害。到医院后，除处理伤口外，由医生决定是否需要打破伤风针。

中暑

中暑是指在天气炎热时，因为暴晒、捂热等使身体的水分快速丢失，人体内有效循环血量不足，电解质紊乱，身体出现诸多不适反应，比如大量出汗、恶心、头疼等。个别情况严重的，甚至会出现休克、死亡。当然，这种极端的情况发生率很低。

如何初步判断

中暑主要表现为出汗量明显增多、恶心、头疼头晕、食欲下降、口干舌燥、面部潮红、呼吸加快、精神萎靡等。

何时需要就医

当孩子出现以下一种或多种症状时，家长应及时带孩子去医院：

- 脱水严重。
- 全身痉挛、意识不清。
- 出现高热。
- 呼吸急促，甚至出现休克。

怎样妥善处理

当孩子中暑时，家长需从以下两个方面进行护理：第一，把孩子移到通风且温度适宜的地方，这可以让孩子呼吸顺畅。需要提醒的是，切不可为了让孩子尽快感受到凉意，而使环境温度变化太快，以免加剧孩子的不适。第二，及时给孩子补水，促进体内有效循环血量迅速恢复正常。如果中暑症状较轻，可以给孩子少量多次喝米汤，或者喝一些稀释的纯苹果汁。如果条件允许，可以给孩子喝口服补液盐。口服补液盐中含有水、葡萄糖、氯化钠、氯化钾等，可以有效补充水和电解质。

需要提醒的是，不管以何种形式给孩子补充液体，液体温度切勿太凉。这是因为孩子的胃很长时间没有充足液体，遇到凉的东西，很容易发生痉挛，加剧不适反应。

如果孩子中暑后，脱水症状比较严重，家长要在给孩子适当补充水分后，立即送孩子去医院。医生可能会通过静脉输液的方式给孩子快速补充水分。

灼伤及烧烫伤

不同原因造成的灼伤和烧烫伤需要采用不同的应急方法。

晒伤

如果孩子晒伤，皮肤上出现红斑、水肿、水泡，应先给晒伤的部位冷敷 10 ~ 15 分钟，每天冷敷 3 ~ 4 次，并使用纯芦荟凝胶等温和的保湿霜涂于晒伤部位，坚持数天直到红肿消退。不要涂凡士林，因为它会隔绝空气，不利于受伤部位的透气和恢复。而且，除了医生开的药物，不要随意涂抹其他药物。

大面积晒伤可能会引起严重的不适，比如头痛、呕吐等，应及时就医，由医生开出对症的药物，以加快受伤部位的恢复，减轻痛苦。

烧烫伤

由明火、热器物、热液体等造成的烧烫伤较为常见。如果明火将孩子的衣服烧着，要及时扑灭火焰，将烧伤或烫伤的部位浸泡在冷水中或置于流动的冷水中冲洗，如果烧伤的部位是脸或躯干，可以冷敷。要一直持续不断地冲洗或冷敷至少半小时，直到孩子看起来没有那么痛苦。之后用没有黏着力、干净的物品将受伤皮肤表面轻轻拍干，并立即送医。切记，不要给孩子使用冰或烧烫伤药膏，也不要挑破皮肤上的水泡，以免加剧损伤。

如果孩子遭遇大面积烧烫伤，要立即让孩子平躺，不要立即脱下身上的衣物，以免伤及黏附在衣物上的皮肤，可以用剪刀先将没有黏附在皮肤上的衣物剪掉。如果烧伤面积没有超过全身面积的25%，可以在保持孩子温暖舒适的基础上先对受伤部位冷敷。但是要记住，应让孩子的手脚置于比心脏更高的位置，以减轻水肿。不要对伤口施加压力或使用烧烫伤药膏、药油等。如果孩子的口腔没有受伤，意识清醒，可以适当喂一些奶或水。与此同时，第一时间联系救护车将孩子送医。

化学灼伤

如果是腐蚀性物质，比如酸、碱，可能会造成严重的灼伤。家长应第一时间用干净的布轻轻掸掉孩子皮肤上干燥的化学物质（注意分辨物质性质），脱掉污染的衣物，然后用大量清水冲洗皮肤，并尽快将孩子与化学物质一起送到医院。如果孩子出现呼吸困难或呼吸时面露苦色，很可能吸入了腐蚀性化学物质，造成气管或肺脏损伤，家长应立即拨打急救电话。

需要提醒的是，孩子遭遇化学灼伤时，应先确认是什么灼伤物质，根据该物质特性选择急救方式。如果是生石灰，切忌直接用水冲洗，以免造成严重伤害。

● 体温过低

如果孩子长期处于气温较低的环境中，身体热量会快速散失，出现体温明显低于正常体温的情况。当孩子体温过低时，通常表现为脸色苍白、嘴唇发青、身体发抖、四肢僵硬、口齿不清、嗜睡，甚至失去意识等。一旦家长发现孩子有体温过低的迹象，应立即带孩子去医院，或拨打急救电话等待救援。

怎样妥善处理

如果孩子穿着的衣物比较潮湿，就医前应给孩子更换干爽的衣服，就医途中开启车内暖风。如果交通不便，需要等待医生救援，在等待过程中，可以用毯子将孩子裹起来，或者给孩子泡热水澡，提高身体温度；也可以给孩子喝一些热水或热饮，以缓解身体不适。

冻伤

一旦孩子长时间处于温度较低的环境，尤其是冬季室外，很容易冻伤，特别是鼻子、耳朵、脸颊、手指和脚趾等部位。孩子冻伤后，受伤部位会更加冰凉，皮肤颜色呈白色或黄灰色。一旦孩子冻伤，家长应及时采取保暖措施并尽快送医，以免伤势加重。

怎样妥善处理

家长可以解开自己的衣服，让孩子冻伤的部位紧贴自己的皮肤，使孩子快速温暖过来，并及早带孩子去看医生。

如果因条件不允许无法快速就医，可以尝试让孩子做一些能够提高身体温度的活动，如跑步、跳跃等。另外，也可以用39℃左右的温水浸泡孩子冻伤的手指或脚趾；如果面颊、耳朵、鼻子冻伤，可以用相同温度的湿毛巾温敷。注意，千万不要用力按压，以免加重冻伤。通常温水浸泡或温敷 30 ~ 60 分钟，皮肤颜色就会恢复正常。如果孩子冻伤的皮肤经温水浸泡或温敷后肿胀，甚至出现水泡，家长应尽快带孩子就医，以免引发感染。

处理孩子冻伤时，切勿让孩子靠近散热器、炉子、明火或取暖器，以免给冻伤的皮肤造成二次伤害；也不要立即用温度过高的热水处理冻伤部位，冷热交替，只会加重冻伤。

异物梗住呼吸道

孩子有时会将本该进入食管的食物如爆米花等误吸到气管内，或者将其他异物如小玻璃球吸入气管内。食物或异物堵塞气管，孩子无法正常呼吸，时间稍长就会导致窒息，危及生命。

孩子一旦被异物梗住呼吸道，往往会出现咳嗽、吞咽困难等表现；如果异物体积大，会完全堵住气道，导致孩子无法咳嗽，家长需立即进行急救。

怎样妥善处理

如果孩子能自主咳嗽，要鼓励孩子咳嗽，通过咳嗽的力量将异物咳出来。如果孩子已不能自主咳嗽，1 岁以上的幼儿，可以使用海姆立克急救法急救。具体方法是：家长跪在孩子身后，双手从其腋下环抱。右手拇指弯曲，其余四指握住拇指成拳，拇指掌关节顶在孩子剑突下；左手包裹右拳，快速向内上方收紧双臂，产生瞬时冲击力。一次操作后，若异物没有冲出，家长要立即放松手臂，并重复以上动作，直到异物排出。

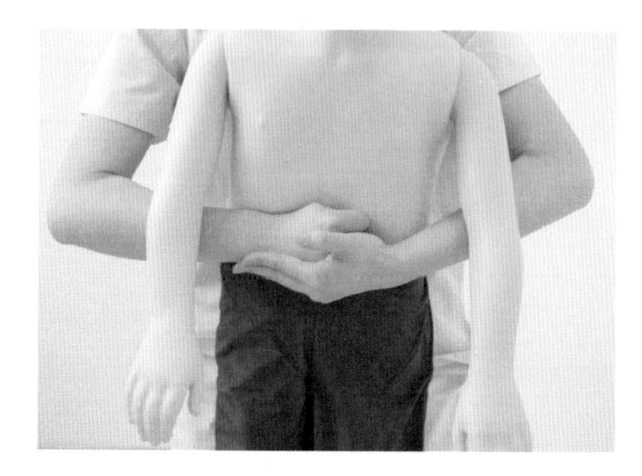

▲ 图 3-3-3 海姆立克急救法示意图

海姆立克急救法针对的是能够自行站立的孩子。对于 1 岁以下尚不能自行站立的孩子，可以采取如下方法：家长采用坐位，将孩子放在腿上，使其脸向下，头靠在家长前臂上，略低于胸部。用手掌根部在孩子肩胛骨之间用力拍打最多 5 次，尝试清除异物。5 次拍背后，用一只手托住孩子的脸和下颌，另一只手托住枕部，将他翻转过来，保持头部低于躯干。然后在胸部中央的胸骨下半部给予 5 次快速冲击，速度为每秒 1 次。

重复最多 5 次拍背和最多 5 次胸部快速冲击，直到异物清除或孩子没有反应。如果孩子没有反应，应停止拍背，开始做心肺复苏。关于心肺复苏的方法，详见第 565 页。

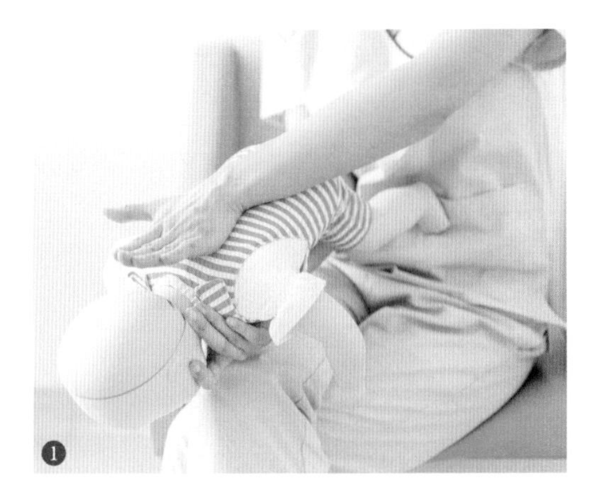
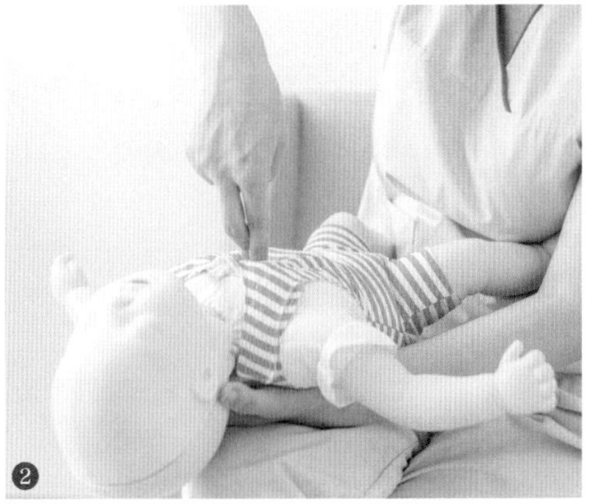

▲ 图 3-3-4 1岁以下婴儿异物梗住呼吸道急救法示意图

在实施以上急救措施时，一定要注意保护孩子的头颈部位，如果家长觉得一人无法完成，可以请其他家人协助。另外，要保证孩子保持头低脚高的姿势，并保证气道通畅，方便异物冲出。

中毒

吃下有毒物品

如果孩子出现可疑的症状，比如无精打采、烦躁不安、呼吸紊乱、腹泻、呕吐、瞳孔放大或缩小，以及其他与平时不符的行为，或者家长怀疑、看到孩子吞咽了危险物品，不要试图擅自处理，要立刻拨打急救电话寻求医生救助。如果看到孩子吞下了可疑的有毒物品，即使没有出现症状，也应及时就医，因为部分中毒症状一段时间后才会出现。

如果孩子中毒严重，已经没有了呼吸，家长应立刻对其进行心肺复苏，之后再拨打急救电话，或者让周围的人帮忙拨打，在医务人员到来之前，要一直不停地进行心肺复苏。

就医时，要带上可疑物品、完整的标签和残留的相关物品。如果是生活中常见的物品，可以直接告诉医生准确的名称。如果孩子吃下的是植物的叶子或花朵，要准确告诉医生该植物的名称。除此以外，还要告诉医生看到或怀疑孩子吃下的量。

虽然活性炭可以吸附有毒物质，但非在医生指导下，不要给孩子擅自服用，诱导呕吐的药物也要遵医嘱使用。

关于心肺复苏的方法，详见第 565 页。

吸入有毒气体

吸入有毒气体，看似离日常生活很远，实际上汽油、汽车尾气、火灾现场的浓烟，都是有毒气体且很常见。一旦孩子吸入类似气体，应立即带他离开当时的环境，呼吸新鲜的空气。

如果孩子已经停止呼吸，家长应立即对他进行心肺复苏，直到恢复呼吸或急救人员到达现场。即使孩子在紧急救助下恢复了呼吸，也要尽快就医，检查有毒气体是否对身体造成了伤害。

昏厥

如果孩子突然昏厥，家长要立即拨打急救电话。在等待救援时，家长应检查孩子是否有呼吸。如果没有呼吸，要立即进行心肺复苏急救；如果有呼吸，让孩子平躺，解开颈部衣物，同时使孩子头部偏向一侧，便于清除口中异物。关于心肺复苏的方法，详见第 565 页。

注意，在此期间，不要让孩子进食任何食物和水，以免发生呛咳，引发其他症状。

溺水

溺水是儿童期常见的意外伤害，严重者可能导致窒息甚至死亡。溺水有可能发生在家里，尤其是给孩子洗澡时。年龄小的孩子活动能力较差，一旦面部进入水中，如果无人帮助很难自救。因此，给孩子洗澡时，家长一定要时刻守在孩子身边，千万不要掉以轻心。

另外，应警惕干性溺水与二次溺水。所谓干性溺水，是孩子吸入的液体刺激气管黏膜或冷水刺激皮肤，可能会导致喉部痉挛，气道的开口为防止肺部进水而封闭造成急性窒息，导致人体进入缺氧状态，而肺内不会进太多水。所谓二次溺水，是在发生溺水后，孩子的肺部进入了少量水，上岸后没有什么异常，也能正常呼吸，但是因为吸入的物质容易引发化学性肺炎，并继发感染性肺炎，比如肺水肿，造成呼吸急促，然后窒息。所以，如果孩子游泳后频繁出现咳嗽、气促、喘鸣、反应迟钝、精神萎靡甚至昏睡，应立刻送医。不过，这种情况发生的可能性极小。

怎样妥善处理

如果孩子不幸发生溺水，切记不要采取倒挂控水的方式实施急救，这种做法只会给孩子带来更加严重的伤害。正确做法是：首先把孩子平放到固定的表面上，比如地板上，然后检查孩子是否有反应，同时请其他人拨打急救电话，之后解开孩子的衣服，继续检查是否有呼吸和心跳。如果有反应、呼吸和心跳，家长应将孩子的头偏向一侧，并时刻观察口中是否有液体流出，如果有，需及时清理，避免发生噎呛。如果孩子已经失去反应，而且没有呼吸和心跳，家长要立即进行心肺复苏，直到救援人员到达。关于心肺复苏的方法，详见第 565 页。

● 触电

触电的发生常常是因为孩子有意或无意地用手触摸电源插孔、电器或电线残端等。触电后，局部皮肤会出现不同程度的烧伤，并且有电休克的身体反应，严重者甚至会致残致死。

怎样妥善处理

一旦发现孩子触电，家长要按照下面的步骤进行急救：

1. 关闭电源。

2. 使用能够快速拿到的任何绝缘物品，比如干燥的木扫帚、木棍、坐垫、衣服等，切断孩子与电源的接触。注意，千万不要直接用手拉拽触电的孩子。

3. 拨打急救电话，等待救援。

4. 如果切断电源后，孩子已经没有呼吸，要立即进行心肺复苏，直到救援人员到达。

关于心肺复苏的方法，详见第 565 页。

跌落伤

孩子很容易发生跌落意外，尤其是坠床，会造成不同程度的身体损伤。一般来说，跌落伤分为开放性外伤和闭合性损伤两种。开放性外伤通常会有出血表现，闭合性损伤则主要发生在头、腹、胸等部位内部。

何时需要就医

孩子发生跌落后，如果有以下一种或多种表现，应及时带孩子就医，或立即拨打急救电话：

- 出现昏迷，包括一过性昏迷。
- 哭闹不止。
- 精神萎靡或异常烦躁。
- 有呕吐、嗜睡的表现。
- 有严重外伤，比如出血量较大、骨折等。
- 看不到外伤，不能准确评估孩子受伤情况。

如果孩子受伤较轻，家长可以根据以下提示先行进行应急护理：

- 原地观察至少 10 秒钟，不要移动、摇晃孩子，密切观察孩子身体状况，比如是否有出血、骨折等。
- 如果孩子头部坠地，具体应对方法，详见第 543 页。

▶ 如果有轻微擦伤或少量出血，要立即用干净的纱布或纸巾对出血部位按压止血，按压时间不应少于 5 分钟。止血后，若伤口很小，可用清水冲洗干净；若伤口较大，应去医院进行处理。

▶ 如果有瘀青等挫伤，若挫伤面积较小，一般几天后就会恢复；若面积过大，应带孩子就医，由医生给出护理建议。

一般来说，孩子发生跌落后，意识清晰，身体没有太大的损伤，只是因为疼痛、害怕而哭闹，很快吃喝正常，就不用过于担心。需要提醒的是，很多闭合性损伤很难在孩子身体表面看到伤口，一旦发现孩子有呕吐、嗜睡、活动受限、反应迟钝等异常表现，应及时带孩子就医，以免延误治疗。

常见处理措施

● 心肺复苏

当孩子陷入呼吸停止或心跳骤停的状态时，家长要迅速为孩子进行心肺复苏，帮助他恢复呼吸和心跳，为抢救争取时间。

1 岁以上的幼儿

针对 1 岁以上幼儿的心肺复苏，具体方法如下：

1. 拍打孩子肩部，确认是否有意识。若无意识则呼叫他人帮助。

2. 让孩子仰面躺在固定的表面，比如地板上，保持头与心脏齐平，然后解开衣物，检查是否有呼吸和脉搏。如果无呼吸，未摸到脉搏，即开始进行心肺复苏。

3. 将一只手的手掌根部放在孩子胸部中央（胸骨的下半部分，即胸骨中下 1/3 的交界处），快速用力下压约 5 厘米，确保每次胸部都能恢复到初始位置，手不要从胸骨上拿开，接着再按压。注意，手掌根部不要接触肋骨，只接触下半部分胸骨。按压速度应达到 100 ~ 120 次 / 分钟。

4. 每按压 30 次，做 2 次人工呼吸。人工呼吸的做法是：吸一口气，用手指捏住孩子的鼻子，将嘴放到孩子嘴巴上，完全密闭。缓慢地将气吹进孩子的嘴里，每次持续 1 秒，同时观察胸部，确保有隆起。

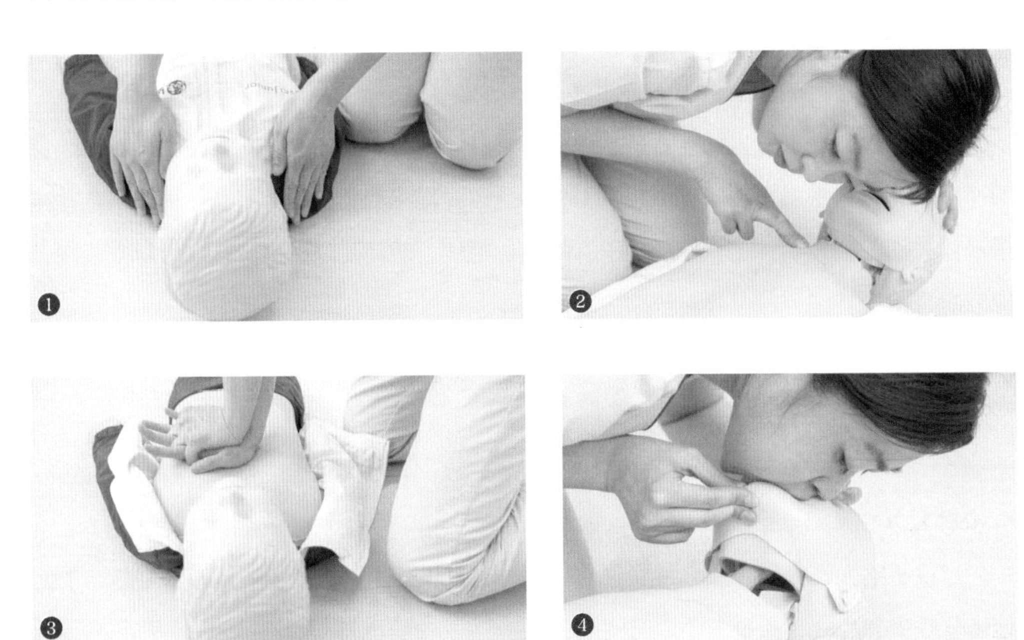

▲ 图 3-3-5 1 岁以上幼儿心肺复苏的方法

按压胸部 2 分钟后，应观察孩子是否有反应或恢复呼吸、脉搏。如果仍没有，继续进行人工呼吸和胸部按压。

注意事项：

每隔 2 分钟检查一下孩子的呼吸和脉搏，如果有反应，立刻停止胸部按压。

在急救医生到来或孩子恢复自主呼吸之前，不要停止心肺复苏。

1 岁以下的婴儿

针对 1 岁以下婴儿的心肺复苏，具体方法如下：

1. 轻拍孩子脚底，尝试唤醒他。若没有反应，则呼叫他人帮助。让孩子仰面躺在固定的表面，比如地板上，头与心脏齐平，保持呼吸道畅通。

2. 解开孩子的衣物，检查是否有呼吸和脉搏。

3. 食指与中指并拢，在孩子两乳头的中心点进行胸部按压，按压深度约为 4 厘米。

4. 每按压胸部 30 次，做 2 次人工呼吸。

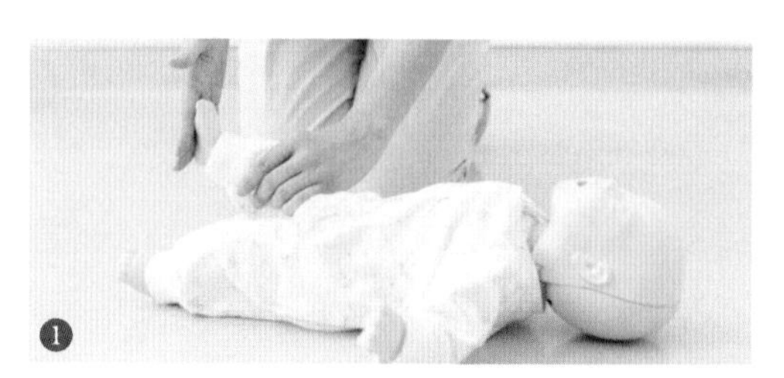

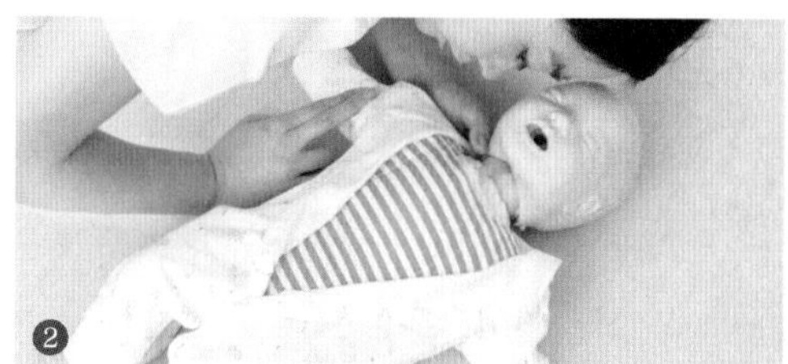

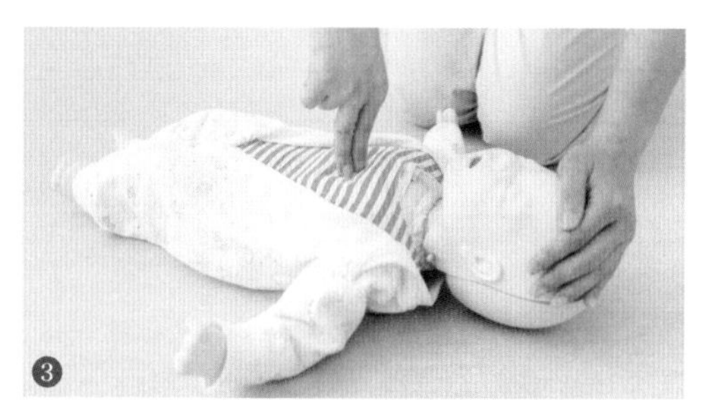

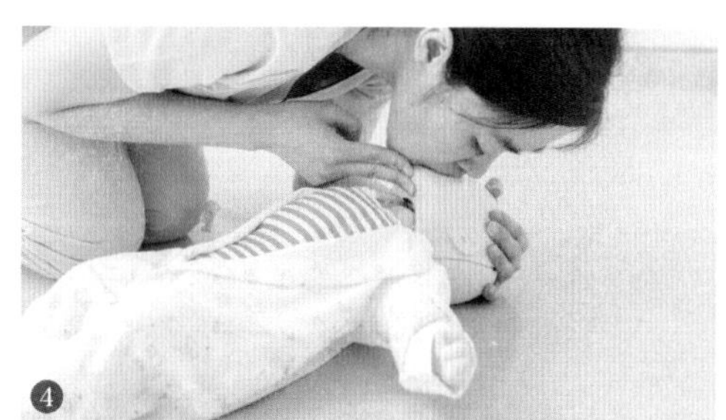

▲ 图 3-3-6 1 岁以下婴儿心肺复苏的方法

◦ **注意事项：**

每隔 2 分钟检查一下孩子的呼吸和脉搏，如果有反应，立刻停止胸部按压。

在急救医生到来或孩子恢复自主呼吸之前，不要停止心肺复苏。

降温处理

冰敷

准备：冰袋，或用塑料袋装适量冰块后封口。

步骤：

1. 用毛巾或纱布包裹冰袋。

2. 将包裹好的冰袋敷在患处 5 ～ 15 分钟。

注意事项：

冰敷时间不宜过长；千万不要用冰袋直接接触孩子的皮肤，以免冻伤。

冷敷

准备：一个脸盆、适量冷水、1 ～ 2 块冰块、一条干净的毛巾。

步骤：

1. 将准备好的冷水和冰块放入盆中。

2. 把毛巾浸入冰水完全浸湿，拿出来拧干。

3. 将浸过冰水的毛巾敷在患处。

4. 待毛巾变热后，取下，重新浸入冰水中。

5. 重复步骤 2 ～ 4。

冷浸

准备：一个脸盆、冷水和适量冰块。

步骤：

1. 将准备好的冷水和冰块放入盆中。

2. 把受伤的部位如手指或脚趾浸泡在冰水中。

3. 至少浸泡 15 ~ 30 分钟。

○ **注意事项：**

为避免冻伤，可每隔 5 ~ 10 分钟间断一会儿再继续；切勿将冰块直接与孩子的皮肤接触，以免损伤皮肤。

凉敷

准备：一个脸盆、适量凉水、一条干净的毛巾。

步骤：

1. 将凉水倒进脸盆内。

2. 把毛巾浸泡在凉水中完全浸湿，拿出来拧干。

3. 将浸过凉水的毛巾敷在患处。

4. 待毛巾变热后，取下，重新浸入凉水中。

5. 重复步骤 2 ~ 4。

温敷处理

温敷

准备：一盆温水（水温以手臂内侧感觉舒适为宜）、一条干净的毛巾。

步骤：

1. 将毛巾浸泡在温水中。

2. 拿出拧干后，敷于患处。

3. 待毛巾变凉，重复前面的步骤。

- **温敷眼部**

准备：一个脸盆、适量温水（水温以手臂内侧感觉舒适为宜）、一条干净的毛巾。

步骤：

1. 将温水倒进脸盆内。

2. 把毛巾浸泡在温水中，拿出拧干。

3. 将浸过温水的毛巾敷在受伤的眼睛上至少 5 ~ 10 分钟。

4. 每隔 30 分钟重复以上步骤。

生理盐水冲洗鼻腔

准备：适量生理盐水、滴鼻器。

步骤：

1. 在滴鼻器中灌入适量生理盐水。

2. 让孩子平躺，或者抱着孩子，使其头部上仰。

3. 用滴鼻器在孩子的两个鼻孔中分别滴入 1 滴生理盐水。

注意事项：

虽然盐水也可自制，但很难掌握调配到 0.9% 的比例，且很难找到无菌的容器，所以建议直接购买市售生理盐水；不要在孩子睡着时操作，以免被滴入的盐水呛醒更加抗拒；不要用棉棒蘸生理盐水清理鼻腔，以免对黏膜造成损伤。

附　录

附录 1

常见疫苗简介及推荐注射时间

疫苗名称	简介	推荐注射时间
卡介苗	可预防儿童结核杆菌感染，防止患严重类型的结核病，如结核性脑膜炎、粟粒性肺结核	出生当天
乙肝疫苗	可预防乙型肝炎病毒感染，防止患乙型病毒性肝炎	出生当天、1 月龄、6 月龄
脊髓灰质炎疫苗	可预防侵犯脊髓灰质前角运动神经元的病毒感染，防止患脊髓灰质炎	2 月龄、3 月龄、4 月龄、18 月龄（可能需要）、4 岁
百白破疫苗	可预防百日咳、白喉、破伤风这 3 种对婴幼儿存在致命威胁的疾病	3 月龄、4 月龄、5 月龄，18 月龄、6 岁（白破二联）
流脑疫苗	可预防流行性脑脊髓膜炎，有 A 群流脑疫苗和 A+C 群流脑疫苗以及 ACYW135 群流脑疫苗等规格	A 群流脑疫苗：6 月龄、9 月龄 A+C 群流脑结合疫苗：6 月龄 ~2 岁 A+C 群流脑多糖疫苗：3 岁以上 ACYW135 多糖疫苗：3 岁以上
麻风腮疫苗	可预防麻疹、风疹、流行性腮腺炎 3 种疾病，是一种联合疫苗。麻疹是一种传染性很强的疾病，可并发麻疹肺炎。目前有麻风腮疫苗、麻风疫苗、麻疹疫苗 3 种规格	麻风疫苗：8 月龄 麻风腮疫苗：18 月龄；部分地区 6 岁接种第 2 剂 麻疹疫苗：更多用于强化免疫或大学进京新生（北京市）
甲肝疫苗	预防由甲型肝炎病毒感染所致的甲型肝炎，虽然容易诊断和治疗，但仍有造成肝功能衰竭的风险	甲肝减毒活疫苗：需接种 1 剂，1 岁后可接种 甲肝灭活疫苗：1 岁后可接种，共需接种 2 剂，第 2 剂应与第 1 剂间隔 6 个月
乙脑疫苗	可预防由乙脑病毒引起的侵害中枢神经系统的急性传染病乙型脑炎，通常可造成患者死亡或留下神经系统后遗症	8 月龄（部分地区为 1 岁）、2 岁
B 型流感嗜血杆菌疫苗	B 型流感嗜血杆菌不同于流感病毒，是诱发婴幼儿细菌性脑膜炎的主要原因之一，严重的患者甚至会死亡	2 月龄、4 月龄、6 月龄、12~18 月龄、5 岁以下婴幼儿

续表

疫苗名称	简介	推荐注射时间
肺炎球菌结合疫苗（目前使用的是PCV13，即13价肺炎球菌多糖结合疫苗）	可预防由肺炎链球菌所致的肺炎、脑膜炎、中耳炎、会厌炎、败血症等侵袭性细菌感染，易感人群为5岁以下儿童，尤其是2岁以下婴幼儿	2月龄、4月龄、6月龄、12~15月龄
水痘疫苗	可预防由水痘－带状疱疹病毒引起的传染病水痘。一旦患病，这种病毒会长期潜伏在人体内，为成年后患带状疱疹留下隐患；若年幼时未患过水痘，成年后患该病死亡率比儿童高25倍	1岁后可接种，建议共接种2剂
轮状病毒疫苗	可预防由A群轮状病毒引起的腹泻，每年秋冬季流行，易感人群为5岁以下婴幼儿，其中2个月~3岁的患者最多	2月龄以上可服用，建议3岁以下婴幼儿每年服用一次
EV71型肠道病毒疫苗	可预防肠道病毒71型感染所致的手足口病及疱疹性咽峡炎等疾病。手足口病可由多种肠道病毒引起，其中肠道病毒71型（EV71）是导致手足口病的重要病原之一，也是病死率最高的一种	6月龄～71月龄的儿童，共需接种2剂，间隔1个月
流感疫苗	可预防由流感病毒感染引起的流行性感冒，建议在每年流行季节性前接种。由于甲型流感的抗原易发生变异，因此建议每年连续接种流感疫苗。尤其是5岁以下婴幼儿、60岁以上老年人及医务工作者等高危群体	6月龄后可接种 目前6～35月龄无接种史的儿童首次应接种2剂，间隔4周。大于36月龄的儿童每年接种1剂
狂犬病疫苗	可预防被动物致伤后感染狂犬病，比如体内携带狂犬病毒的狗、猫等。狂犬病一旦感染致死率几乎高达100%，潜伏期可短至5~6天，通常为20~60天，1年以内发病率占99%，个别可长达数年到数十年	被高风险动物致伤后尽早接种，开始注射的第0天、第3天、第7天、第14天、第30天，共5剂

注：由于生活地区不同，当地卫生部门对于疫苗的规定可能略有不同，请家长以当地疫苗接种单位的要求为准。

附录 2

0 ~ 5 岁宝宝生长曲线图

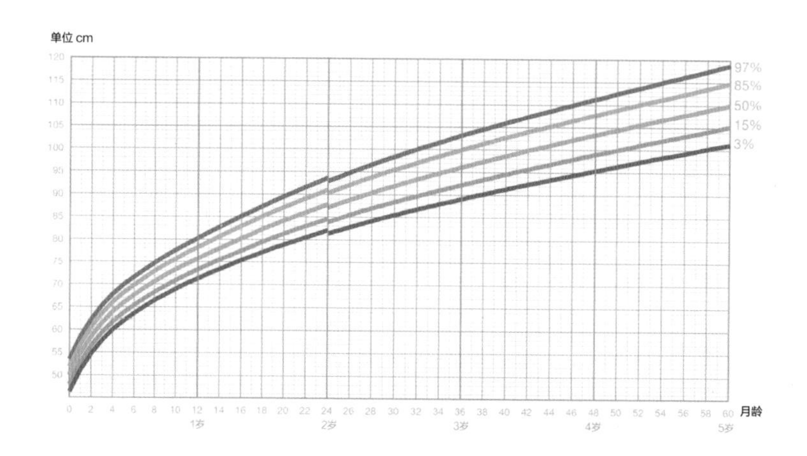

▲ 图附-2-1　0 ~ 5 岁男宝宝身长 / 身高曲线图

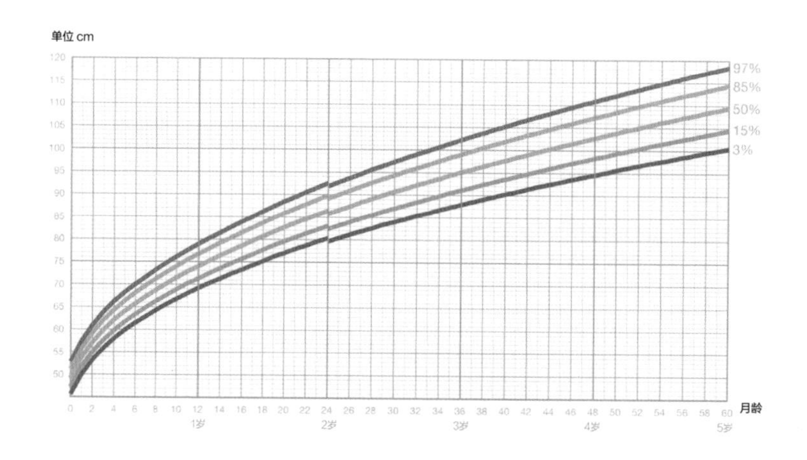

▲ 图附-2-2　0 ~ 5 岁女宝宝身长 / 身高曲线图

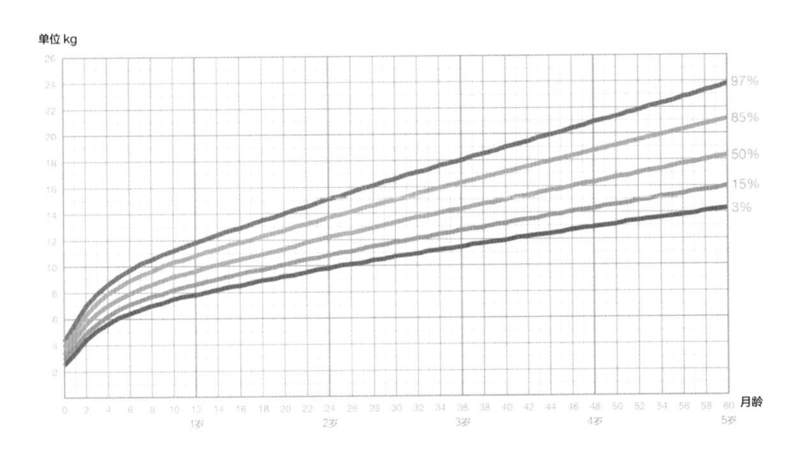

▲ 图附-2-3 0～5岁男宝宝体重曲线图

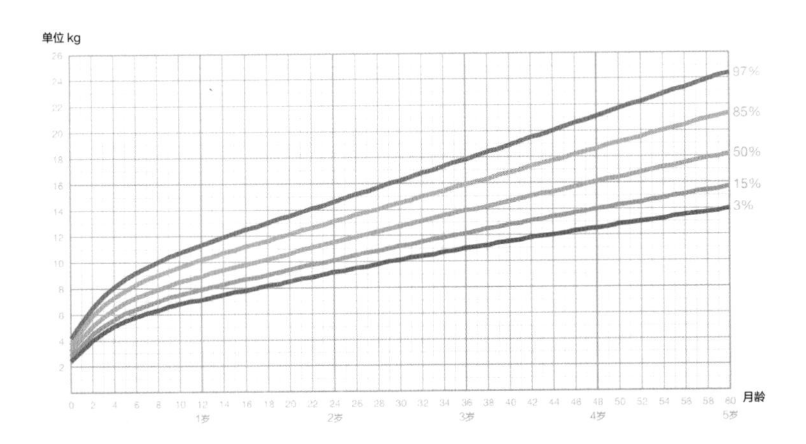

▲ 图附-2-4 0～5岁女宝宝体重曲线图

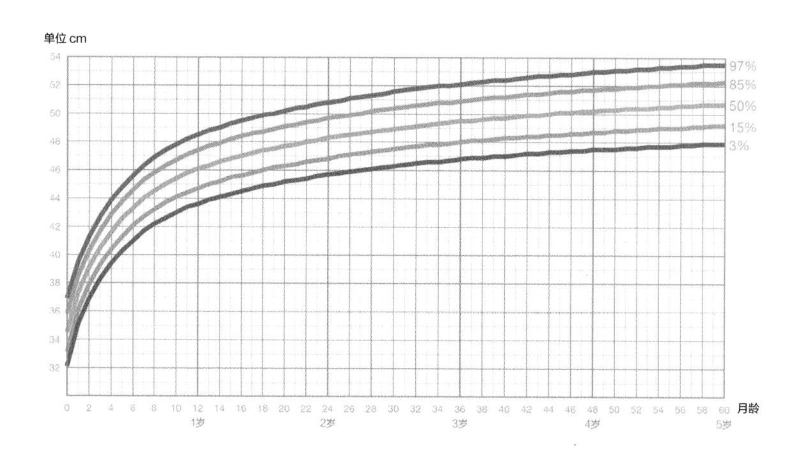

▲ 图附-2-5 0～5岁男宝宝头围曲线图

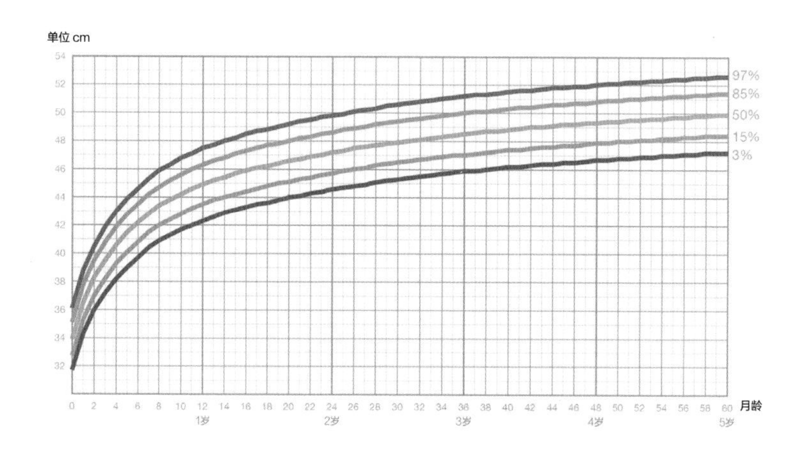

▲ 图附-2-6 0～5岁女宝宝头围曲线图

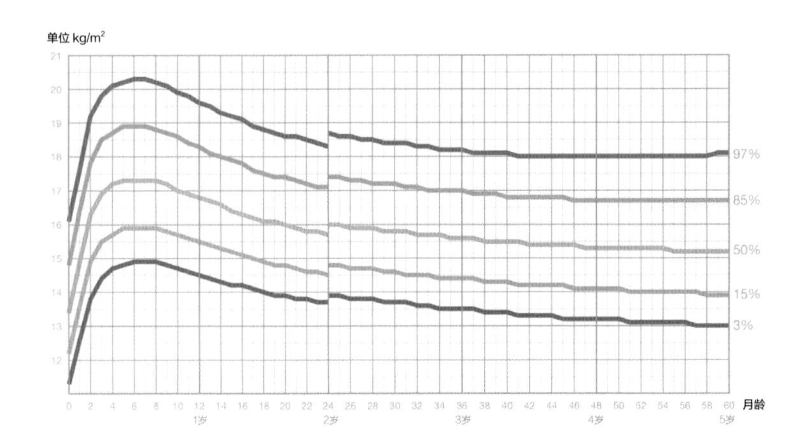

▲ 图附-2-7 0～5岁男宝宝体块指数曲线图

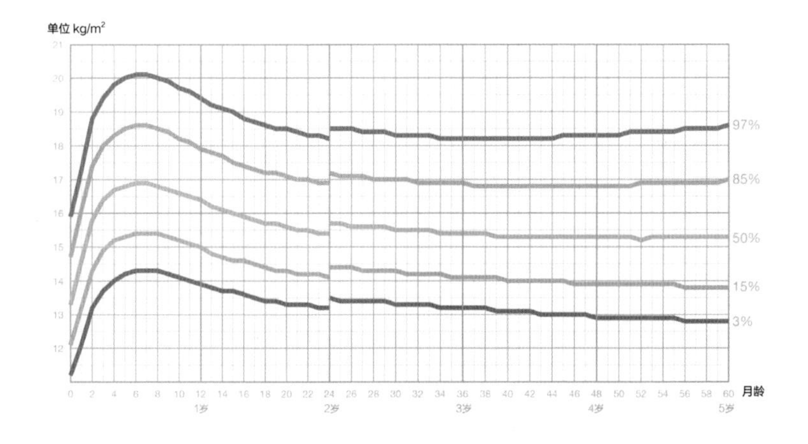

▲ 图附-2-8 0～5岁女宝宝体块指数曲线图